21世纪工程应用计算机技术丛书

基于CAD/CAM系统Pro/ENGINEER的曲面建模与数控加工

曹 岩 杨艳丽 主编

基于CAD/CAM系统Pro/ENGINEER

西安交通大学出版社
XI'AN JIAOTONG UNIVERSITY PRESS
· 西安 ·

内容提要

本书系统深入地介绍了Pro/ENGINEER Wildfire在曲面建模和数控加工方面的主要功能与使用方法。本书在介绍系统概况的基础上，详细讲解了手环和水果盘建模、传呼机外壳和水槽建模、人体头部轮廓曲面建模、鼠标和照相机面盖建模、底座类零件的铣加工、叶片类零件的铣加工、铸造模具类零件上砂芯的铣加工、铸造模具类零件下砂芯的铣加工、曲面零件数据转换等内容。

本书内容新颖实用，实例丰富，可供机械、模具、工业设计、电子、电器等领域的工程技术人员以及CAD/CAM研究与应用人员学习掌握。

图书在版编目(CIP)数据

基于CAD/CAM系统Pro/Engineer的曲面建模与数控加工/曹岩，杨艳丽主编.—西安：西安交通大学出版社，2010.5

ISBN 978-7-5605-3371-1

Ⅰ.①基… Ⅱ.①曹…②杨… Ⅲ.①曲面-机械设计：计算机辅助设计-应用软件，Pro/ENGINEER Wildfire Ⅳ.①TH122

中国版本图书馆CIP数据核字(2009)第239421号

书　　名 基于CAD/CAM系统Pro/Engineer的曲面建模与数控加工
主　　编 曹　岩　杨艳丽
责任编辑 李慧娜　屈晓燕　贺峰涛

出版发行 西安交通大学出版社
(西安市兴庆南路10号　邮政编码710049)
网　　址 http://www.xjtupress.com
电　　话 (029)82668357　82667874(发行中心)
(029)82668315　82669096(总编办)
传　　真 (029)82668280
印　　刷 陕西向阳印务有限公司

开　　本 787mm×1092mm　1/16　**印张** 15.5　**字数** 370千字
版次印次 2010年5月第1版　2010年5月第1次印刷
书　　号 ISBN 978-7-5605-3371-1/TH·87
定　　价 23.00元

读者购书、书店添货如发现印装质量问题，请与本社发行中心联系、调换。
订购热线：(029)82665248　(029)82665249
投稿热线：(029)82664954
读者信箱：jdlgy@yahoo.cn

前　言

Pro/ENGINEER Wildfire 是一套由设计至生产的机械自动化软件，是一个参数化、基于特征的实体造型系统，并且具有单一数据库功能。Pro/ENGINEER Wildfire 简单易用、功能强大、互连互通，进一步加强了产品的实用性，增加了许多实用的新功能，提高了整个产品开发体系中的个人效率和过程效率，能够节省时间和成本，并提高产品质量。目前，Pro/ENGINEER Wildfire 广泛应用于机械、汽车、电器、模具等领域。

作者结合自己学习使用 Pro/ENGINEER Wildfire 的心得体会，系统地介绍了 Pro/ENGINEER Wildfire 曲面建模和数控加工方面的内容。通过学习，使读者能应用 Pro/ENGINEER Wildfire 系统作为开发平台，针对企业产品特点，快速高效地开发适应市场需求的产品。

本书从使用者的角度出发，通过融经验技巧于一体的典型实例讲解，系统介绍在 Pro/ENGINEER Wildfire 中进行曲面建模和数控加工的方法与过程。主要内容包括：

(1)系统概论：讲解 Pro/ENGINEER Wildfire 系统的运行环境、功能模块、工作界面、菜单栏、坐标系、图层、视图操作、系统设置、零件建模的一般过程等。

(2)手环和水果盘建模：通过两个曲面实例的建模过程介绍简单曲面类零件常用的建模方法。

(3)传呼机外壳和水槽建模：对于结构相对复杂的曲面类产品，尤其是表面形状有一定特殊要求的曲面类产品，一般使用拉伸曲面、旋转曲面、扫掠曲面、混合曲面及一些相对高级的曲面创建工具。

(4)人体头部轮廓曲面建模：介绍 Pro/ENGINEER Wildfire 中基本的曲线功能与操作、一般曲面功能、曲面创建和曲面修剪、曲线连接与曲面连接设置等。

(5)鼠标和照相机面盖建模：通过两个电子产品的建模过程，介绍曲面类零件建模所使用的拉伸、旋转、扫描、混合等曲面特征以及填充、修剪、合并、延伸等操作。

(6)底座类零件的铣加工：介绍如何对底座类零件进行铣加工，包括合理选择加工方法(NC 序列)、加工参数以及刀具轨迹等，同时对选择不同的刀具轨迹而产生的不同结果作以比较。

(7)叶片类零件的铣加工：介绍如何对叶片类零件(弹壳尾翼)进行铣加工的方法和步骤。

(8)铸造模具类零件上砂芯的铣加工：介绍如何对铸造模具零件进行铣加工的方法和步骤。

(9)铸造模具类零件下砂芯的铣加工：介绍如何对铸造模具零件进行铣加工的方法和步骤。

(10)曲面零件数据转换：介绍了常用 CAD 软件数据转换标准 IGES、STEP 和 DXF，常用的模型数据转换方法与各自特点，常用 CAD/CAM 软件的特点以及模型数据输入输出方法。通过实例，讲解 Pro/ENGINEER 软件与其他常用 CAD 软件的曲面零件数据转换方法与详细步骤。

全书由曹岩、杨艳丽主编。第 1,5 章由王玉荣编写，第 2 章由何永强编写，第 3 章由袁艳编写，第 4 章由张文波编写，第 6,7,8,9 章由董爱民编写，第 10 章由宋文超编写。

其他参与编写的人员还有曹红、谭毅、白瑀、杨丽娜、范庆明、杜江、杨红梅等。

由于作者水平及使用经验有限，疏漏之处在所难免，望各位读者不吝赐教，作者在此深表感谢。

作　者
2010 年 1 月

目　录

第1章 系统概论

本章讲解 Pro/ENGINEER Wildfire系统的运行环境、功能模块、工作界面、菜单栏、坐标系、图层、视图操作、系统设置、零件建模的一般过程等。

1.1 系统需求、功能模块、相关资源

本节介绍 Pro/ENGINEER 安装系统需求，包括各功能模块，以及相关资源等内容。

1.1.1 系统需求

Pro/ENGINEEr Wildfire 功能强大，同时对计算机的配置要求也比较高。

1. 硬件要求

· CPU 芯片：通常要求主频 650MHz 以上，主要包括 Intel 公司的主流产品 Pentium、PentiumII、PentiumIII、Celeron，AMD 公司的 K6、K6-2、K7 等。推荐使用 Intel 公司生产的 PentiumIII 以上的芯片。

· 内存：通常要求 64MB 以上，建议使用 128MB。与 CPU 一样，模型越复杂，对内存容量的要求就越高。

· 显卡：通常要求 64MB 以上，推荐使用 Geforce4 以上的显卡。

· 网卡：普通网卡即可，但必须要安装。

· 硬盘：安装 Pro/ENGINEER Wildfire 软件时，需要 1.2GB 以上的硬盘空间。考虑到软件启动后虚拟内存及获取联机帮助的需要，最好有 2.5GB 以上的硬盘空间。

· 鼠标：通常要求使用三键鼠标。

2. 软件要求

Pro/ENGINEER Wildfire 的软件环境主要有 UNIX、Windows NT、Windows 2000/XP 等。PC 机建议在 Windows NT、Windows 2000/XP 操作系统中运行。

1.1.2 功能模块

1. 草绘模块

草绘模块用于绘制和编辑二维平面草图。绝大部分的三维模型都是通过对二维草绘截面的一系列操作得到的，所以二维草图绘制在整个三维实体建模的过程中具有非常重要的作用，是进行三维建模的基础。

2. 零件模块

零件模块用于创建和编辑三维实体模型。在大多数情况下，创建三维实体模型是使用 Pro/ENGINEER Wildfire 软件进行产品设计和开发的主要目的，因此零件模块也是参数化实体造型最基本和最核心的模块。

利用 Pro/ENGINEER Wildfire 软件进行三维实体造型的过程，实际上就是使用零件模块依次进行创建各种类型特征的过程。这些特征之间可以相互独立，也可以存在一定的参考

关系。

3. 零件装配模块

零件装配模块是一个参数化组装管理系统，能提供用户用自定义方式去生成一组组装系列并且能自动地更换零件。当然用户也可以根据需要添加新零件或对已有零件进行编辑和修改。

使用Pro/ENGINEER Wildfire软件的零件装配模块进行产品的组装将是一项轻松的工作。在装配过程中，按照装配要求，用户不但可以临时修改零件的尺寸参数，并且可以使用爆炸图的方式来显示所有已组装零件相互之间的位置关系，非常直观。

4. 曲面模块

曲面模块用于创建各种类型的曲面特征。使用曲面模块创建曲面特征的基本方法和步骤与使用零件模块创建三维实体特征非常类似。曲面特征虽然不具有厚度、质量、密度、体积等物理属性，但是通过对曲面特征进行适当的操作就可以非常方便地使用曲面来围成实体特征的表面，还可以进一步把由曲面围成的模型转化为实体模型。

5. 工程图模块

Pro/ENGINEER Wildfire软件可以通过工程图模块直接由三维实体模型生成二维工程图。系统提供的二维工程图包括一般视图(通常所说的三视图)、局部视图、剖视图、正投影视图等。用户可以根据零件的表达需要灵活选取需要的视图类型。

使用Pro/ENGINEER Wildfire软件由三维模型生成工程图非常简单方便，设计人员只需对系统自动生成的视图进行简单的修改或标注就可以完成工程图的绘制。由于Pro/ENGINEER Wildfire是尺寸驱动的CAD系统，在整个设计过程的任何一处发生改动，亦可以反映在整个设计过程的前后相关环节上。

1.1.3　相关资源

Pro/ENGINEER Wildfire包含30多种模块，它们共同组成了功能强大的Pro/ENGINEER系统，本节简要介绍一些常见模块的功能。

1. Pro/DETAIL模块

Pro/DETAIL是独立于基本Pro/ENGINEER的模块，该模块扩展了基本模块的功能，可以同基本模块配合使用。

Pro/DETAIL模块支持附加视图、多张图纸，提供了一系列处理工程图的命令，并且可以向图纸中添加或修改文本或符号信息。另外，用户还可以自定义工程图格式，进行多种形式的个性化设置。

2. Pro/TOOLKIT模块

Pro/TOOLKIT模块提供二次开发工具，支持C语言程序库，支持Pro/ENGINEER的接口，直接访问Pro/ENGINEER数据库，这样大大提高了第三方厂商的开发热情。但这些开发程序必须在Pro/ENGINEER环境下运行。

3. Pro/DRAFT模块

Pro/DRAFT模块是一个二维绘图系统，可以直接生成二维工程图，它可以顺利地实现同DXF等标准CAD文件的交互。

4. Pro/DESIGN模块

Pro/DESIGN模块偏重于三维大型装配工作。它可以方便地生成装配图层次等级，使用二维平面图自动装配零件以及三维部件平面布置等。Pro/DESIGN模块主要包括以下功能：

①三维装配图的层次等级关系设计。

②确定整体与局部尺寸、比例和基准。

③参数化草图绘制。

④以三维方式表示零件的定位和组装零件的位置。

⑤自动装配。

5. Pro/MANUFACTURING 模块

Pro/MANUFACTURING 模块能根据用户的生产规划作出时间及经济成本的估计。它将生产过程、生产规划与设计造型连接起来，可以自动把在设计过程中的更改反映在生产的程序上，无需用户手动修改；它把具备完整关联性的 Pro/ENGINEER 产品线延伸到加工制造的工作环境里；它允许用户采用参数化的方法去定义数字控制（NC）工具路径，这些路径信息经过后期处理后，产生驱动 NC 器件所需的编码，凭借此编码才能对 Pro/ENGINEER 生成的模型进行加工。

6. Pro/FEATURE 模块

Pro/FEATURE 模块扩展了 Pro/ENGINEER 中的有效特征。Pro/FEATURE 可以将 Pro/ENGINEER 中的各种特征任意组合，形成用户自定义的特征。使用这种组合，用户可以把特征或组合特征从零件上一个位置复制到另一个位置，也可通过镜像复制带有复杂雕刻轮廓的实体模型。

7. Pro/INTERFACE 模块

这是一个比较完善的工业标准数据传输系统，保证了 Pro/ENGINEER 与其他计算机辅助设计软件之间的各种标准数据交换。主要支持的软件格式有：

①SLA：将三维图形信息输出到工作台。

②Render：将三维图形信息输出到着色系统。

③DXF：支持 DXF 文件系统中的二维信息。

④NEUTRAL：输出符合 Pro/ENGINEER 中间文件格式的特征、零件及公差信息。

⑤IGES：输出符合 IGES 标准的二维与三维模型信息。

⑥PATRAN Geom：输出符合 TAREAN 中间格式的零件几何体数据。

⑦SuperTAB Geom：输出符合 SuperTAB 的 Universal 格式的几何体数据。

⑧SET：输入符合 VDA 标准的 Pro/ENGINEER 模型。

8. Pro/MOLDESIGN 模块

Pro/MOLDESIGN 模块用于设计模具部件和模板组装。它可使模具设计人员在短时间内完成凸、凹模具的设计，还可以自动建立模座、冷却水道、分型面等。

9. Pro/SURFACE 模块

Pro/SURFACE 模块扩展了 Pro/ENGINEER 的生成、输入和编辑复杂曲面和曲线的功能。Pro/SURFACE 提供了一系列必要的工具，使得工程师们能够在整个工业范围内很容易地生成用于飞机和汽车的气动曲线或曲面，并且能够解决船壳设计亦即通常所碰到的复杂曲面设计问题。

10. Pro/ECAD 模块

使用 Pro/ECAD 模块，参数化印刷线路板（PCB）的设计图可以通过 Pro/ENGINEE 生成，或者经由 Pro/ECAD 系统输入，PCB 的组成元件可以经由 Pro/ENGINEER 的元件库取得，并能够自动组装到 PCB 里。元件造型也可以从 Pro/ECAD 模块传送到 Pro/ENGINEER 以制作实体元件，然后自动组装到 PCB 上。

1.2　工作界面

Pro/ENGINEER Wildfire的工作界面非常友好。它采用交互式图形界面，通过菜单、工具按钮和对话框等形式来实现操作，可以提高用户的工作效率。

Pro/ENGINEER Wildfire的工作界面如图1-1所示，它大体上分为8个区域。这8个区域各有其用途，缺一不可。下面对工作界面的基本组成部分作以简单介绍。

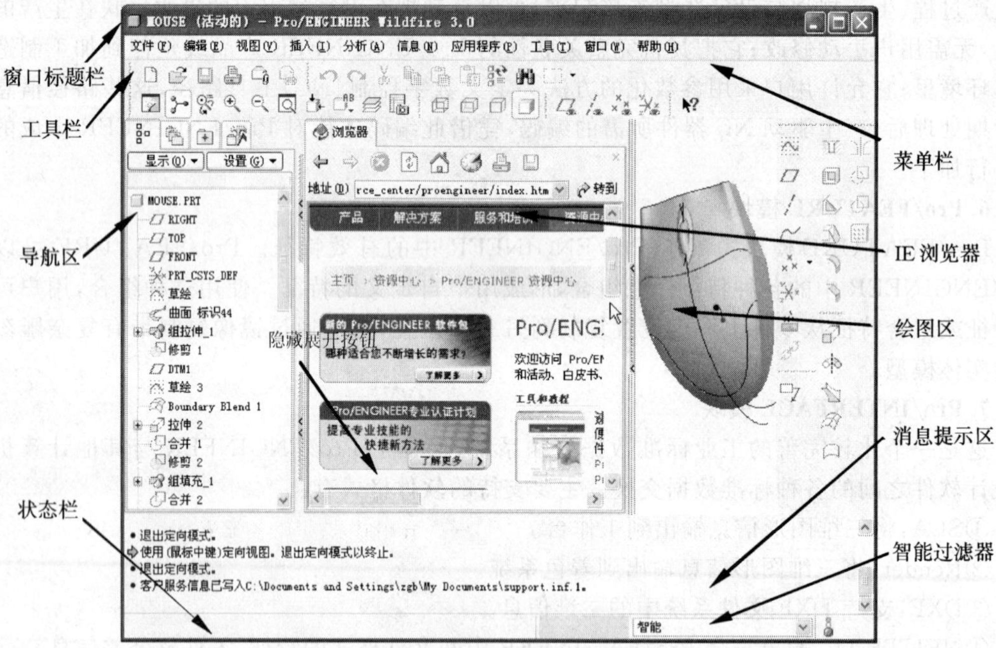

图1-1　Pro/ENGINEER Wildfire的工作界面

1. 窗口标题栏

当前工作窗口标题栏位于工作界面的最上方，用于显示系统打开文件的名称，标题中“活动的”表示该窗口为活动窗口，并以特定的图标供辨认，如图1-2所示。当打开多个窗口后，只有“活动的”窗口才可以进行各项操作。

图1-2　窗口标题栏

2. 菜单栏

菜单栏为下拉菜单，位于窗口标题栏的下方。根据工作模式的不同，菜单栏也会有所变化。在零件模式下菜单栏如图1-3所示。

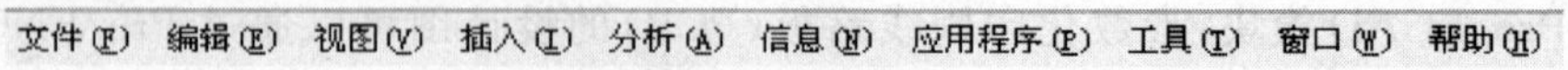

图1-3　菜单栏

各菜单功能如下：

· 文件:用于文件的操作与管理。
· 编辑:用于文件的编辑。
· 视图:用于控制模型显示和显示性能。
· 插入:此菜单最常用,建模时一些常用命令收集于此。
· 分析:用于模型特性分析。
· 信息:用于执行模型信息查询。
· 应用程序:允许用户进行 Pro/ENGINEER 工作模式的切换。
· 工具:用于定制系统工作环境及其他各种工具。
· 窗口:用于管理 Pro/ENGINEER 的窗口。
· 帮助:用于访问联机帮助。

3. 工具栏

工具栏位于菜单栏下面,提供菜单选项命令的快捷操作,以提高设计效率,如图 1-4 所示。当鼠标移动到工具图标上时,鼠标旁边会显示该工具图标的功能。除系统预设的工具栏外,也可以由下拉菜单自定义工具栏。

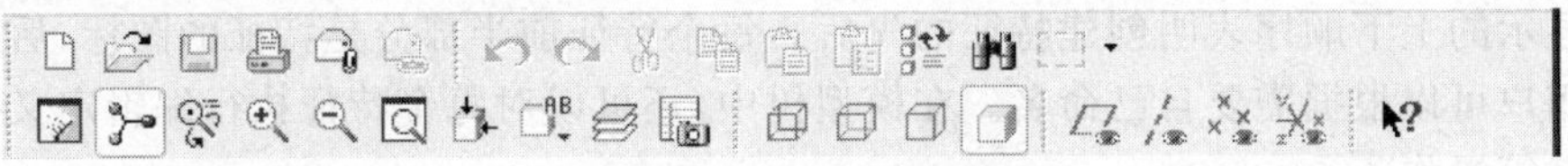

图 1-4 工具栏

4. 消息提示区

消息提示区是 Pro/ENGINEER Wildfire 系统与用户交互对话的一个窗口,它提示了用户的当前状态和下一步要如何操作,并在操作失误时给出出错信息,主要包括提示操作步骤、各种警告信息、出错信息,以及数值、关系式的输入等信息。同时系统会根据不同的情况,自动在显示消息的前面带上特定的图标。

· 用户操作提示消息,用图标➡来标识。
· 操作进程及状态提示,用图标•来标识。
· 警告消息,用图标☒来标识。

5. 状态栏

状态栏为用户提供各种简短的帮助信息,位于工作界面的最下端。如果将鼠标移到菜单或工具栏按钮上,状态栏将显示该菜单或工具按钮的功能。

6. 绘图区

屏幕中央面积最大的区域就是绘图区,它是显示 CAD 模型的区域。默认状态下,以"渐变灰色"为背景,也可单击菜单栏中的"视图"→"显示设置"→"系统颜色"命令进行调整。

用户可以在"系统颜色"对话框中单击"布置"标签,单击"白底黑色"按钮("黑底白色"按钮等),直接使背景变白(黑)、模型变黑(白)。也可单击"背景"按钮,调整颜色编辑器中的 RGB 与 HSV 的比例来修改颜色。

除了背景颜色之外,几何、隐藏线、基准、曲线、工作界面等的颜色也均可改变,方法同背景颜色的修改。

7. 导航区

导航区用来搜索、获取和管理设计进程和模型数据。导航区位于工作界面的左侧,可以展开和隐藏。展开时上面有 4 个标签,如图 1-5 所示,分别对应于模型树、文件夹导航器、收藏夹及连接。

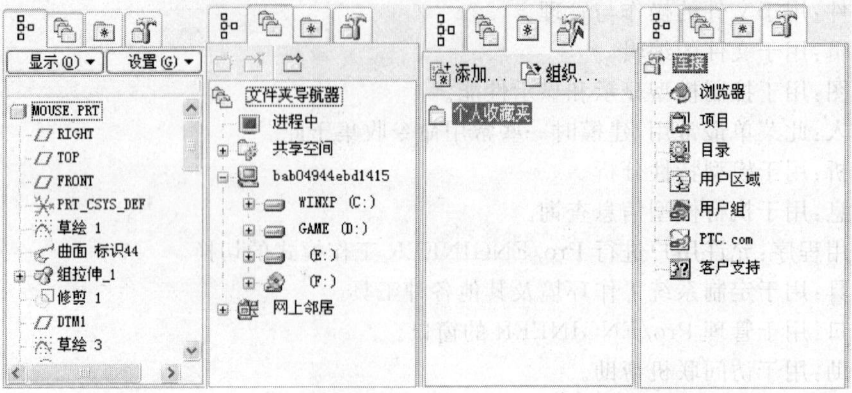

(a)模型树 (b)文件导航器 (c)收藏夹 (d)连接

图1-5 导航区

(1)模型树。模型树表明了整个模型的创建过程,每个特征都以列表的方式显示在模型树中,列表显示的上下顺序表明创建特征的先后。每个特征前半部分是特征的图标,后半部分是特征名,用户可以根据需要自己命名。在模型树中,还可以对每个特征执行编辑定义、删除、隐藏、重命名等操作。

(2)文件夹导航器。文件夹导航器和Windows的资源管理器类似,可以快速搜索、打开已保存的文件,并对文件夹进行有效的管理。它提供一个本地计算机、局域网以及FTP站点等共享资源的导航。

(3)收藏夹。收藏夹用于有效组织和管理个人资源。

(4)连接。链接用于连接网络资源以及网上协同工作。

8. 智能过滤器

智能过滤器位于状态栏最右端,随着具体操作的不同,过滤器中提供的可供选择的对象类型也不相同。用户在使用时,应该熟练地将该工具和具体操作相结合,才能达到事半功倍的效果。

1.3 菜单栏

1."文件"菜单

单击菜单栏中的"文件"菜单,弹出如图1-6所示的菜单命令,用户通过各菜单命令可以完成各种文件管理功能。

下面对一些常用的菜单命令进行介绍。

(1)新建。用于新建文件,包括确定新增文件类型、名字和选择模板等。此命令的图标按钮为 □。单击该命令后,弹出如图1-7所示的"新建"对话框,用于新建各类工程文件。

此对话框中的"类型"栏中有许多单选钮,每个单选钮都对应一个不同的模块,有些类型还有多个子类型。用户可以在这个对话框中选择要创建的文件类型,并输入文件名称。主要的文件类型如下。

①草绘:二维草绘文件,扩展名为.sec。

②零件:三维零件造型、三维钣金件设计,扩展名为.prt。

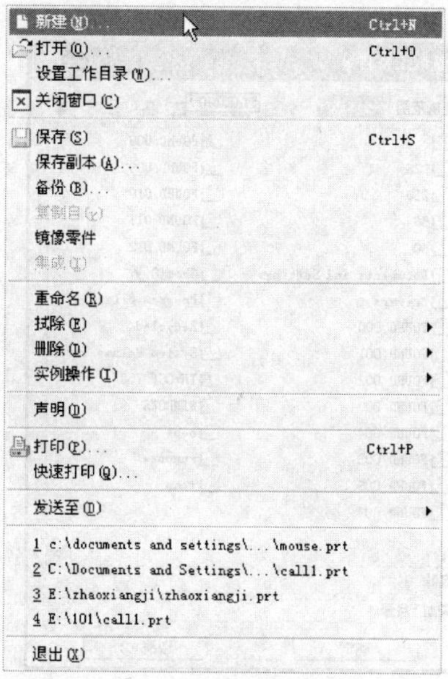

图1-6 “文件”菜单

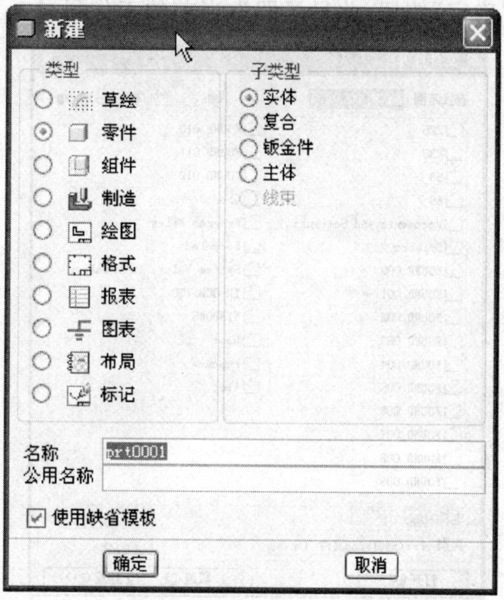

图1-7 “新建”对话框

③组件：三维装配件设计，扩展名为.asm。

④制造：三维零件及装配件的NC加工程序制作、模具设计等，扩展名为.mfg。

⑤绘图：二维工程图绘制，扩展名为.drw。

⑥格式：二维工程图格式制作，扩展名为.frm。

⑦报表：生成报表文件，扩展名为.rep。

⑧图表：电路、管路流程图设计，扩展名为.dgm。

⑨布局：产品装配规划，扩展名为.iay。

⑩标记：装配件进行标记，扩展名为.mrk。

在创建模型文件时，可勾选“使用缺省模板”复选框，使用系统默认的绘图环境。

(2)打开。用于打开已建立的文件，对话框如图1-8所示。用户可由硬盘的工作目录或内存中选择所需的文件。此命令的图标按钮为 。对话框中各图标按钮的功能如下。

① 切换到上一级目录。

② 选择内存中的文件。任何曾经建立或打开过的文件都会保存在内存中，可以使用该按钮再次显示刚建立或打开过的文件。

③ 选择工作目录下的文件。

④ 保存常用的路径。

⑤ 列出所选目录下所有的文件。

⑥ 命令及设置选项。由于每执行一次“保存”命令，系统会自动存储文件的一个新版本，所以每个文件会有新旧很多个版本。使用 按钮并选择“所有版本”，系统会显示出文件的所有版本。

在“打开”对话框的右下方的预览按钮[预览(P)>>>]，用户可以使用该按钮预览所选文件的内容，有助于快速准确地选择文件。

(3)设置工作目录。所谓工作目录就是系统默认的文件操作目录。单击“设置工作目录”命令后，弹出如图1-9所示的“选取工作目录”对话框。在对话框中选择了需要的目录之后，单击“确定”按钮，此目录即为当前的工作目录。

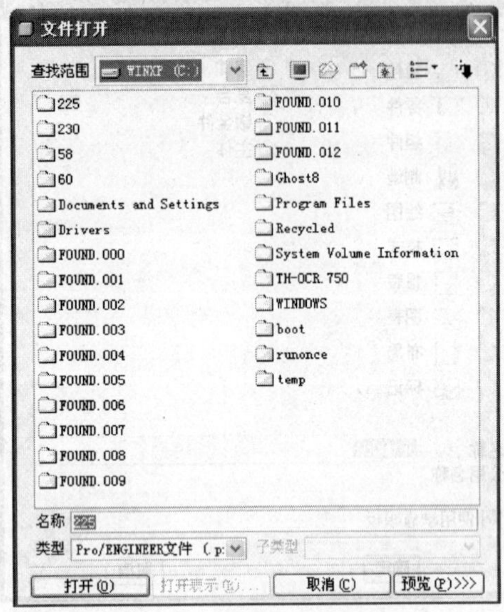

图 1-8　“文件打开”对话框

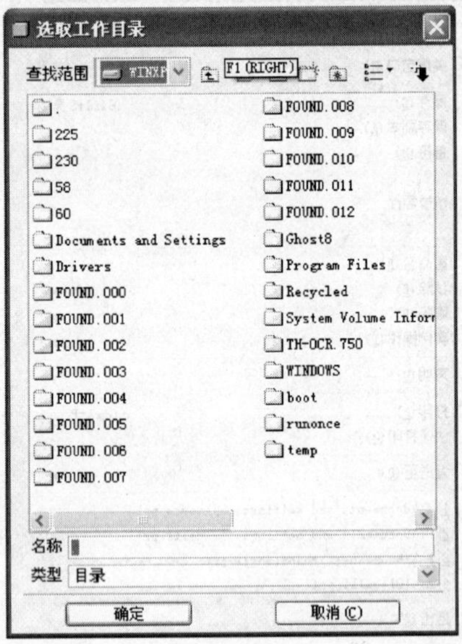

图 1-9　“选取工作目录”对话框

(4)关闭窗口。用于关闭当前窗口，但不退出 Pro/ENGINEER Wildfire 系统。

(5)保存。用于保存当前文件，并允许用户输入文件名称。文件会保存在工作目录下。

(6)保存副本。用于将文件存储在另一个新名称下，或者将文件存储在名称相同但目录不同，或者名称不同而且目录也不同的文件中。单击这个命令之后，系统会弹出一个对话框，允许用户选择目录和文件名称。

(7)备份。用于将文件保存在另一个目录中。单击“备份”命令之后，系统要求用户指定一个目录。然后系统把备份文件存储在这个目录中。另外，备份文件的名称与原始文件名称相同。

(8)重命名。用于重命名文件。单击“重命名”命令，弹出如图 1-10 所示的“重命名”对话框。在这个对话框中，用户可以重命名当前活动文件、磁盘中的文件或者内存中的文件。

图 1-10　“重命名”对话框

(9)拭除。用于将模型文件从内存中删除，但该文件仍然保存在磁盘上。“拭除”命令含两个子命令。

①当前：将当前在窗口中的文件从内存中删除。

②不显示：将内存中的所有文件删除，包括不在窗口显示的文件。

(10)删除。用于将文件从硬盘中永久删除。“删除”命令含两个子命令。

①旧版本：删除该模型的所有旧版本，仅保留新版本。

②所有版本：将一个文件的所有版本从硬盘中删除。系统会出现警告信息，以提醒用户再次确认。

(11)打印。用于使用打印机或绘图仪输出设计结果，如打印零件模型、装配模型或工程图等。

(12)退出。用于退出 Pro/ENGINEER Wildfire 系统。单击“退出”命令后，弹出如图1-11所示的对话框。单击“是”按钮即退出系统，单击“否”按钮取消退出命令。

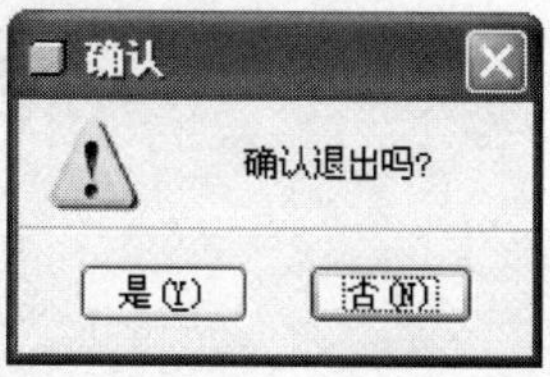

图 1-11　“退出”对话框

2.“编辑”菜单

单击菜单栏中的“编辑”菜单，弹出如图 1-12 所示的菜单命令。用户通过各菜单命令可以对设计工作进行编辑操作。

下面对一些常用的菜单命令进行介绍。

(1)再生：用于对已经做过修改的图形进行刷新操作，这样可以去除一些不必要的废弃线条。

(2)阵列：用于对选定对象进行阵列操作。单击该命令后，弹出“阵列”操控板，可以对选定对象进行相同、可变化或一般形式的阵列。

(3)隐含和恢复：用于隐含选定的对象，使之不显示在模型中。首先选中一个对象，接着单击“隐含”命令后，弹出如图 1-13 所示的“隐含”警告对话框。单击“确定”按钮即可将对象隐含。“恢复”命令正好相反，即恢复被隐含的对象。

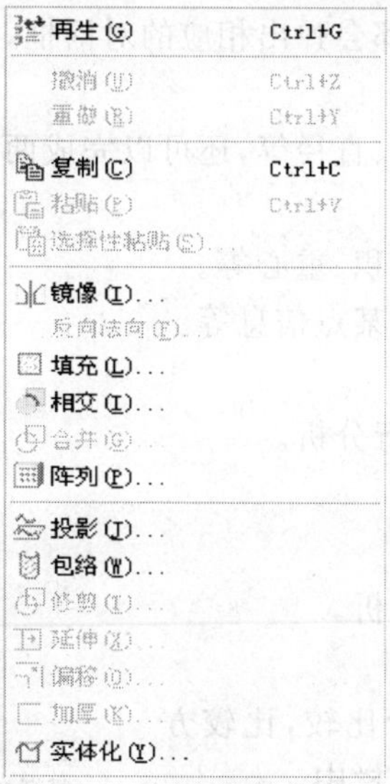

图 1-12　“编辑”菜单

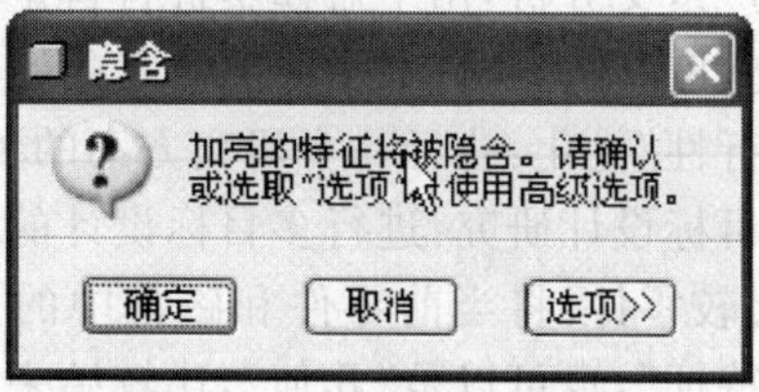

图 1-13　“隐含”对话框

(4)删除：用于删除选定的对象。首先选中对象，接着单击“删除”命令，同样弹出一个“删除”警告对话框。单击“确定”按钮即可将对象删除。

(5)参照：用于对特征重新确定次序。

(6)定义：用于对特征重新进行定义。

3.“插入”菜单

单击菜单栏中的“插入”菜单，弹出如图 1-14 所示的菜单命令。用户可通过各菜单命令插入一些特征操作，通过这些特征插入操作来完成设计工作。

4.“分析”菜单

单击菜单栏中的“分析”菜单，弹出如图 1-15 所示的菜单命令。用户可通过各菜单命令对几何元件进行分析，包括测量、计算、曲线曲面的分析等。

图1-14　“插入”菜单

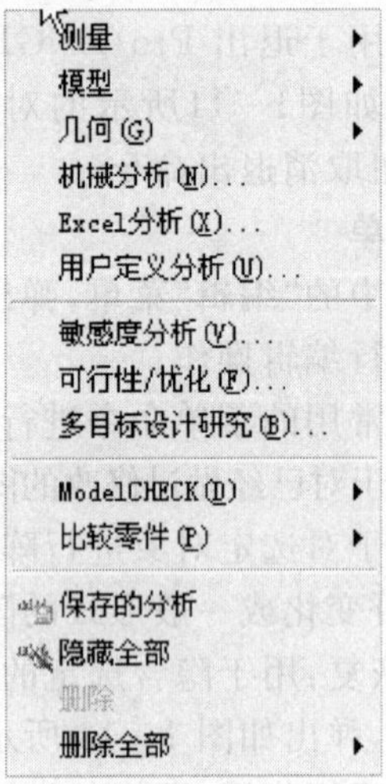

图1-15　“分析”菜单

下面对一些常用的菜单命令进行介绍。单击命令后，都会弹出相应的对话框，在对话框中可以对各种几何量进行分析。

(1)测量：用于测量几何图元，如距离、长度、角度、面积、直径等，还可以完成两个坐标系之间坐标值的转换功能。

(2)模型：用于分析模型，如模型的密度、质量、体积、面积、重心等。

(3)几何：用于分析曲线曲面，如曲率、曲率半径、切线、某点信息等。

(4)机械分析：用于用户执行机械分析功能。

(5)Excel分析：使用微软公司的Excel软件对模型进行分析。

(6)用户定义分析：用于对模型进行自定义分析。

(7)敏感度分析：执行一个研究方案的敏感度分析。

(8)可行性/优化：执行一个研究方案的可行性/优化分析。

(9)多目标设计研究：进行多目标设计的研究。

(10)比较零件：将当前零件和磁盘中的另一零件进行比较，比较方式可以是“特征”，也可以是“几何”，比较结果将显示在信息栏中。

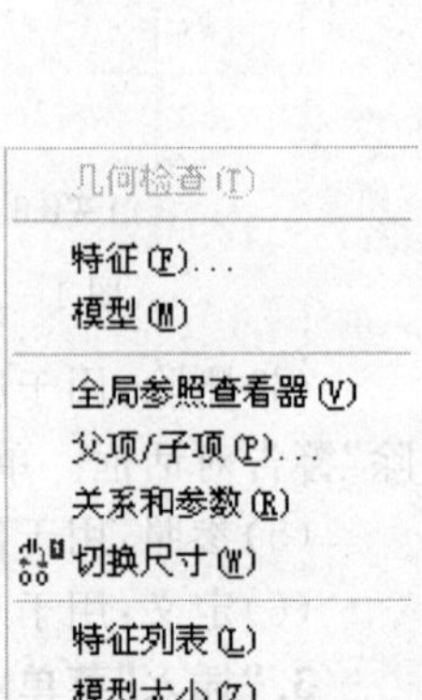

图1-16　“信息”菜单

5.“信息”菜单

单击菜单栏中的“信息”菜单，弹出如图1-16所示的菜单命令。用户可通过各菜单命令管理绘图区的显示属性、设置模型的显示状态以及控制模型的显示角度等。

下面对一些常用的菜单命令进行介绍。

(1)几何检查：对模型进行几何检测。若设计中发现几何错误，系统会给出错误信息。

(2)特征：通过单击该菜单命令，可以显示指定特征的信息。

(3)模型：通过单击该菜单命令，可以显示指定模型的信息。

(4)全局参照查看器：通过单击该菜单命令，用户可以查看全局的视图参照。

(5)父项/子项：通过单击该菜单命令，可以显示特征之间关系的信息。

(6)关系和参数：通过单击该菜单命令，可以查看模型中的关系式和参数信息。

(7)切换尺寸：通过单击该菜单命令，可以在使用代号表示的尺寸和使用数值表示的尺寸之间切换。

(8)特征列表：通过单击该菜单命令，可以显示模型的特征列表信息。

(9)模型大小：通过单击该菜单命令，可以显示模型的最大边框。

(10)审计追踪：通过单击该菜单命令，可以显示指定模型的审计追踪信息。

(11)进程信息：单击该级联菜单命令后，系统将显示下一层菜单。下面对这几个菜单命令的用法进行介绍。

①对象列表：显示当前进程中所有对象的名称。

②消息日志：显示所有在信息栏里出现过的系统信息，即显示旧消息。

③日期和时间：显示系统的日期和时间。

6.“应用程序”菜单

单击菜单栏中的“应用程序”菜单，弹出如图1－17所示的菜单命令。用户通过单击不同的菜单命令，可以切换不同的系统工作模式，主要包括标准零件模式、钣金件模式、继承模式、机械分析模式(Mechanical)、塑性顾问模式(Plastic Advisor)以及模具/铸造模式，并且用户还可以启动Pro/ENGINEER会议。

7.“工具”菜单

单击菜单栏中的“工具”菜单，弹出如图1－18所示的菜单命令。

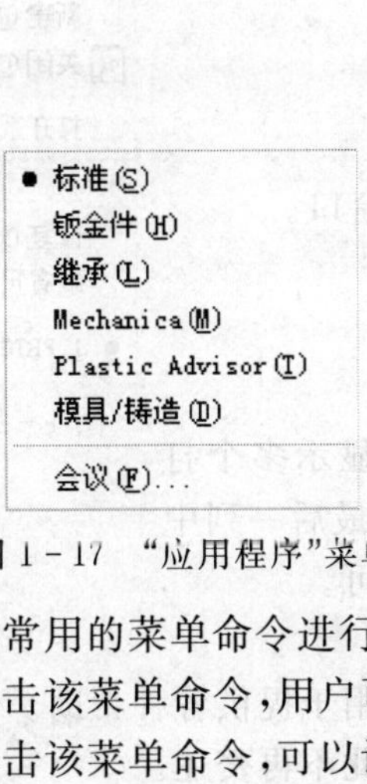

图1－17　“应用程序”菜单

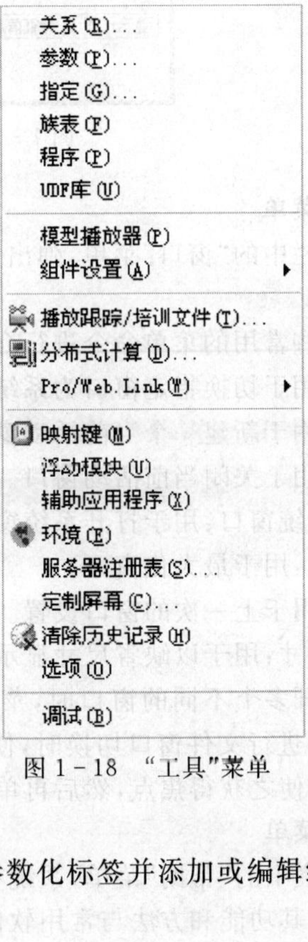

图1－18　“工具”菜单

下面对一些常用的菜单命令进行介绍。

(1)关系：单击该菜单命令，用户可进入环境查看参数化标签并添加或编辑约束方程。

(2)参数：单击该菜单命令，可以设置参数。

(3)族表:单击该菜单命令,可以创建/修改零件族表。

(4)程序:单击该菜单命令,可以访问 Pro/PROGRAM 功能。

(5)模型播放器:用于再现当前模型的整个创建过程。单击该命令,弹出如图 1-19 所示的"模型播放器"对话框。通过该对话框,用户可以查看当前模型的创建过程。

(6)播放跟踪/培训文件:用于播放轨迹/培训文件,可以使用户恢复被意外中断的设计工作。

(7)分布式计算:采取分布式计算方法来加快系统计算速度。

(8)Pro/Web. Link:用于连接互联网,使用户能够共享互联网上的资源。

(9)映射键:用于设置映射键,后面将进行专门介绍。

(10)环境:用于设置各种环境参数。

(11)定制屏幕:用于用户自定义工作屏幕,如工具栏的内容、位置等。

(12)选项:用于编辑并载入一个配置文件。

(13)调试:包括信息调试、创建标记、模型调试和绘图调试等基本内容。单击此命令,在"菜单管理器"中显示"调试"菜单。通过单击菜单中的命令可以完成相应的调试工作。

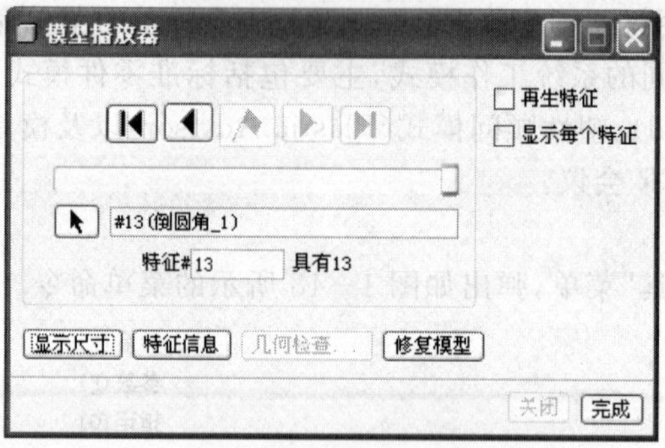

图 1-19　"模型播放器"对话框

8."窗口"菜单

单击菜单栏中的"窗口"菜单,弹出如图 1-20 所示的菜单命令。用户可通过各菜单命令管理窗口操作。

下面对一些常用的菜单命令进行介绍。

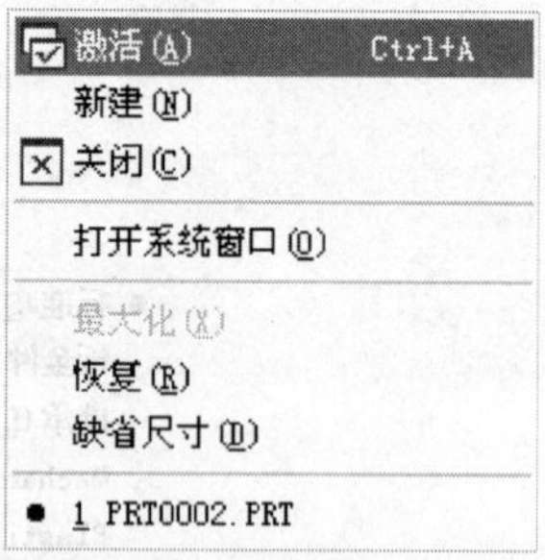

图 1-20　"窗口"菜单

(1)激活:用于切换指定窗口为系统当前活动窗口。

(2)新建:用于新建一个当前活动窗口。

(3)关闭:用于关闭当前活动窗口。

(4)打开系统窗口:用于打开系统窗口,即 MS-DOS 窗口。

(5)最大化:用于最大化窗口。

(6)恢复:用于上一次的窗口设置。

(7)缺省尺寸:用于以缺省尺寸显示当前窗口。

当同时打开多个不同的窗口时,菜单的最后一列将显示多个打开的文件,当要进行文件窗口切换时,使用鼠标单击菜单最后一列中对应的文件名,使之获得焦点,然后再单击"激活"命令即可。

9."帮助"菜单

单击菜单栏中的"帮助"菜单,系统将显示菜单命令,用于提供各种帮助。菜单中的各命令操作非常简单,其功能和方法与常用软件的帮助相似,在此不再赘述。

1.4 坐标系

坐标系是特征创建的基础，利用它可以确定模型的相对位置。它的作用如下。

(1)计算质量属性。

(2)由方程创建基准曲线。

(3)组装元件。

(4)为“有限元分析(FEA)”放置约束。

(5)为刀具轨迹提供制造参照。

(6)用作定位其他特征的参照(另一坐标系、基准点、平面、轴线和输入的几何图形等)。

Pro/ENGINEER 使用 3 种坐标系，包括笛卡尔坐标系、圆柱坐标系和球坐标系。不同的坐标系需要不同的参数来确定位置。

1.4.1 创建基准坐标系的界面

单击菜单栏中的“插入”→“模型基准”→“坐标系”命令，或单击“基准”工具栏中的基准坐标系工具，弹出如图 1-21 所示的“坐标系”对话框。

“坐标系”对话框中包括 3 个标签：原始、定向和属性。

(1)“原始”标签页允许用户选择参照对象、偏移类型(笛卡儿坐标、柱坐标、球坐标)和输入偏移量。

(2)“定向”标签页可以设置坐标系轴的位置。

(3)“属性”标签页可以重命名坐标系。

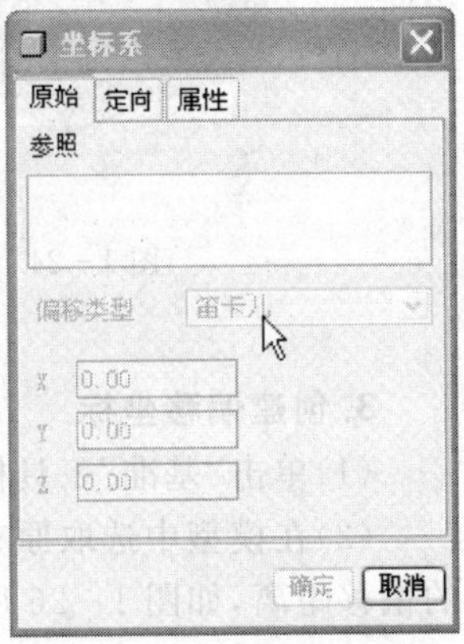

图 1-21 “坐标系”对话框

1.4.2 创建基准坐标系的方法

1. 选取 3 个平面创建坐标系

(1)单击菜单栏中的“插入”→“模型基准”→“坐标系”命令，或单击“基准”工具栏中的基准坐标系工具，弹出“坐标系”对话框。

(2)按住 Ctrl 键在模型中选取如图 1-22 所示的 3 个平面，选取对象出现在“坐标系”对话框中。

(3)单击“定向”标签，可以设置坐标系的 X 轴、Y 轴方向。

(4)单击“确定”按钮，得到如图 1-23 所示的坐标系 CSO。

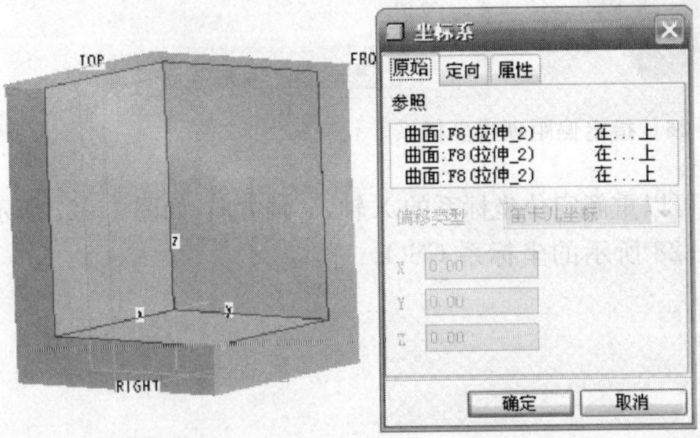

图 1-22 选取 3 个平面创建坐标系

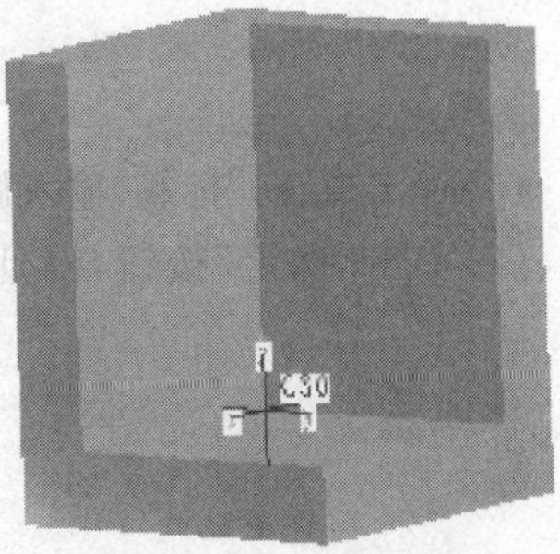

图 1-23 CSO 坐标系

2. 选取两轴一点创建坐标系

(1)单击“基准”工具栏中的基准坐标系工具，弹出“坐标系”对话框。

(2)在模型中选取一点作为坐标原点，单击“坐标系”对话框中的“定向”标签，按住Ctrl键选取两条直边作为参照确定坐标系的X轴、Y轴方向，如图1-24所示。

(3)单击“确定”按钮，得到如图1-25所示的坐标系CSO。

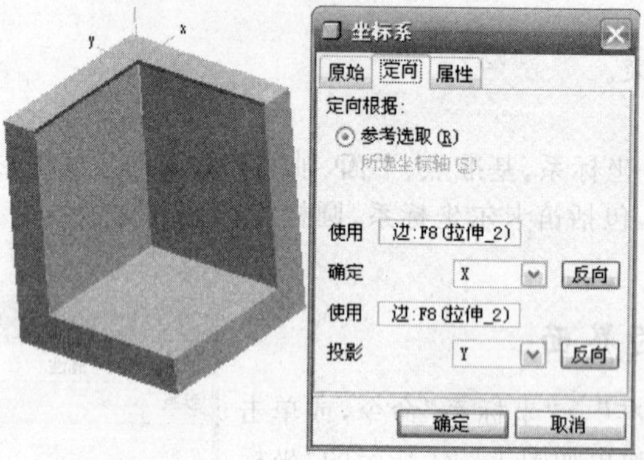

图1-24 选取两轴一点创建坐标系

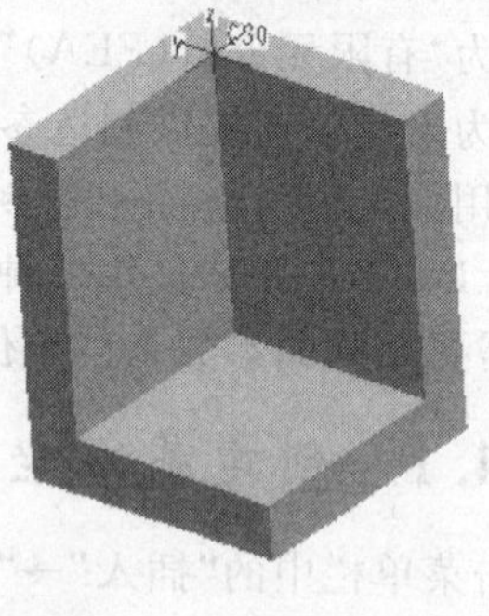

图1-25 CSO坐标系

3. 创建偏移坐标

(1)单击“基准”工具栏中的基准坐标系工具，弹出“坐标系”对话框。

(2)在模型中选取原有的坐标系，在“坐标系”对话框中分别设置在X轴、Y轴、Z轴方向上的偏移距离，如图1-26所示。

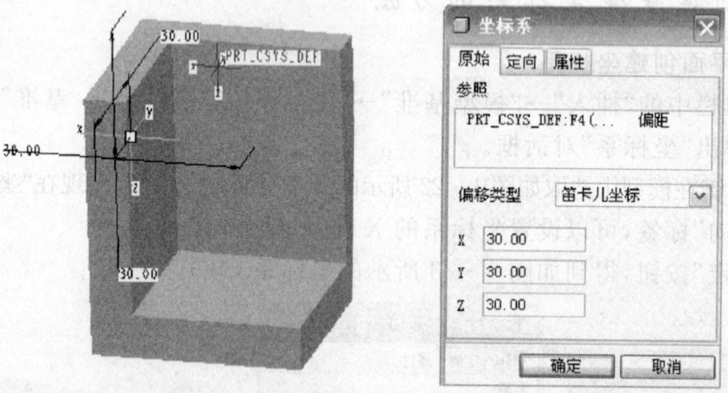

图1-26 指定偏距创建坐标系

(3)单击“定向”标签，输入旋转角度可以重新定位坐标系的X轴、Y轴方向，如图1-27所示。

(4)单击“确定”按钮，得到如图1-28所示的坐标系CSO。

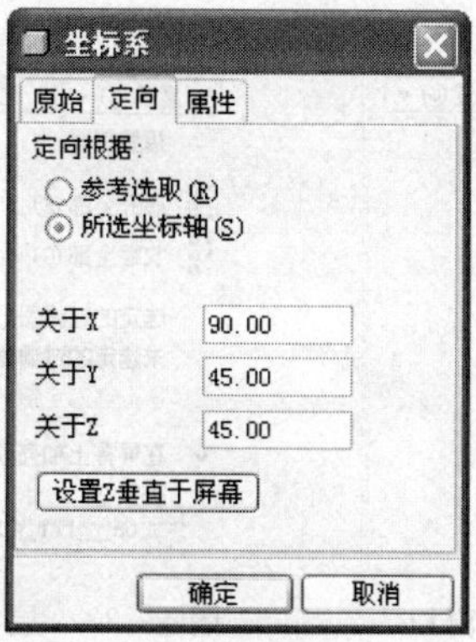

图 1-27 新坐标系定向

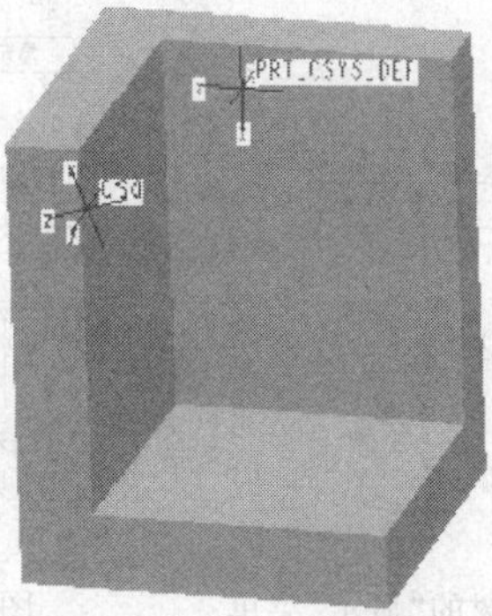

图 1-28 CSO 坐标系

4. 指定两轴创建坐标系

(1)单击"基准"工具栏中的基准坐标系工具 ，弹出"坐标系"对话框。

(2)在模型中按住 Ctrl 键选取两条直边或轴，在"坐标系"对话框中单击"定向"标签，确定坐标系的 X 轴、Y 轴方向，如图 1-29 所示。

(3)单击"确定"按钮，得到如图 1-30 所示的坐标系 CSO。

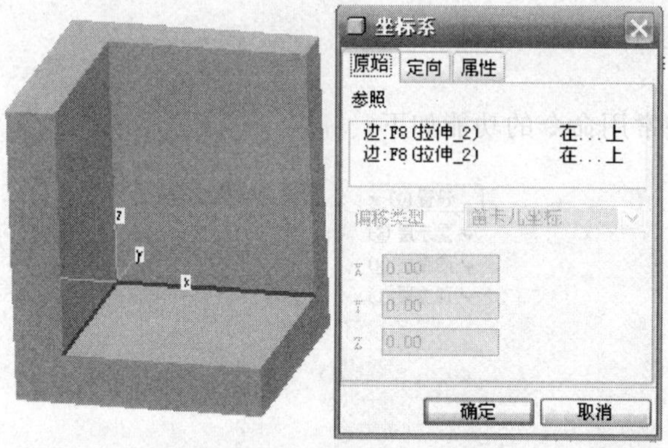

图 1-29 指定两轴创建坐标系

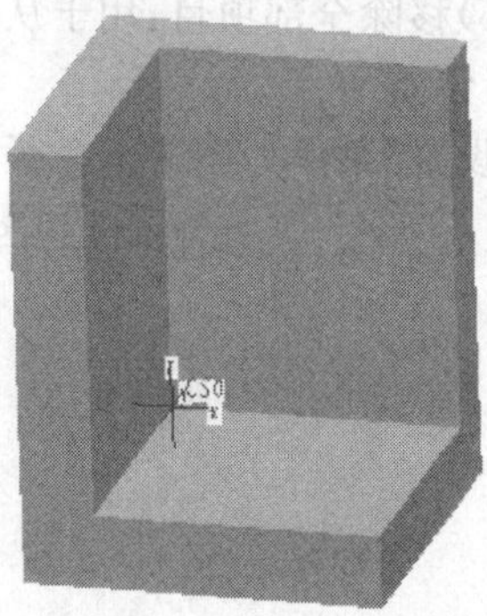

图 1-30 创建 CSO 坐标系

1.5 图层

1.5.1 图层界面

在 Pro/ENGINEER Wildfire 中，图层的功能是将特征、零件等对象置于不同图层，通过隐藏、显示等操作，避免视觉混乱，提高系统运算速度。图层要在图层树下进行设置和操作，通过模型树，单击"显示"→"层树"命令，如图 1-31 所示，就可以打开如图 1-32 所示的图层树窗口。

图层树窗口上方包括显示、层、设置 3 个下拉式菜单。

1. 显示

"显示"菜单用于显示位于不同级别的层(包括组件中的嵌套层和子模型层)中的"模型树"或项目。"显示"菜单如图 1-33 所示，其中"模型树"用于切换显示，返回模型树。

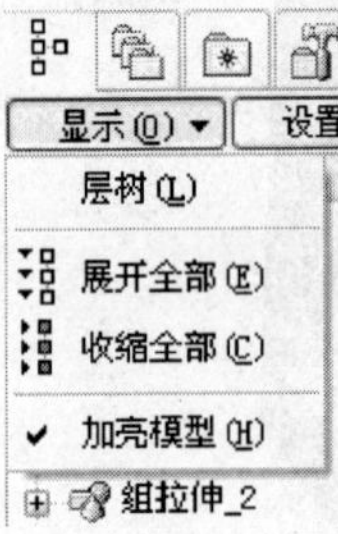

图 1-31 模型树的“显示”菜单

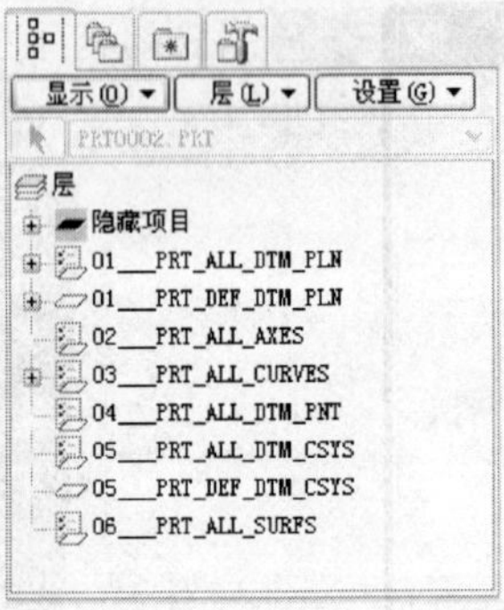

图 1-32 图层树窗口

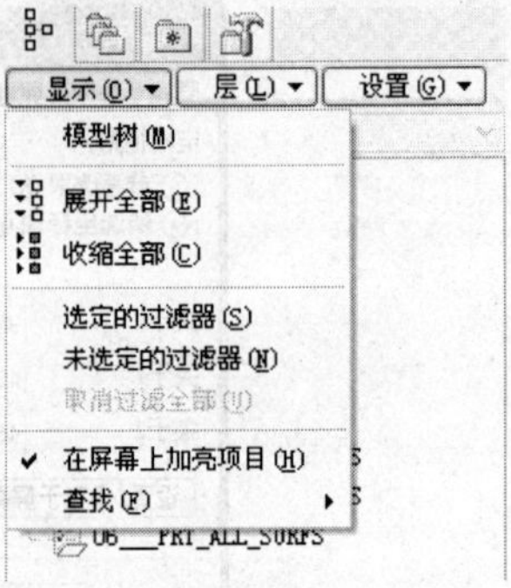

图 1-33 层树的“显示”菜单

2. 层

使用“层”菜单来创建新层、设置规则或编辑属性。另外，还可传播、删除、移除、剪切、复制、粘贴项目或层。“层”菜单如图 1-34 所示，一些常用命令的功能如下。

(1)新建层：用于创建新层。

(2)重名命：用于在模型中重命名所选层。

(3)层属性：用于修改所选层的属性。

(4)删除层：用于删除所选层。

(5)移除全部项目：用于从所选层中移除所有项目。

3. 设置

“设置”菜单如图 1-35 所示，一些常用命令的功能如下。

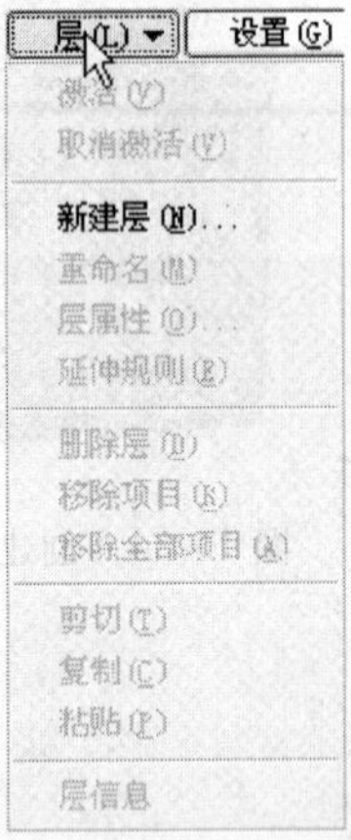

图 1-34 “层”菜单

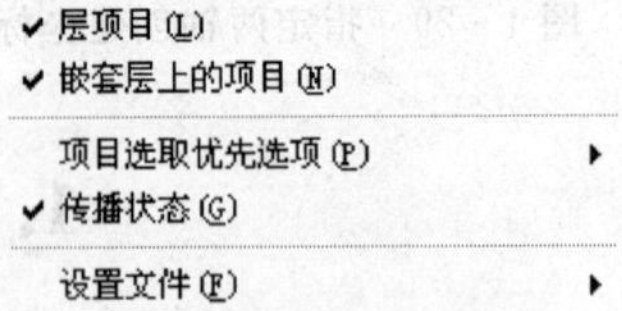

图 1-35 “设置”菜单

(1)显示层：在层树中包括显示层。

(2)隐藏层：在层树中包括遮蔽层。

(3)孤立层：在层树中包括孤立层。

(4)项目选取优先选项：可对相同名称的子模型层进行操作。

(5)文件设置：对活动对象的层信息进行操作。

1.5.2 图层的使用

1. 层的类型

层树中使用的层的类型主要有以下几种。

(1)简单层:将项目手动添加到层中。

(2)缺省层:使用 def_layer 配置选项创建的层。

(3)规则层:主要由规则定义的层。

(4)嵌套层:主要包含其他层的层。

(5)同名层:含有组件中所有元件的全部同名层。

图层命令运用过程中,常与“视图”中“可见性”命令结合起来使用。也可以通过模型显示开关,进行模型显示的操控。在运用图层命令时,还可结合基准显示开关,进行图形显示的操作。

2. 添加项目到层

在图层树窗口中,单击“层”→“新建层”命令,弹出如图 1-36 所示的“层属性”对话框。

对话框中包含 3 个标签。

(1)内容:手动向当前层添加或移除项目。

(2)规则:定义在当前层选取项目的规则。

(3)注释:为当前层添加说明注释。

可添加到层的项目有以下几种。

(1)元件:只用于装配模式下,包括零件和子组件。

(2)特征。

(3)基准平面/轴/点/曲线。

(4)坐标系。

(5)面组。

(6)草绘图。

(7)文字:包括基准平面、轴、点及坐标系统的名称标签。

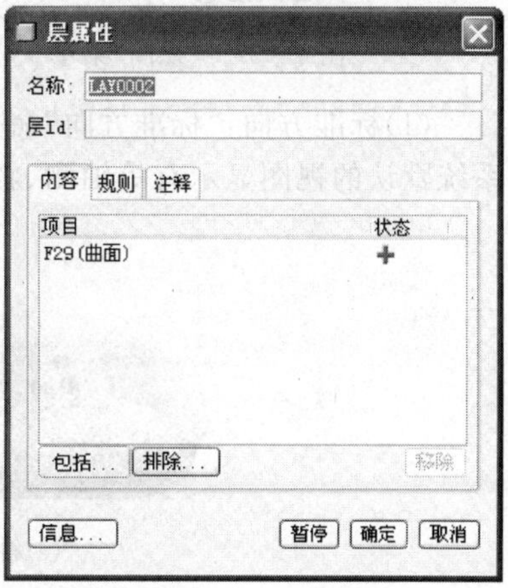

图 1-36　“层属性”对话框

注意:可将一个项目添加到多个层中,方法为:首先使用一个层的“层属性”对话框将项目添加到该层中,该层包含此项目后,可在“层树”中选取该项目,单击鼠标右键,在弹出的菜单中单击“复制项目”命令,然后选取要复制此项目的所有其他层;单击快捷菜单中的“粘贴项目”命令,将项目复制到所有选定层中。

1.6　视图操作

视图操作主要用来调整视图大小、视图方位及设置模型显示方式等,如图 1-37 所示。

下面对一些常用的视图命令进行介绍。

1. 重画

用于重画当前视图。当模型作出某些改变之后,可单击“重画”命令消除系统留下的痕迹,即对设计工作区进行刷新。其图标按钮为▣。

2. 着色

此命令可将线框图表示的零件着色,产生彩色明暗图,使零件轮廓更加清晰,效果更加真实。其图标按钮为□。

3. 方向

“方向”级联菜单如图 1-38 所示,其中各命令功能如下。

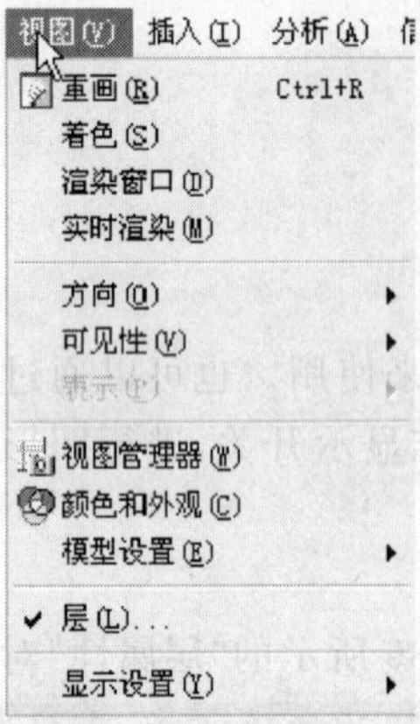

图 1-37　“视图”菜单

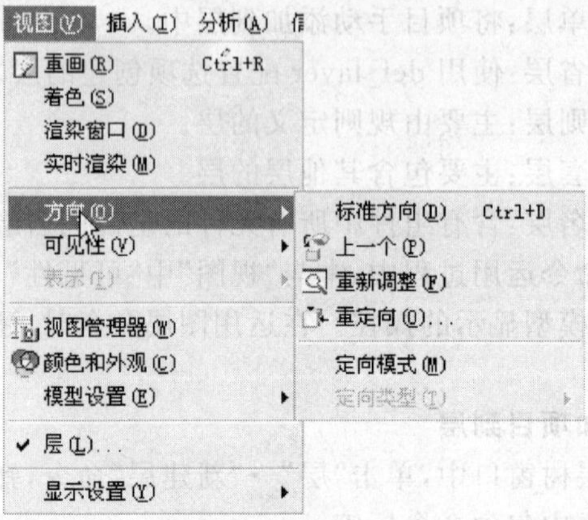

图 1-38　“方向”级联菜单

（1）标准方向：“标准方向”命令使模型旋转到系统默认视图显示方式。其图标按钮为 。系统默认的视图显示有等轴测、斜轴测和用户定义 3 种方式，效果如图 1-39 所示。

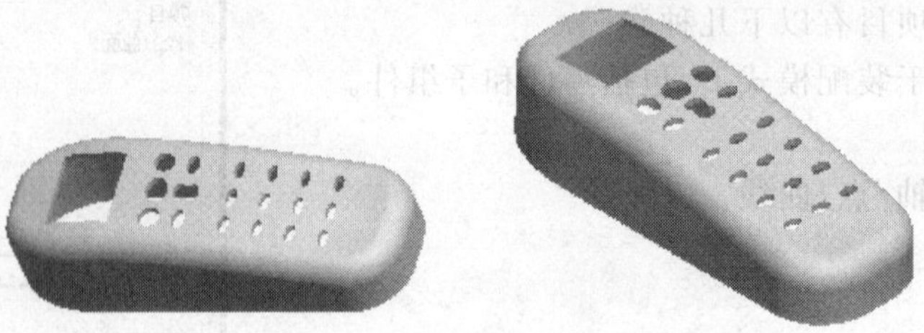

(a)斜轴测　　(b)等轴测

图 1-39　默认视图显示效果

默认视图显示方式可单击菜单栏中的“工具”→“环境”命令，弹出“环境”对话框。在“标准方向”选项框中进行设置即可。

（2）上一个：用于返回到模型前一个视角方向。

（3）重新调整：该命令用于调整物体的大小，以使其完全显示在屏幕上，使物体与绘图区相适应。其图标按钮为 。

（4）重定向：该命令的作用是重新确定视角的方向，其图标按钮为 。单击该命令，弹出如图 1-40 所示的“方向”对话框，在这个对话框中可以重新定义视角方向。

（5）定向模式：单击“定向模式”命令后，“定向类型”命令可用。

（6）定向类型：可以决定视图变化时的显示效果，其中包括 4 个选项。

①动态：对象将随时发生变化。

②固定：模型的旋转由指针相对于其初始位置移动的方向和距离控制。视图中心每转 90°改变一种颜色。

③延迟：指针移动时对象方向不变，但释放鼠标中键时改变到最终方向。

④速度：对象按照固定速度旋转。

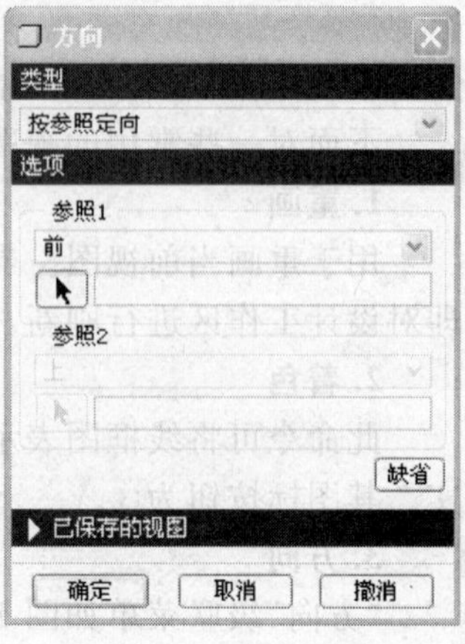

图 1-40　“方向”对话框

4. 可见性

“可见性”级联菜单包含 6 个选项，其中常用命令功能如下。

(1)隐藏：用于隐藏所选特征和元件。

(2)取消隐藏：不再隐藏所选特征和元件。

(3)全部取消隐藏：不再隐藏任何特征和元件。

5. 显示设置

用于设置当前视图的显示情况，包括模型显示、基准显示、系统颜色、图元颜色等。在显示的菜单中单击命令后，系统将会弹出相应的对话框，进行一些相应参数的设置。

(1)模型显示：用于设置模型的边/线、阴影等属性以及重定向时的动画等。

(2)基准显示：用于设置基准图元的显示状态。

(3)性能：用于设置视图的显示情况。

(4)可见性：用于设置模型显示的深度、阈值等参数。

(5)系统颜色：用于设置系统显示颜色。

6. 颜色和外观

用于设置对象颜色和外观，对象包括零件、曲面、基准等。

7. 模型设置

用于设置当前模型的显示状况。单击“模型设置”命令后，弹出级联菜单。在级联菜单中单击命令后，系统将会弹出相应的对话框，进行一些相应参数的设置。

(1)光源：用于设置模型环境的光照属性。

(2)透视图：用于设置模型的透视状况。

(3)房间编辑器：用于对模型所在的环境进行设置。

(4)渲染控制：用于对模型进行贴图、修改光照、透视性等。

(5)网格曲面：用于为指定曲面划分网格。

1.7　快捷键

所谓快捷键，就是通过某一简单的操作来完成一项比较复杂的操作，也叫映射键。利用映射键功能，可以将某些公共操作以映射键的形式记录下来，再次使用时只要执行映射键操作即可，这样可以提高设计效率。设置映射键的步骤如下。

1. 新增映射键

(1)单击菜单栏中的“工具”→“映射键”命令，弹出如图 1-41 所示的“映射键”对话框。

(2)单击“新建”按钮，弹出“录制映射键”对话框。在“键序列”文本框中输入映射键的名称，也就是输入键盘按键的名称。为了以后便于识别映射键，用户可以在“名称”文本框中输入此映射键的名字，同时在“说明”文本框中输入该映射键的简明扼要的用途说明。例如把隐藏/显示导航栏窗口的功能映射到功能键 F1 上，在“名称”文本框中输入“导航栏”，在“说明”文本框中输入“隐藏/显示导航栏”，最后设置完成的对话框如图 1-42 所示。

图 1-41　“映射键”对话框

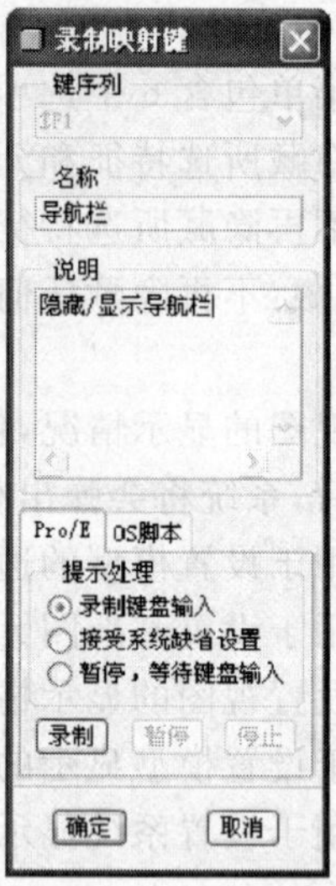

图 1-42　设置完成的“录制映射键”对话框

在“键序列”文本框中输入键名时，如果输入的是 F1～F12 功能键，就必须在功能键的前面加上“$”符号，对于其他键，则不必输入“$”符号。

2. 录制映射键

单击“录制”按钮，开始录制映射键。用鼠标单击如图 1-43 所示的导航栏右侧向左的箭头，则绘图区将会最大化而将导航栏隐藏，如图 1-44 所示。然后单击“停止”按钮结束映射键的录制，最后单击“确定”按钮，返回“映射键”对话框。这时可以看到 F1 经过映射后已经有了自己的名称和说明，如图 1-45 所示。

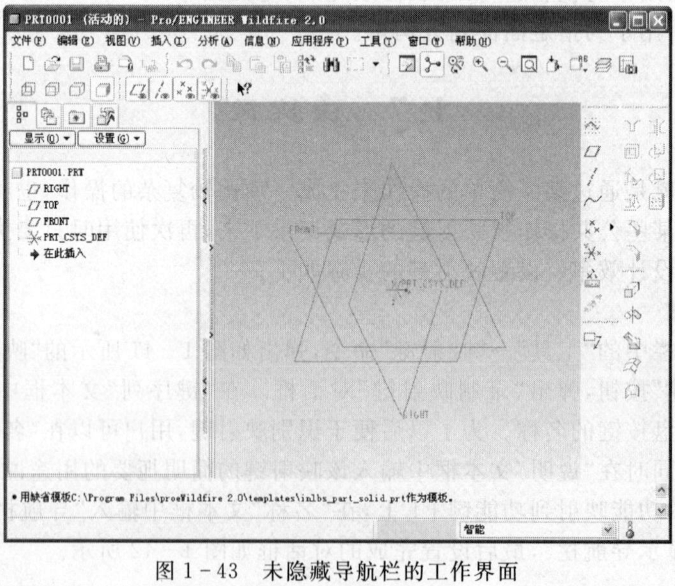

图 1-43　未隐藏导航栏的工作界面

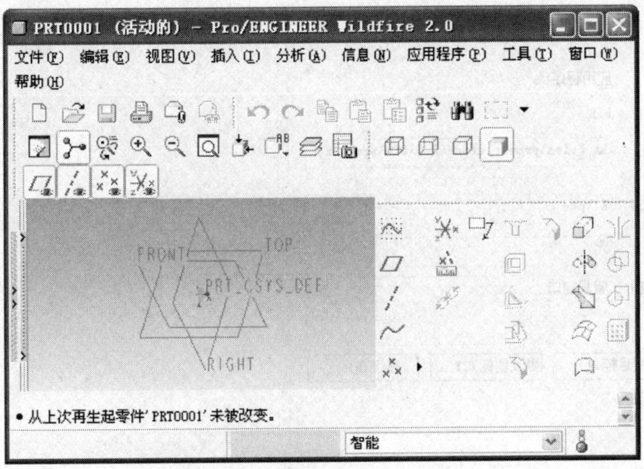

图1-44 隐藏导航栏的工作界面

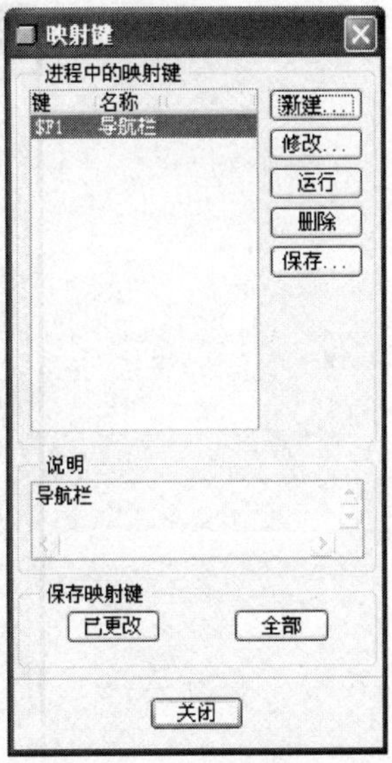

图1-45 添加映射键后的对话框

3. 保存映射键

在"映射键"对话框中先单击"全部"按钮，再单击"保存"按钮，在弹出的"保存"对话框中单击"OK"按钮，便将录制好的映射键保存在系统配置文件中。最后单击"映射键"对话框中的"关闭"按钮，便完成了映射键的录制。此时，按一下 F1 键，就会隐藏导航栏，下一次再按下 F1 时，就会重新显示导航栏。

1.8 系统设置

本节介绍 Pro/ENGINEER 系统设置方面的内容。

1.8.1 设置工作目录

由于 Pro/ENGINEER Wildfire 软件在运行过程中将大量的文件保存在当前目录(默认目录)中，也常常从当前目录自动打开文件，为了便于文件管理，通常在使用 Pro/ENGINEER Wildfire 软件进行设计前要先设置工作目录。设置工作目录的步骤如下。

(1)运行 Pro/ENGINEER Wildfire。单击菜单栏中的"文件"→"设置工作目录"命令，在弹出的"选取工作目录"对话框中选择所需的目录，然后单击"确定"按钮，设置工作目录完成。

(2)用鼠标右键单击桌面上的 Pro/ENGINEER Wildfire 快捷方式，在弹出的菜单中单击"属性"命令，弹出如图1-46所示的"Pro ENGINEER 属性"对话框。单击对话框中的"快捷方式"标签，然后在"起始位置"文本栏中输入工作目录的路径，如"E:\ pro"，单击"应用"按钮，再单击"确定"按钮。以后只要用此快捷方式启动即可直接进入设定的工作目录。

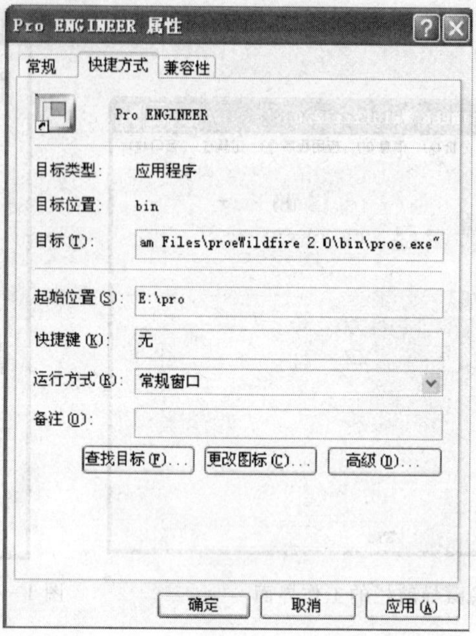

图 1-46 "Pro/ENGINEER 属性"对话框

1.8.2 设置轨迹文件目录

所谓轨迹文件是指在 Pro/ENGINEER Wildfire 运行时，系统将用户的所有操作过程同步记录在硬盘上的一种方式，可以看作是用户整个操作过程的全程录像，即跟踪轨迹文件。轨迹文件的默认存放目录就是用户所设定的工作目录，因此，用户在创建模型时会产生大量的轨迹文件，既占用内存，又不便于用户查找文件。设置轨迹文件目录来存放设计过程中产生的轨迹文件，可以使用户更方便地管理文件。

设置轨迹文件目录的方法是：在工作目录下新建一个文本文件，命名为"config. pro"。用记事本打开该文件，在其中设定一个参数"trail_dir"的值为轨迹文件存放目录，格式为"trail_dir x:\xxx"，如图 1-47 所示，编辑完成后保存即可。

图 1-47 设置轨迹文件目录

1.8.3 设置界面语言

Pro/ENGINEER Wildfire 的界面语言本身就是一个模块，可以通过配置文件来定义其显示方式，共有 3 种显示方式：只显示英文、只显示中文、同时显示中英文。其设置方式为在"config. pro"文件中设置参数"menu_translation"的值。

(1) menu_translation no：只显示英文。

(2) menu_translation yes：只显示中文。

(3)menu_translation both:同时显示中英文。

1.9 零件建模的一般过程

本节介绍零件建模的基本步骤和流程等内容。

1.9.1 零件建模基本步骤

零件建模基本步骤如下。

(1)运行 Pro/ENGINEER Wildfire,进入零件设计模式,新建零件文件。

(2)首先创建基础实体特征。

(3)随后在基础实体特征上添加其他放置特征。

(4)修改和完善设计。

(5)如果设计已经满意,则存盘退出;如果不满意,将继续修改或添加特征。

1.9.2 零件建模基本流程

1.选择特征类型

在基本环境设置好之后,就可以启动 Pro/ENGINEER Wildfire 开始零件设计。任何复杂的机械零件都可以看成是由一些简单的特征经过相互之间的叠加、切割或相交组合而成。一个零件的建模过程实际上就是许多个简单特征相互之间的叠加、切割或相交的操作过程。那么在设计之前,首先要确定要设计的是什么样的特征,然后才能根据选择的特征来进一步设计。一般有两种情况:一是刚开始设计,界面中什么特征也没有,这时选择的特征就称为第一特征;二是已经有了第一特征或几个特征,要在此基础上继续建立特征,这时选择的特征可以叫后续特征。特征的生成顺序很重要。不同的建模顺序虽然可以构造出同样的实体零件,但构造出来的实体零件结构却具有不同的稳定性、可修改性、可理解性及使用性。

在零件建模过程中 Pro/ENGINEER Wildfire 最先建立的那个特征就是基本特征,一般使用零件的第一个实体特征作为该零件的基本特征,它代表零件最基本的形状,零件其他特征的创建往往依赖于基本特征。因此,基本特征应能反映零件的主要形状。在创建基本特征时还要注意要方便创建其他特征。

2.绘制截面

在确定了进行哪一种特征的设计后,接着就是针对这种特征进行截面的绘制。因为所有的三维特征都是由二维截面通过一定的空间运动产生的,所以要生成三维实体,首先就要绘制合适的截面。下面以拉伸为例说明如何进入截面绘制,拉伸操作的步骤如下。

(1)单击"文件"工具栏中的新建工具,弹出"新建"对话框。点选"类型"选项组中的"零件"单选钮,点选"子类型"选项组中的"实体"单选钮,并在"名称"文本框中输入"part1",取消勾选"使用缺省模板"复选框,如图 1-48 所示。单击"确定"按钮,弹出"新文件选项"对话框。

(2)选择"mmns_part_solid"模板,如图 1-49 所示,表示零件模型为实体零件,单位为 mm(毫米)/N(牛顿)/s(秒)。单击"确定"按钮完成设置。

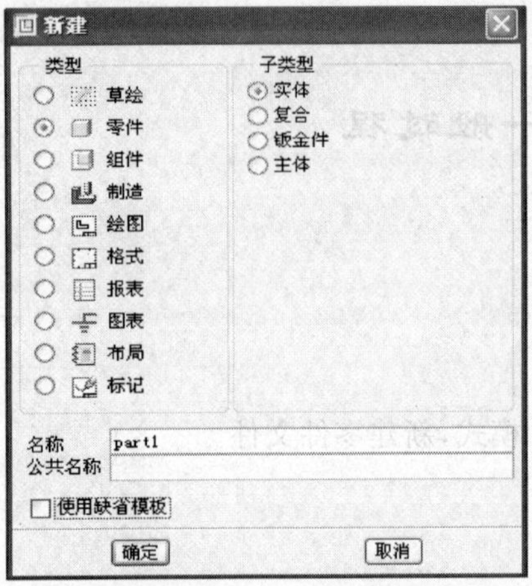

图 1－48 “新建”对话框

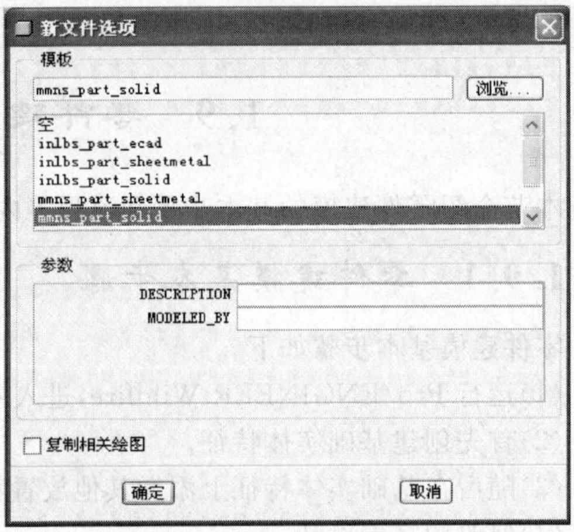

图 1－49 “新文件选项”对话框

(3)单击菜单栏中的“插入”→”拉伸”命令，或单击“基础特征”工具栏中的拉伸工具，弹出“拉伸”操控板。

(4)单击“拉伸”操控板中的“放置”按钮，弹出“放置”上滑板。单击“定义”按钮，弹出“草绘”对话框。选取基准平面“FRONT”作为草绘平面，其余选项接受默认设置。单击“草绘”按钮，进入草绘器。

(5)单击“草绘器”工具栏中的创建矩形工具□，绘制一个矩形，如图 1－50 所示。

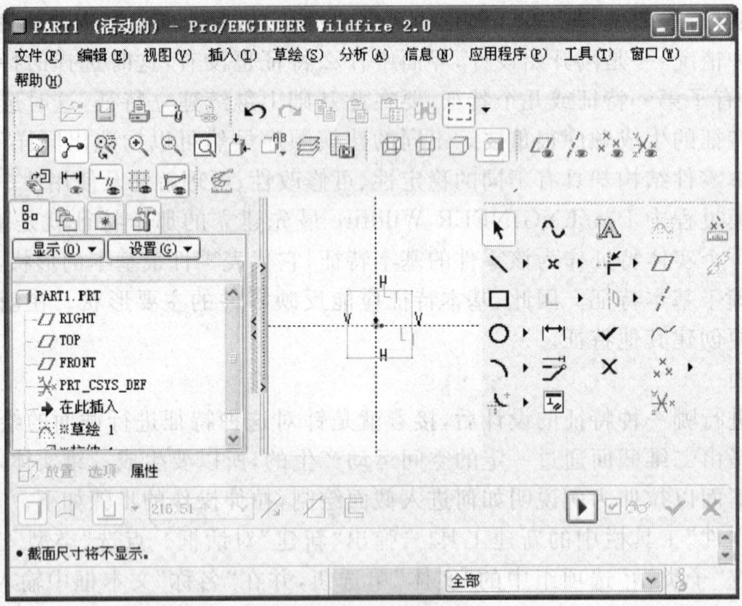

图 1－50 草绘截面

3. 生成特征

截面绘制完成后，就要根据所选择的特征类型让截面进行一定的空间运动来生成实体特征，即将已绘制完成的截面来生成一个实体特征。

单击“草绘器”工具栏中的完成按钮✔，退出草绘。单击“拉伸”操控板中的拉伸为实体按钮□和指定深度拉伸按钮，输入拉伸深度 20，如图 1－51 所示。单击建造特征按钮☑，完成拉伸特征的创建，结果如图 1－52 所示。

图 1－51　“拉伸”操控板

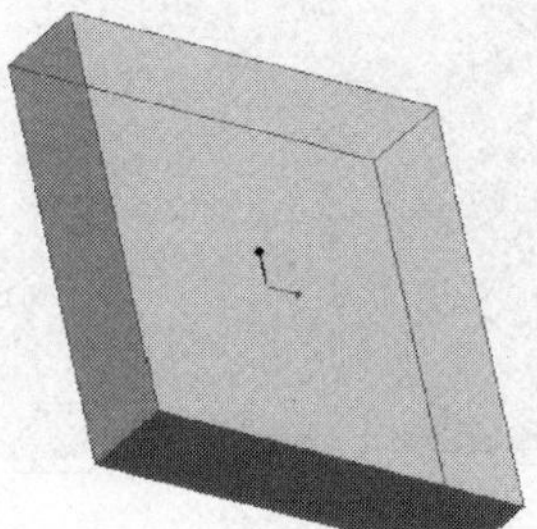

图 1－52　拉伸的零件

4. 修改特征

当一个零件完成后，经常会因为各种各样的原因需要对这个零件进行修改。而对一个零几何外形的修改不外乎就是对结构（形状）和尺寸（即大小）的修改。基本上对于结构的修改就是对截面的拓扑形式的修改，而对于大小的修改就是对截面的尺寸或运动尺寸的修改。

（1）修改形状。例如，要将拉伸件修改为五边形平板，可以用以下两种方法进行操作。

①在模型树中用鼠标右键单击拉伸特征，在弹出的的菜单中单击“编辑定义”命令，返回到此特征的定义界面。单击“拉伸”操控板中的“放置”按钮，弹出“放置”上滑板。单击“编辑”按钮，弹出“草绘”对话框。单击“草绘”按钮，进入草绘器。将截面修改为如图 1－53 所示的形状。单击“草绘器”工具栏中的完成按钮☑，完成截面形状的修改。单击“草绘”对话框中的“确定”按钮，再单击“拉伸”操控板中的建造特征按钮☑，完成拉伸特征的创建，结果如图 1－54 所示。

②在模型树中用鼠标右键单击相应的草绘特征，在弹出的菜单中单击“编辑定义”命令，弹出“草绘”对话框。单击“草绘”按钮，进入草绘器。将截面修改为如图 1－53 所示的形状。单击“草绘器”工具栏中的完成按钮✔，完成截面形状的修改。单击“草绘”对话框中的“确定”按钮，结果如图 1－54 所示。

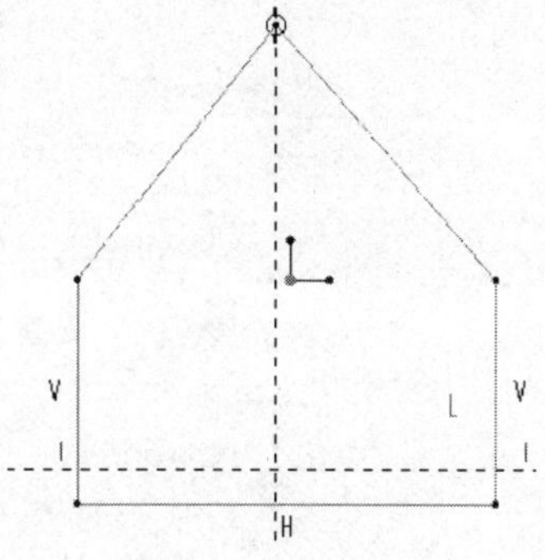

图 1－53　修改后的形状

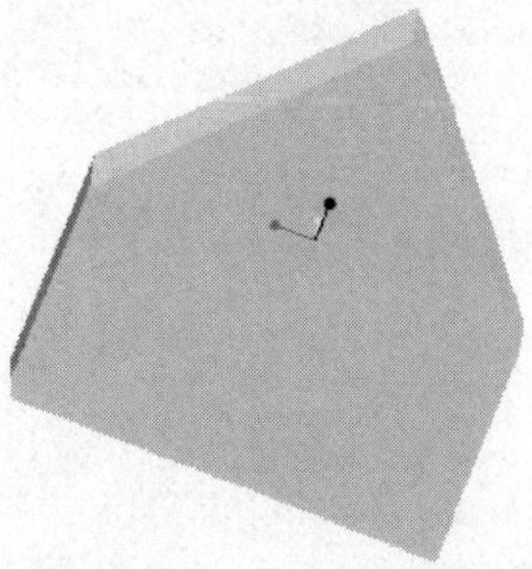

图 1－54　修改后创建的实体

（2）修改尺寸。

例如，要将拉伸件的拉伸高度由 20 变为 50，可以进行以下操作。

①直接在零件上双击，在模型上就会直观地显示关于此零件的尺寸，如图1－55所示。

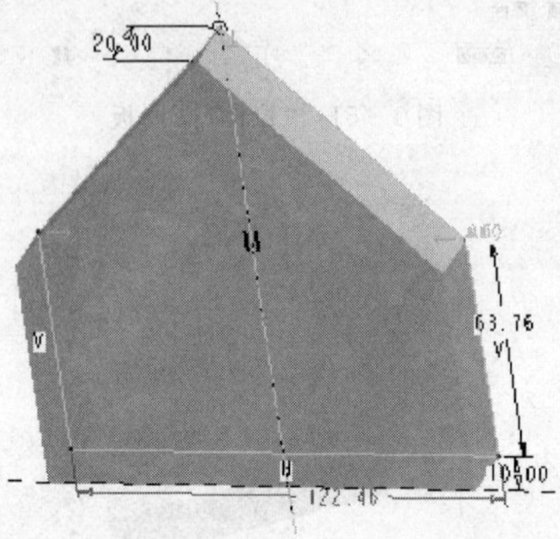

图1－55　零件尺寸

②直接双击需要修改的尺寸，将其修改后，按回车键即可。

③单击菜单栏中的“编辑”→“再生”命令，即可看到修改结果，如图1－56所示。

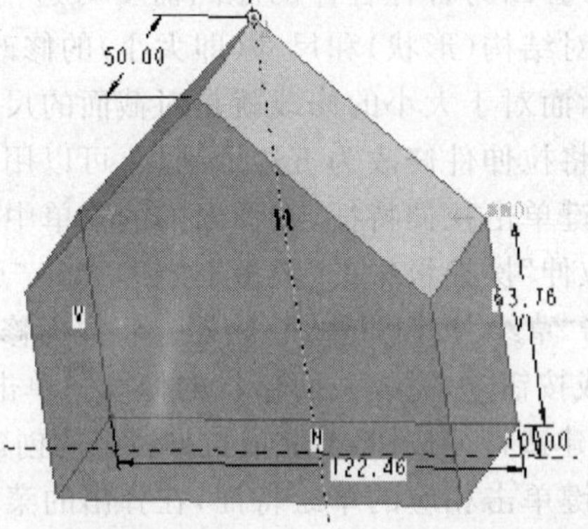

图1－56　再生零件

第 2 章　手环和水果盘建模

本章将通过两个曲面实例的建模过程介绍 Pro/ENGINEER Wildfire 3.0 中简单曲面类零件常用的建模方法。曲面类零件建模是造型设计和模具设计的基础，所使用的建模工具以“草绘曲线、可变剖面扫描、边界混合、关系定义、填充、合并、加厚、实体化”等曲面建模工具为主。曲面类零件形状复杂多样，建模方法灵活，但归根结底都不外乎以上的基本方法或其组合，这些方法后续章节还会作进一步的介绍。

2.1　手环的建模

手环的建模过程如下。

2.1.1　零件分析

手环外形如图 2－1 所示，由 5 根圆环旋转 15 圈相互交错组成。

图 2－1　手环外形

手环建模的具体操作步骤如下。

(1)创建草绘曲线。

(2)创建手环曲面轨迹，利用可变剖面扫描和工具关系尺寸定义。

(3)创建手环边链轨迹，利用复制边链得到。

(4)创建手环中每根小环截面。

(5)创建各小环轨迹。

(6)创建整体手环。

(7)简单渲染。

2.1.2　创建手环

(1)新建文件。启动 Pro/E Wildfire 3.0，单击标准工具栏的新建工具□，弹出“新建 Pro/E Wildfire 3.0 文件”对话框，选择“零件”，在“名称”文本框输入“shouhuan”，去掉“使用缺省模板”前勾号，单击“确定”按钮如图 2－2 所示。选择文件模板类型如图 2－3 所示，“mmns_ part_solid”表示以公制毫米、牛顿、秒为系统默认单位的零件实体模板。

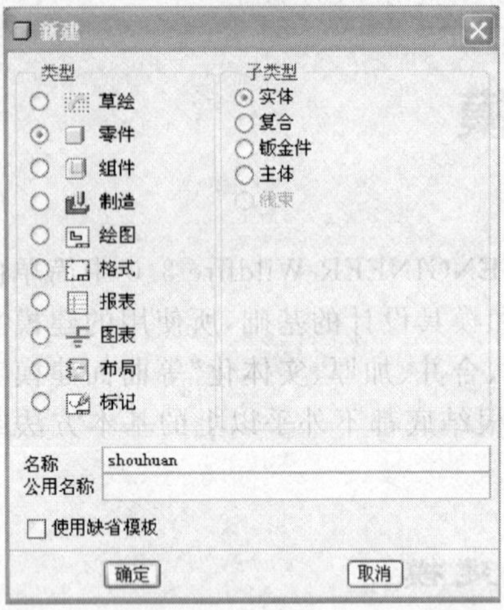

图 2-2　新建文件

图 2-3　选择文件模板类型

(2)创建草绘曲线。

①选择草绘平面：点击界面右边工具栏草绘命令，草绘工具。选择 TOP 平面作为草绘平面，以 RIGHT 平面作为草绘参照平面如图 2-4 所示。点击“草绘”进入草绘界面。

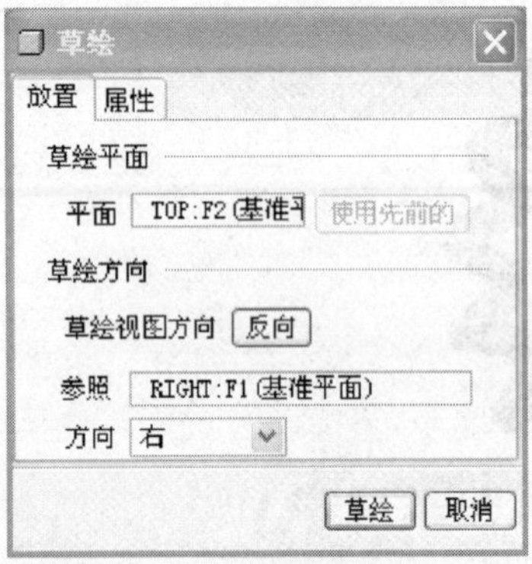

图 2-4　选择草绘平面

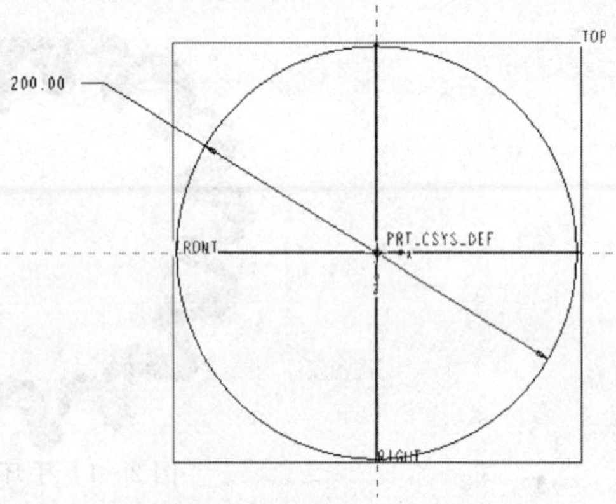

图 2-5　草绘图形

②创建草图：用“圆心和点”命令创建∅200 的圆，如图 2-5 所示。点击✔确定。

(3)创建手环曲面轨迹。

①利用“可变截面扫描曲面”创建手环曲面：点击“可变截面扫描”，选择“曲面”方式，点击“参照”，如图 2-6 所示；“原点轨迹”选择上一步所创建的圆，其他如图 2-7 所示。

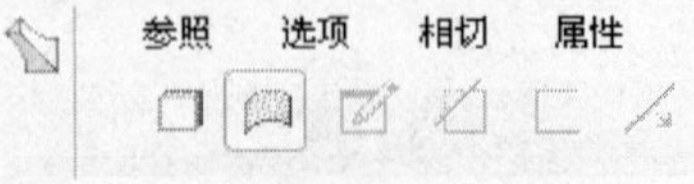

图 2-6　可变截面扫描操作面板

②创建扫描剖面：点击创建或编辑扫描剖面工具，创建扫描剖面如图 2-8 所示。

③创建曲面轨迹：点击“工具”→“关系”，打开“关系”对话框。点击角度尺寸“sd3”，此时草绘截面的各尺寸以变量符号显示，在对话框中输入“sd3＝trajpar＊360＊15”，如图 2-9 所示。点击确定，曲面如图 2-10 所示。

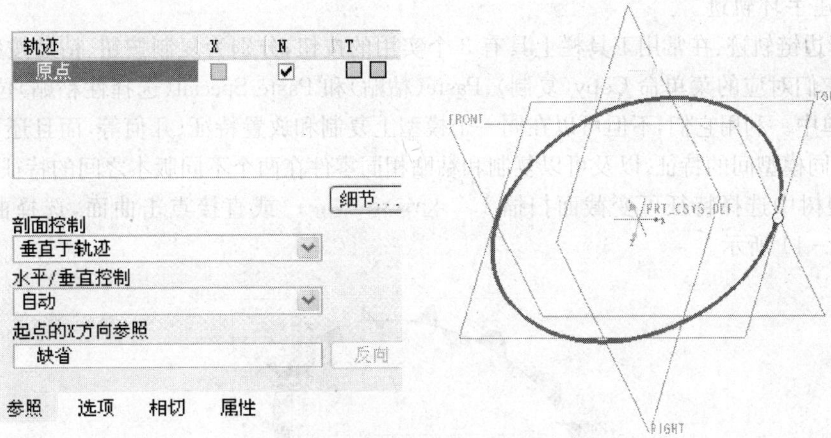

图 2-7　可变截面扫描参照轨迹选择

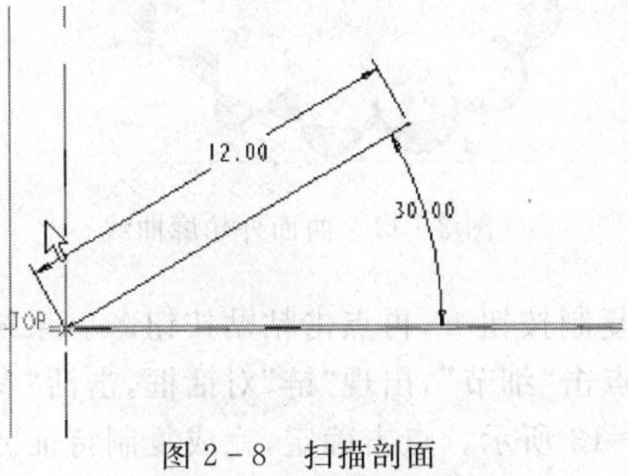

图 2-8　扫描剖面

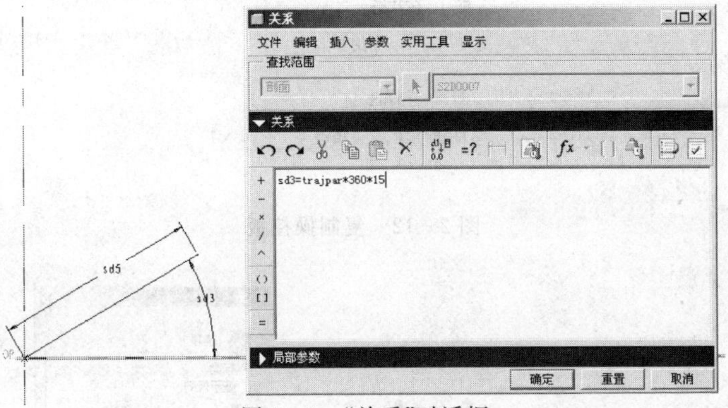

图 2-9　“关系”对话框

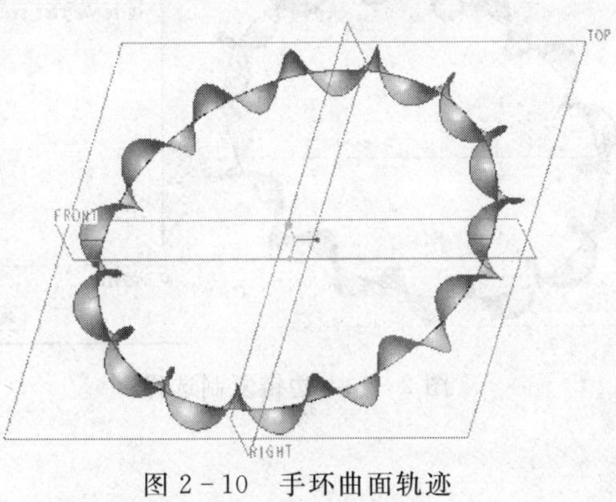

图 2-10　手环曲面轨迹

(4)创建手环轨迹。

①选择边链轨迹:在常用工具栏上具有 3 个实用的按钮,分别为复制按钮、粘贴按钮和选择性粘贴按钮,它们对应的菜单命 Copy(复制)、Paste(粘贴)和 Paste Special(选择性粘贴)位于 Edit(编辑)下拉菜单中。利用它们,不但可以在同一个模型上复制和放置特征、几何等,而且还可以复制和粘贴两个不同模型间的特征,以及可以复制和粘贴相同零件在两个不同版本之间的特征。

在模型树中选择特征可变截面扫描 1 Var Sect Sweep 1 或直接点击曲面,选择曲面外轮廓边。如图 2-11 所示。

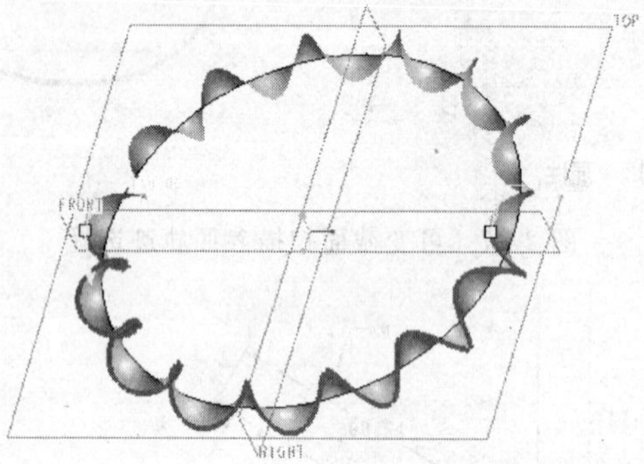

图 2-11 曲面外轮廓曲线

②复制边链轨迹:点击复制按钮,再点击粘贴按钮。系统打开创建复制特征时需要的操控板,如图 2-12 所示。点击“细节”,出现“链”对话框,击活“参照”栏。按住键盘 Ctrl,点击曲面的另一半边链,如图 2-13 所示。点击确定,完成复制特征。

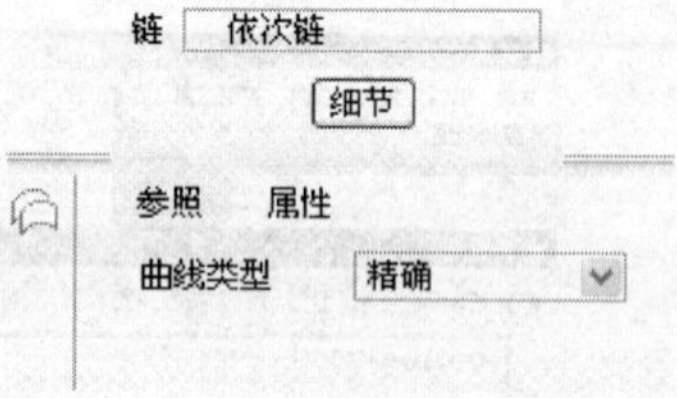

图 2-12 复制操控板

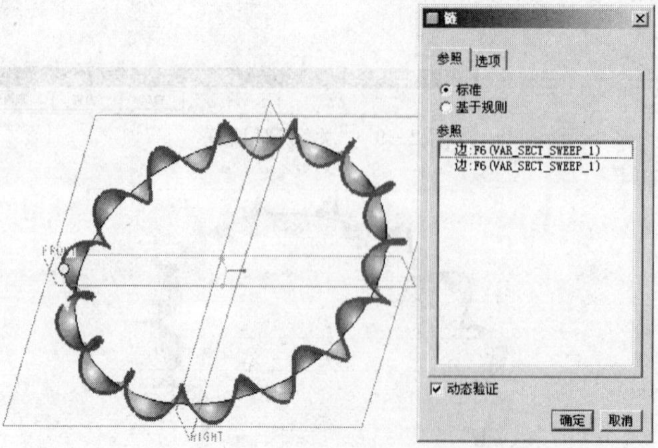

图 2-13 边链复制选择

③隐藏曲面特征和草绘曲线：为了使造型更加美观，点击模型树中特征 草绘 1 和 Var Sect Sweep 1，点击右键选择“隐藏”菜单，得到如图 2－14 所示的手环整体轨迹。

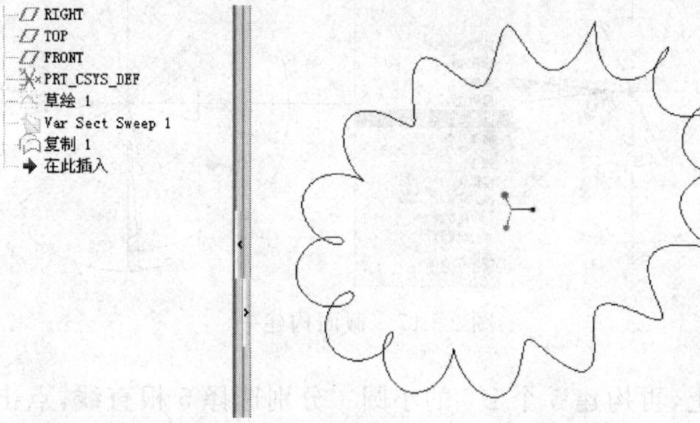

图 2－14　隐藏曲线和曲面特征

(5)创建手环中每根小环截面。

①利用“可变截面扫描曲面”创建小环：点击可变截面扫描工具，选择“曲面”方式，点击“参照”；“原点轨迹”选择上一步所创建的圆，其他如图 2－15 所示。

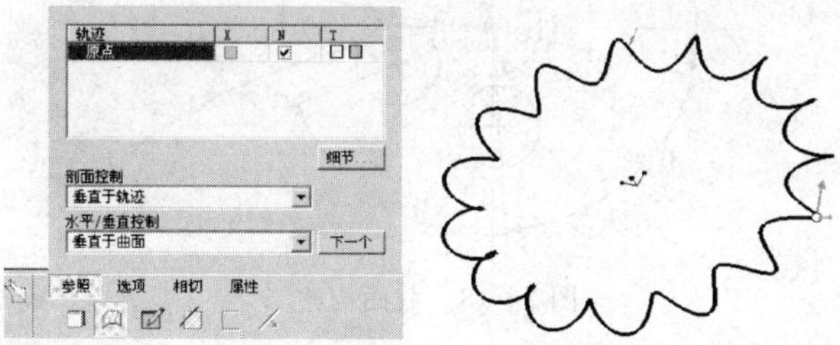

图 2－15　小环轨迹选取

②创建小环截面：点击创建和编辑扫描剖面工具，草绘截面图形如图 2－16 所示。选择∅12.2外圆，点击右键选择“构建”，由草绘直线命令绘制 5 根等分圆的直线如图 2－17 所示。

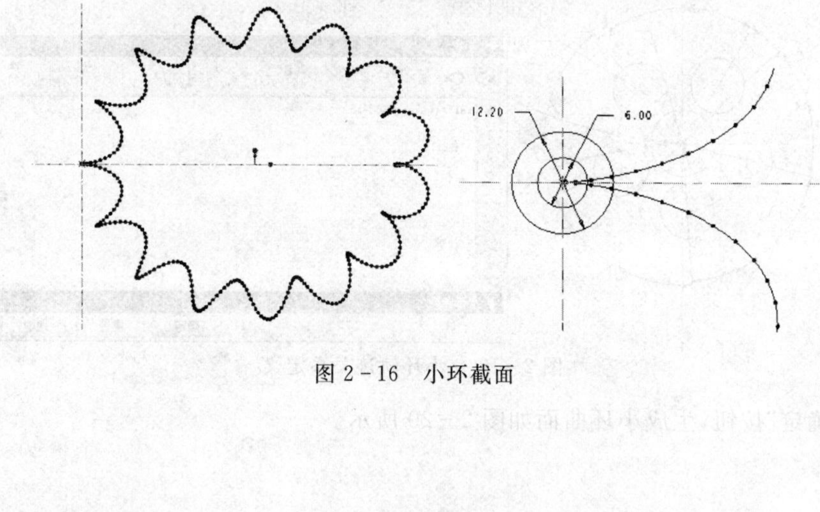

图 2－16　小环截面

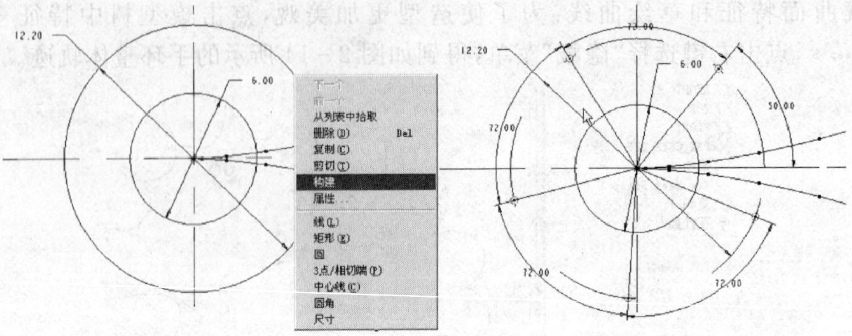

图 2-17　截面构建一

在图 2-17 基础上，再构建 5 个∅5 的小圆。分别选择 5 根直线，点击右键选择“构建”命令，草绘∅5 的圆，尺寸如图 2-18 所示。

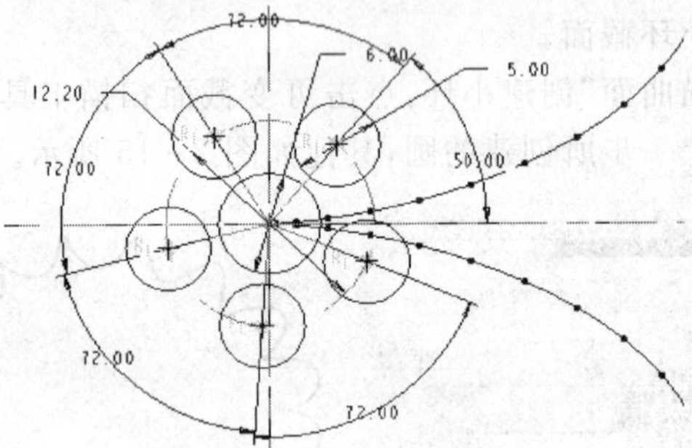

图 2-18　截面构建二

利用“工具”→“关系”命令定义 5 根小环和手环整体轨迹之间的关系，定义参数如图2-19所示，在“关系”对话框中输入“sd17＝trajpar＊360＊15”。

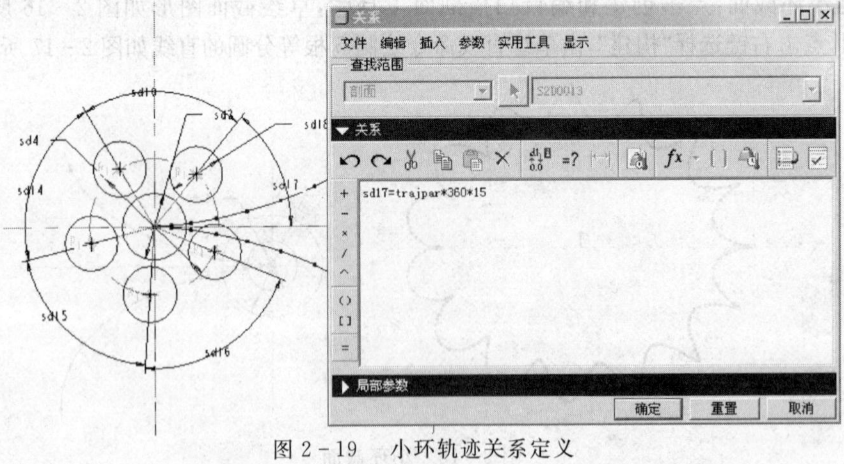

图 2-19　小环轨迹关系定义

点击“确定”按钮，生成小环曲面如图 2-20 所示。

(6)图形渲染。

①选取“外观编辑器”,点击“视图”→“颜色和外观”命令选择材质。材质分别选取“ptc-metallic-blue、ptc-metallic-gold、ptc-painted-red 等”,如图 2－21 所示。

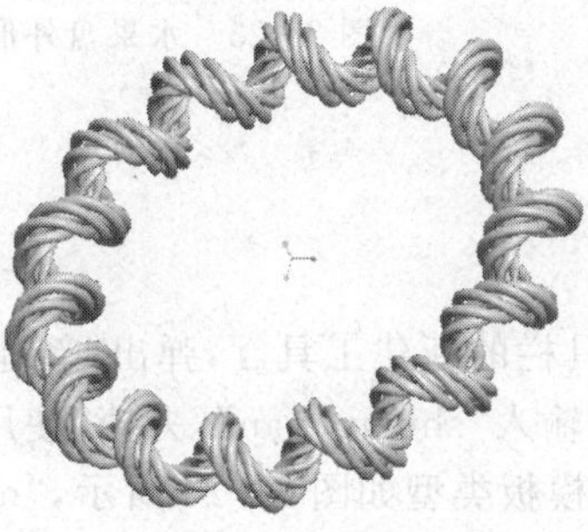

图 2－20　手环外形

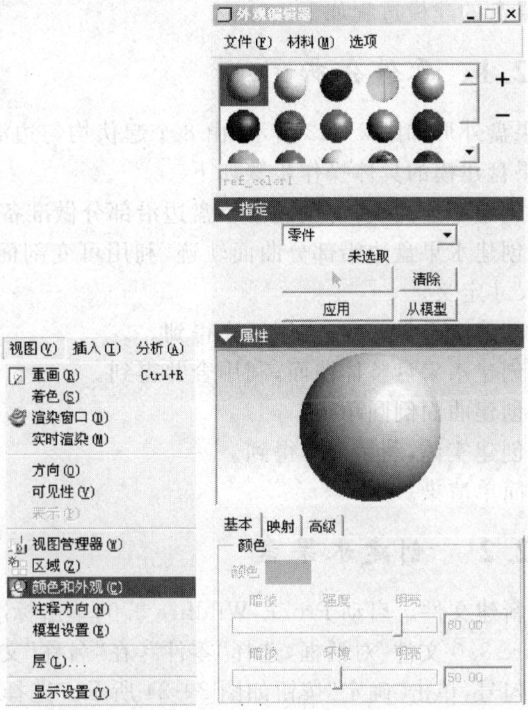

图 2－21　外观编辑器

②选择渲染对象,当前选择“曲面”选择→点击选取箭头,选择所需曲面→“应用”按钮。注意:选取曲面时,应当使用合适的旋转角度和 Ctrl 键的组合使用。手环效果图如图 2－22 所示。

图 2－22　手环效果图

2.2　水果盘的建模

水果盘的建模过程如下。

2.2.1　零件分析

水果盘外形如图 2-23 所示，由 8 个起伏均匀边沿和底盘组成。

水果盘建模的具体操作步骤如下。

(1)创建草绘曲线，为创建水果盘边沿部分做准备。

(2)创建水果盘边沿部分曲面轨迹，利用可变剖面扫描和工具关系尺寸定义。

(3)创建水果盘底盘，利用填充得到。

(4)创建水果盘整体曲面，利用合并得到。

(5)创建曲面倒圆角。

(6)创建实体，利用加厚得到。

(7)简单渲染。

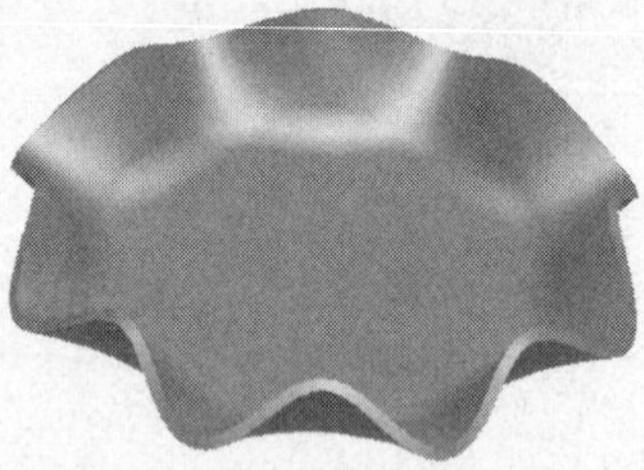

图 2-23　水果盘外形

2.2.2　创建水果盘

(1)新建文件。启动 Pro/E Wildfire 3.0，单击标准工具栏的新建工具□，弹出“新建 Pro/E Wildfire 3.0 文件”对话框，选择“零件”，在“名称”文本框输入“shuiguopan”，去掉“使用缺省模板”前勾号，单击“确定”按钮如图 2-24 所示。选择文件模板类型如图 2-25 所示，“mmns_part_solid”表示以公制毫米、牛顿、秒为系统默认单位的零件实体模板。

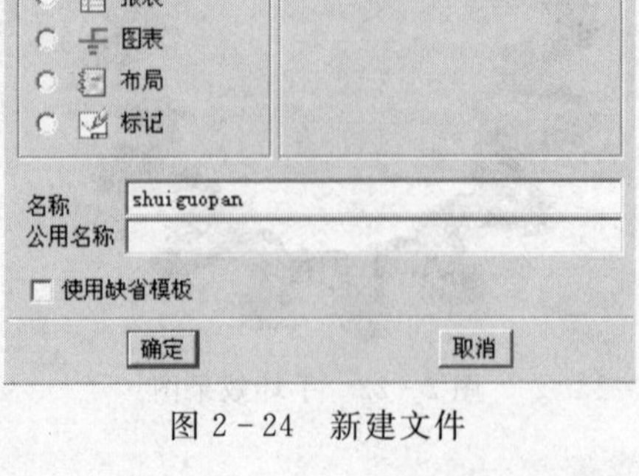

图 2-24　新建文件

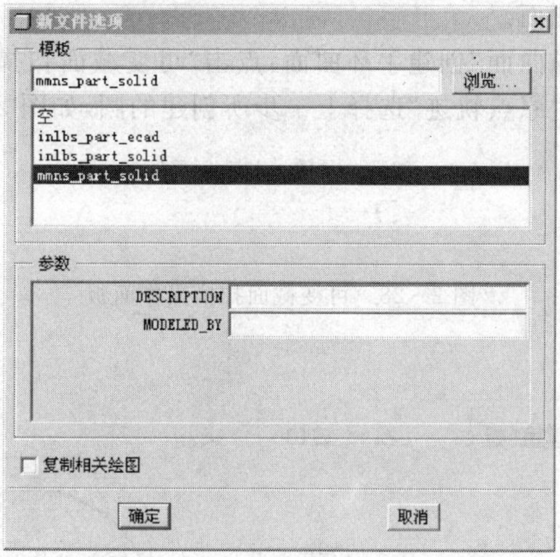

图 2-25　选择文件模板类型

(2)创建草绘曲线。

①选择草绘平面:点击界面右边工具栏草绘命令,草绘工具。选择 TOP 平面作为草绘平面,以 RIGHT 平面作为草绘参照平面如图 2-26 所示。点击“草绘”按钮进入草绘界面。

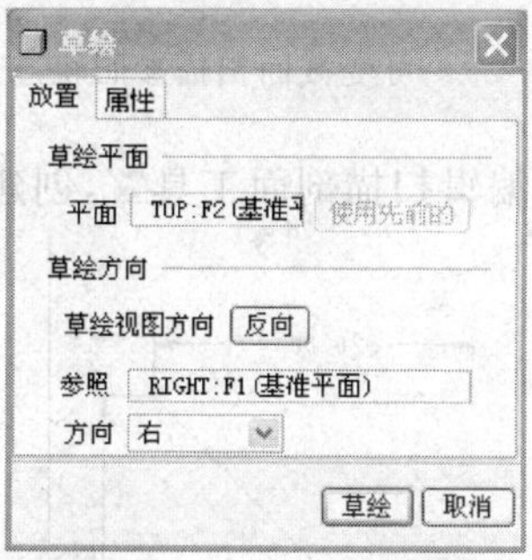

图 2-26　选择草绘平面

②创建草图:用“圆心和点”命令创建∅110 和∅160 的圆,如图 2-27 所示。点击✓确定。

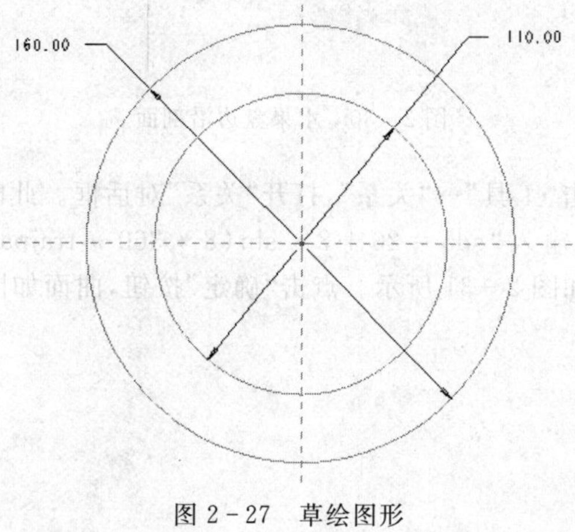

图 2-27　草绘图形

(3)创建水果盘边沿曲面。

①利用“可变截面扫描曲面”创建手环曲面:点击“可变截面扫描”,选择“曲面”方式,点击“参照”,如图 2－28 所示;“原点轨迹”选择上一步所创建的圆,如图 2－29 所示。

图 2－28　可变截面扫描操作面板

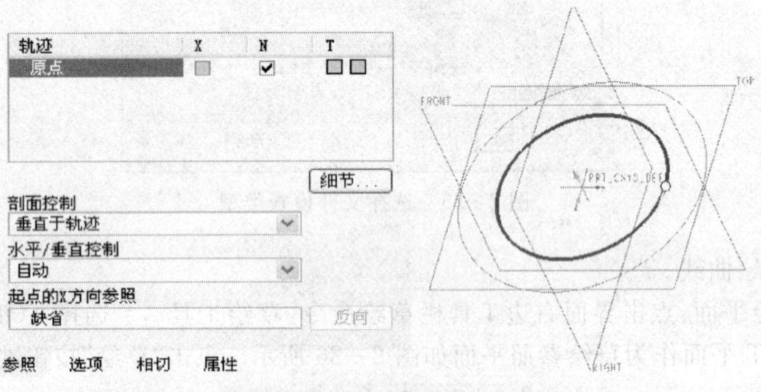

图 2－29　可变截面扫描参照轨迹选择

②创建扫描剖面:点击创建或编辑扫描剖面工具,创建扫描剖面如图 2－30 所示。

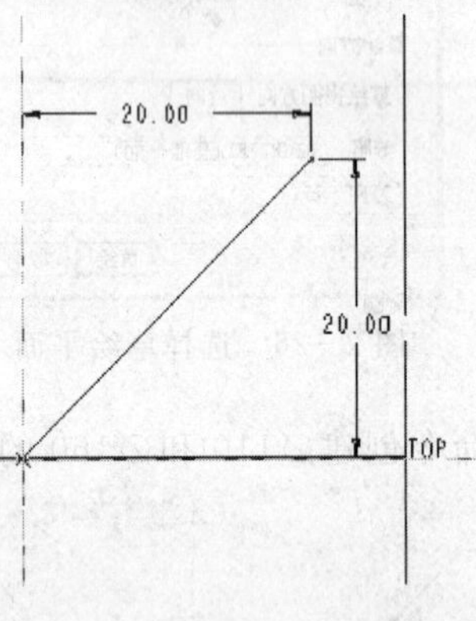

图 2－30　水果盘边沿剖面

③创建曲面轨迹:点击“工具”→“关系”,打开“关系”对话框。此时草绘截面的各尺寸以变量符号显示,在对话框中输入“sd5＝20＋8 * sin(8 * 360 * trajpar＋180);sd6＝20＋5 * sin(8 * 360 * trajpar)”,如图 2－31 所示。点击“确定”按钮,曲面如图 2－32 所示。

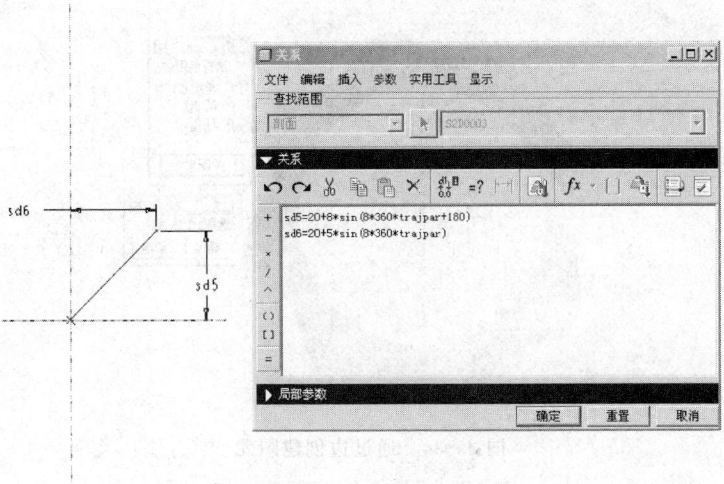

图 2-31　关系对话框

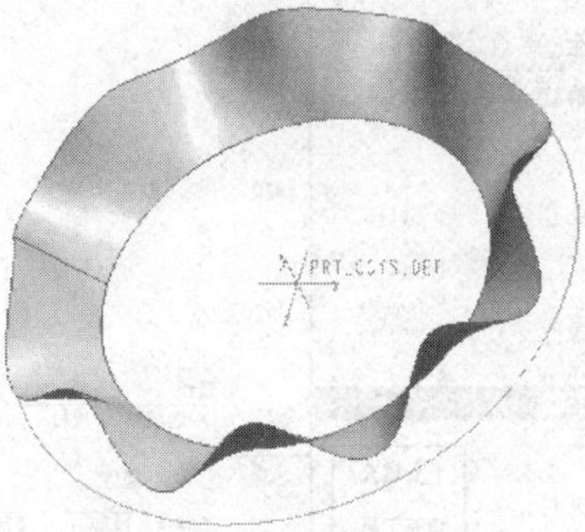

图 2-32　水果盘边沿曲面

(4)创建水果盘底盘。

①创建曲线:点击界面右边工具栏草绘命令,草绘工具。选择 TOP 平面作为草绘平面,以 RIGHT 平面作为草绘参照平面如图 2-33 所示。点击"草绘"进入草绘界面。

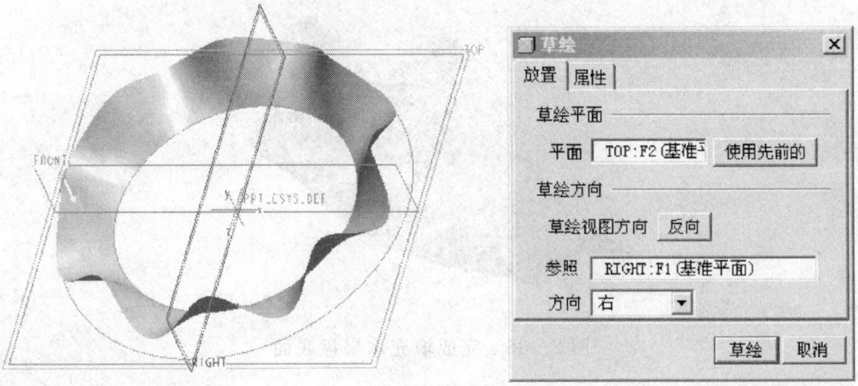

图 2-33　选取草绘平面

进入草绘界面,利用曲面已有曲线进行建立特征。因此,选择曲面底线作为创建对象。点击通过边创建图元工具□，注意选择使用边类型为“环”，点击曲面底线，如图2-34所示。

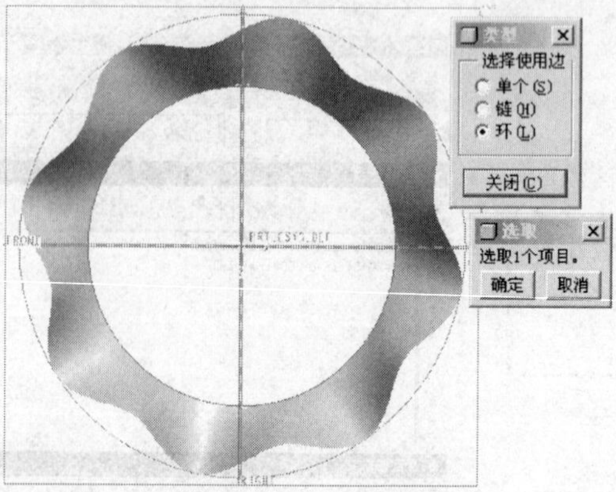

图2-34　通过边创建图元

②填充底面：点击“编辑”→“填充”命令。运用填充特征对“草绘2”进行填充曲面操作，如图2-35所示。

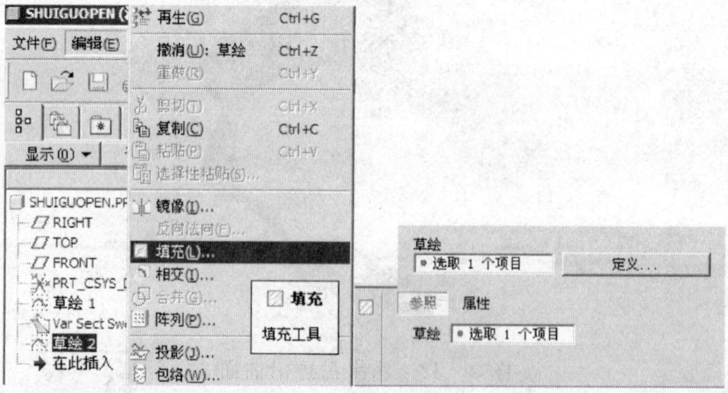

图2-35　填充操控板

点击“参照”→“草绘”命令，选取草绘2作为填充封闭环，结果如图2-36所示。注意，在选择填充封闭环时，可以在界面左边的模型树中直接点击目标特征，作为填充封闭环。

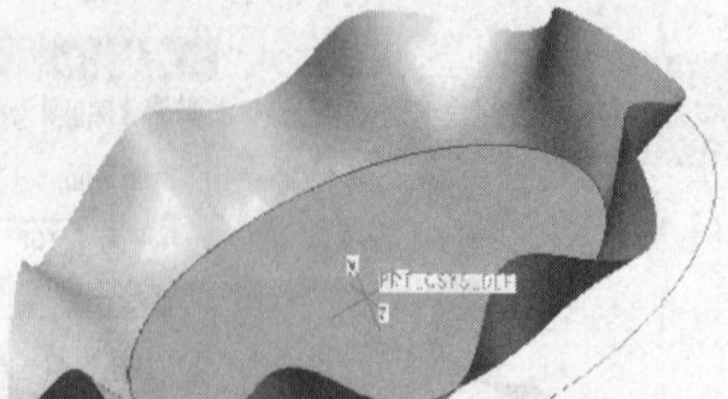

图2-36　完成填充水果盘底面

(5)创建水果盘整体曲面，利用合并得到。创建合并特征时，应先选取要合并的对象，通常都是对曲面操作而言，选择完合并对象后，点击“编辑”→“合并”命令。有时，如果是针对交叉曲面进行合并曲面，要对合并后的曲面有所选择，系统自动提醒用户，通常，有网状线条曲面表示合并后曲面，曲面如图 2－37 所示。

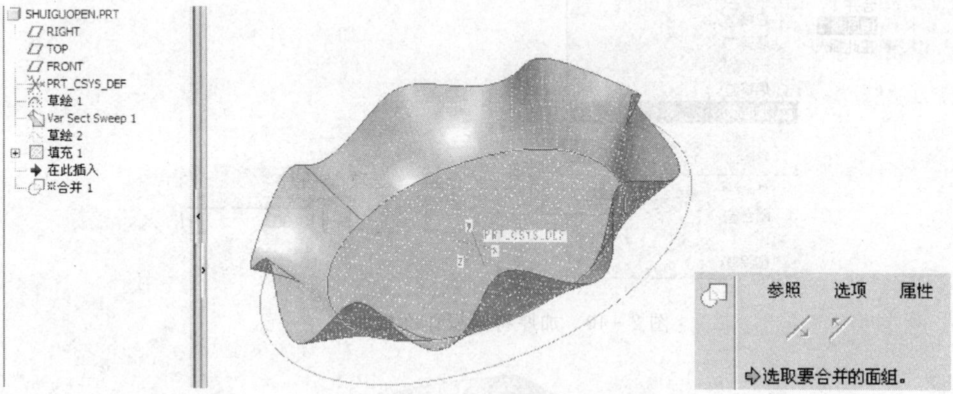

图 2－37　水果盘曲面合并

(6)创建曲面倒圆角。倒圆角特征，既可以在实体特征，也可以在曲面特征中进行运用。应当对造型要求不同而有所选择，在本例中，选择在曲面中进行倒圆角，因此曲面是一个整体，便于对工件进行下一步操作，比如实体化和加厚特征操作。点击界面右边倒圆角工具特征，进行倒圆角特征命令操作。如果选择圆角半径为 15，倒圆角操作面板如图 2－38 所示。点击参照，选取项目按住 Ctrl 键进行同时选取所需要的倒圆角边链，如图 2－39 所示。

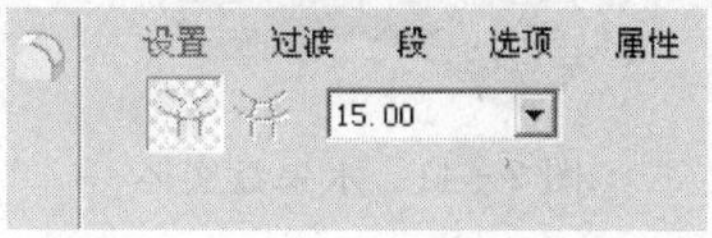

图 2－38　倒圆角操作面板

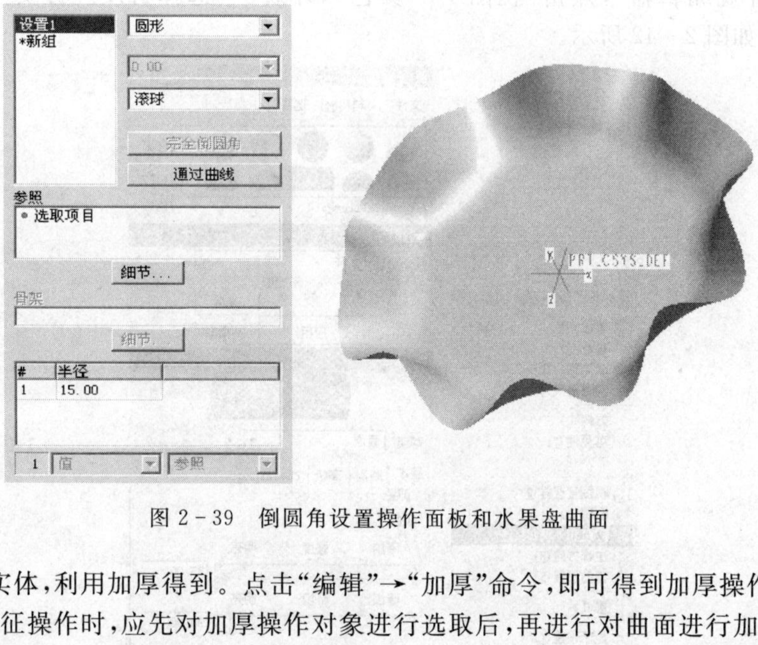

图 2－39　倒圆角设置操作面板和水果盘曲面

(7)创建实体，利用加厚得到。点击“编辑”→“加厚”命令，即可得到加厚操作棉板。注意，在进行加厚特征操作时，应先对加厚操作对象进行选取后，再进行对曲面进行加厚。其操作面板如图 2－40 所示。当前加厚为 3，水果盘如图 2－41 所示。

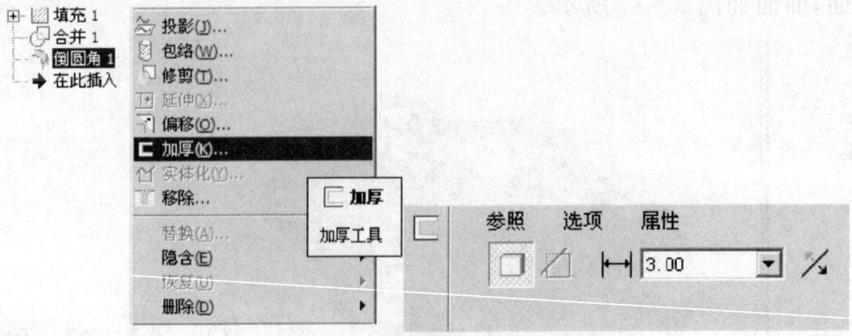

图 2-40　加厚特征操作面板

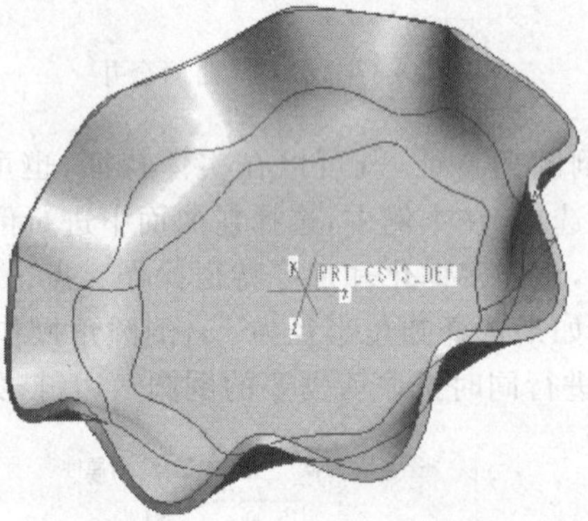

图 2-41　水果盘实体

(8)简单渲染。

①选取"外观编辑器",点击"视图"→"颜色和外观"→选择材质。材质分别选取"ptc-metallic-gold"如图 2-42 所示。

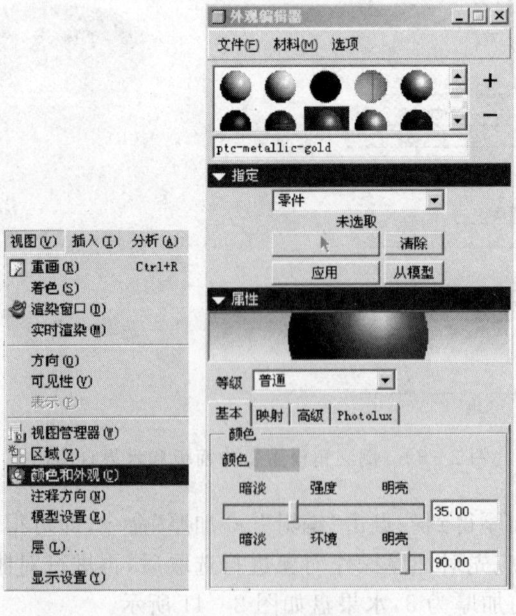

图 2-42　外观编辑器

②选择渲染对象，当前选择“曲面”→点击选取箭头，选择所需曲面→“应用”按钮。注意，选取曲面时，应当使用合适的旋转角度和 Ctrl 键的组合使用，水果盘效果图如图 2－43 所示。

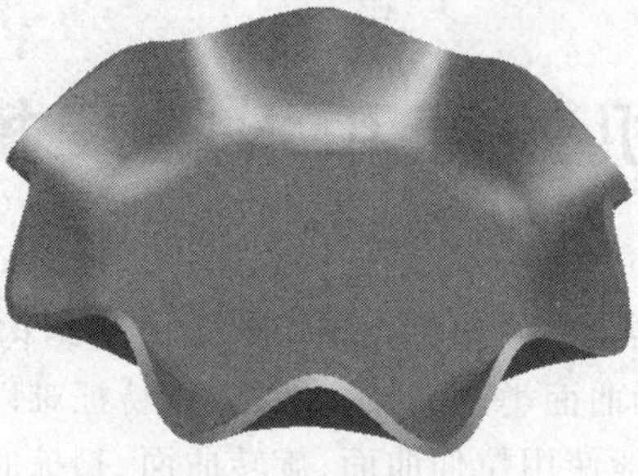

图 2－43　水果盘效果图

第 3 章　传呼机外壳和水槽建模

本章介绍一般曲面类产品建模的相关知识。对于这类结构相对复杂的曲面类产品，尤其是表面形状有一定特殊要求的曲面类产品，完全靠实体特征难以完成。即使能完成，设计过程也很麻烦。在这种情况下，一般使用拉伸曲面、旋转曲面、扫掠曲面、混合曲面及一些相对高级的曲面创建工具。这些工具充分利用边界曲线的优势，使创建曲面类产品的过程变得更简单。

3.1　传呼机外壳的建模

传呼机外壳建模过程如下。

3.1.1　零件分析

在 Pro/ENGINEER Wildfire 中创建一个如图 3－1 所示的传呼机外壳模型。

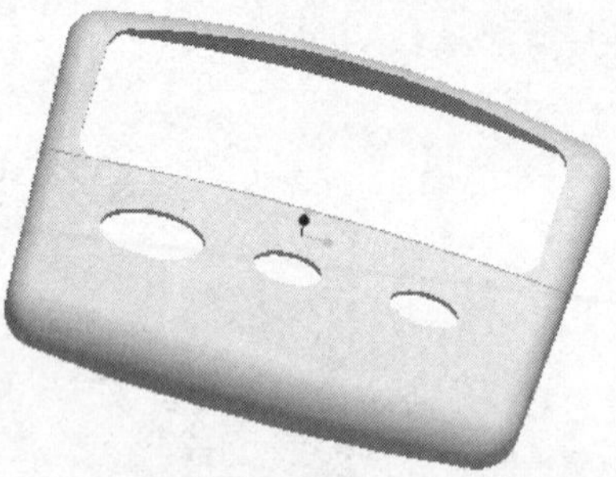

图 3－1　传呼机外壳

创建传呼机外壳模型的建模过程如下。

(1)创建轨迹线。

(2)创建基础曲面特征。

(3)创建传呼机上外壳。

(4)创建显示屏窗口和按键孔。

3.1.2　创建新文件

(1)运行 Pro/ENGINEER Wildfire。单击“文件”工具栏中的新建工具，弹出“新建”对话框。

(2)点选“类型”选项组中的“零件”单选钮，点选“子类型”选项组中的“实体”单选钮，并在“名称”文本框中输入新建文件的名称，取消勾选“使用缺省模板”复选框，如图 3－2 所示。单击“确定”按钮，弹出“新文件选项”对话框。

(3)选择“mmns_part_solid”模板，如图 3－3 所示，表示零件模型为实体、单位为 mm(毫米)/N(牛顿)/s(秒)。单击“确定”按钮完成设置。

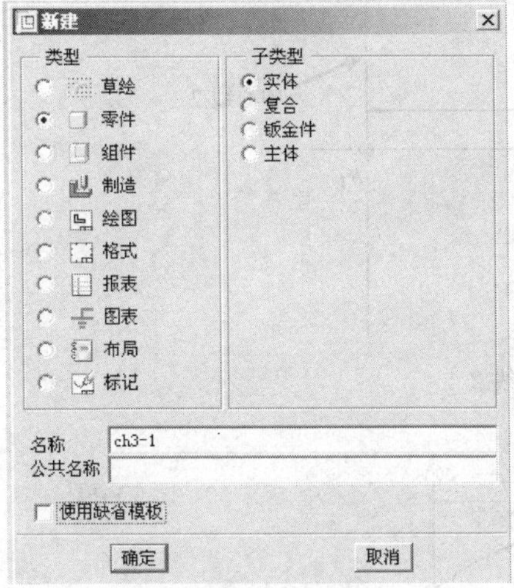

图 3-2 “新建”对话框

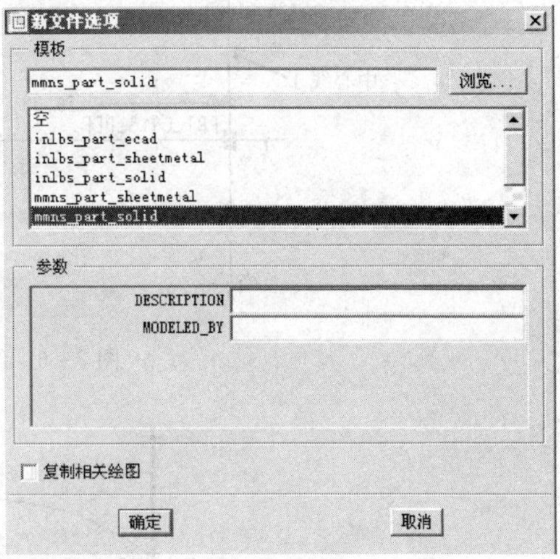

图 3-3 “新文件选项”对话框

3.1.3 创建轨迹线

(1)单击“基准”工具栏中的草绘工具，弹出“草绘”对话框。选取基准平面“RIGHT”作为草绘平面，其余选项接受默认设置，如图3-4所示。单击“草绘”按钮，进入草绘器。

(2)接受系统提供的尺寸参照，关闭“参照”对话框，开始草绘。

①单击“草绘器”工具栏中的创建2点中心线工具绘制中心线。用鼠标在绘图区一处单击，选取中心线的第一点。移动鼠标，当鼠标移动到合适位置时，系统会自动捕捉垂直或水平约束条件。这里捕捉到水平约束后单击，即绘制了一条水平中心线。同理绘制一条垂直中心线，如图3-5所示。

②单击创建2点线工具，以中心线的交点和水平中心线上任意一点作为直线的两个端点。

③单击创建2点中心线工具，过直线右侧的端点绘制一条垂直中心线(直线与垂直中心线的交点处要出现小圆圈标记，表明两者在此处重合)，如图3-6所示。

④单击通过3点创建圆弧工具，分别在图3-6所示的中心线1、中心线2上各取一点作为弧线的两个端点(同理在相交处要出现小圆圈标记)，如图3-7所示。

⑤选取刚刚绘制的圆弧，然后单击镜像工具，选取水平中心线，则另一侧的圆弧自动生成，如图3-8所示。

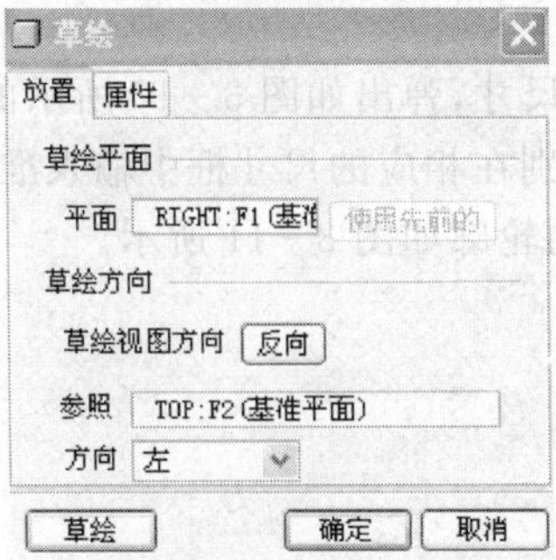

图 3-4 “草绘”对话框

图 3-5 水平与垂直中心线

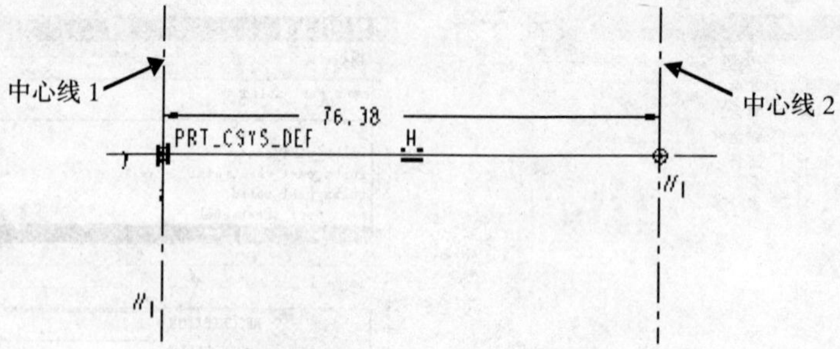

图3-6　绘制中心线2

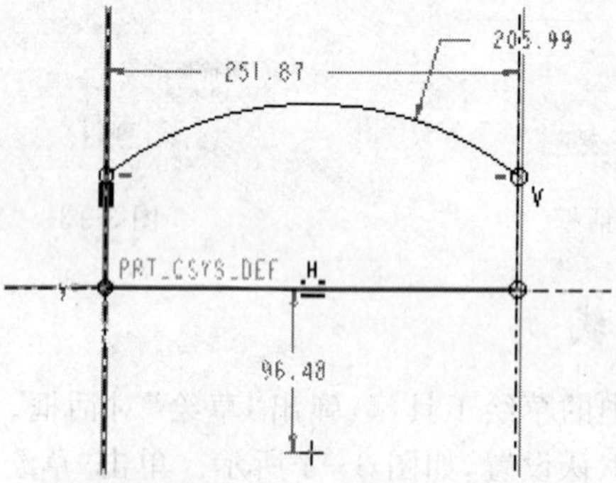

图3-7　在两条垂直中心线间绘制弧线

⑥单击创建定义尺寸工具，选取图3-8中所示的点1、点2，为这两点间标注垂直距离，如图3-9所示。

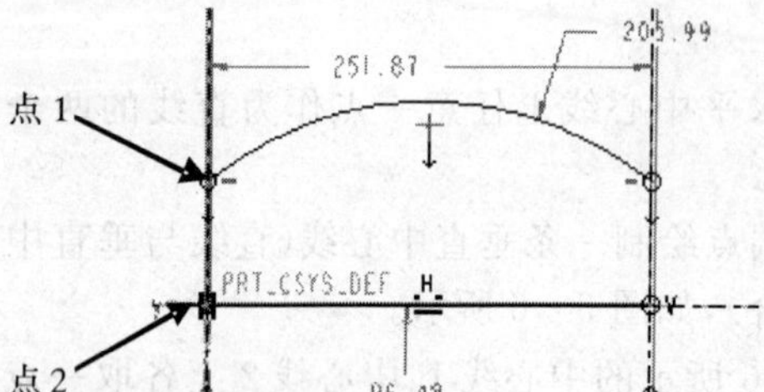

图3-8　镜像生成另一侧的弧线

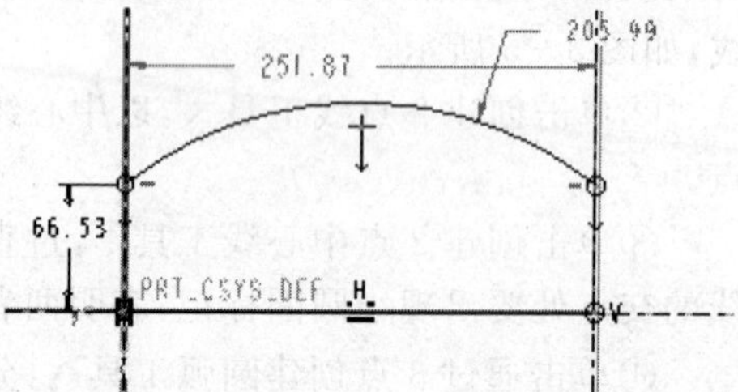

图3-9　标注尺寸

⑦单击修改尺寸工具，依次选取图3-9所示的各尺寸，弹出如图3-10所示的“修改尺寸”对话框。在对话框中列出了当前轮廓的所有尺寸，分别在相应的尺寸框中输入准确的轮廓尺寸值，单击接受值按钮完成尺寸修改。修改尺寸后的轮廓如图3-11所示。

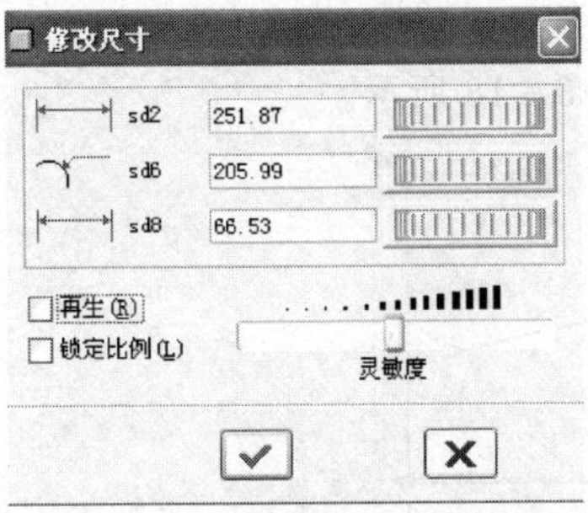

图 3 - 10　“修改尺寸”对话框

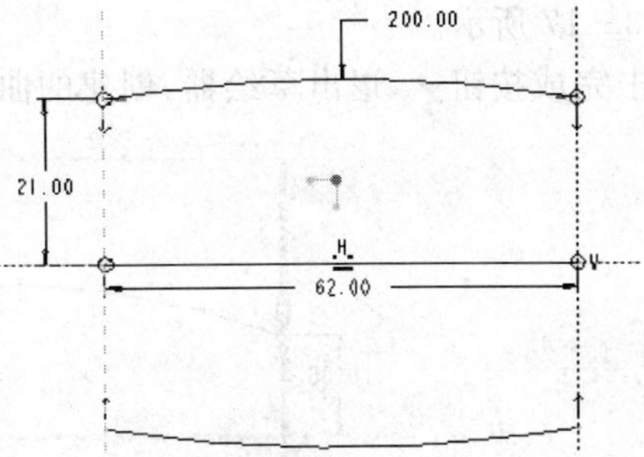

图 3 - 11　草绘的曲线

⑧单击完成按钮✔，退出草绘器，创建的曲线如图 3 - 12 所示。

(3)单击“基准”工具栏中的草绘工具，弹出“草绘”对话框。选取基准平面“FRONT”作为草绘平面，其余选项接受默认设置，如图 3 - 13 所示。单击“草绘”按钮，进入草绘器。

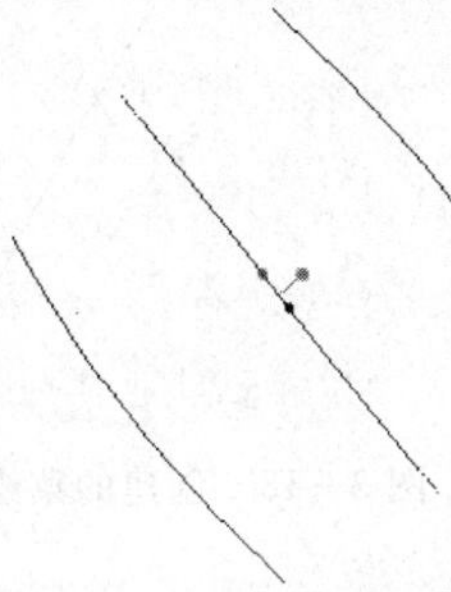

图 3 - 12　草绘曲线

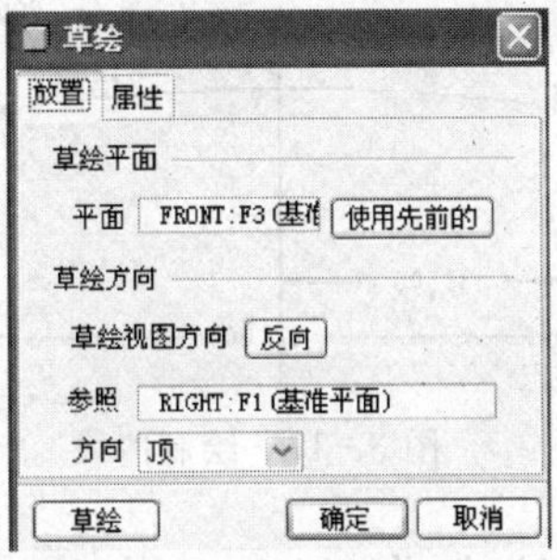

图 3 - 13　“草绘”对话框

(4)接受系统提供的尺寸参照，关闭“参照”对话框，开始草绘。

①单击“草绘器”工具栏中的创建 2 点中心线工具，绘制 3 条垂直中心线，其中两侧的中心线要与基准平面“FRONT”的边线重合，中间的中心线可取任意位置，如图 3 - 14 所示。

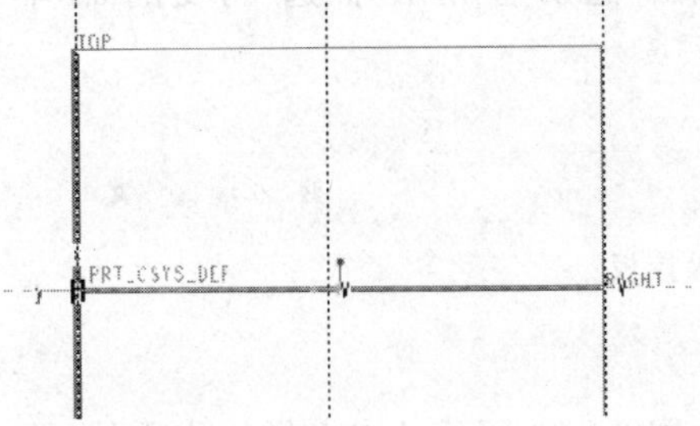

图 3 - 14　绘制 3 条垂直中心线

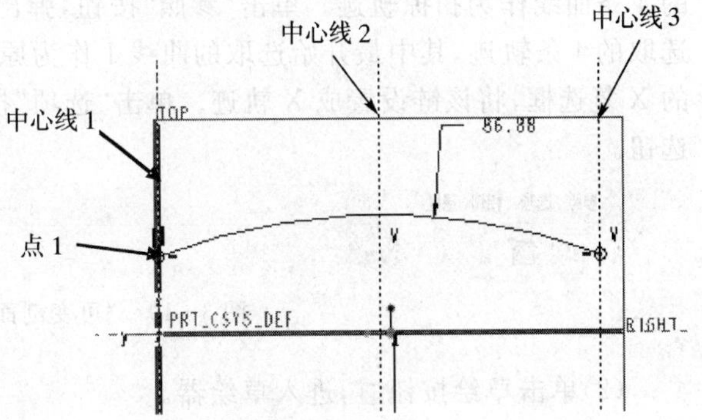

图 3 - 15　绘制圆弧

②单击通过 3 点创建圆弧工具，分别在上步所绘制的两侧的垂直中心线上各取一点作为弧线的两个端点(同理在相交处要出现小圆圈标记)，如图 3 - 15 所示。

③单击创建定义尺寸工具，选取图 3 - 15 所示的点 1 与水平中心线、中心线 1 与中心线 2、中心线 1 与中心线 3，然后在合适位置单击鼠标中键放置尺寸，得到如图 3 - 16 所示的尺寸。

④单击修改尺寸工具，依次选取图 3 - 16 所示的各尺寸，弹出“修改尺寸”对话框。分别在相应的尺寸框中输入准确的轮廓尺寸值，单击接受值按钮✔完成尺寸修改。修改尺寸后的

轮廓如图 3-17 所示。

⑤单击完成按钮✔,退出草绘器,创建的曲线如图 3-18 所示。

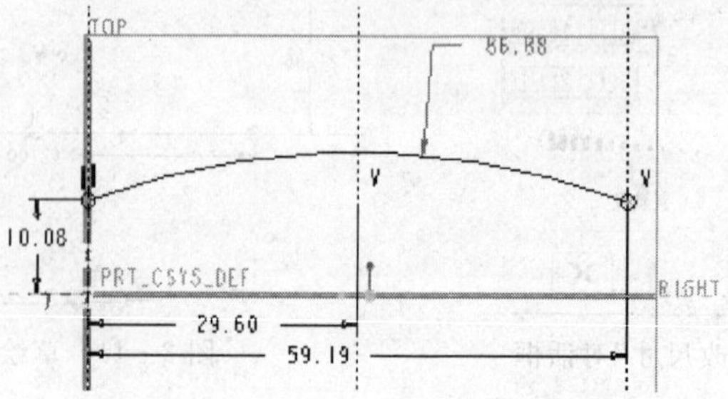

图 3-16　标注尺寸

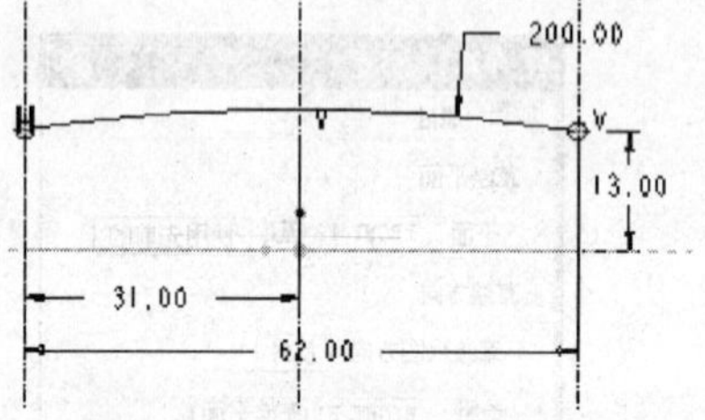

图 3-17　绘制曲线

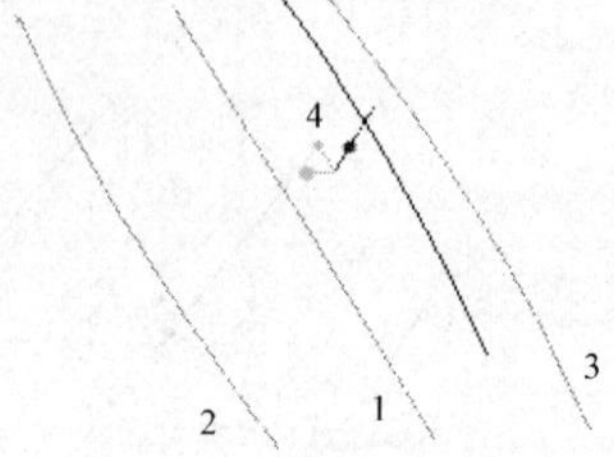

图 3-18　创建的草绘曲线

3.1.4　创建基础曲面特征

1. 扫掠曲面

(1)单击菜单栏中的"插入"→"可变剖面扫掠"命令,弹出如图 3-19 所示的"可变剖面扫掠"操控板。单击拉伸为实体按钮□,创建扫掠曲面。按住 Ctrl 键,依次选取如图 3-18 所示的 4 条曲线作为扫掠轨迹。单击"参照"按钮,弹出"参照"上滑板。在"轨迹"框中列出了刚才选取的 4 条轨迹,其中最开始选取的曲线 1 作为原点轨迹。勾选曲线 4 所代表的轨迹"链 3"旁的 X 复选框,将该链设置成 X 轨迹。单击"选项"按钮,弹出"选项"上滑板,点选"可变剖面"单选钮。

图 3-19　"可变剖面扫掠"操控板

(2)单击草绘按钮,进入草绘器。

①单击"草绘器"工具栏中的创建 2 点线工具╲,选取图 3-20 所示的点 1 做一水平线,再过点 2 做一垂直线,然后以点 3 为终点做一水平线(点 1,2,3,4 处均有叉号标记),如图 3-21 所示。

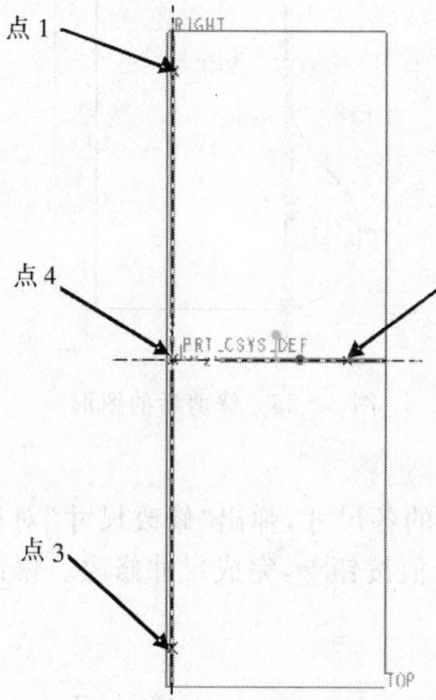

图 3-20　选取点

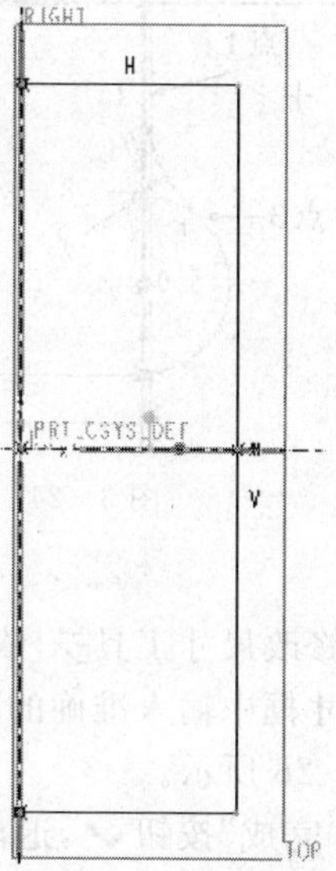

图 3-21　绘制直线

②单击通过 3 点创建圆弧工具，分别以图 3-20 所示的点 3 和垂直中心线上任意一点作为弧线的两个端点，如图 3-22 所示。

图 3-22　绘制圆弧

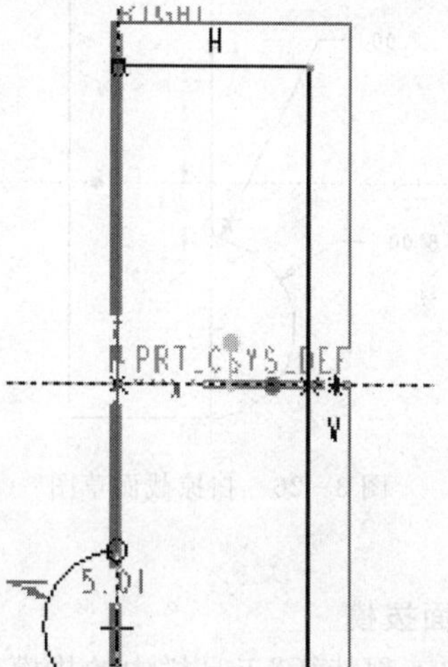

图 3-23　连接两点

③单击创建 2 点线工具，连接图 3-20 所示的点 1 和圆弧的一个端点，如图 3-23 所示。

④单击创建圆角工具，单击上步中绘制的直线和圆弧，为两者做圆角，如图 3-24 所示。

⑤单击动态剪切工具，将图 3-24 所示的点 1 与点 2、点 2 与点 3 间的部分删除，如图 3-25所示。

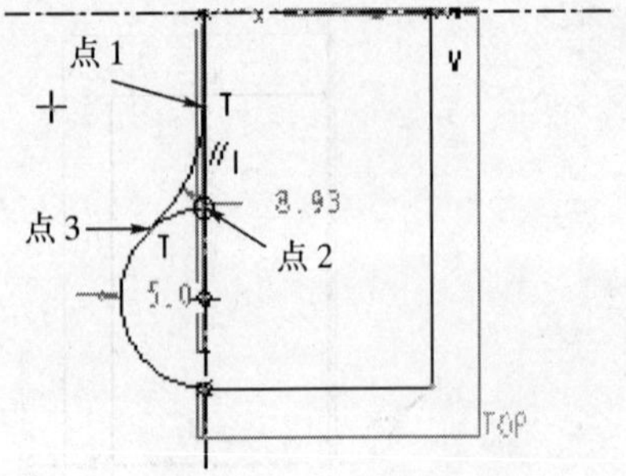

图 3-24　圆角

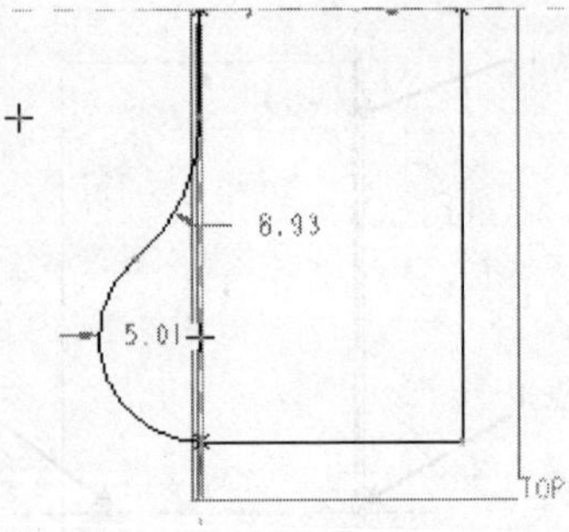

图 3-25　修剪后的图形

⑥单击修改尺寸工具，依次选取图 3-25 所示的各尺寸，弹出“修改尺寸”对话框。分别在相应的尺寸框中输入准确的轮廓尺寸值，单击接受值按钮，完成尺寸修改。修改尺寸后的轮廓如图 3-26 所示。

⑦单击“完成”按钮，退出草绘器。

(3)单击“可变剖面扫掠”操控板中的建造特征按钮，完成可变剖面扫掠曲面的创建。隐藏扫掠轨迹曲线的显示，创建的曲面如图 3-27 所示。

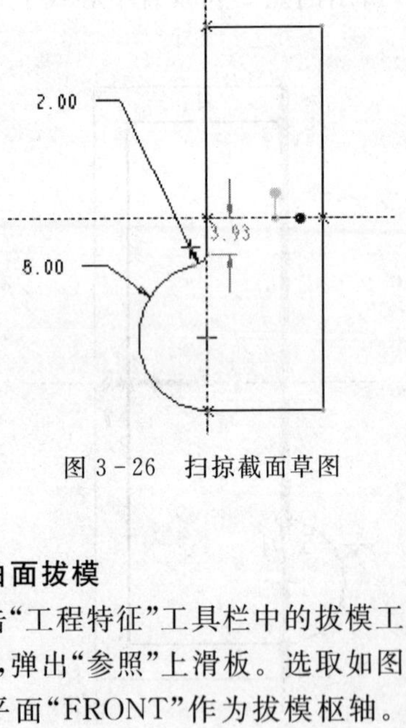

图 3-26　扫掠截面草图

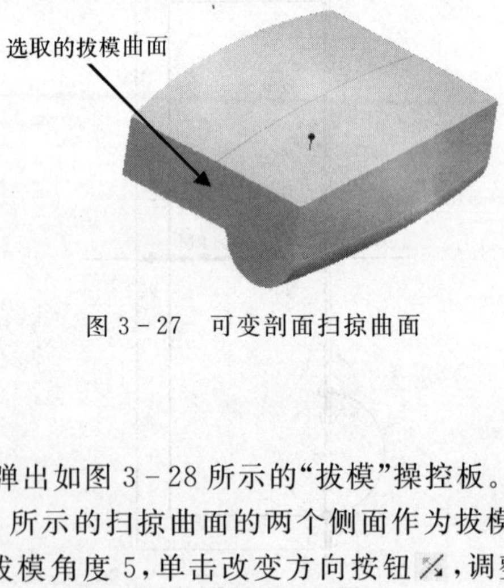

图 3-27　可变剖面扫掠曲面

2. 曲面拔模

单击“工程特征”工具栏中的拔模工具，弹出如图 3-28 所示的“拔模”操控板。单击“参照”按钮，弹出“参照”上滑板。选取如图 3-27 所示的扫掠曲面的两个侧面作为拔模曲面，选取基准平面“FRONT”作为拔模枢轴。输入拔模角度 5，单击改变方向按钮，调整为如图 3-30所示的拔模方向。单击建造特征按钮，完成拔模特征的创建。

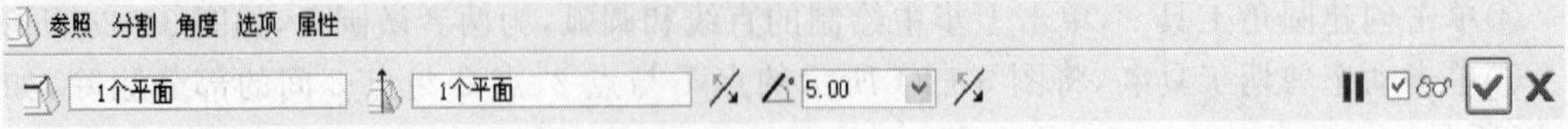

图 3-28　“拔模”操控板

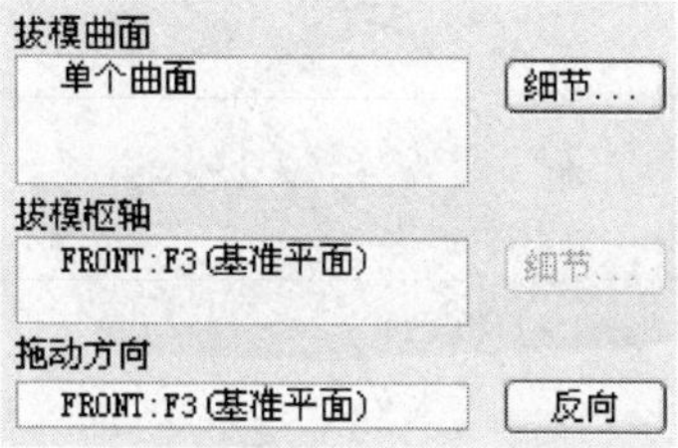

图 3-29　“参照”上滑板

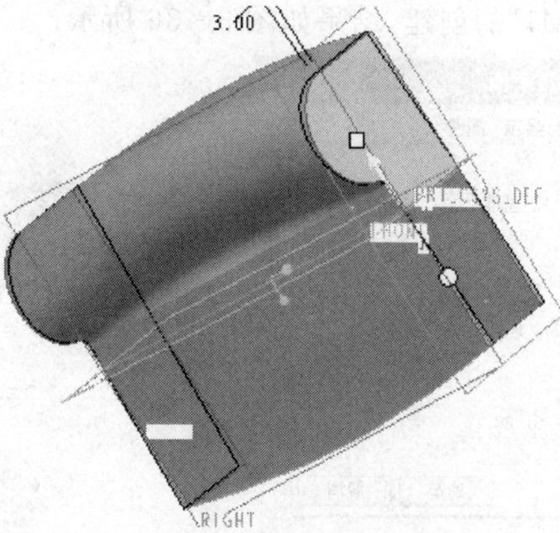

图 3-30　调整拔模方向

3. 倒圆角

单击“工程特征”工具栏中的倒圆角工具，弹出如图 3-31 所示的“倒圆角”操控板。按住 Ctrl 键选取图 3-32 所示的所有外轮廓线，输入圆角半径 3。单击建造特征按钮，完成倒圆角特征的创建，结果如图 3-33 所示。

图 3-31　“倒圆角”操控板

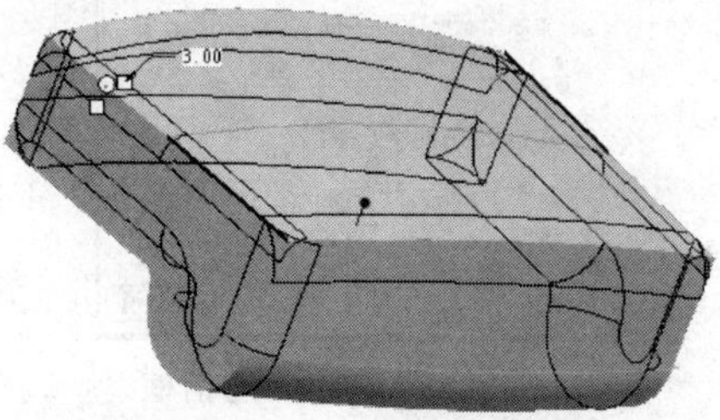

图 3-32　选取外轮廓线

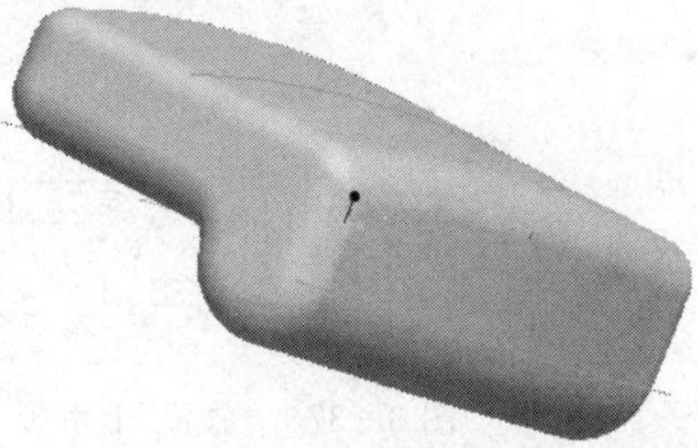

图 3-33　倒圆角特征

3.1.5　创建传呼机上外壳

1. 曲面实体化

在模型树中选取刚才创建的圆角曲面。单击菜单栏中的“编辑”→“实体化”命令，弹出如图 3-34 所示的“实体化”操控板。接受默认设置，单击建造特征按钮，完成曲面实体化特征的创建。

图 3-34　“实体化”操控板

2. 创建基准平面

单击“基准”工具栏中的基准平面工具，弹出“基准平面”对话框。选取基准平面“TOP”作为参照平面，在“平移”文本框中输入偏距 31，如图 3-35 所示。单击“确定”按钮，完成基准平面“DTM1”的创建，结果如图3-36所示。

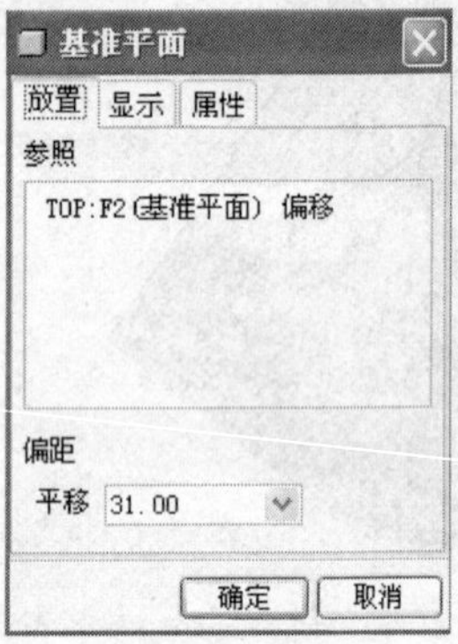

图3-35　“基准平面”对话框

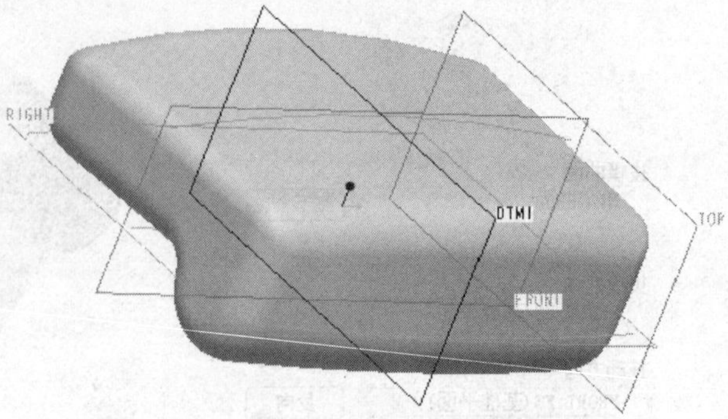

图3-36　基准平面“DTM1”

3. 拉伸曲面

(1)单击“基础特征”工具栏中的拉伸工具，弹出“拉伸”操控板。单击拉伸为曲面按钮，再单击“放置”按钮，弹出如图3-37所示的“放置”上滑板。单击“定义”按钮，弹出“草绘”对话框。

(2)选取基准平面“DTM1”作为草绘平面，其余选项接受默认设置，如图3-38所示。单击“草绘”按钮，进入草绘器。

图3-37　“放置”上滑板

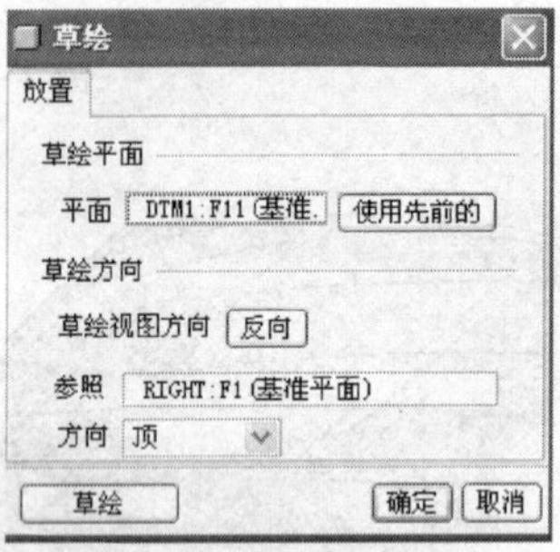

图3-38　“草绘”对话框

(3)接受系统提供的尺寸参照，关闭“参照”对话框，开始草绘。

①单击“草绘器”工具栏中的创建矩形工具，绘制一个矩形，如图3-39所示。

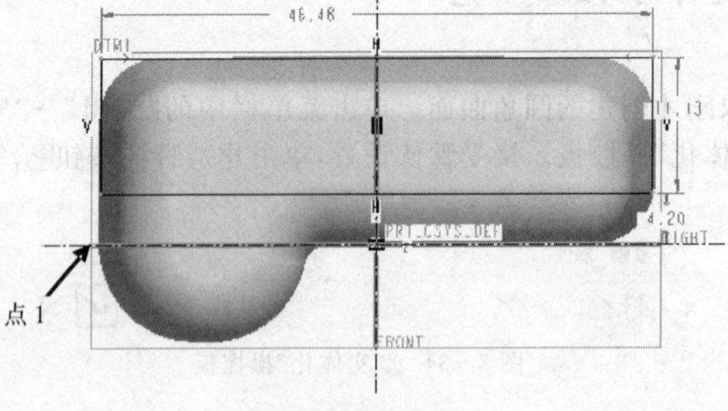

图3-39　绘制矩形

②单击创建定义尺寸工具，选取图3-39所示的点1与垂直中心线，在合适位置单击鼠标中键放置尺寸，得到如图3-40所示的尺寸。

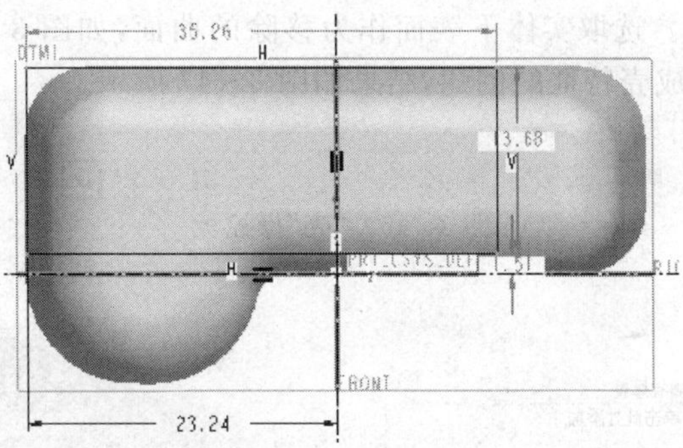

图3-40　标注尺寸

③单击修改尺寸工具，依次选取图3-40所示的各尺寸，弹出“修改尺寸”对话框。分别在相应的尺寸框中输入准确的轮廓尺寸值，单击接受值按钮完成尺寸修改。修改尺寸后的轮廓如图3-41所示。

④单击完成按钮，退出草绘器。

(4)单击“拉伸”操控板中的按指定深度值一半拉伸按钮，输入拉伸深度70。单击建造特征按钮，完成拉伸曲面特征的创建，结果如图3-42所示。

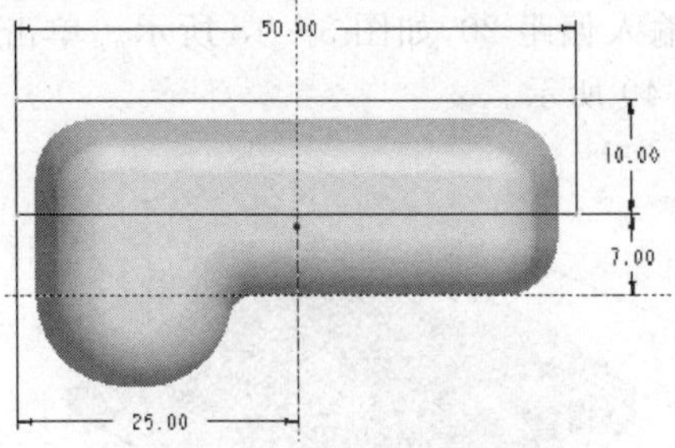

图3-41　草绘剖面

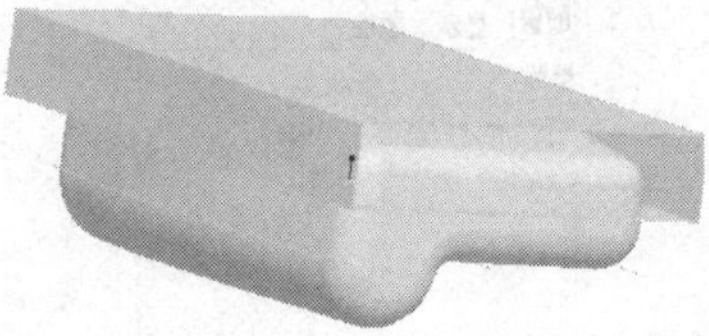

图3-42　拉伸曲面特征

4. 曲面实体化

在模型树中选取刚刚创建的拉伸曲面。单击菜单栏中的“编辑”→“实体化”命令，弹出“实体化”操控板。单击去除材料按钮，移除面组内侧或外侧的材料。单击改变方向按钮，调整为如图3-43所示的方向。单击建造特征按钮，完成曲面实体化特征的创建，结果如图3-44所示。

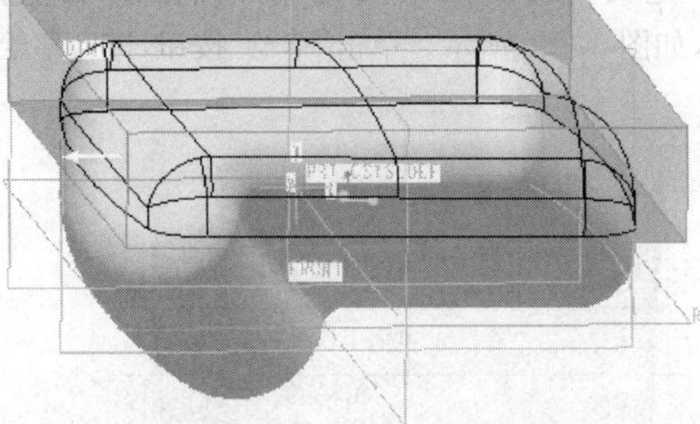

图3-43　调整方向移除材料

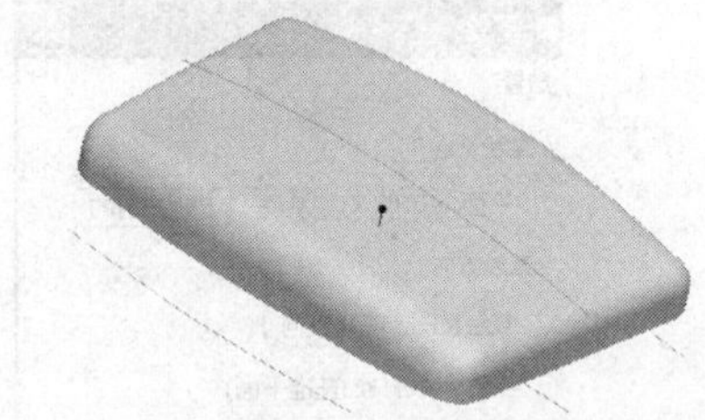

图3-44　曲面实体化

5. 创建壳特征

单击“工程特征”工具栏中的壳工具，弹出如图3-45所示的“壳”操控板。单击“参照”

按钮，弹出“参照”上滑板。选取实体下表面作为移除的曲面，如图 3-46 所示。输入厚度 1，单击建造特征按钮，完成壳特征的创建，结果如图 3-47 所示。

图 3-45　“壳”操控板

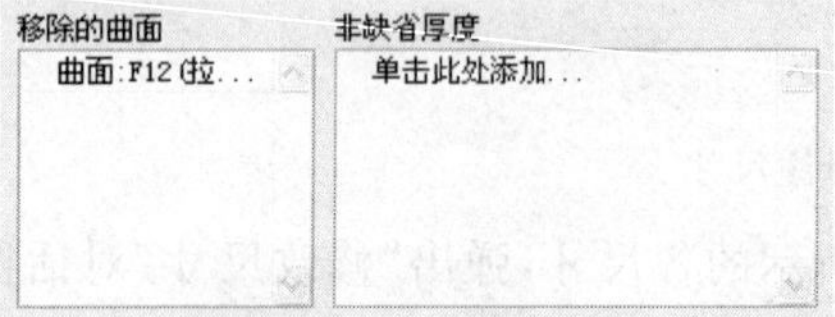

图 3-46　“参照”上滑板

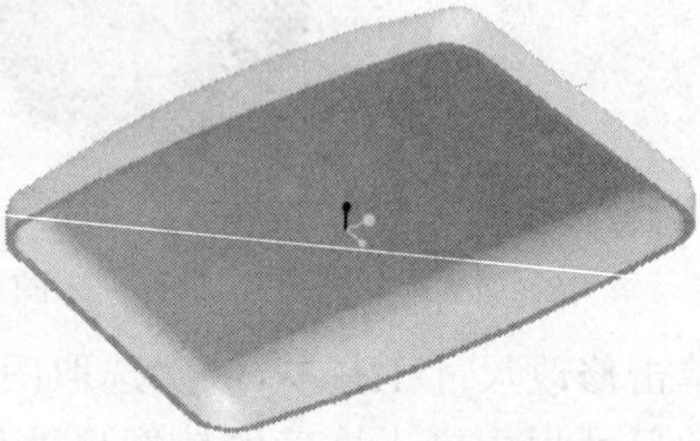

图 3-47　壳特征

3.1.6　创建显示屏窗口和按键孔

1. 创建基准平面

单击“基准”工具栏中的基准平面工具，弹出“基准平面”对话框。选择基准平面“RIGHT”面作为参照平面，在“平移”文本框中输入偏距 20，如图 3-48 所示。单击“确定”按钮，完成基准平面“DTM2”的创建，结果如图 3-49 所示。

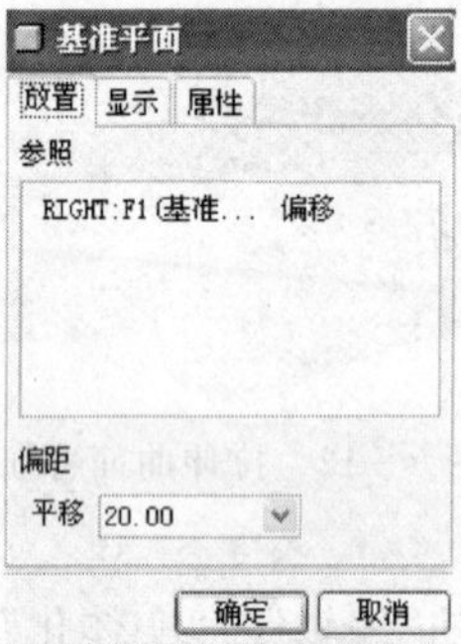

图 3-48　“基准平面”对话框

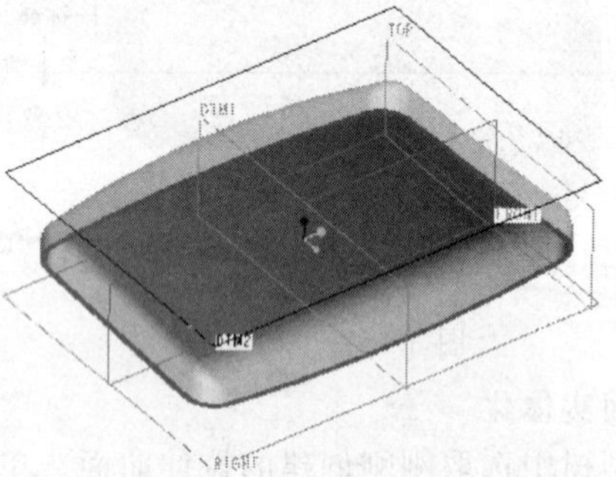

图 3-49　基准平面“DTM2”

2. 拉伸曲面

(1)单击“基础特征”工具栏中的拉伸工具，弹出“拉伸”操控板。单击拉伸为曲面按钮，再单击“放置”按钮，弹出“放置”上滑板。单击“定义”按钮，弹出“草绘”对话框。选取基准平面“DTM2”作为草绘平面，其余选项接受默认设置，如图 3-50 所示。单击“草绘”按钮，进入草绘器。

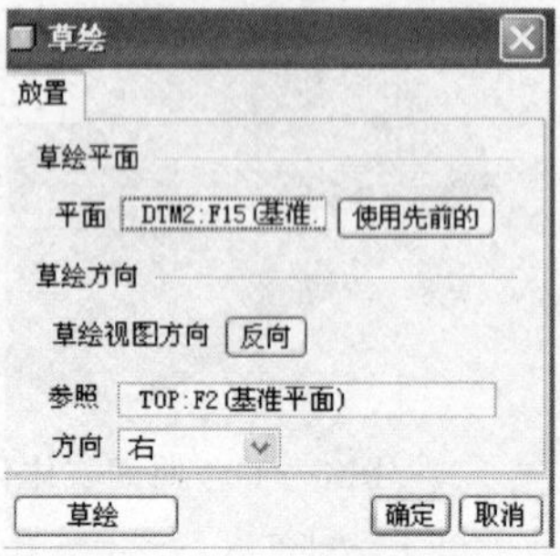

图 3-50　“草绘”对话框

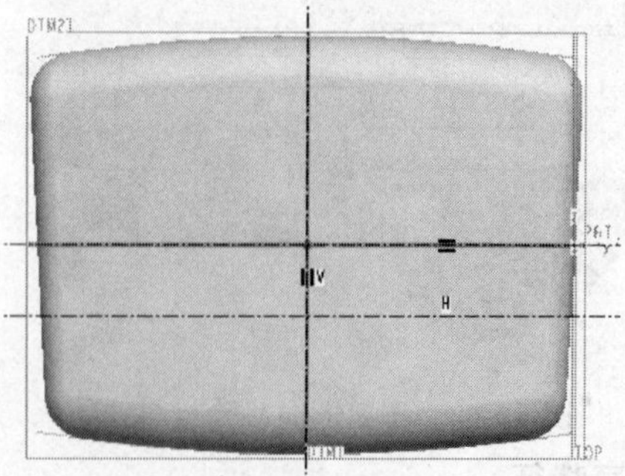

图 3-51　绘制 3 条中心线

(2)接受系统提供的尺寸参照,关闭“参照”对话框,开始草绘。

①单击“草绘器”工具栏中的创建 2 点中心线工具⋮,绘制 3 条中心线,如图 3-51 所示。

②单击通过边创建图元工具□,弹出“类型”对话框。点选“环”单选钮。选取水平中心线上部分中的内侧环,如图 3-52 所示。单击“关闭”按钮,关闭“类型”对话框。

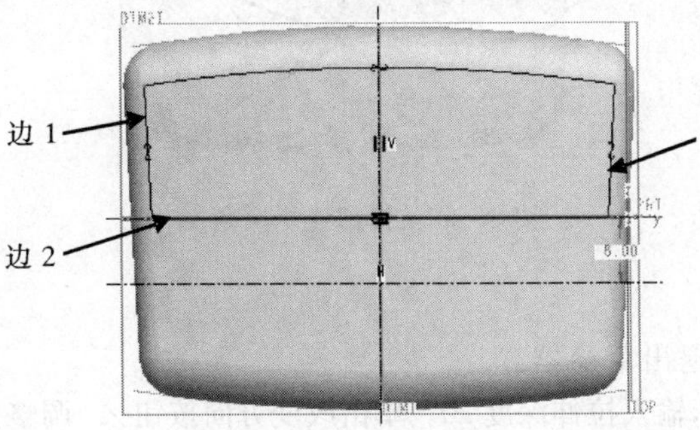

图 3-52　选取环

③单击创建圆角工具,分别选取图 3-52 所示的弧线与边 1、边 1 与边 2、边 2 与边 3、边 3 与弧线,为 4 者做圆角,结果如图 3-53 所示。

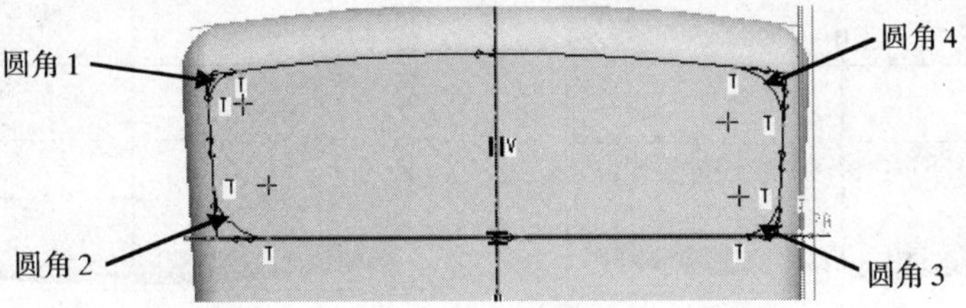

图 3-53　圆角

④单击约束工具,弹出如图 3-54 所示的“约束”对话框。单击相等约束按钮=,依次选取图 3-53 所示的圆角 1 和圆角 2、圆角 2 和圆角 3、圆角 3 和圆角 4、圆角 4 和圆角 1,向这 4 个圆角加入等长约束。系统将调整 4 个圆角的半径相等,并在各圆角上记入等半径标记“R1”,如图 3-55 所示。

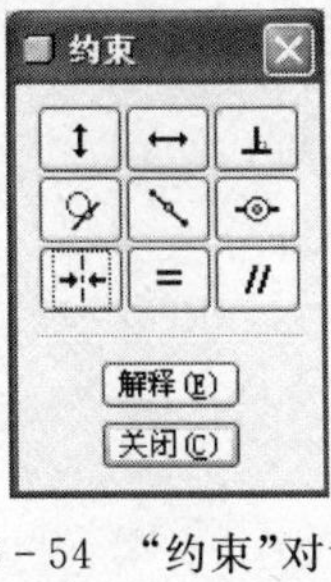

图 3-54　“约束”对话框

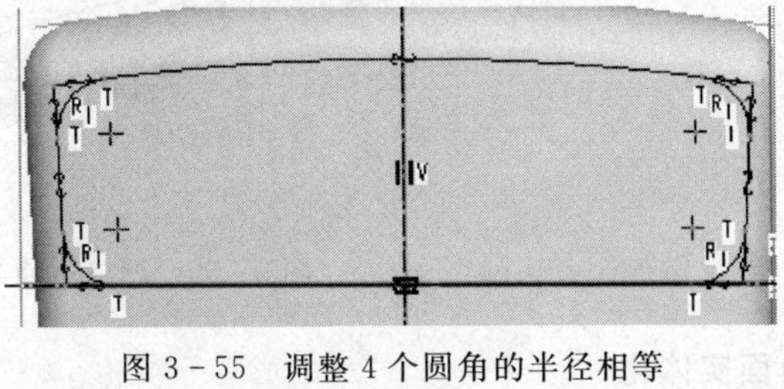

图 3-55　调整 4 个圆角的半径相等

⑤单击动态剪切工具,将 4 个圆角进行修剪,结果如图 3-56 所示。

⑥单击创建椭圆工具,以图 3-56 所示的水平中心线上任意点为中心绘制两个椭圆,再以图 3-56 所示的点 1 为中心绘制一个椭圆,结果如图 3-57 所示。

⑦单击修改尺寸工具,依次选取各尺寸,弹出“修改尺寸”对话框。分别在相应的尺寸框中输入准确的轮廓尺寸值,单击接受值按钮完成尺寸修改。修改尺寸后的轮廓如图 3-58

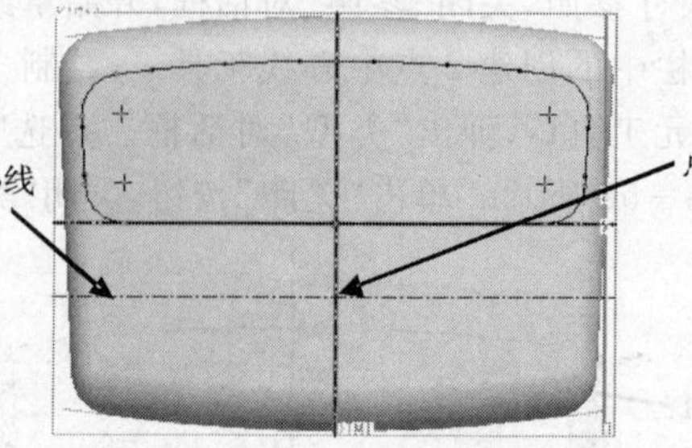

图 3-56 修剪 4 个圆角

所示。

⑧单击完成按钮✔,退出草绘器。

(3)在“拉伸”操控板中,输入拉伸深度 20。单击改变方向按钮⁄,调整拉伸方向,如图 3-59 所示。单击建造特征按钮☑,完成拉伸曲面特征的创建。

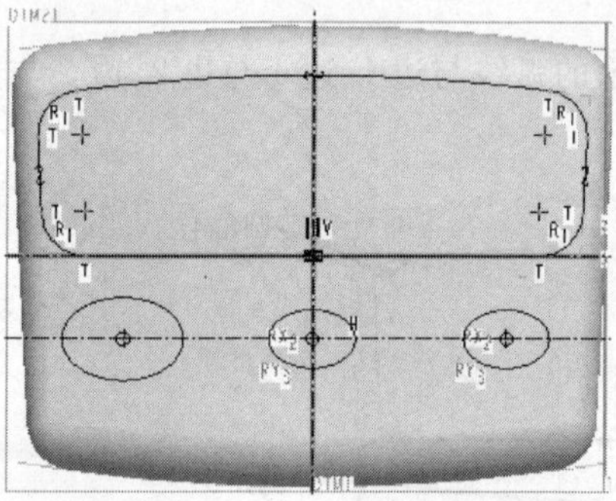

图 3-57 绘制椭圆

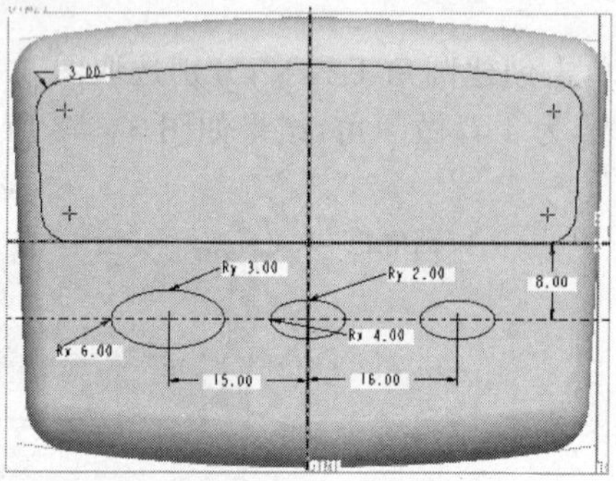

图 3-58 草绘剖面

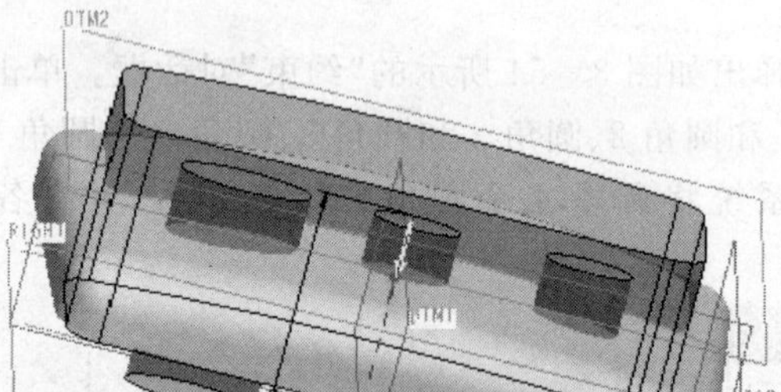

图 3-59 调整拉伸方向

3. 曲面实体化

在模型树中选取刚刚创建的拉伸曲面。单击菜单栏中的“编辑”→“实体化”命令,弹出“实体化”操控板。单击去除材料按钮◿,再单击改变方向按钮⁄,调整移除材料的方向。单击建造特征按钮☑,完成曲面实体化特征的创建,结果如图 3-60 所示。

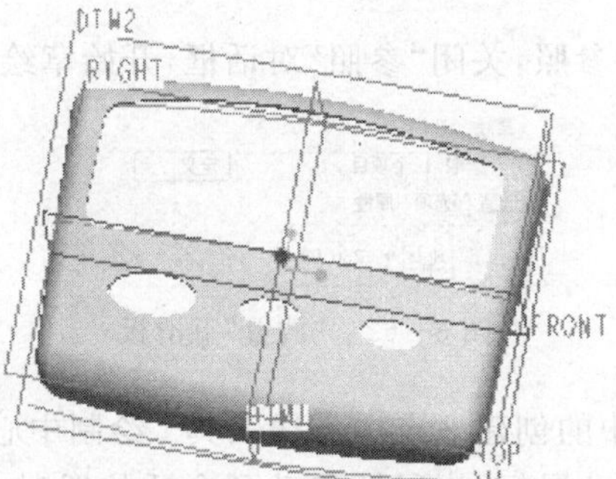

图 3-60 传呼机外壳

3.2 水槽的建模

水槽的建模过程如下。

3.2.1 零件分析

在 Pro/ENGINEER Wildfire 中创建一个如图 3-61 所示的水槽模型。

创建水槽模型的建模过程如下。

(1)创建水槽的第一个曲面。

(2)创建水槽的第二个曲面。

(3)创建水槽的第三个曲面。

(4)创建水槽的基础曲面特征。

(5)创建水槽凸台。

(6)创建水槽的实体特征。

(7)修饰水槽零件。

图 3-61 水槽模型

3.2.2 创建新文件

(1)运行 Pro/ENGINEER Wildfire。单击“文件”工具栏中的新建工具，弹出“新建”对话框。

(2)点选“类型”选项组中的“零件”单选钮，点选“子类型”选项组中的“实体”单选钮，并在“名称”文本框中输入新建文件的名称，取消勾选“使用缺省模板”复选框。单击“确定”按钮，弹出“新文件选项”对话框。

(3)选择“mmns_part_solid”模板，表示零件模型为实体、单位为 mm(毫米)/N(牛顿)/s(秒)。单击“确定”按钮完成设置。

3.2.3 创建水槽的第一个曲面

(1)单击“基础特征”工具栏中的拉伸工具，弹出“拉伸”操控板。单击拉伸为曲面按钮，再单击“放置”按钮，弹出如图 3-62 所示的“放置”上滑板。单击“定义”按钮，弹出“草绘”对话框。

(2)选取基准平面“FRONT”作为草绘平面，其余选项接受默认设置，如图 3-63 所示。单击“草绘”按钮，进入草绘器。

(3)接受系统提供的尺寸参照，关闭“参照”对话框，开始草绘。

图 3-62 “放置”上滑板

①单击“草绘器”工具栏中的创建2点中心线工具绘制中心线。用鼠标在绘图区一处单击，选择中心线的第一点。移动鼠标，当鼠标移动到合适位置时，系统会自动捕捉垂直或水平约束条件。这里捕捉到水平约束后单击，即绘制了一条水平中心线。同理绘制一条垂直中心线，如图3-64所示。

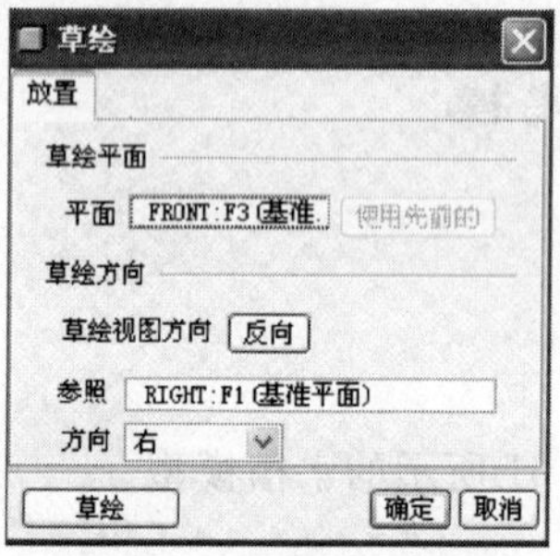

图 3-63 “草绘”对话框

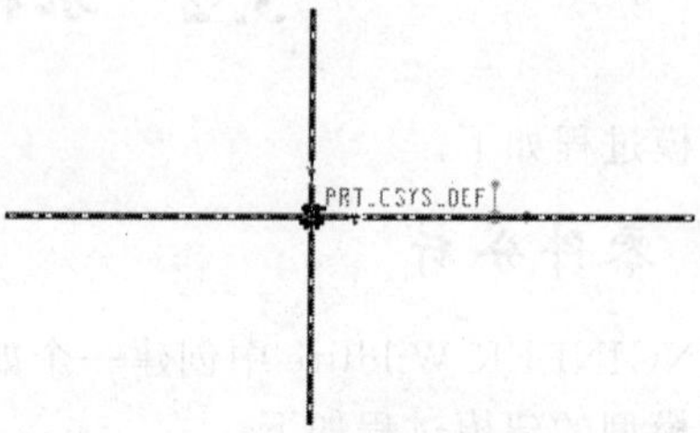

图 3-64 绘制两条中心线

②单击创建矩形工具，绘制一个矩形。

③单击约束工具，弹出“约束”对话框。单击关于中心线对称按钮，依次选取水平中心线、点1和点2。再次单击此工具，依次选取垂直中心线、点1和点3(点1、点2、点3的位置如图3-65所示)，使得矩形分别关于两条中心线对称，如图3-65所示。

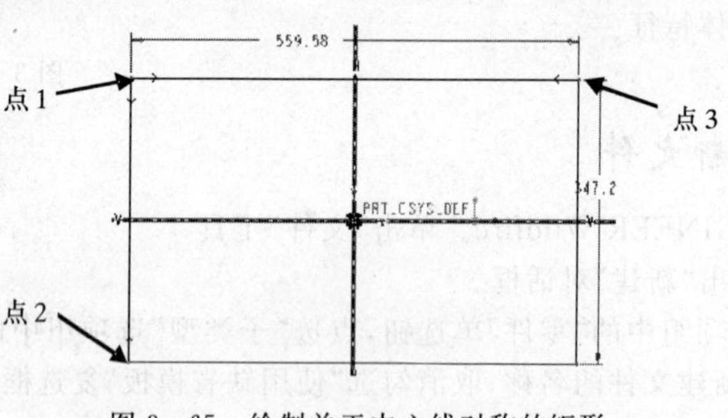

图 3-65 绘制关于中心线对称的矩形

④单击创建圆角工具，分别在矩形4个交点处做圆角。

⑤单击约束工具，弹出“约束”对话框。单击相等约束按钮=，依次选取圆角1和圆角2、圆角2和圆角3、圆角3和圆角4、圆角4和圆角1，向这4个圆角加入等长约束。系统将调整4个圆角的半径相等，并在各圆角上记入等半径标记“R_1”，如图3-66所示。

⑥单击修改尺寸工具，依次选取图3-66中所示的各尺寸，弹出“修改尺寸”对话框。对话框中列出了当前轮廓的所有尺寸，分别在相应的尺寸框中输入准确的轮廓尺寸值，单击接受值按钮完成尺寸修改。修改尺寸后的轮廓如图3-67所示。

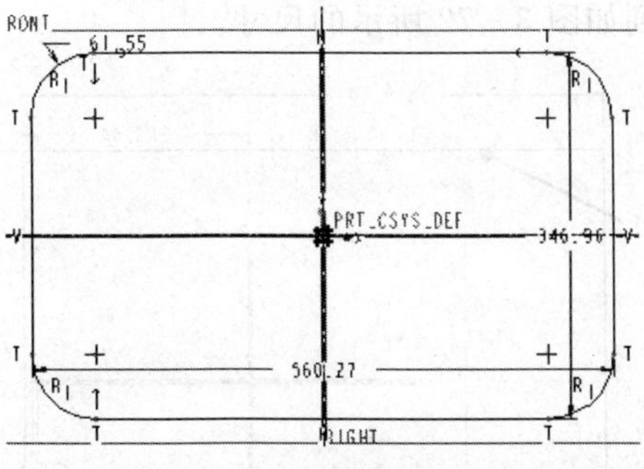

图 3-66　半径相等的 4 个圆角

⑦单击完成按钮✔,退出草绘器。

(4)在“拉伸”操控板中,输入拉伸深度 230。单击建造特征按钮☑,完成拉伸曲面特征的创建,结果如图 3-68 所示。

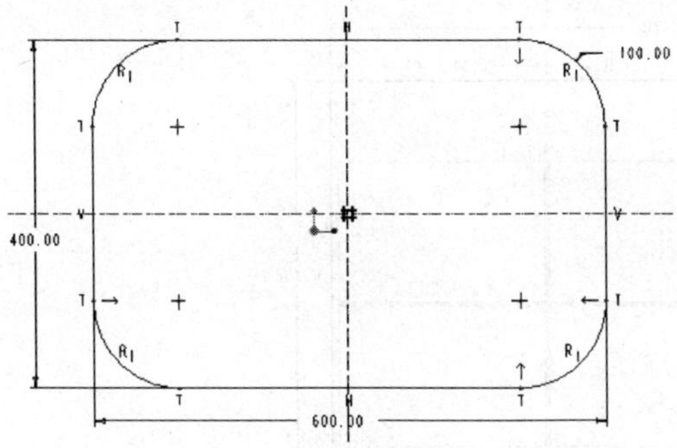

图 3-67　草绘剖面

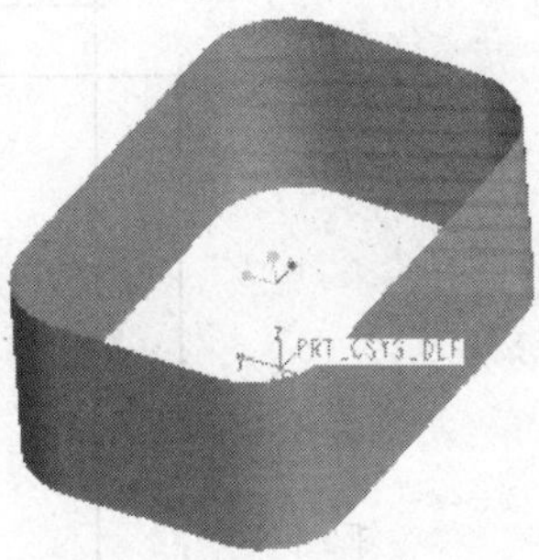

图 3-68　拉伸曲面特征

3.2.4　创建水槽的第二个曲面

(1)单击菜单栏中的“编辑”→“填充”命令,弹出“填充”操控板。单击“参照”按钮,弹出如图 3-69 所示的“参照”上滑板。单击“定义”按钮,弹出“草绘”对话框。

(2)选取基准平面“FRONT”作为草绘平面,其余选项接受默认设置,如图 3-70 所示。单击“草绘”按钮,进入草绘器。

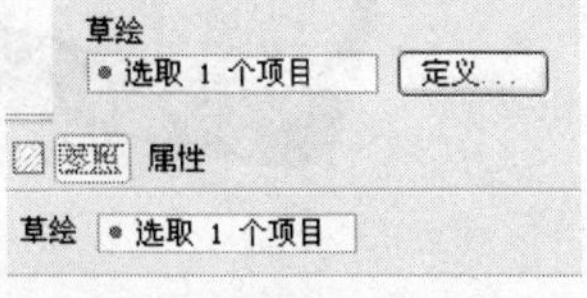

图 3-69　“参照”上滑板

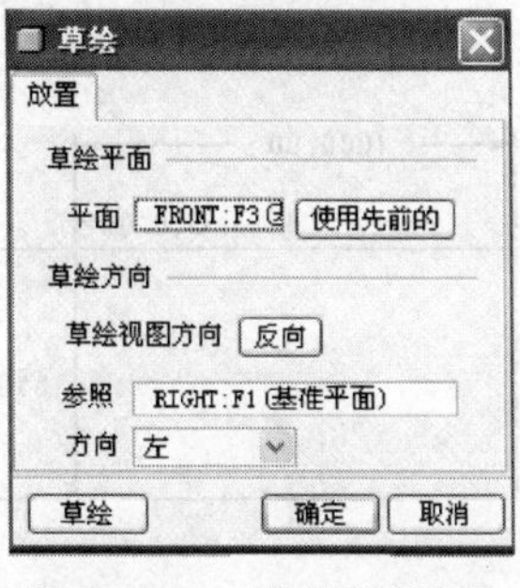

图 3-70　“草绘”对话框

(3)接受系统提供的尺寸参照,关闭“参照”对话框,开始草绘。

①单击“草绘器”工具栏中的创建矩形工具□,绘制一个矩形,如图 3-71 所示。

②单击创建定义尺寸工具⟷,选取如图 3-71 所示的线段 1 和水平中心线,在合适位置

单击鼠标中键放置尺寸，得到如图3－72所示的尺寸。

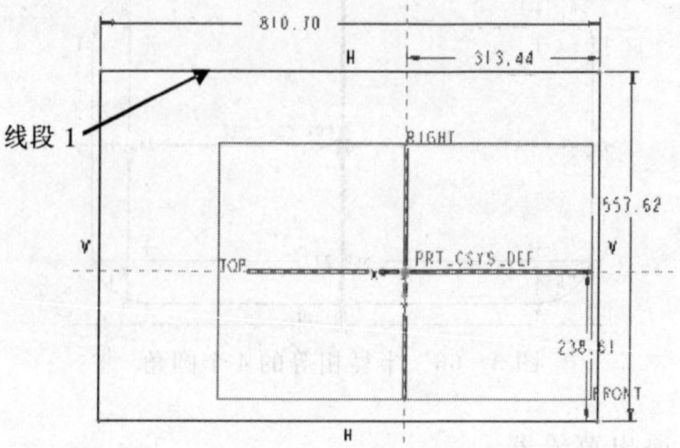

图3－71　绘制矩形

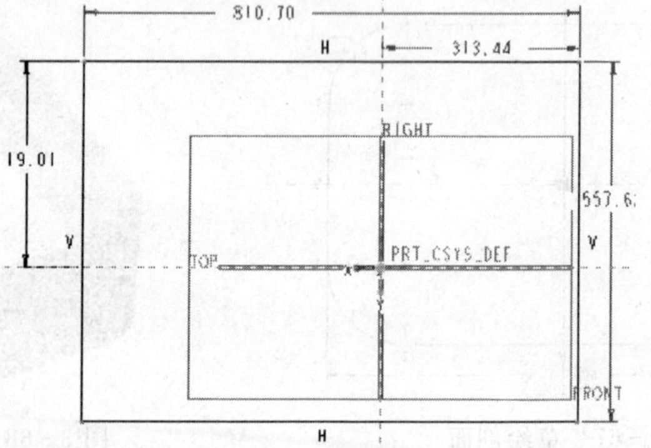

图3－72　定义尺寸

③单击修改尺寸工具，依次选取图3－72所示的各尺寸，弹出“修改尺寸”对话框。分别在相应的尺寸框中输入准确的轮廓尺寸值，单击接受值按钮完成尺寸修改。修改尺寸后的轮廓如图3－73所示。

④单击完成按钮✔，退出草绘器。

(4)单击“填充”操控板中的建造特征按钮，完成填充曲面特征的创建，结果如图3－74所示。

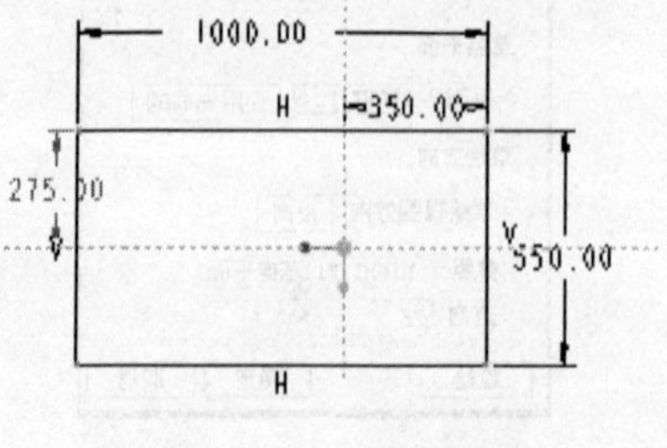

图3－73　草绘剖面

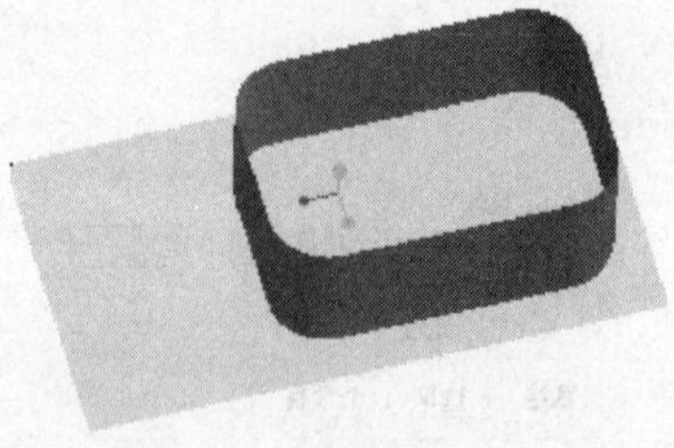

图3－74　填充曲面特征

3.2.5 创建水槽的第三个曲面

图 3－75 “草绘”对话框

(1)单击“基础特征”工具栏中的拉伸工具，弹出“拉伸”操控板。单击拉伸为曲面按钮，再单击“放置”按钮，弹出“放置”上滑板。单击“定义”按钮，弹出“草绘”对话框。

(2)选取基准平面“TOP”作为草绘平面，其余选项接受默认设置，如图 3－75 所示。单击“草绘”按钮，进入草绘器。

(3)接受系统提供的尺寸参照，关闭“参照”对话框，开始草绘。

①单击“草绘器”工具栏中的通过 3 点创建圆弧工具，分别在图 3－76 所示的边 1、边 2 上各取一点作为弧线的两个端点。

图 3－76 选取边

②单击约束工具，弹出“约束”对话框。单击重合约束按钮，依次选取图 3－76 所示的边 1 和边 1 上的圆弧端点、边 2 和边 2 上的圆弧端点。此时在边 1 和边 2 上分别出现小圆圈，表明此时边已经和端点重合。

③单击相切约束按钮，选取圆弧和图 3－76 示的边 3。此时在边 3 上出现标记“T”，表明边 3 与圆弧已经相切，结果如图 3－77 所示。

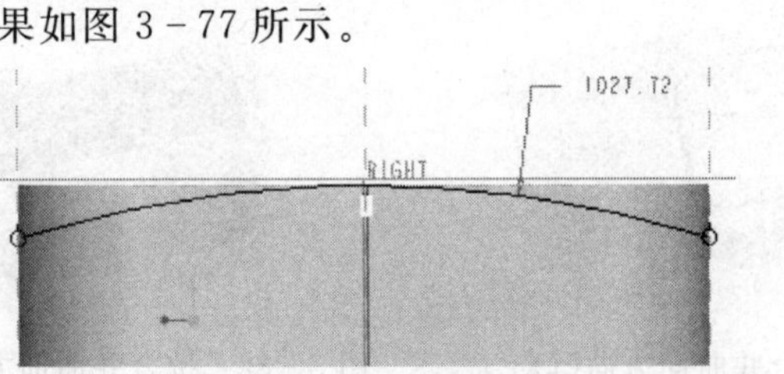

图 3－77 圆弧

④单击修改尺寸工具，选取圆弧上的尺寸，弹出“修改尺寸”对话框。在尺寸框中输入 2000，单击接受值按钮完成尺寸修改，如图 3－78 所示。

⑤单击完成按钮，退出草绘器。

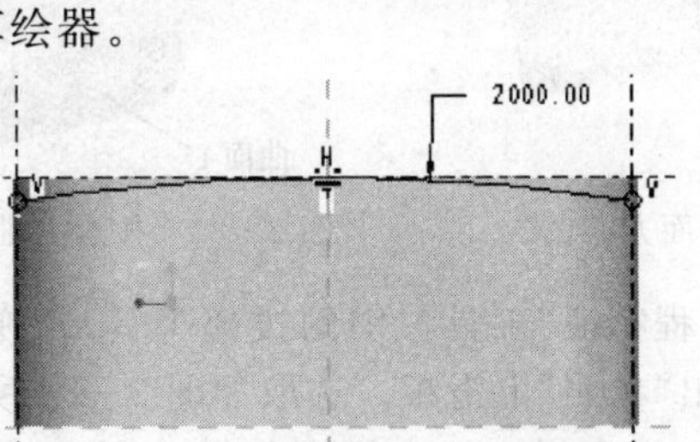

图 3－78 草绘剖面

(4)单击“拉伸”操控板中的按指定深度值一般拉伸按钮，输入拉伸深度 600。单击建造特征按钮，完成拉伸曲面特征的创建，结果如图 3-79 所示。

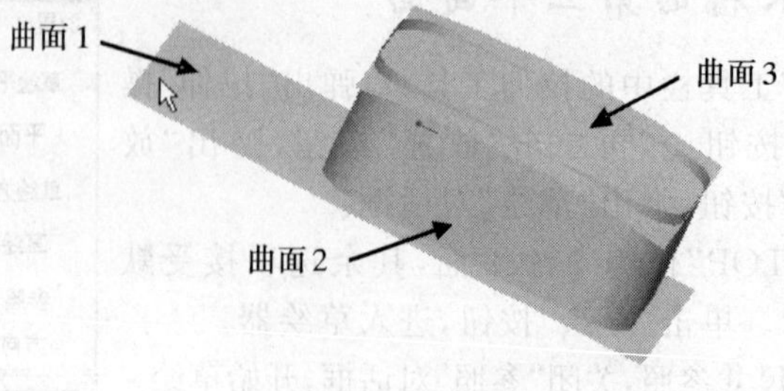

图 3-79　拉伸曲面

3.2.6　创建水槽的基础曲面特征

(1)曲面合并。在模型上按住 Ctrl 键，选取如图 3-79 所示的曲面 1 和曲面 2。单击菜单栏中的“编辑”→“合并”命令，弹出如图 3-80 所示的“合并”操控板。单击改变方向按钮，如图 3-81 所示调整曲面合并方向。单击建造特征按钮，完成合并曲面特征的创建，结果如图 3-82 所示。

图 3-80　“合并”操控板

(2)在模型上按住 Ctrl 键，选取如图 3-79 所示的曲面 2 和曲面 3。单击菜单栏中的“编辑”→“合并”命令，弹出“合并”操控板。单击改变方向按钮，如图 3-83 所示调整曲面合并方向。单击建造特征按钮，完成合并曲面特征的创建，结果如图 3-84 所示。

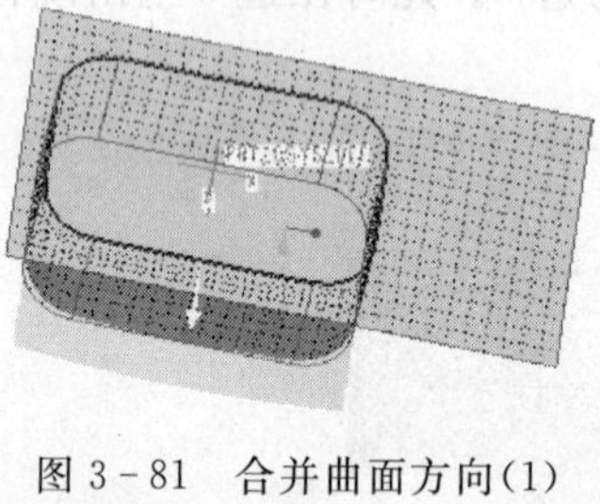

图 3-81　合并曲面方向(1)

图 3-82　按合并曲面方向(1)的合并结果

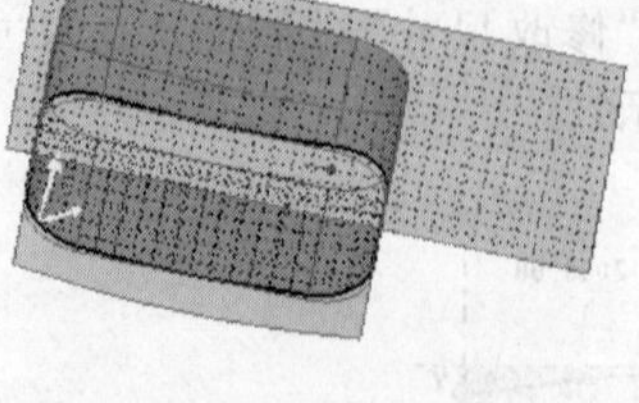

图 3-83　合并曲面方向(2)

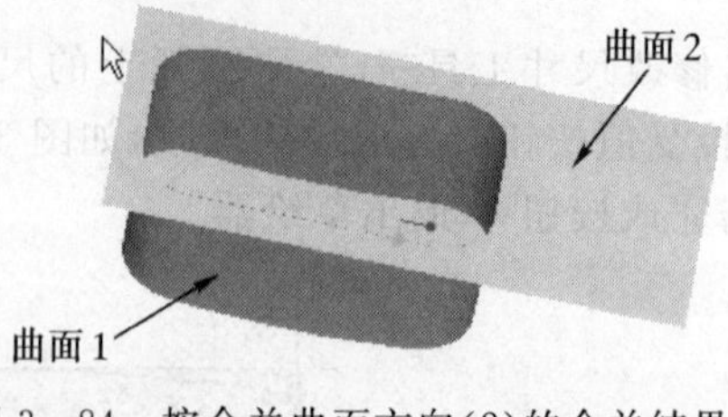

图 3-84　按合并曲面方向(2)的合并结果

(3)曲面拔模。单击“工程特征”工具栏中的拔模工具，弹出“拔模”操控板，如图 3-85 所示。单击“参照”按钮，弹出“参照”上滑板。选取如图 3-84 所示的曲面 1 作为拔模曲面，曲面 2 作为拔模曲轴，如图 3-86 所示。输入拔模角度 5，单击改变方向按钮调整拔模方向。单击建造特征按钮，完成拔模特征的创建，结果如图 3-87 所示。

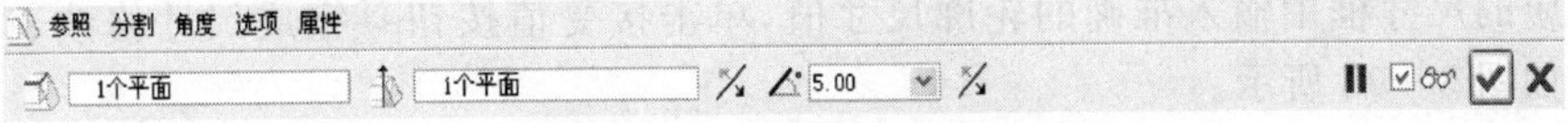

图 3-85　“拔模”操控板

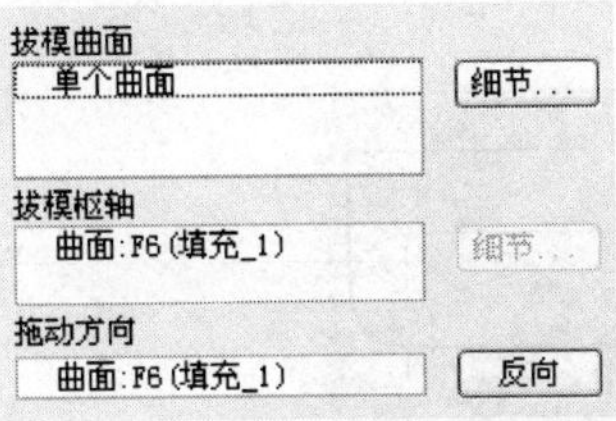

图 3-86　“参照”上滑板

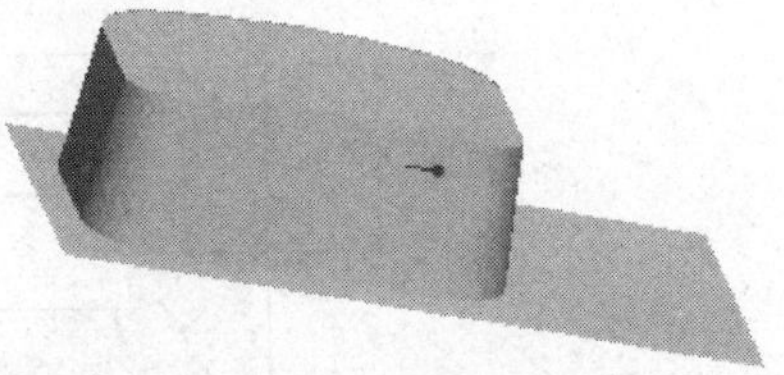

图 3-87　拔模曲面

3.2.7　创建水槽凸台

1. 偏移曲面

(1)选取刚刚创建的水槽基础曲面特征中的平整曲面。单击菜单栏中的“编辑”→“偏移”命令，弹出如图 3-88 所示的“偏移”操控板。单击展开特征按钮，再单击“选项”按钮，弹出“选项”上滑板。单击“定义”按钮，弹出“草绘”对话框。

图 3-88　“偏移”操控板

(2)选取基础曲面特征的平整曲面作为草绘平面，其余选项接受默认设置。单击“草绘”按钮，进入草绘器。

(3)接受系统提供的尺寸参照，关闭“参照”对话框，开始草绘。

①单击“草绘器”工具栏中的创建矩形工具按钮，绘制一个矩形。

②单击通过 3 点创建圆弧工具按钮，分别以矩形同一侧的两个交点作为弧线的端点，如图3-89所示。

图 3-89　矩形及圆弧

③单击动态剪切工具按钮，将图 3-89 所示的两条垂直线删除，如图 3-90 所示。

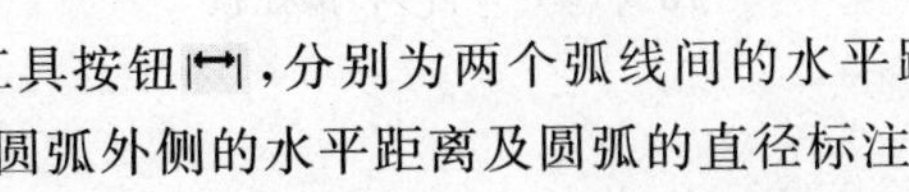

图 3-90　动态剪切

④单击创建定义尺寸工具按钮，分别为两个弧线间的水平距离、水平边与圆弧圆心间的垂直距离、垂直中心线与圆弧外侧的水平距离及圆弧的直径标注尺寸，如图 3-91 所示。

⑤单击修改尺寸工具按钮，依次选取图 3-91 所示的各尺寸，弹出“修改尺寸”对话框。

分别在相应的尺寸框中输入准确的轮廓尺寸值，单击接受值按钮☑完成尺寸修改。修改尺寸后的轮廓如图3-92所示。

⑥单击完成按钮✔，退出草绘器。

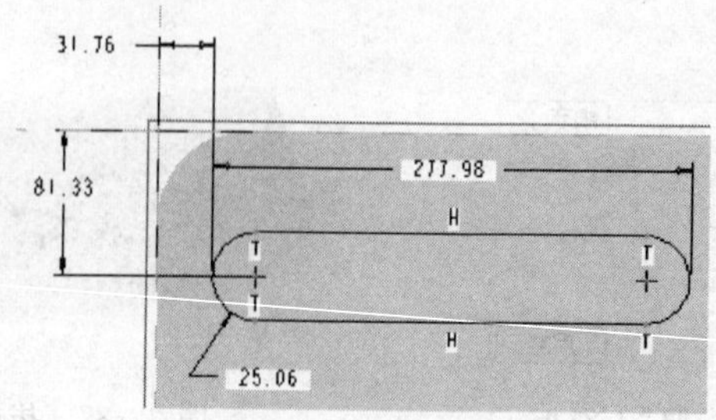

图3-91　定义尺寸

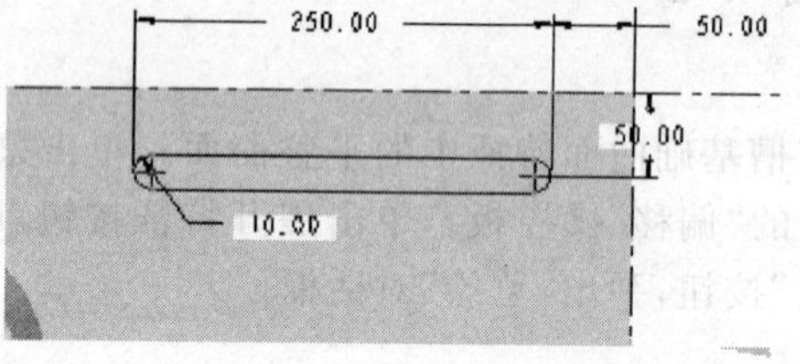

图3-92　修改后的尺寸

(4)在"偏移"操控板中，输入偏距5。单击改变方向按钮⅄，调整曲面偏移方向。单击建造特征按钮☑，完成偏移曲面特征的创建，结果如图3-93所示。

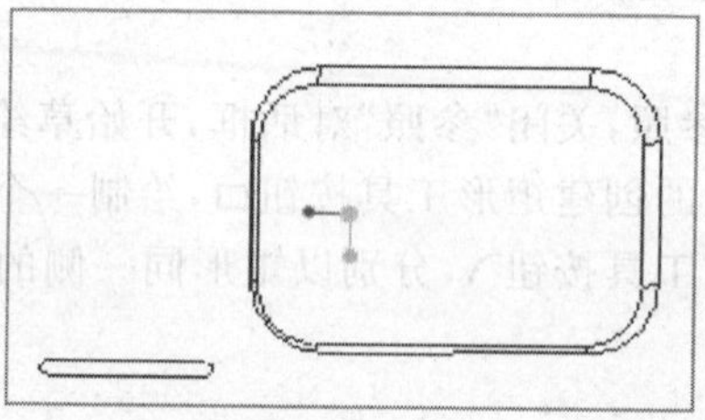

图3-93　偏移曲面特征

2. 阵列曲面

选取刚刚创建的偏移曲面特征。单击菜单栏中的"编辑"→"阵列"命令，弹出如图3-94所示的"阵列"操控板。选取偏移曲面中标注为50的尺寸作为阵列驱动尺寸。单击"尺寸"按钮，弹出"尺寸"上滑板。在"方向1"框中输入阵列尺寸增量值50，如图3-95所示。输入阵列特征总数10，如图3-94所示。单击建造特征按钮☑，完成阵列曲面特征的创建，结果如图3-96所示。

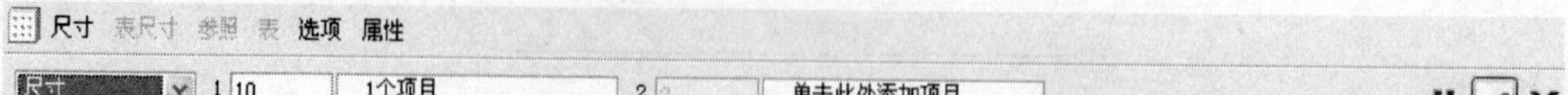

图3-94　"阵列"操控板

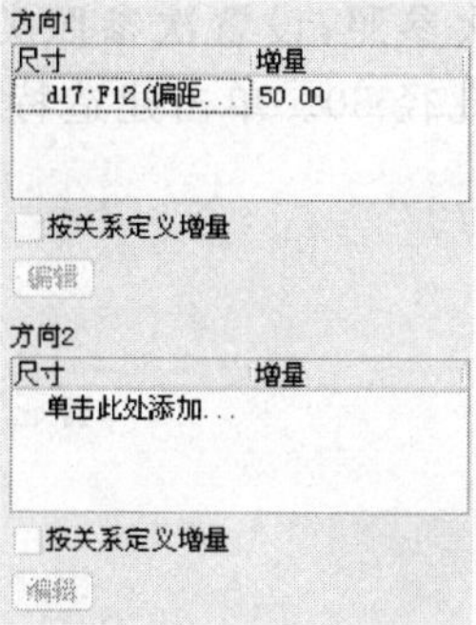

图 3-95　“尺寸”上滑板

图 3-96　阵列复制

3.2.8　创建水槽的实体特征

(1)倒圆角。单击“工程特征”工具栏中的倒圆角工具，弹出如图 3-97 所示的“倒圆角”操控板。按住 Ctrl 键选取如图 3-96 所示的两条边线，输入圆角半径 20。单击建造特征按钮，完成倒圆角特征的创建，结果如图 3-98 所示。

图 3-97　“倒圆角”操控板

图 3-98　曲面倒圆角

(2)加厚曲面。在模型树中选取刚刚创建的倒圆角特征。单击菜单栏中的“编辑”→“加厚”命令，弹出如图 3-99 所示的“加厚”操控板。输入加厚特征的材料厚度 10。单击建造特征按钮，完成加厚曲面特征的创建，结果如图 3-100 所示。

图 3-99　“加厚”操控板

图 3-100　水槽实体特征

3.2.9　修饰水槽零件

(1)打孔。单击“基础特征”工具栏中的孔工具，弹出如图 3-101 所示的“孔”操控板。单击“放置”按钮，弹出“放置”上滑板。选择水槽底部曲面作为主参照，将参照类型修改为“径向”;按住 Ctrl 键,选取基准平面“TOP”和“RIGHT”作为次参照,设置次参照类型和值为图 3－102所示。单击拉伸至与所有曲面相交按钮，并输入孔径 60。单击建造特征按钮，完成孔特征的创建,结果如图 3－103 所示。

图 3－101　“孔”操控板

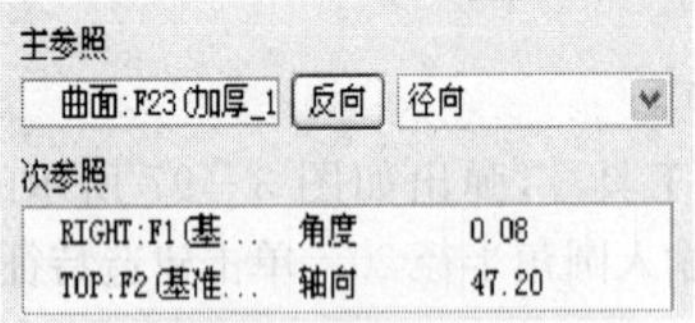

图 3－102　“放置”上滑板

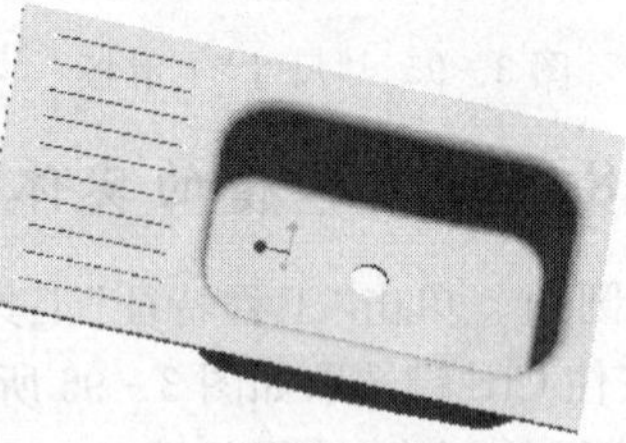

图 3－103　下水孔

(2)倒圆角。单击“工程特征”工具栏中的倒圆角工具，弹出“倒圆角”操控板。单击“放置”按钮,弹出“放置”上滑板。按住 Ctrl 键选取水槽平台的两个相交侧面作为参照,输入圆角半径 50。单击用建造特征按钮，完成倒圆角特征的创建。

采用同样的方法,完成其余 3 个圆角的创建。

第 4 章　人体头部轮廓曲面建模

本章将介绍 Pro/ENGINEER Wildfire 中造型曲面的相关知识，包括基本的曲线功能与操作、一般曲面功能、曲面创建和曲面修剪、曲线连接与曲面连接设置等。并以实例详细介绍其功能和应用。

4.1　绘制头部轮廓

本实例在设计中，首先要对头部整体轮廓进行分解，即将头部曲面分解成不同的曲面片，此时应尽量避免三角曲面的出现，整体轮廓分解要充分考虑输入外部数据的条件，这一步非常重要，整体分解常常决定了一个模型是否能够成功创建，完美的分解不仅可以减少工作量，有利于模型的创建，而且容易创建出效果最佳的模型。然后决定曲线和曲面创建的先后顺序，创建符合设计要求的模型。对于不可避免的三角曲面或者不理想的曲面可以通过曲面裁剪和曲面修补等方法进行修改。

运行 Pro/ENGINEER Wildfire。单击菜单栏中的“文件”→“新建”命令，或单击“文件”工具栏中的新建工具，弹出“新建”对话框。输入文件名称“tou”，单击“确定”按钮，进入零件设计模式。

单击菜单栏中的“插入”→“共享数据”→“自文件”命令，打开光盘中的文件“tou. igs”，如图 4-1 所示。

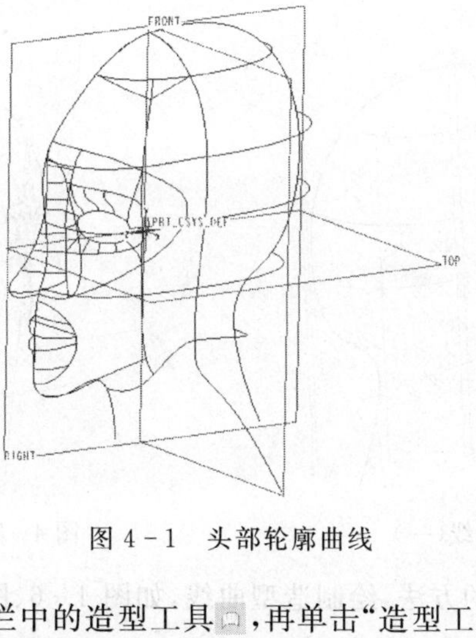

图 4-1　头部轮廓曲线

(1)单击“基础特征”工具栏中的造型工具，再单击“造型工具”工具栏中的设置活动基准平面工具，选取基准平面“RIGHT”作为活动基准面。单击“造型工具”工具栏中的创建曲线工具～，打开“曲线”选项板，点选“平面”单选钮。绘制造型曲线，如图 4-2 所示。单击建造特征按钮✔，完成造型曲线的绘制。

(2)单击“造型工具”工具栏中的设置活动基准平面工具，选取基准平面“FRONT”作为活动基准面。单击“造型工具”工具栏中的创建曲线工具~，打开“曲线创建”操控板，点选“平面”单选钮。首先捕捉刚刚创建的曲线的端点，按住 Shift 键，将鼠标移动到刚刚创建曲线上，当鼠标变成“+”时单击鼠标左键，绘制造型曲线，如图 4-3 所示。单击建造特征按钮✓，完成造型曲线的绘制。

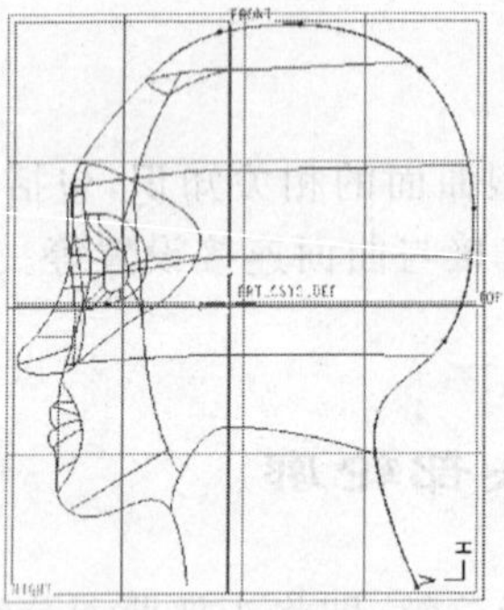

图 4-2 平面曲线(一)

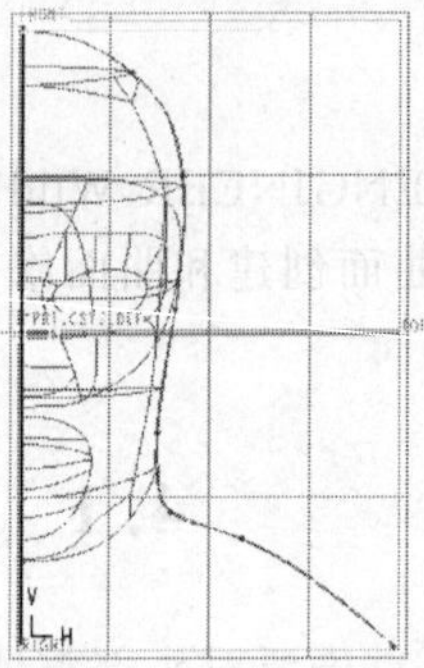

图 4-3 平面曲线(二)

(3)单击“造型工具”工具栏中的创建曲线工具~，打开“曲线”操控板，点选“平面”单选钮。绘制造型曲线两个端点时分别按住 Shift 键，将鼠标移动到步骤(1)和(2)所创建的曲线上，当鼠标变成“+”时单击鼠标左键，使所绘制曲线的端点分别在步骤(1)和(2)所创建的曲线上，绘制造型曲线，如图 4-4 所示。单击“造型工具”工具栏中的编辑曲线工具，选取如图4-4所示右侧端点，显示一条黄色的切线。在该切线上单击鼠标右键，在弹出的快捷菜单中单击“法向”命令。选取基准平面“RIGHT”，使曲线该端点的切线与基准平面“RIGHT”垂直。单击建造特征按钮✓，完成造型曲线的绘制。

(4)采用与步骤(3)相同的方法，绘制造型曲线，使其如图 4-5 所示端点的切线与基准平面“RIGHT”垂直。

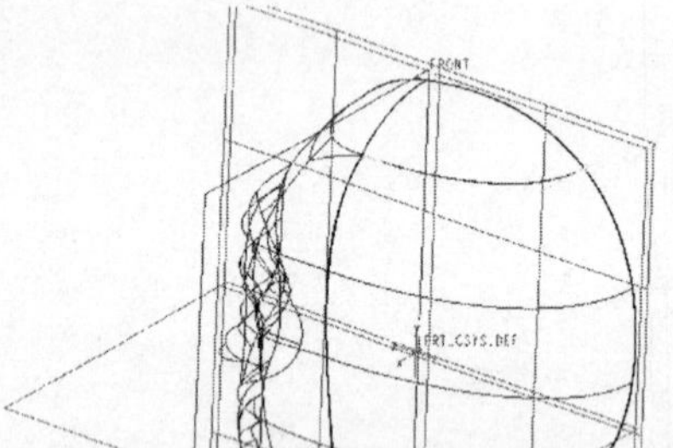

图 4-4 自由曲线(一)

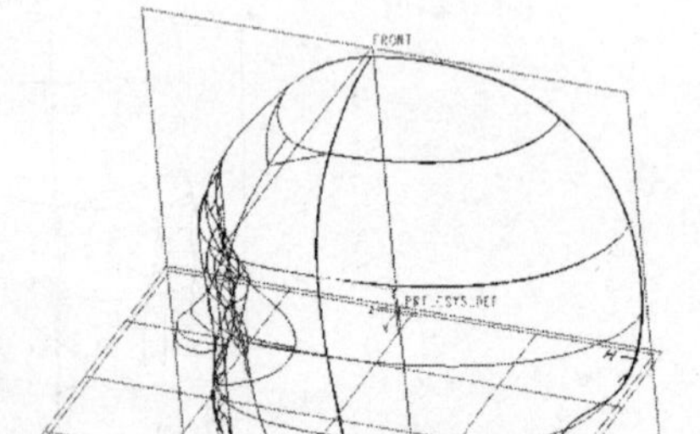

图 4-5 自由曲线(二)

(5)采用与步骤(3)相同的方法，绘制造型曲线，如图 4-6、图 4-7 和图 4-8 所示。

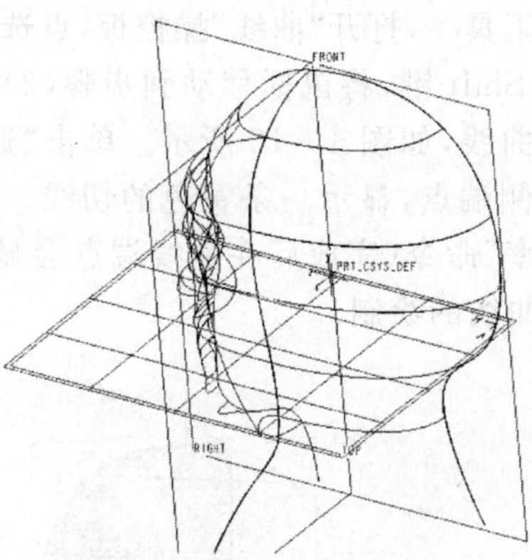

图 4-6　自由曲线(三)

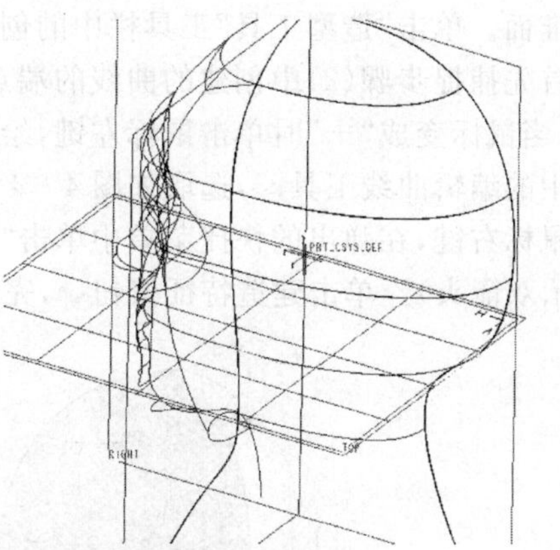

图 4-7　自由曲线(四)

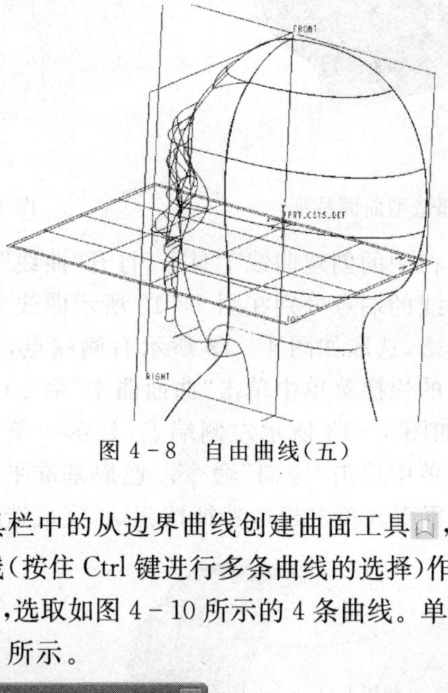

图 4-8　自由曲线(五)

(6)单击“造型工具”工具栏中的从边界曲线创建曲面工具，打开“曲面创建”操控板。选取如图 4-9 所示的 3 条曲线(按住 Ctrl 键进行多条曲线的选择)作为首要曲线，再单击“参照”选择内部对话框的“细节…”按钮，选取如图 4-10 所示的 4 条曲线。单击建造特征按钮，完成造型曲面的绘制，结果如图 4-11 所示。

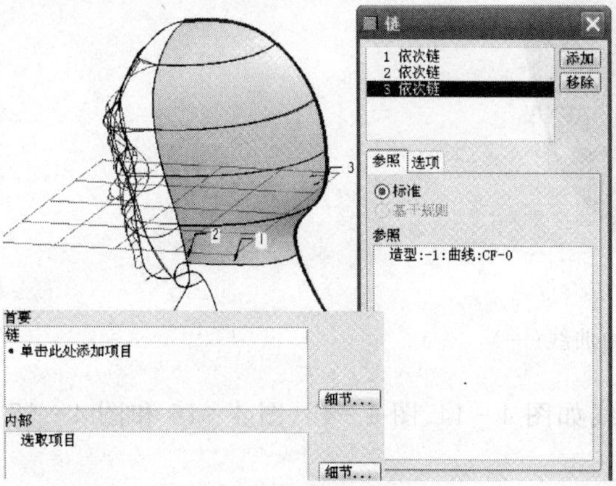

图 4-9　选取首要曲线

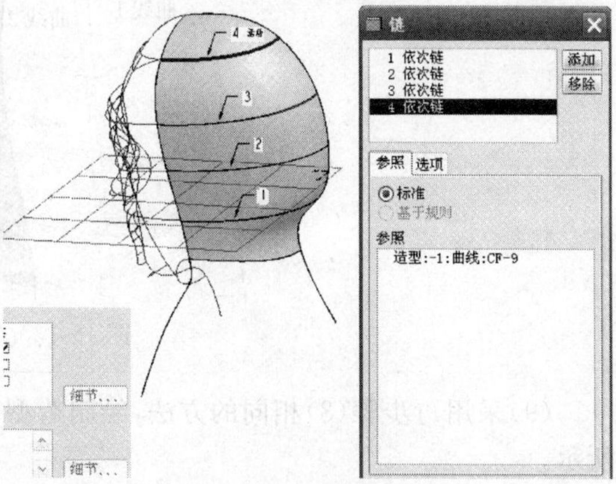

图 4-10　选取内部曲线

(7)单击“造型工具”工具栏中的设置活动基准平面工具，选取基准平面“RIGHT”作为活动基准面。单击“造型工具”工具栏中的创建曲线工具～,打开“曲线”操控板,点选“平面”单选钮。首先捕捉步骤(2)中创建的曲线的端点:按住Shift键,将鼠标移动到步骤(2)中创建的曲线上,当鼠标变成“+”时单击鼠标左键,绘制造型曲线,如图4-12所示。单击“造型工具”工具栏中的编辑曲线工具,选取如图4-4所示右侧端点,显示一条黄色的切线。在该切线上单击鼠标右键,在弹出的快捷菜单中单击“曲面曲率”命令(完成后在曲线端点会显示如图4-12所示双箭头)。单击建造特征按钮✔,完成造型曲线的绘制。

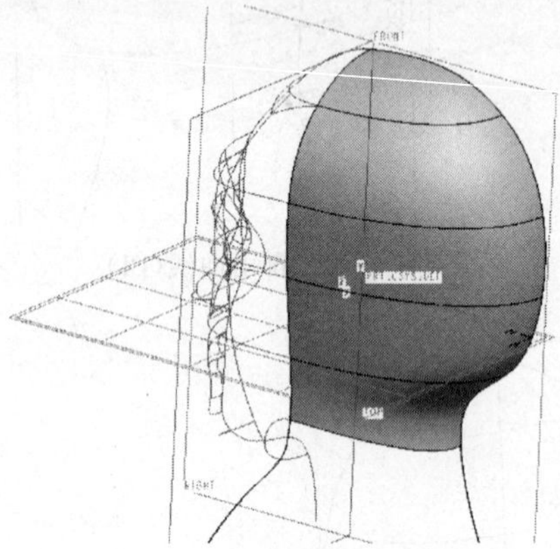

图4-11　头后部造型曲面特征

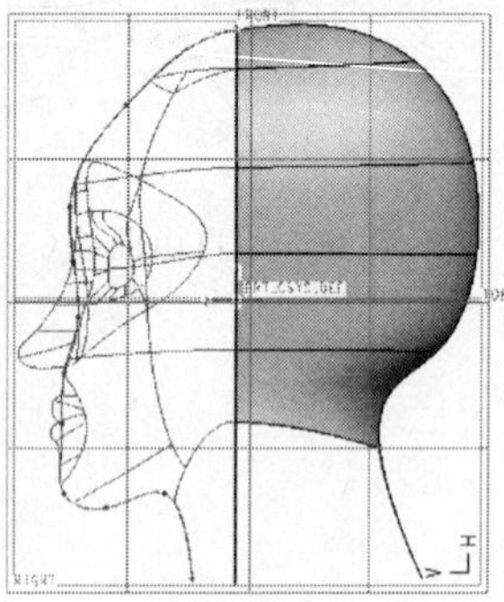

图4-12　平面曲线

(8)单击“造型工具”工具栏中的创建曲线工具～,打开“曲线”操控板,点选“自由”单选钮。采用同样的方法,使所绘制曲线的端点分别在图4-13所示曲线1和曲线2上。单击“造型工具”工具栏中的编辑曲线工具,选取如图4-13所示右侧端点,显示一条黄色的切线。在该切线上单击鼠标右键,在弹出的快捷菜单中单击“曲面曲率”命令(完成后在曲线端点会显示如图4-13所示双箭头);选取如图4-13所示左侧端点,显示一条黄色的切线。在该切线上单击鼠标右键,在弹出的快捷菜单中单击“法向”命令。选取基准平面“RIGHT”,使曲线该端点的切线与基准平面“RIGHT”垂直。单击建造特征按钮✔,完成造型曲线的绘制。

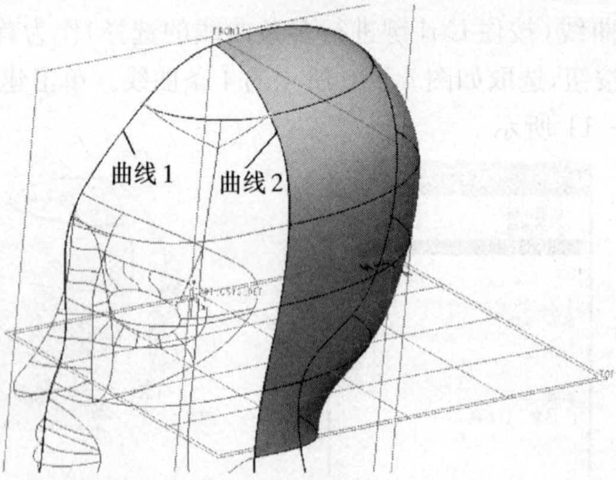

图4-13　自由曲线(一)

(9)采用与步骤(8)相同的方法,绘制造型曲线如图4-14、图4-15、图4-16和图4-17所示。

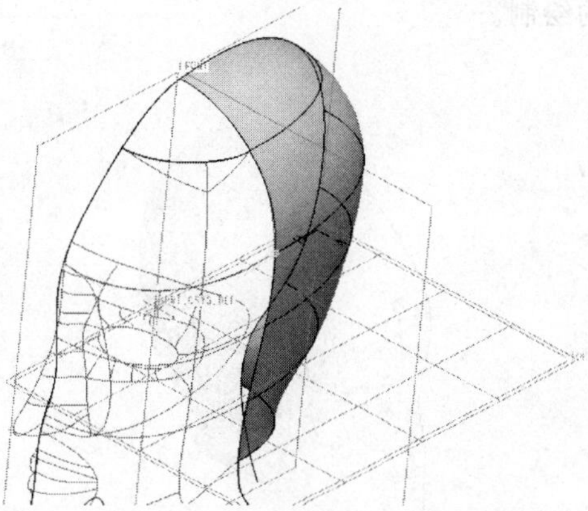

图 4 - 14　自由曲线(二)

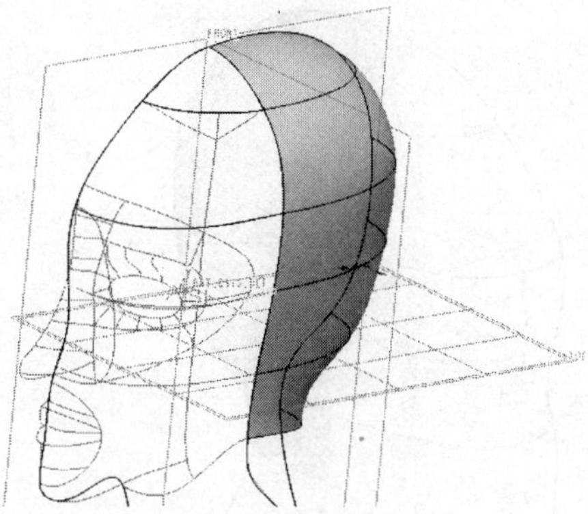

图 4 - 15　自由曲线(三)

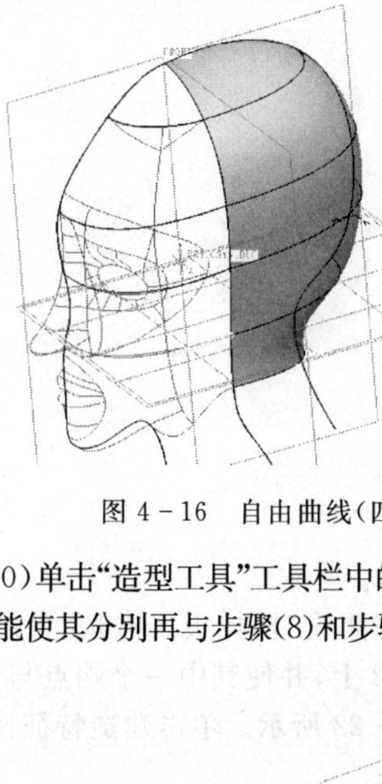

图 4 - 16　自由曲线(四)

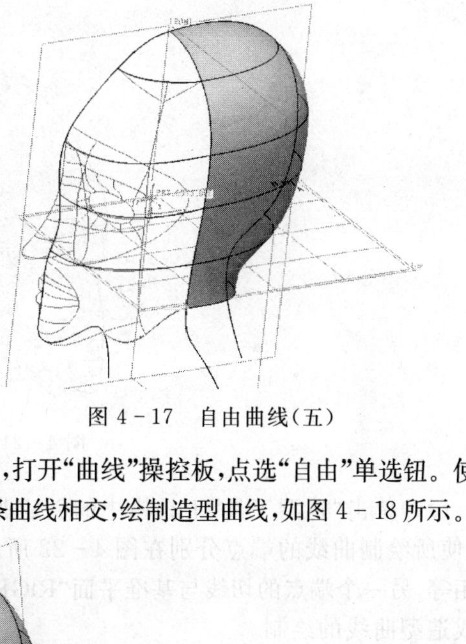

图 4 - 17　自由曲线(五)

(10)单击“造型工具”工具栏中的创建曲线工具～,打开“曲线”操控板,点选“自由”单选钮。使用捕捉功能使其分别再与步骤(8)和步骤(9)所创建的 5 条曲线相交,绘制造型曲线,如图 4 - 18 所示。

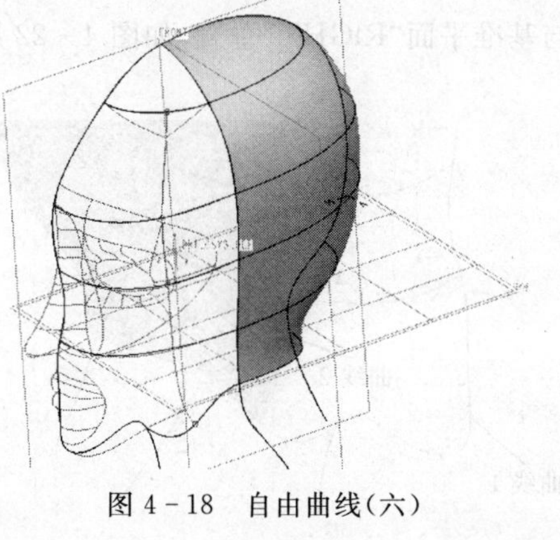

图 4 - 18　自由曲线(六)

(11)单击“造型工具”工具栏中的从边界曲线创建曲面工具,打开“曲面”操控板。选取如图 4 - 19 所示的 4 条曲线。再单击“参照”选择内部对话框的“细节…”按钮,选取如图 4 - 20 所示的 3 条曲线,单击鼠标左键使曲面与步骤(6)中所创建曲面的连接,变成如图 4 - 21 所示的双箭头。单击建造特征按钮✔,完成造型曲面的绘制。

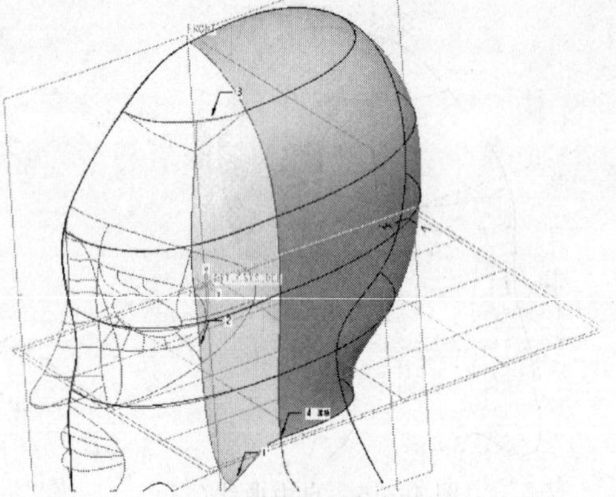
图 4－19　选取首要曲线

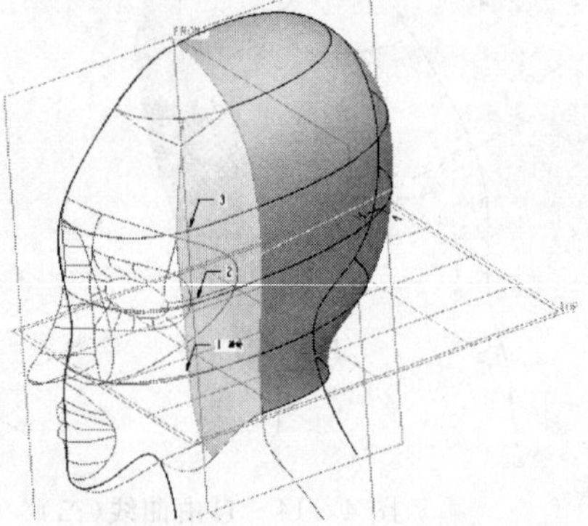
图 4－20　选取内部曲线

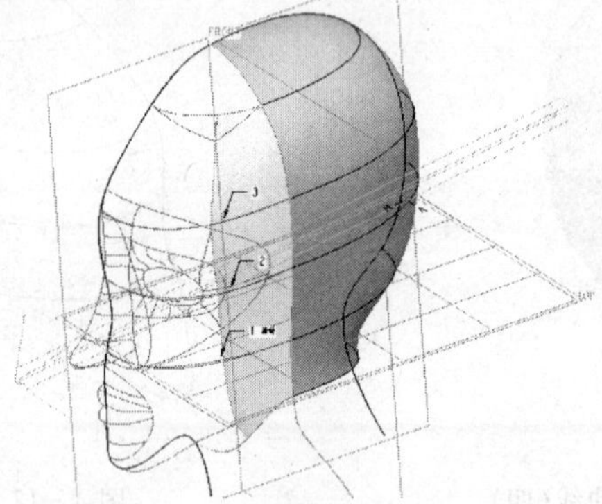
图 4－21　曲面连接设置

(12)单击“造型工具”工具栏中的创建曲线工具～,打开“曲线”操控板。点选“自由”单选钮,使所绘制曲线的端点分别在图 4－22 所示曲线 1 与曲线 2 上,并使其中一个端点与曲面曲率相等,另一个端点的切线与基准平面“RIGHT”垂直,如图 4－22 所示。单击建造特征按钮✔,完成造型曲线的绘制。

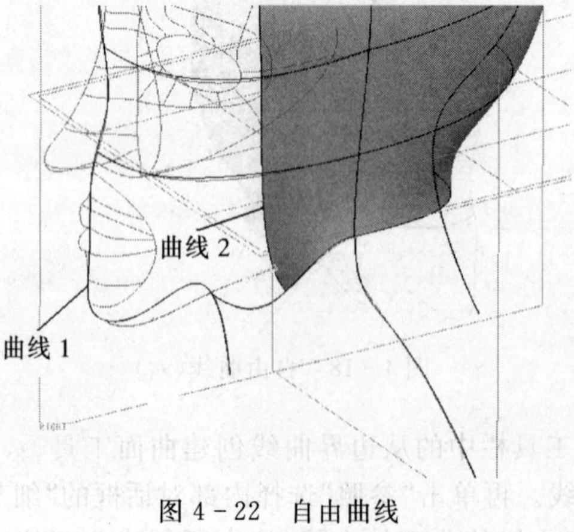

图 4－22　自由曲线

(13)单击“造型工具”工具栏中的从边界曲线创建曲面工具，打开“曲面”操控板。选取如图4-23所示的4条曲线作为首要曲线，再单击“参照”选择内部对话框的“细节…”按钮，选取如图4-24所示的1条曲线作为内部曲线，改变曲面连接，如图4-25所示。单击建造特征按钮，完成造型曲面的绘制。

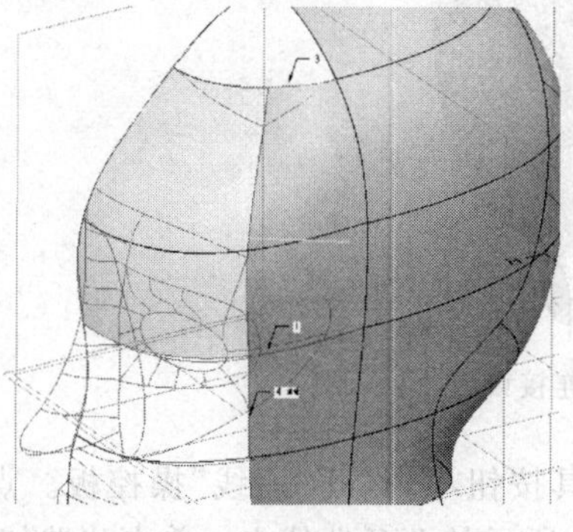
图4-23 选取首要曲线

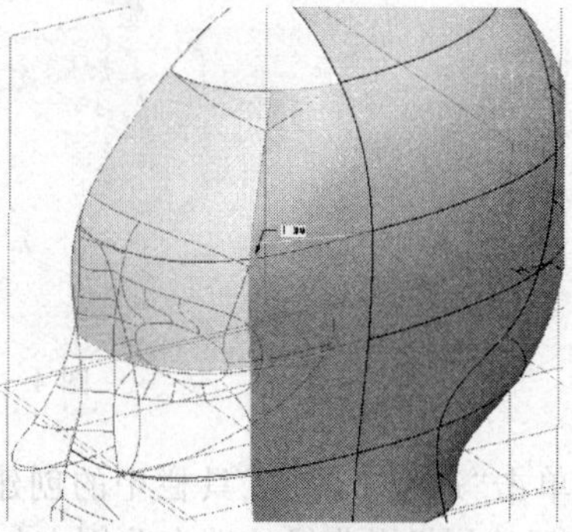
图4-24 选取内部曲线

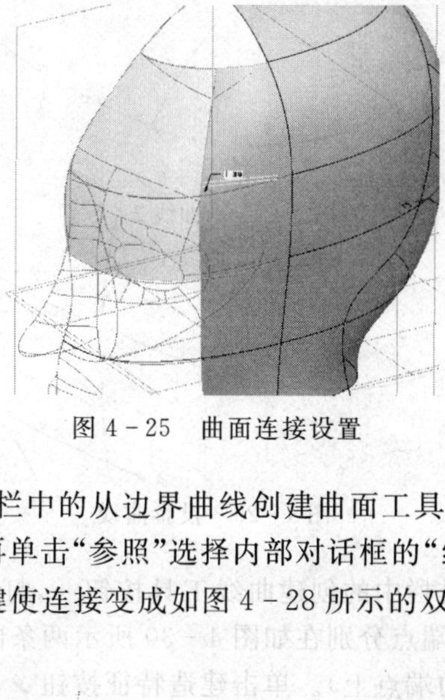
图4-25 曲面连接设置

(14)单击“造型工具”工具栏中的从边界曲线创建曲面工具，打开“曲面”操控板。选取如图4-26所示的4条曲线，再单击“参照”选择内部对话框的“细节…”按钮，选取如图4-27所示的3条曲线，单击鼠标左键使连接变成如图4-28所示的双箭头。单击建造特征按钮，完成造型曲面的绘制。

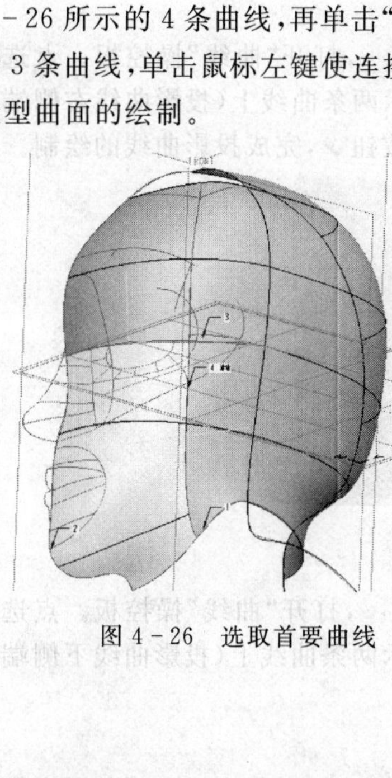
图4-26 选取首要曲线

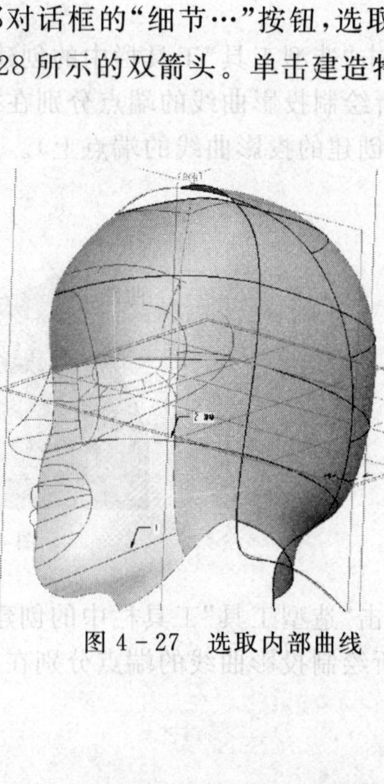
图4-27 选取内部曲线

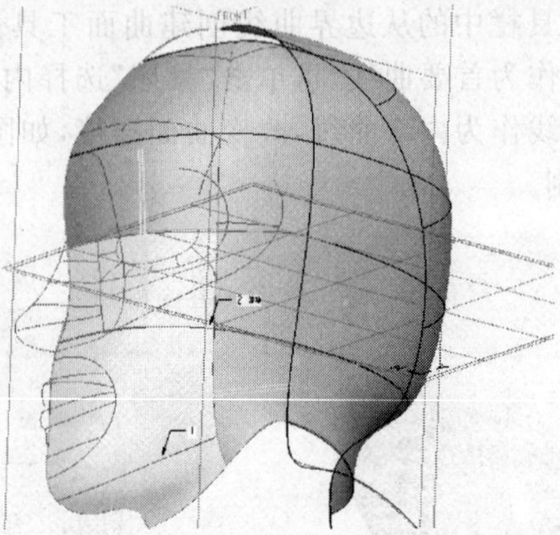

图4-28　曲面连接设置

(15)单击“造型工具”工具栏中的创建曲线工具按钮~,打开“曲线”操控板。点选“COS”单选钮,使所绘制投影曲线的端点分别在如图4-29所示的两条曲线上。单击建造特征按钮✓,完成投影曲线的绘制。

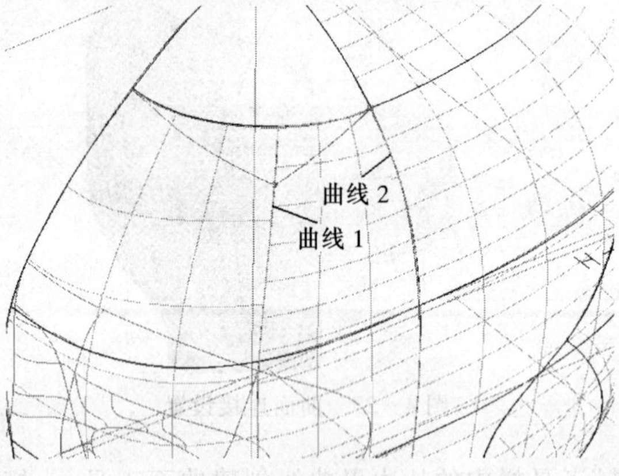

图4-29　投影曲线

(16)单击“造型工具”工具栏中的创建曲线工具按钮~,打开“曲线”操控板。点选“COS”单选钮,使所绘制投影曲线的端点分别在如图4-30所示两条曲线上(投影曲线右侧端点要在步骤(15)所创建的投影曲线的端点上)。单击建造特征按钮✓,完成投影曲线的绘制。

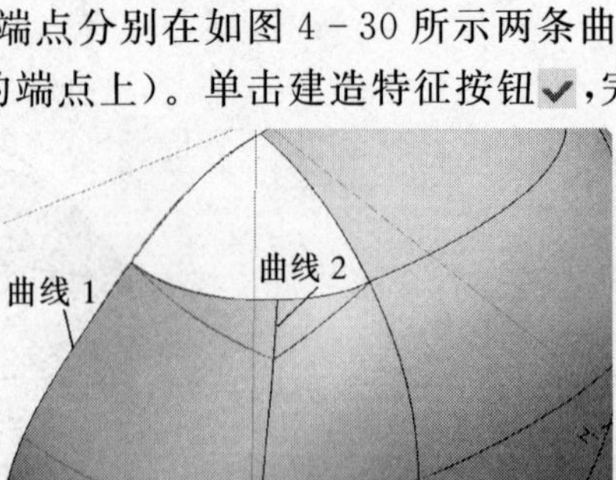

图4-30　投影曲线

(17)单击“造型工具”工具栏中的创建曲线工具按钮~,打开“曲线”操控板。点选“COS”单选钮,使所绘制投影曲线的端点分别在如图4-31所示两条曲线上(投影曲线下侧端点要在步骤(15)所创建的投影曲线的端点上)。单击建造特征按钮✔,完成投影曲线的绘制。

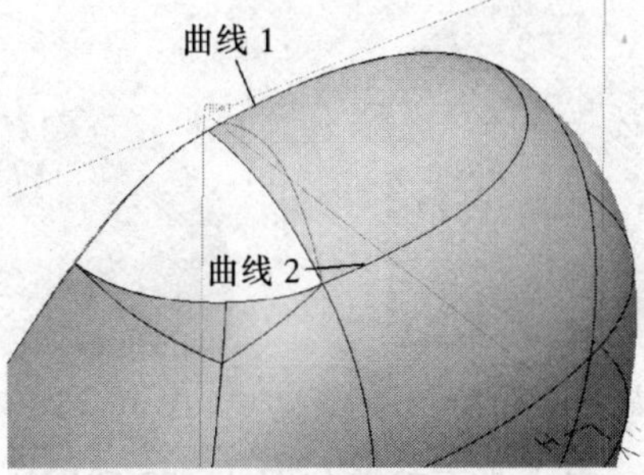

图 4 - 31　投影曲线

(18)单击“造型工具”工具栏中的创建曲线工具～,打开“曲线”操控板。点选“自由”单选钮。绘制造型曲线,使其两个端点分别在步骤(16)和(17)所建造的曲线端点上,如图 4 - 32 所示。单击“造型工具”工具栏中的编辑曲线工具,分别选取曲线的两个端点,使其与曲面曲率相等,如图 4 - 32 所示。单击建造特征按钮✔,完成造型曲线的绘制。

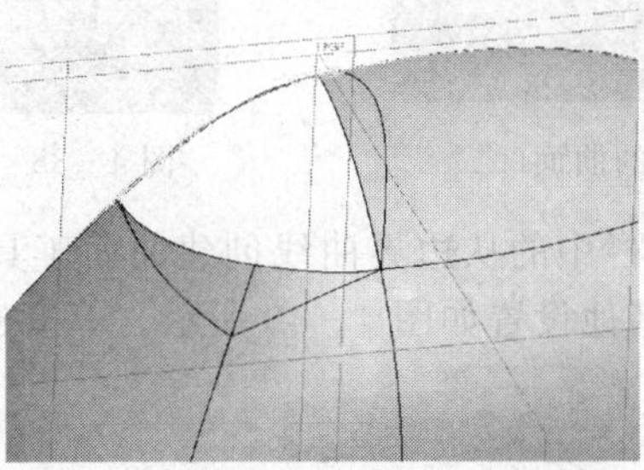

图 4 - 32　平面曲线

(19)选取如图 4 - 33 所示曲面,单击“造型工具”工具栏中的修剪所选的面组工具。选取如图 4 - 34 所示投影曲线,单击“选取”对话框中的“确定”按钮。选取要裁剪掉的曲面,如图 4 - 35 所示。单击建造特征按钮✔,完成曲面裁剪,结果如图 4 - 36 所示。

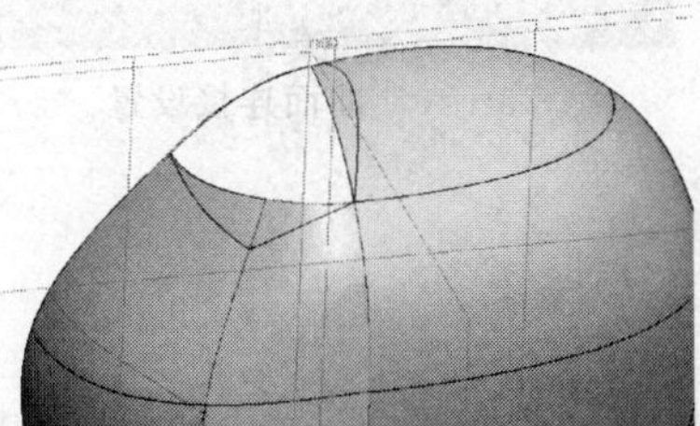

图 4 - 33　选取曲面

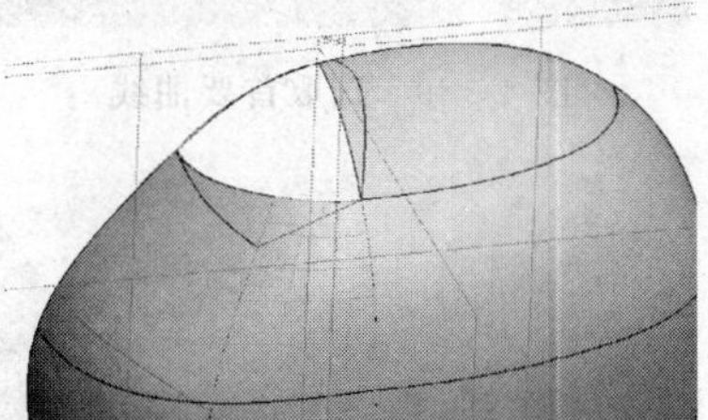

图 4 - 34　选取投影曲线

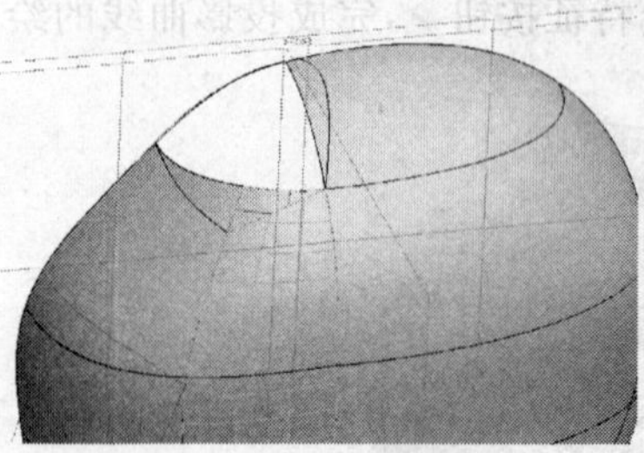

图 4-35 选取要裁剪掉的曲面

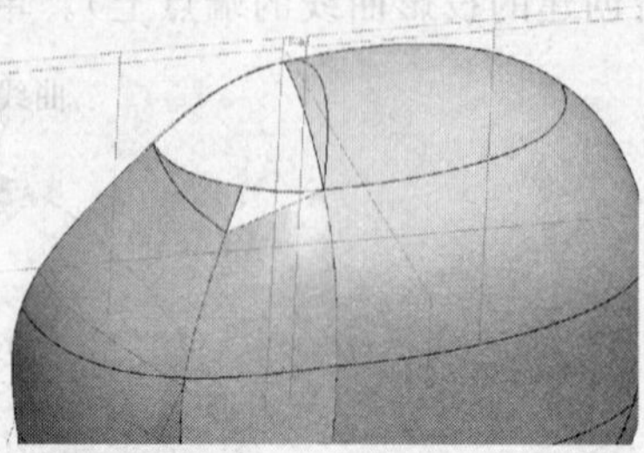

图 4-36 裁剪后的曲面(一)

(20)采用步骤(19)的方法,完成曲面裁剪如图 4-37 和图 4-38 所示。

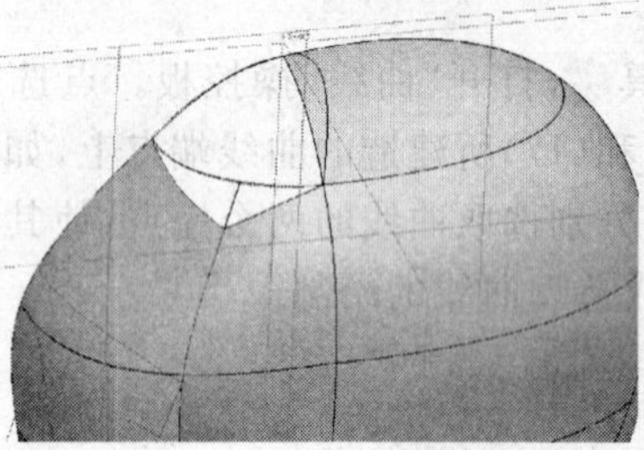

图 4-37 裁剪后的曲面(二)

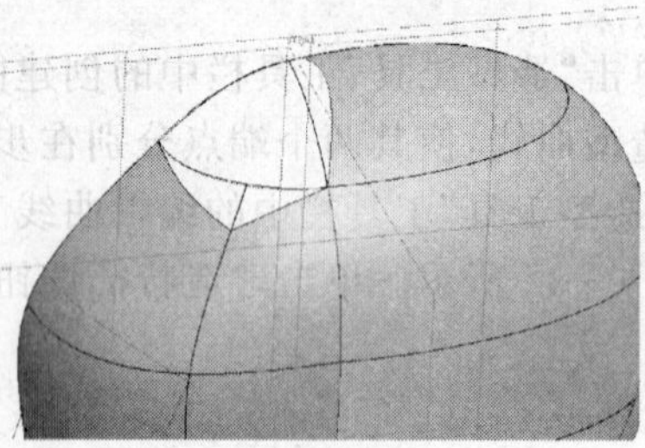

图 4-38 裁剪后的曲面(三)

(21)单击“造型工具”工具栏中的从边界曲线创建曲面工具,打开“曲面”操控板。选取如图 4-39 所示的 4 条曲线,其他设置如图 4-40 所示。单击建造特征按钮,完成造型曲面的绘制,结果如图 4-41 所示。

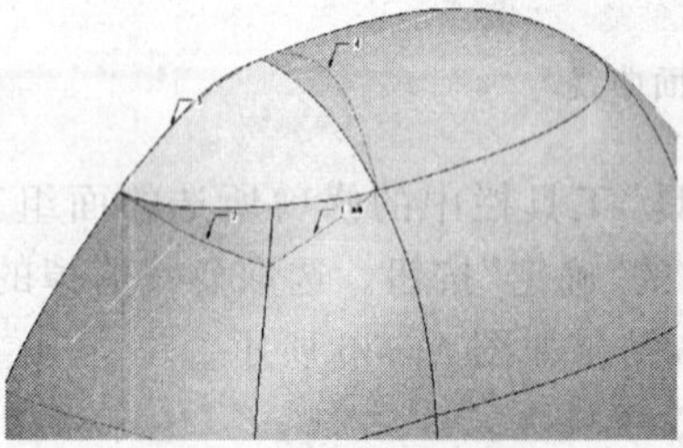

图 4-39 选取首要曲线

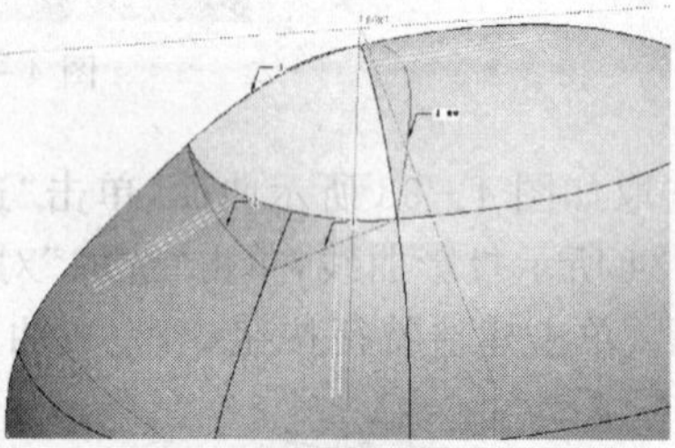

图 3-40 曲面连接设置

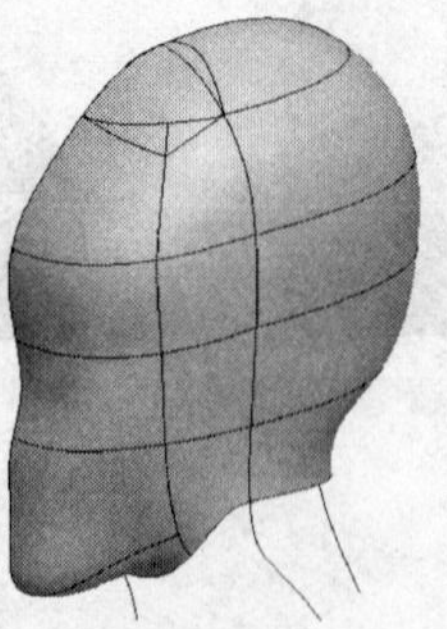

图 4-41 头部整体轮廓造型曲面

4.2 绘制眼部轮廓

(1)单击“造型工具”工具栏中的创建曲线工具～,打开“曲线”操控板。点选“COS”单选钮,使所绘制投影曲线的端点分别在如图 4－42 所示两条曲线上(投影曲线左侧端点的切线与基准平面“RIGHT”垂直)。单击建造特征按钮✔,完成投影曲线的绘制。

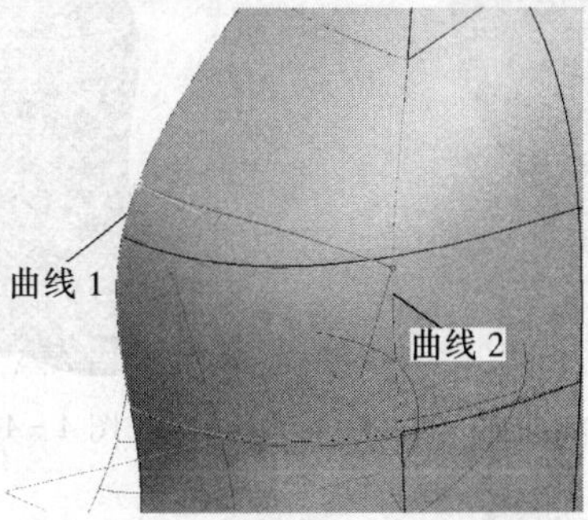

图 4－42　投影曲线

(2)采用步骤(1)的方法,创建如图 4－43 所示的投影曲线。单击“造型工具”工具栏中的编辑曲线工具,选取曲线上侧端点,显示一条黄色的切线。在该切线上单击鼠标右键,在弹出的快捷菜单中单击“相切”命令,使其与步骤(1)中所创建的曲线相切。单击建造特征按钮✔,完成曲线的绘制。

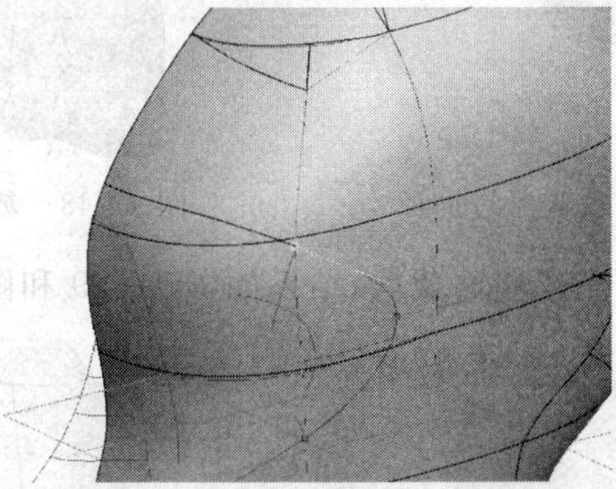

图 4－43　创建相切的投影曲线

(3)采用步骤(1)的方法,绘制如图 4－44 所示的投影曲线。

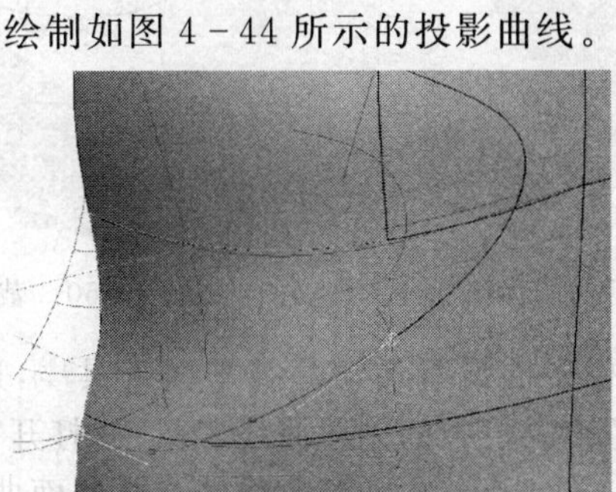

图 4－44　投影曲线

(4)选取如图 4－45 所示曲面，单击“造型工具”工具栏中的修剪所选的面组工具。选取如图 4－46 所示投影曲线，单击“选取”对话框中的“确定”按钮。选取要裁剪掉的曲面，如图 4－47所示。单击建造特征按钮，完成曲面裁剪，结果如图 4－48 所示。

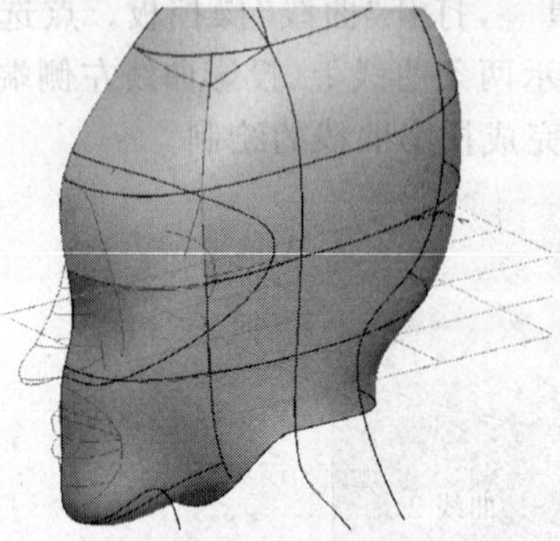
图 4－45　选取曲面

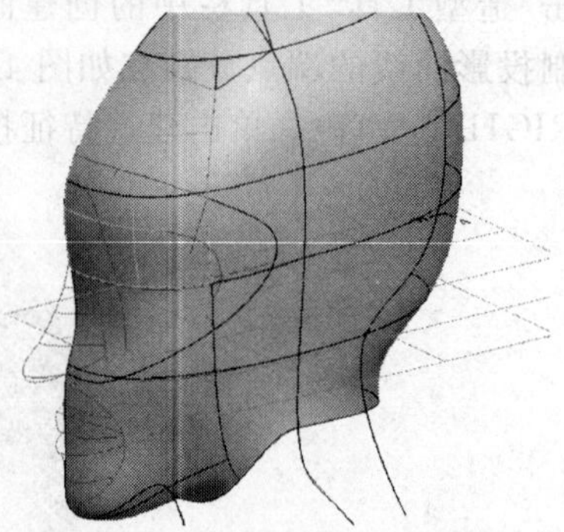
图 4－46　选取投影曲线

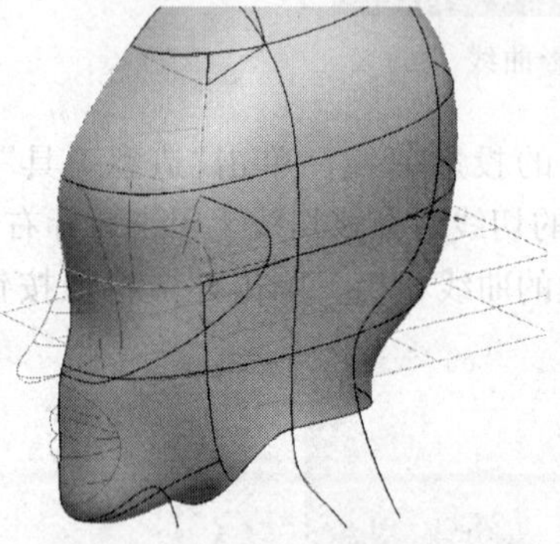
图 4－47　选取要裁剪掉的曲面

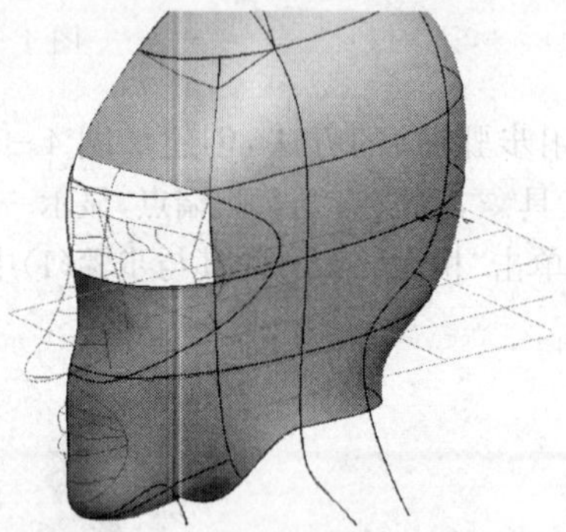
图 4－48　裁剪后的曲面(一)

(5)采用步骤(4)的方法，完成曲面裁剪，结果如图 4－49 和图 4－50 所示。

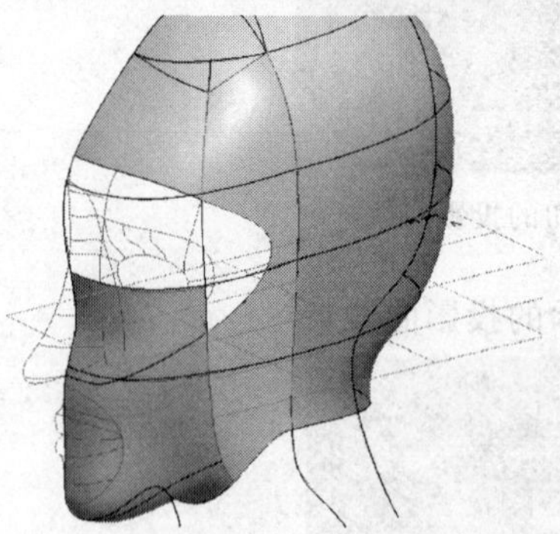
图 4－49　裁剪后的曲面(二)

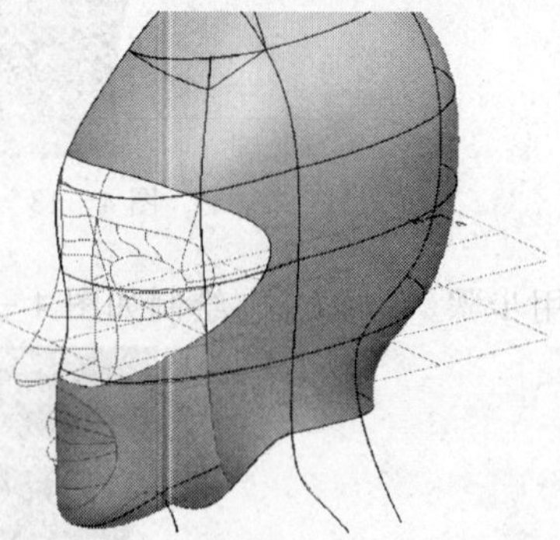
图 4－50　裁剪后的曲面(三)

(6)单击“造型工具”工具栏中的设置活动基准平面工具，选取基准平面“RIGHT”作为活动基准面。单击“造型工具”工具栏中的创建曲线工具，打开“曲线”操控板，点选“平面”单选钮。绘制造型曲线，如图 4－51 所示，并设置曲线端点与曲面曲率相等。单击建造特征按钮，完成曲线的绘制。

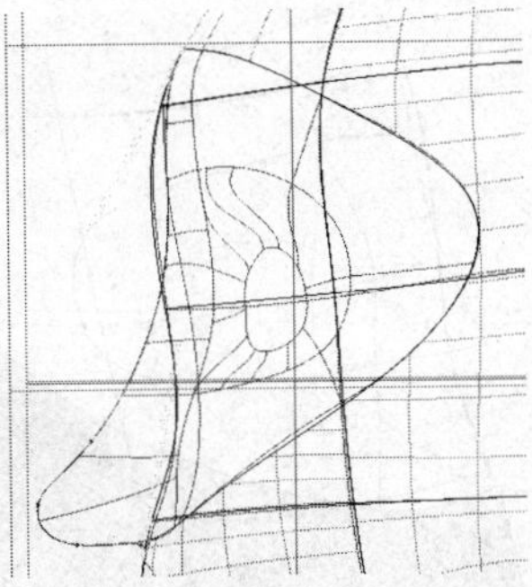

图 4-51　平面曲线

(7)单击“造型工具”工具栏中的创建曲线工具～，打开“曲线”操控板，点选“自由”单选钮。绘制曲线，如图 4-52 所示，并使其端点分别与曲面曲率相等。单击建造特征按钮✓，完成造型曲线的绘制。

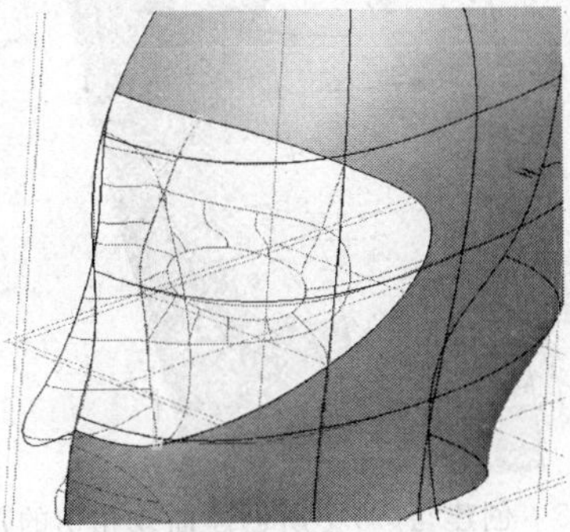

图 4-52　自由曲线

(8)采用步骤(7)的方法，绘制造型曲线，如图 4-53 所示，使曲线端点的切线分别与基准平面“RIGHT”垂直。

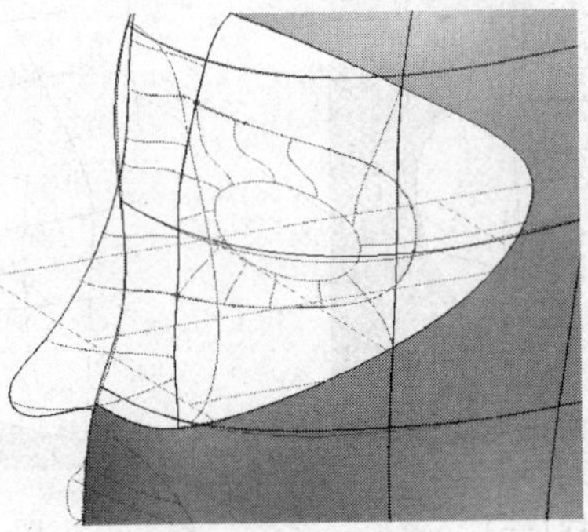

图 4-53　创建与基准平面“RIGHT”垂直的自由曲线

(9)采用步骤(7)的方法，绘制造型曲线，如图 4-54 所示。

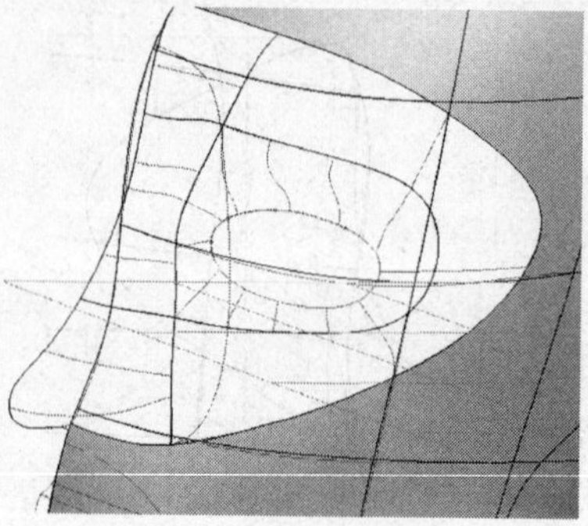

图4-54 自由曲线

(10)采用步骤(7)的方法，绘制造型曲线，其两个端点分别与步骤(9)中所创建曲线相切，如图4-55所示。

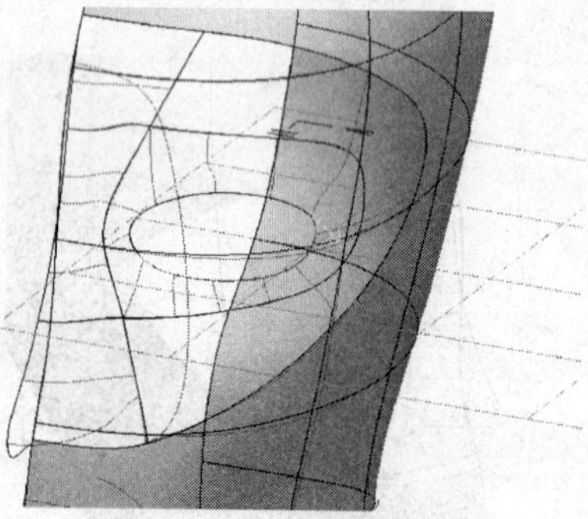

图4-55 创建与(9)中所创建曲线相切的自由曲线

(11)采用步骤(7)的方法，绘制造型曲线，如图4-56、图4-57和图4-58所示，曲线设置参考前面步骤。

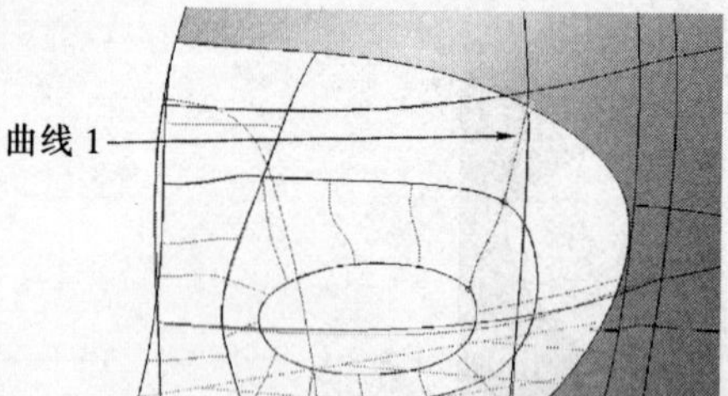

图4-56 自由曲线(一)

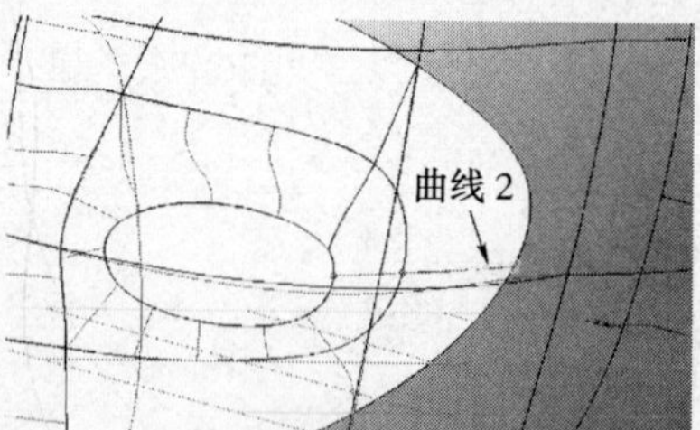

图4-57 自由曲线(二)

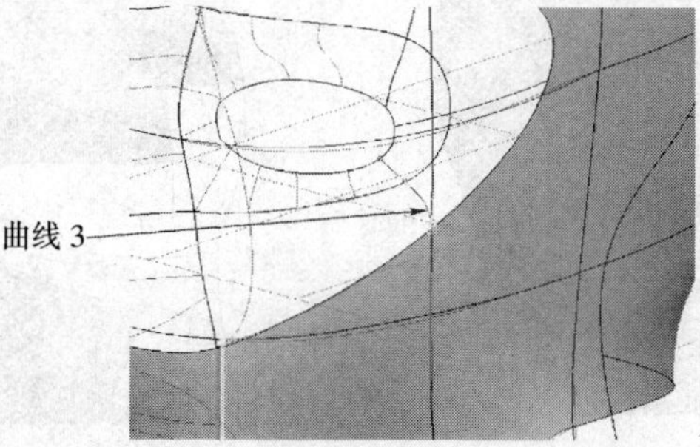

图 4－58　自由曲线(三)

(12)单击“造型工具”工具栏中的从边界曲线创建曲面工具，打开“曲面”操控板。选取如图 4－59 所示的 4 条曲线，单击鼠标左键使曲面连接变成如图 4－60 所示的双箭头。单击建造特征按钮，完成造型曲面的绘制，结果如图 4－61 所示。

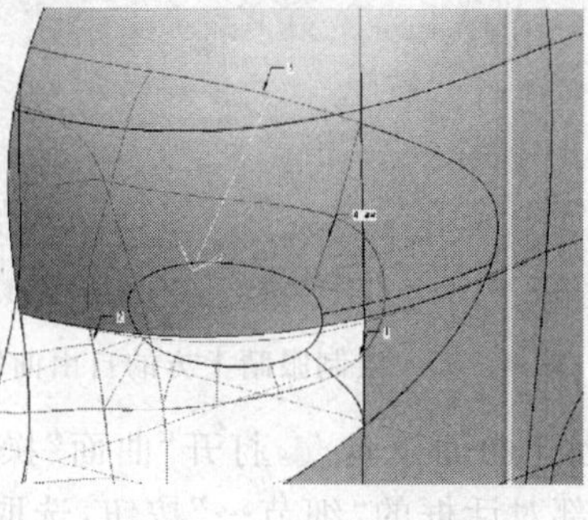

图 4－59　选取首要曲线

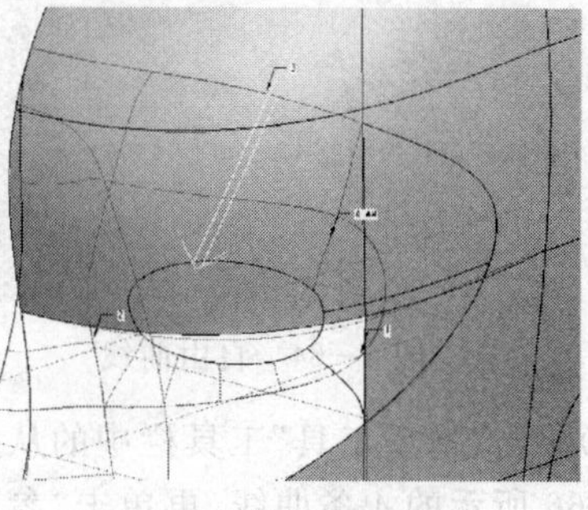

图 4－60　曲面连接设置

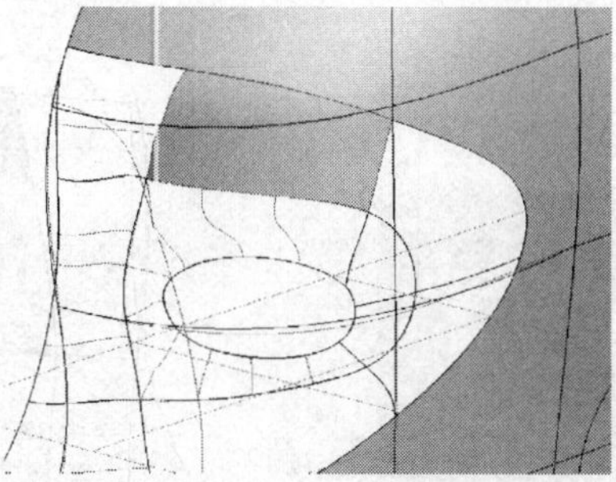

图 4－61　造型曲面特征

(13)采用步骤(12)的方法，绘制造型曲面，如图 4－62 和图 4－63 所示，曲面设置参考前面步骤。

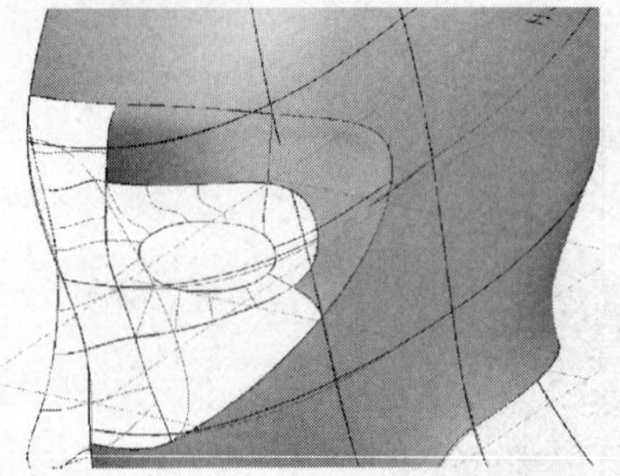

图 4-62　造型眼角部位的曲面特征

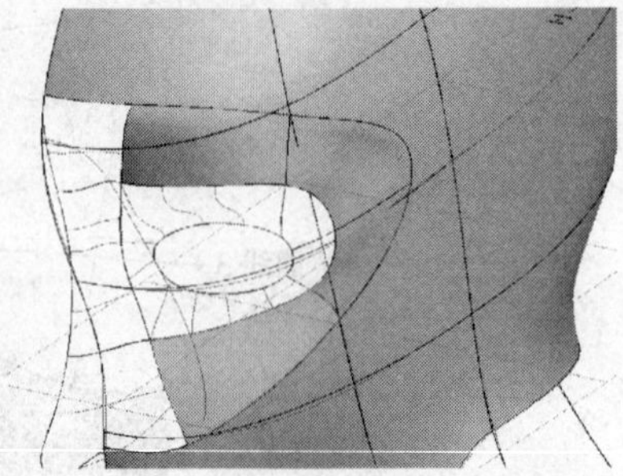

图 4-63　造型眼睛下方的曲面特征

(14)采用步骤(7)的方法,绘制造型曲线,如图 4-64 和图 4-65 所示。

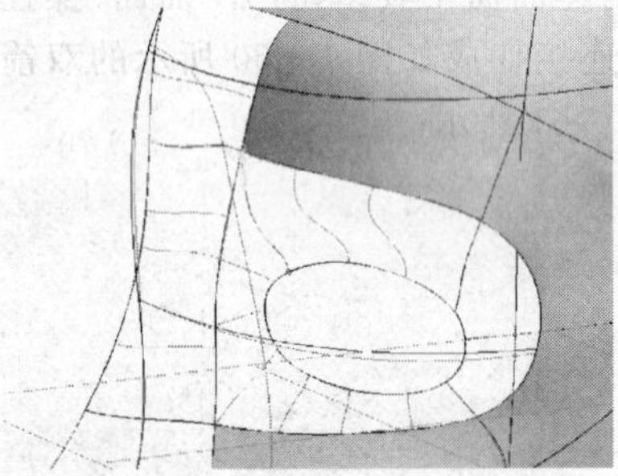

图 4-64　自由曲线

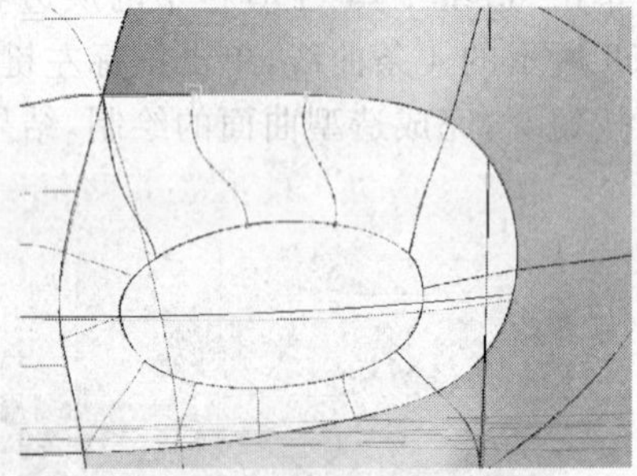

图 4-65　绘制眼睛上方的自由曲线

(15)单击"造型工具"工具栏中的从边界曲线创建曲面工具,打开"曲面"操控板。选取如图 4-66 所示的 4 条曲线,再单击"参照"选择内部对话框的"细节…"按钮,选取如图 4-67 所示的两条曲线,其他设置如前所述。单击建造特征按钮,完成造型曲面的绘制,结果如图 4-68 所示。

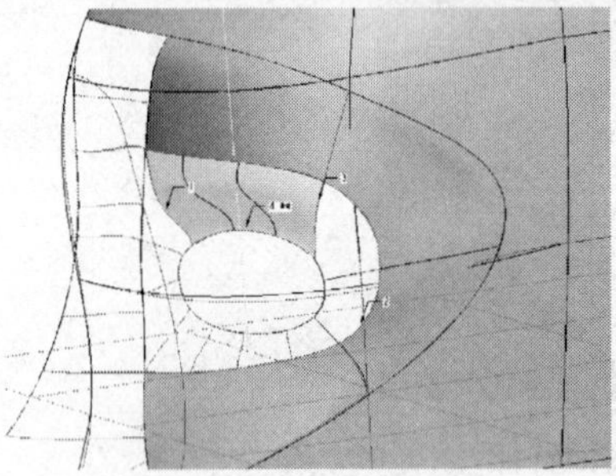

图 4-66　选取首要曲线

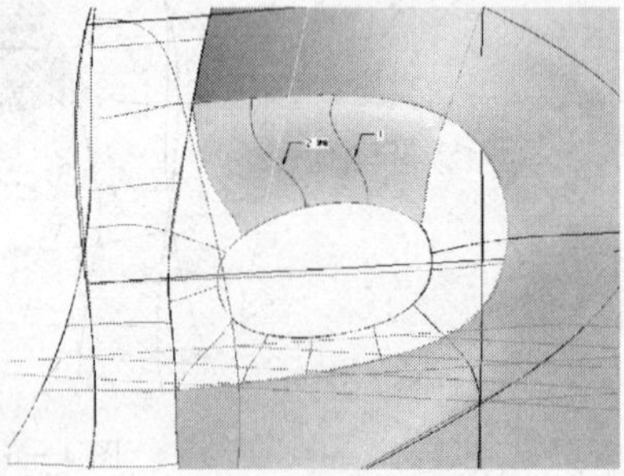

图 4-67　选取内部曲线

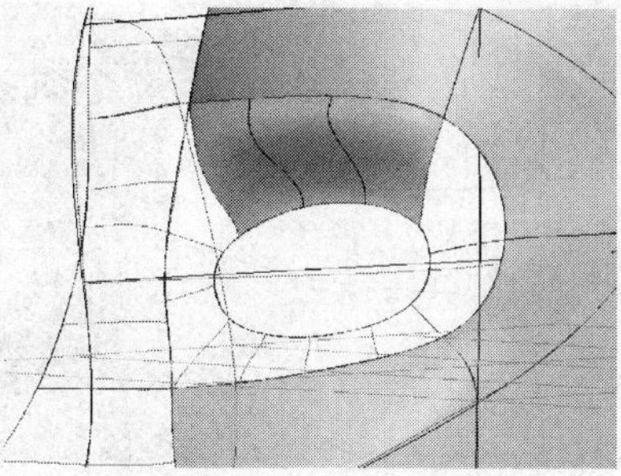

图 4-68　造型曲面特征

(16)采用步骤(15)的方法,绘制造型曲面,如图 4-69 所示,曲面设置参考前面步骤。

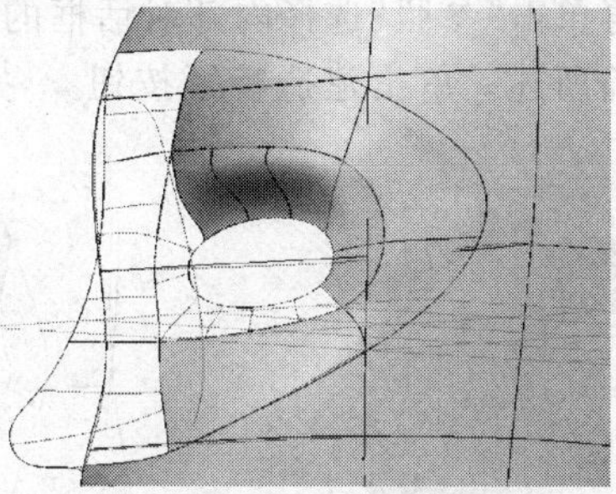

图 4-69　造型曲面特征

(17)单击“造型工具”工具栏中的创建曲线工具~,打开“曲线”操控板,点选“自由”单选钮。绘制曲线,如图 4-70 所示,并使其一个端点与曲面曲率相等。单击建造特征按钮✔,完成造型曲线的绘制。

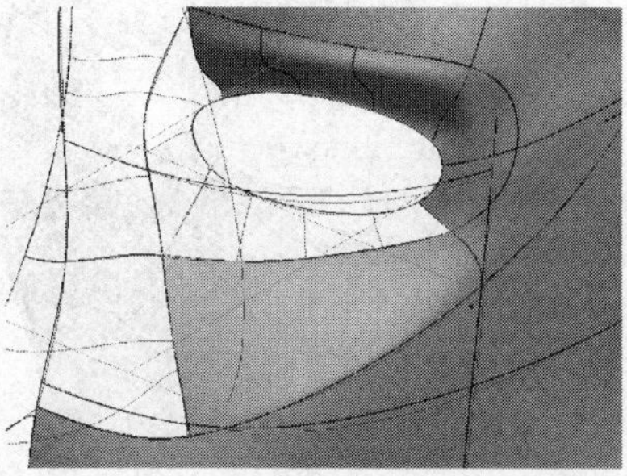

图 4-70　绘制一个端点处曲率与曲面曲率相等的自由曲线

(18)采用步骤(17)的方法,绘制造型曲线,如图 4-71 所示。

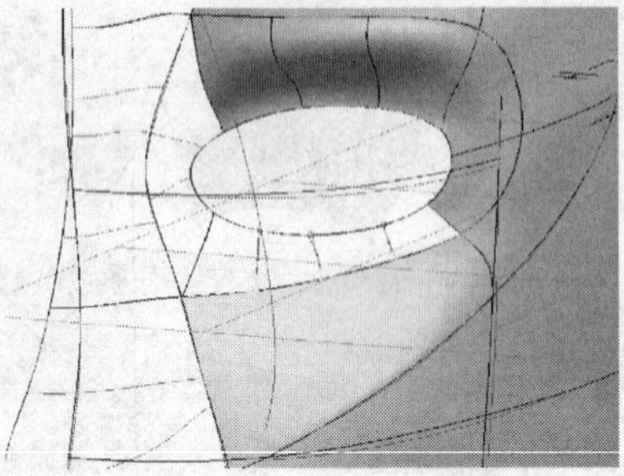

图 4 - 71　自由曲线

(19)单击“造型工具”工具栏中的从边界曲线创建曲面工具▣，打开“曲面”操控板。选取如图 4 - 72 所示的 4 条曲线，再单击“参照”选择内部对话框的“细节…”按钮，选取如图 4 - 73 所示的 3 条曲线，其他设置如前所述。单击建造特征按钮✔，完成造型曲面的绘制，结果如图 4 - 74 所示。

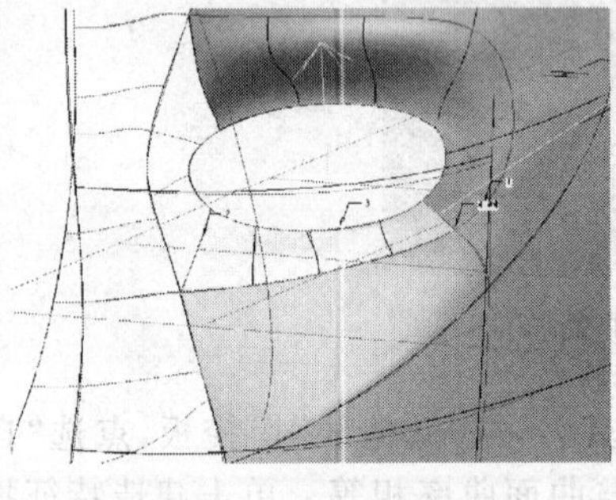

图 4 - 72　选取首要曲线

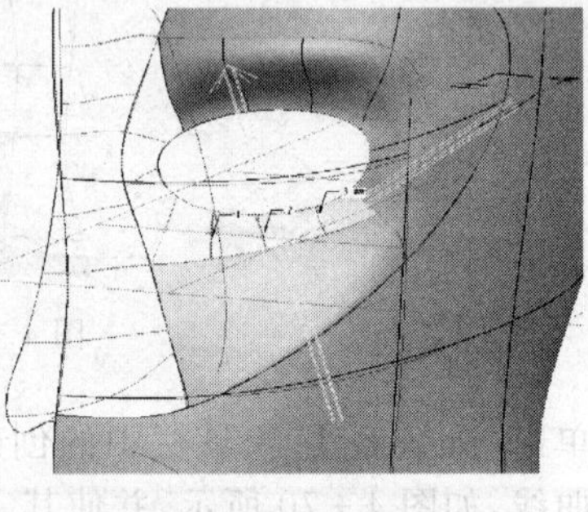

图 4 - 73　选取内部曲线

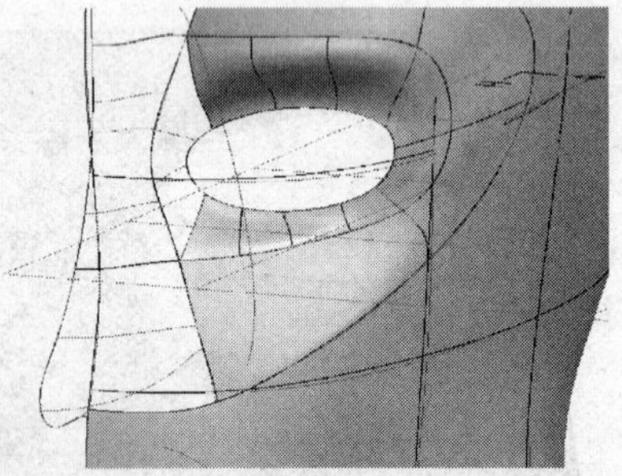

图 4 - 74　造型曲面特征

(20)单击“造型工具”工具栏中的创建曲线工具～，打开“曲线”操控板，点选“自由”选项。绘制曲线，如图 4 - 75 所示，并使上面曲线左侧端点的切线与基准平面“RIGHT”垂直。单击建造特征按钮✔，完成造型曲线的绘制。

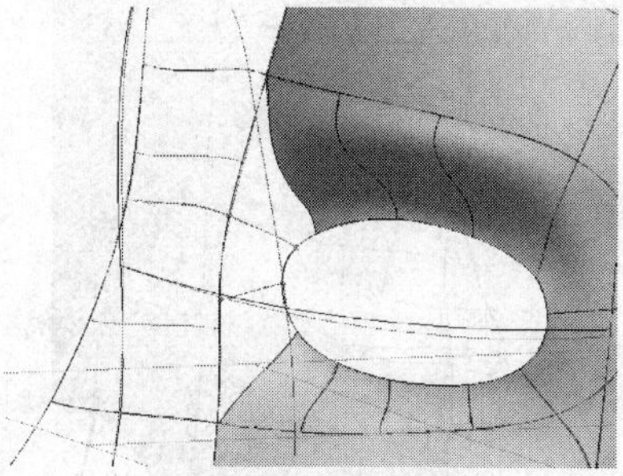

图 4-75　自由曲线

(21)单击“造型工具”工具栏中的从边界曲线创建曲面工具，打开“曲面”操控板。选取如图 4-76 所示的 4 条曲线，再单击“参照”选择内部对话框的“细节…”按钮，选取如图 4-77 所示的两条曲线。单击建造特征按钮，完成造型曲面的绘制，结果如图 4-78 所示。

完成眼部轮廓曲面的效果如图 4-79 所示。

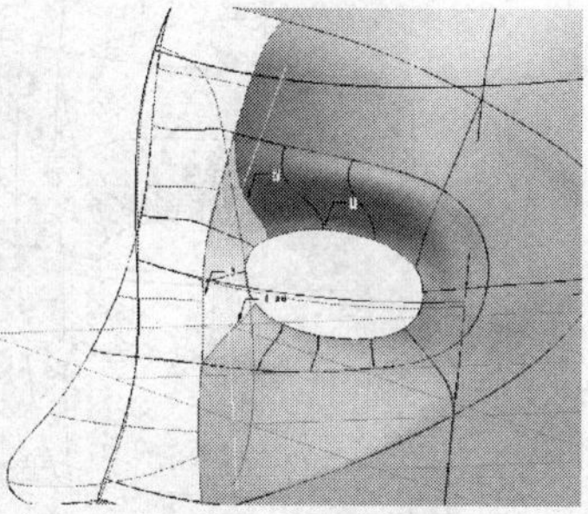

图 4-76　选取首要曲线

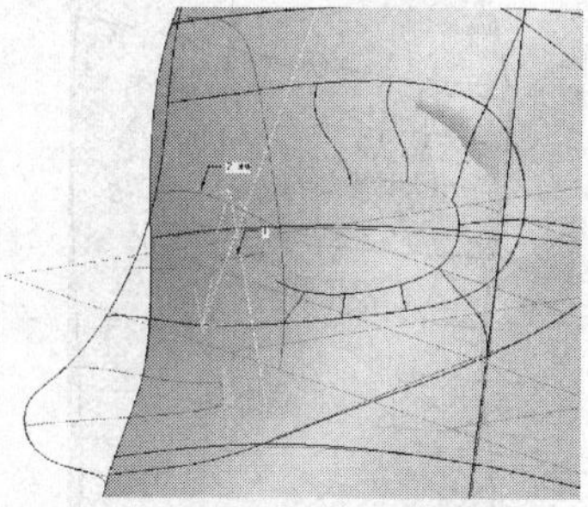

图 4-77　选取内部曲线

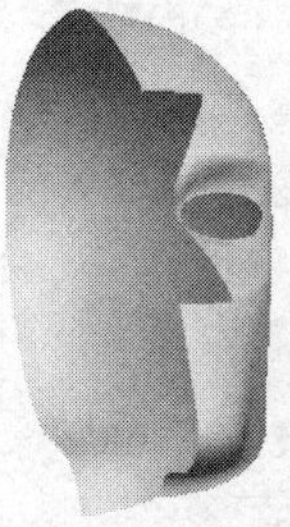

图 4-78　造型曲面特征

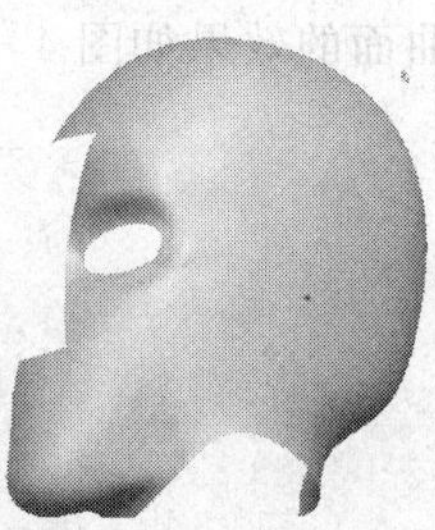

图 4-79　眼部轮廓造型曲面

4.3　绘制鼻子轮廓

(1)单击“造型工具”工具栏中的创建曲线工具，打开“曲线”操控板，点选“自由”单选钮。绘制曲线，如图 4-80 所示，并使 5 条曲线左侧端点的切线分别与基准平面“RIGHT”垂直，右侧曲线端点分别与曲面曲率相等。单击建造特征按钮，完成造型曲线的绘制。

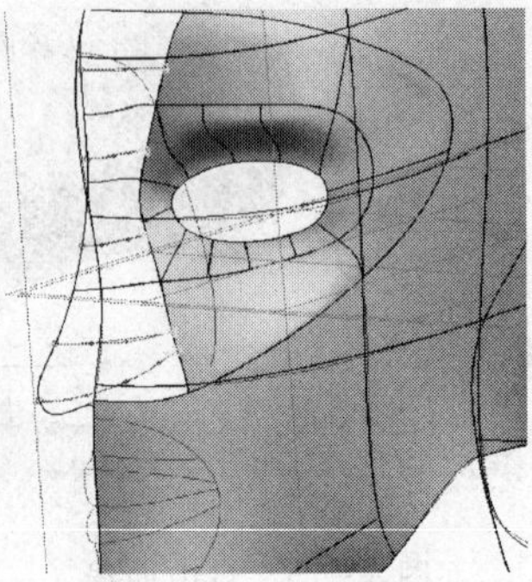

图4-80　自由曲线

(2)单击“造型工具”工具栏中的从边界曲线创建曲面工具▢,打开“曲面”操控板。选取如图4-81所示的曲线,再单击“参照”选择内部对话框的“细节…”按钮,选取步骤(1)绘制的曲线,其他设置如前所述。单击建造特征按钮✔,完成造型曲面的绘制,结果如图4-82所示。

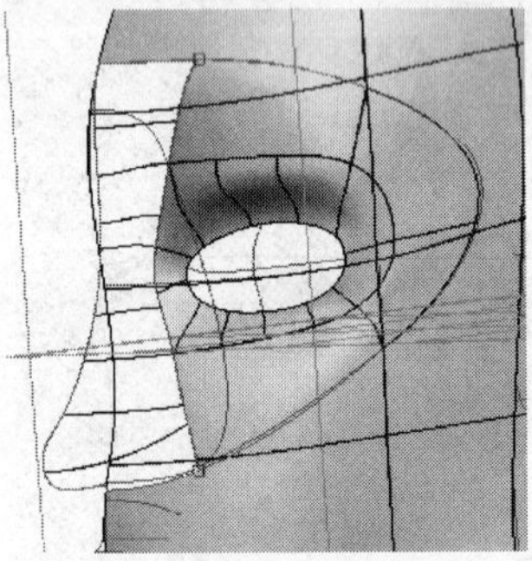

图4-81　选取首要曲线

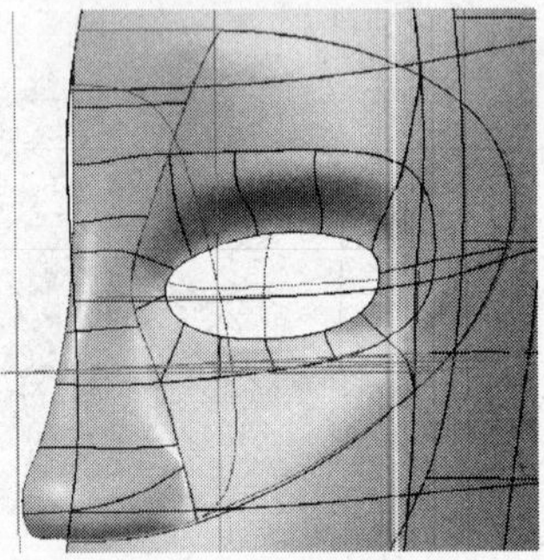

图4-82　造型曲面特征

完成鼻子轮廓曲面的效果如图4-83所示。

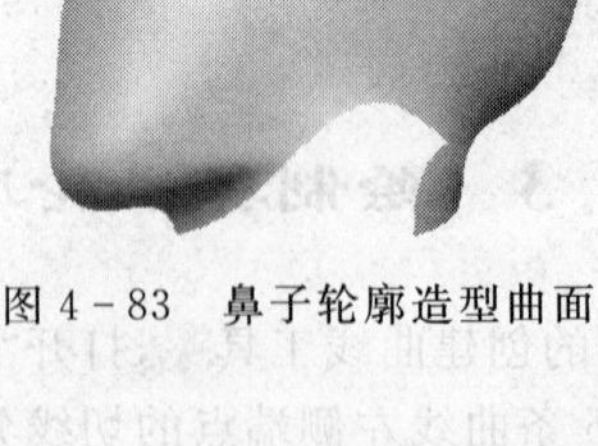

图4-83　鼻子轮廓造型曲面

4.4　绘制嘴部轮廓

(1)单击“造型工具”工具栏中的创建曲线工具～,打开“曲线”操控板。点选“COS”单选钮,使所绘制投影曲线的端点分别在如图4-84所示的曲线上(并设置投影曲线两个端点的切线与基准平面“RIGHT”垂直)。单击建造特征按钮✔,完成投影曲线的绘制。

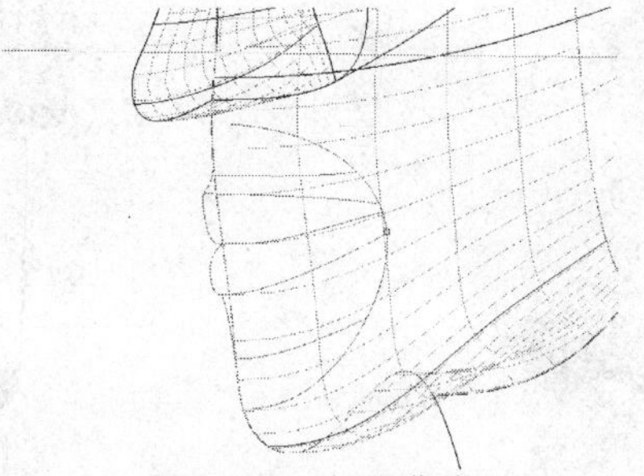

图 4-84　投影曲线

(2)选取如图 4-85 所示曲面,单击“造型特征”工具栏中的修剪所选的面组工具。选取如图 4-86 所示投影曲线,单击“选取”对话框中的“确定”按钮。选取要裁剪掉的曲面,如图 4-87所示。单击单击建造特征按钮,完成曲面裁剪,结果如图 4-88 所示。

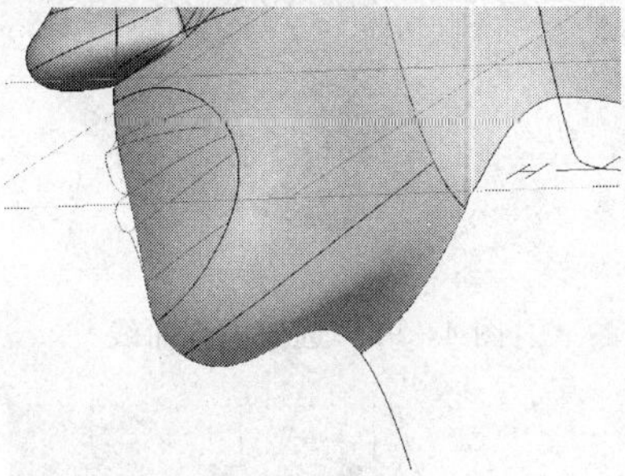

图 4-85　选取曲面

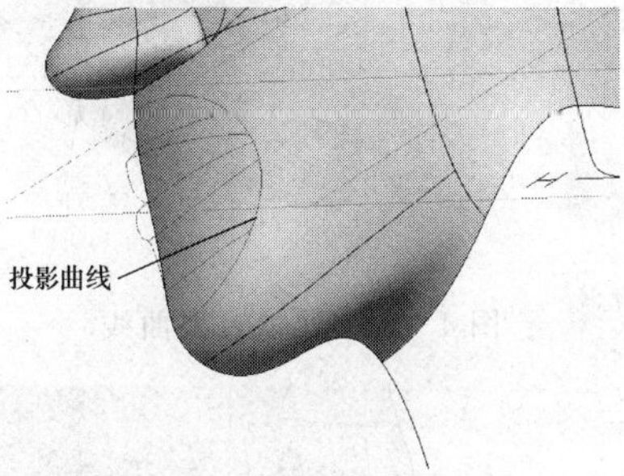

图 4-86　选取投影曲线

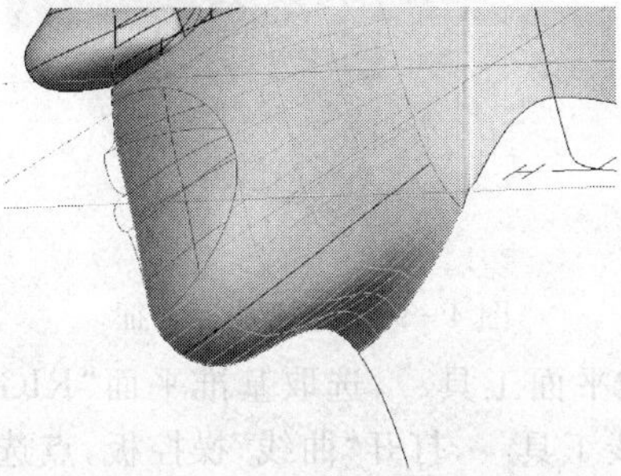

图 4-87　选取要裁剪掉的曲面

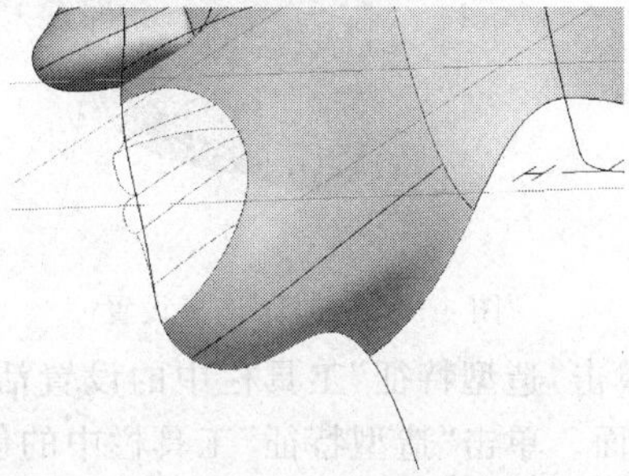

图 4-88　裁剪后的曲面

(3)单击“造型特征”工具栏中的设置活动基准平面工具按钮,选取基准平面“RIGHT”作为活动基准面。单击“造型特征”工具栏中的创建曲线工具按钮,打开“曲线”操控板,点选“平面”单选钮。绘制造型曲线,如图 4-89 所示,曲线下部端点在步骤(1)所创建的曲线上,并且与曲面曲率相等(双箭头)。单击建造特征按钮,完成造型曲线的绘制。

(4)单击“造型特征”工具栏中的创建曲线工具,打开“曲线”操控板,点选“自由”单选钮,绘制曲线,如图 4-90 所示,并使 3 条曲线左侧端点的切线分别与基准平面“RIGHT”垂直,右侧曲线端点分别与曲面曲率相等。单击建造特征按钮,完成造型曲线的绘制。

(5)单击“造型工具”工具栏中的从边界曲线创建曲面工具,打开“曲面”操控板。选取如图 4-91 所示的曲线,再单击“参照”选择内部对话框的“细节…”按钮,选取如图 4-92 所示的两条曲线,并设置曲面的连接为如图 4-93 所示的双箭头。单击建造特征按钮,完成造型曲面的绘制,结果如图 4-94 所示。

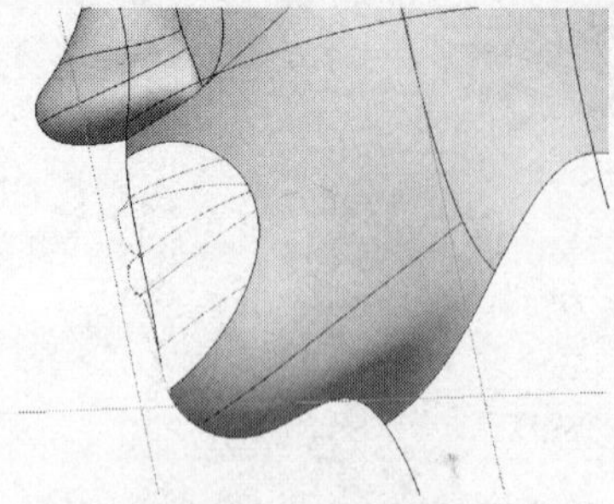
图 4-89 平面曲线

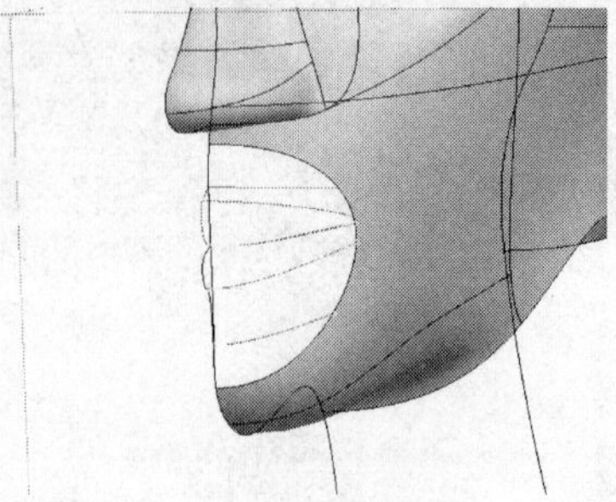
图 4-90 自由曲线

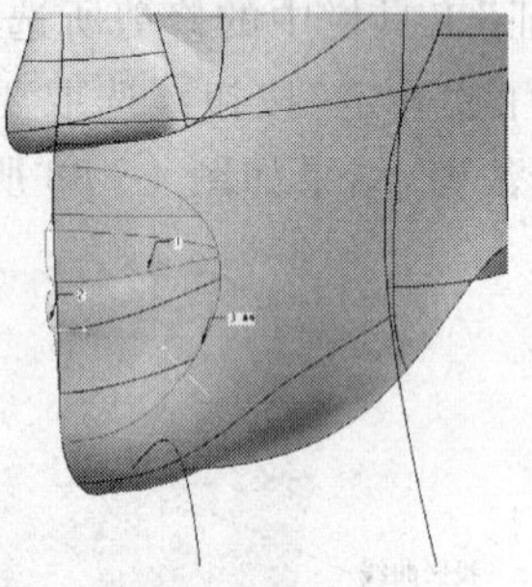
图 4-91 选取首要曲线

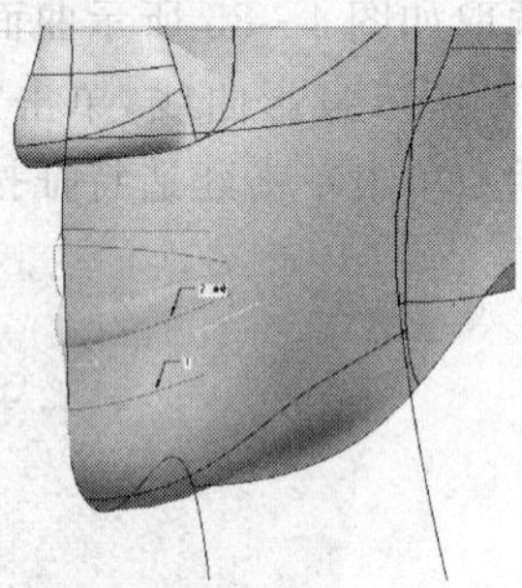
图 4-92 选取内部曲线

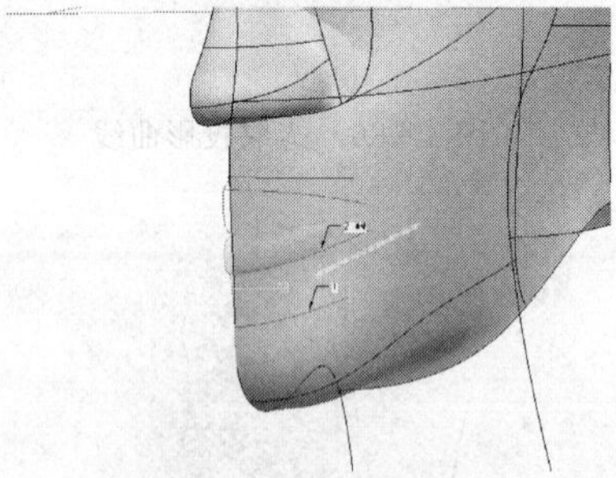
图 4-93 曲面连接设置

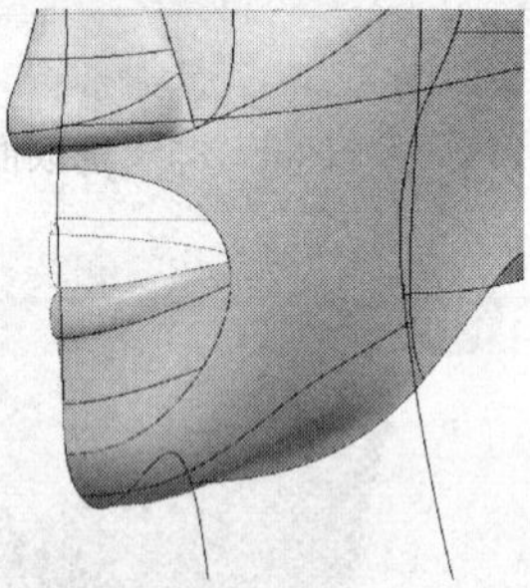
图 4-94 造型曲面特征

(6)单击“造型特征”工具栏中的设置活动基准平面工具，选取基准平面“RIGHT”作为活动基准面。单击“造型特征”工具栏中的创建曲线工具，打开“曲线”操控板，点选“平面”单选钮。绘制造型曲线，如图 4-95 所示，曲线上部端点在步骤(1)所创建的曲线上，并且与曲面曲率相等(双箭头)。单击建造特征按钮，完成造型曲线的绘制。

(7)单击“造型工具”工具栏中的创建曲线工具，打开“曲线”操控板，点选“自由”单选钮。绘制曲线，如图 4-96 所示，并使两条曲线左侧端点的切线分别与基准平面“RIGHT”垂直，右侧曲线端点分别与曲面曲率相等。单击建造特征按钮，完成造型曲线的绘制。

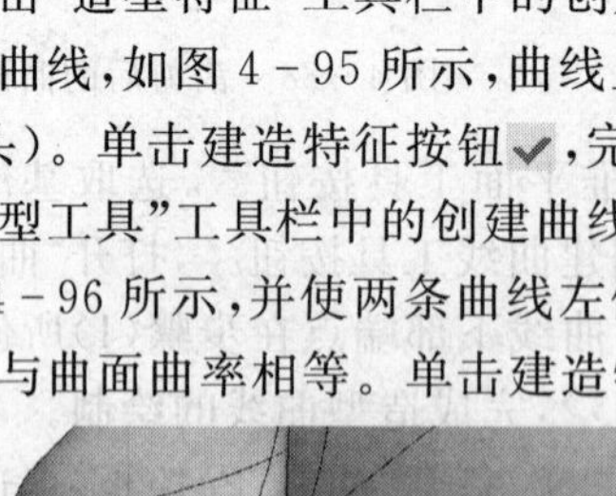
图 4-95 平面曲线

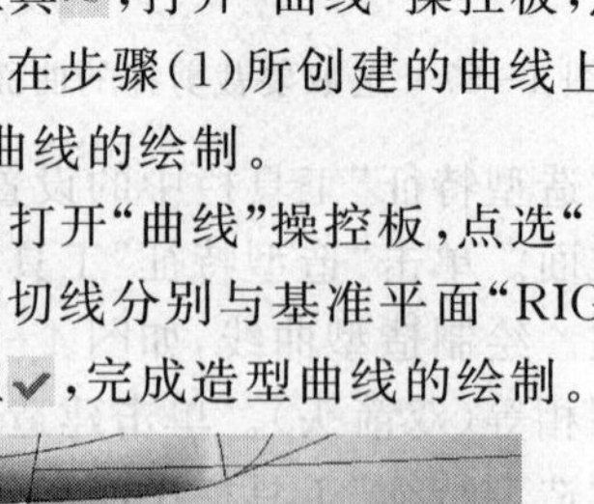
图 4-96 自由曲线

(8)单击“造型工具”工具栏中的从边界曲线创建曲面工具，打开“曲面”操控板。选取如图 4－97 所示的曲线，再单击“参照”选择内部对话框的“细节…”按钮，选取如图 4－98 所示的两条曲线，并设置曲面的连接为如图 4－99 所示的双箭头。单击建造特征按钮，完成造型曲面的绘制，结果如图 4－100 所示。

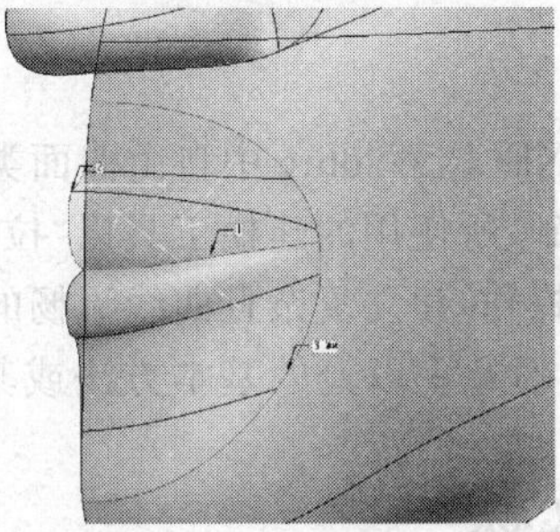

图 4－97　选取首要曲线

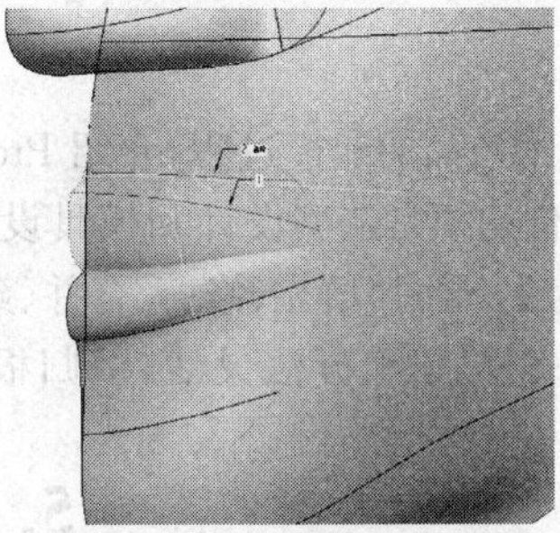

图 4－98　选取内部曲线

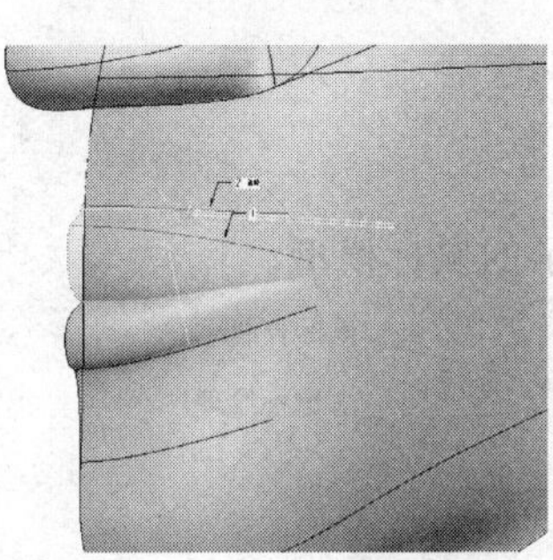

图 4－99　曲面连接设置

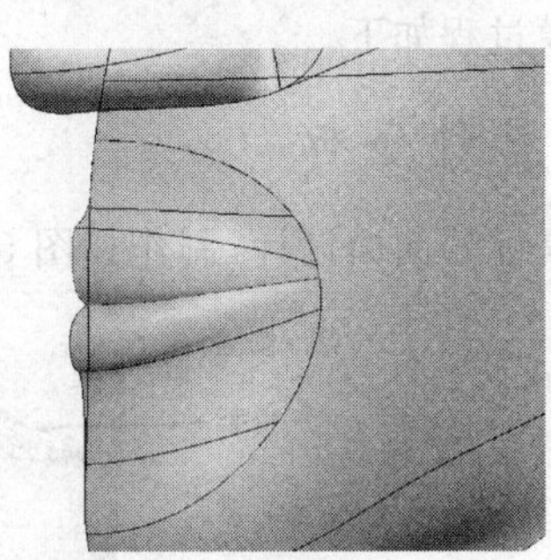

图 4－100　造型曲面特征

完成的嘴部轮廓曲面效果如图 4－101 所示。

选取创建完成的造型曲面，再单击“编辑特征”工具栏中的镜像工具，打开“镜像”操控板。选取基准平面“RIGHT”作为镜像平面，单击建造特征按钮。最后完成的人头曲面效果如图 4－102 所示。

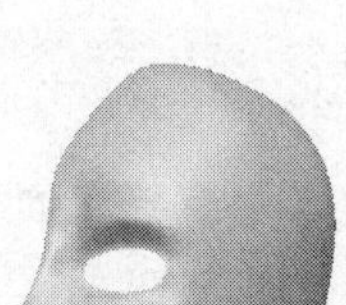

图 4－101　嘴部轮廓造型曲面

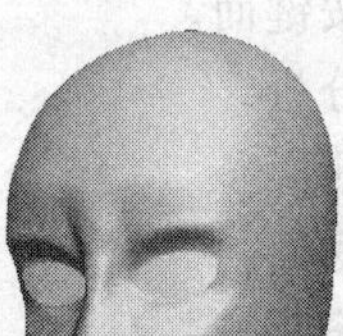

图 4－102　人头整体造型曲面

第 5 章　鼠标和照相机面盖建模

通过两个电子产品的建模过程,介绍 Pro/ENGINEER Wildfire 中自由曲面类零件常用的建模方法。曲面类零件建模是造型设计和模具设计的基础,所使用的建模工具以“拉伸、旋转、扫描、混合”等曲面特征为主,通过“填充、修剪、合并、延伸”等操作,建立复杂且曲线流畅的自由曲面。曲面类零件形状复杂多样,建模方法灵活,但归根结底都不外乎以上的基本方法或其组合。

5.1　鼠标

鼠标的建模过程如下。

5.1.1　零件分析

本节介绍鼠标的曲面设计,制作如图 5－1 所示的鼠标模型。

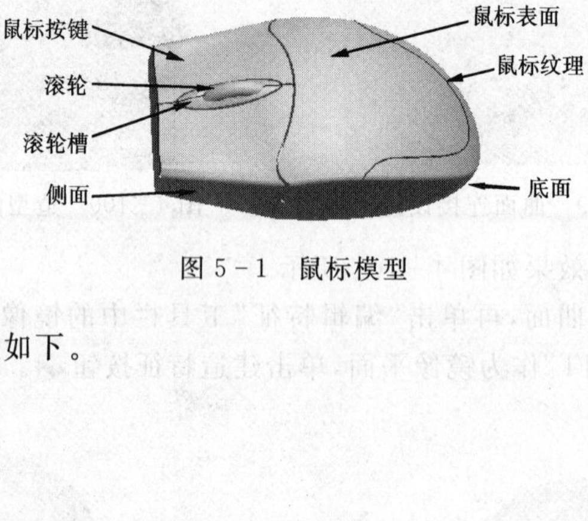

图 5－1　鼠标模型

鼠标曲面的建模过程如下。

(1)创建鼠标表面。

(2)创建鼠标按键面。

(3)曲面曲线分析。

(4)创建鼠标侧面。

(5)创建鼠标底面。

(6)创建鼠标滚轮槽。

(7)创建鼠标滚轮。

(8)曲面实体化。

(9)划分鼠标按键。

(10)倒圆角。

(11)创建鼠标纹理。

5.1.2　创建鼠标

1. 创建新文件

运行 Pro/ENGINEER Wildfire。单击“文件”工具栏中的新建工具 □,弹出“新建”对话框。点选“类型”选项组中的“零件”单选钮,点选“子类型”选项组中的“实体”单选钮,并在“名称”文本框中输入“shubiao”，单击“确定”按钮。

2. 创建鼠标表面

(1)创建草绘轨迹曲线。

①单击“基准”工具栏中的草绘工具，弹出“草绘”对话框。选取基准平面“FRONT”作为草绘平面，其余选项接受默认设置。单击“草绘”按钮，进入草绘器。

②经单击“草绘器”工具栏中的通过 3 点创建圆弧工具，绘制如图 5-2 所示的弧线。单击完成按钮✔，退出草绘器。

(2)创建扫描曲面。

①单击菜单栏中的“插入”→“扫描”→“曲面”命令，弹出“菜单管理器”和“曲面：扫描”对话框。单击“菜单管理器”中的“选取轨迹”→“曲线链”命令，选取第一步绘制的曲线作为扫描轨迹。单击“选取全部”→“完成”→“开放端点”→“完成”命令，进入草绘器。

②单击“草绘器”工具栏中的通过 3 点创建圆弧工具，绘制如图 5-3 所示的弧线。单击完成按钮✔，完成扫描截面的绘制，退出草绘器。

③单击“曲面：扫描”对话框中的“确定”按钮，完成扫描曲面的创建。

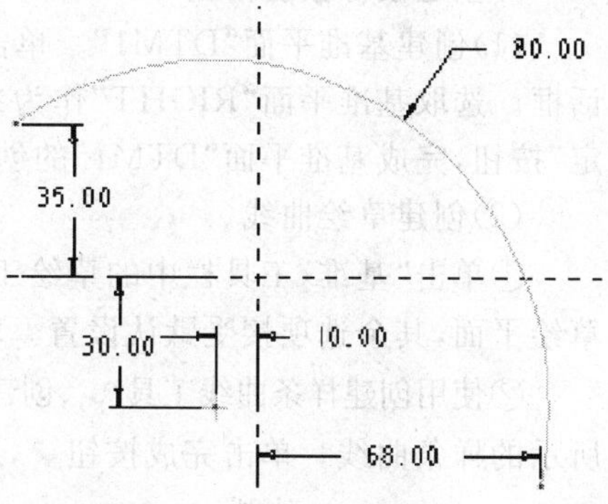

图 5-2　草绘轨迹迹线

(3)拉伸曲面。

①单击菜单栏中的“插入”→“拉伸”命令，弹出“拉伸”操控板。单击拉伸为曲面按钮和按指定深度值一般拉伸按钮，输入拉伸深度 100。

②单击“基准”工具栏中的草绘工具，选取基准平面“TOP”作为草绘平面，其余选项接受默认设置。单击“草绘”按钮，进入草绘器。

③使用“草绘器”工具栏中的创建中心线工具、通过 3 点创建圆弧工具、镜像选定的图元工具和创建样条曲线工具，绘制图 5-4 所示的拉伸截面。单击完成按钮✔，退出草绘器。

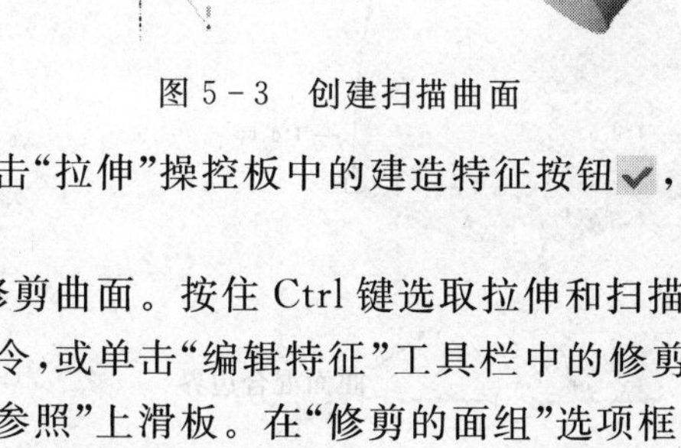

图 5-3　创建扫描曲面

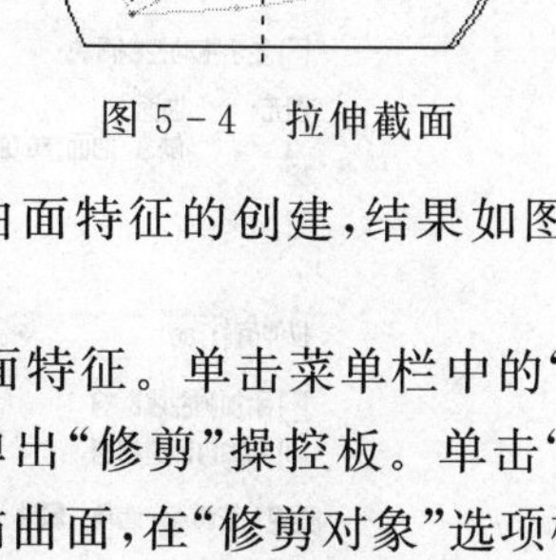

图 5-4　拉伸截面

④单击“拉伸”操控板中的建造特征按钮✔，完成拉伸曲面特征的创建，结果如图 5-5 所示。

(4)修剪曲面。按住 Ctrl 键选取拉伸和扫描完成的曲面特征。单击菜单栏中的“编辑”→“修剪”命令，或单击“编辑特征”工具栏中的修剪工具，弹出“修剪”操控板。单击“参照”按钮，弹出“参照”上滑板。在“修剪的面组”选项框中选取扫描曲面，在“修剪对象”选项框中选取拉伸曲面，单击改变方向按钮，使黄色箭头向内，得到如图 5-6 所示的修剪曲面。单击建造特征按钮✔，完成鼠标表面的创建。

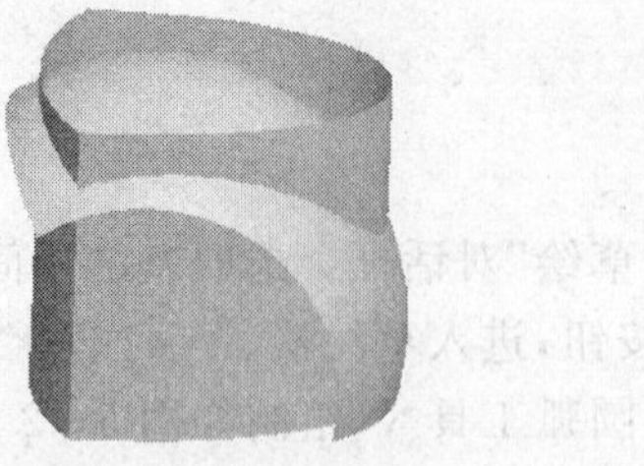

图 5-5　拉伸曲面

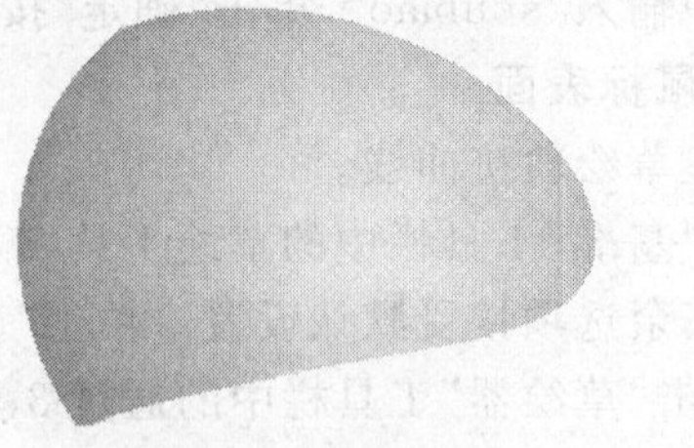

图 5-6　鼠标表面

3. 创建鼠标按键曲面

(1)创建基准平面“DTM1”。单击“基准”工具栏中的基准平面工具▱,弹出“基准平面”对话框。选取基准平面“RIGHT”作为参照平面,在“偏距”的“平移”文本框中输入－90,单击“确定”按钮,完成基准平面“DTM1”的创建,如图 5-7 所示。

(2)创建草绘曲线。

①单击“基准”工具栏中的草绘工具,弹出“草绘”对话框。选取基准平面“DTM1”作为草绘平面,其余选项接受默认设置。单击“草绘”按钮,进入草绘器。

②使用创建样条曲线工具、创建中心线工具和镜像选定的图元工具,绘制如图 5-8 所示的样条曲线。单击完成按钮✔,退出草绘器。

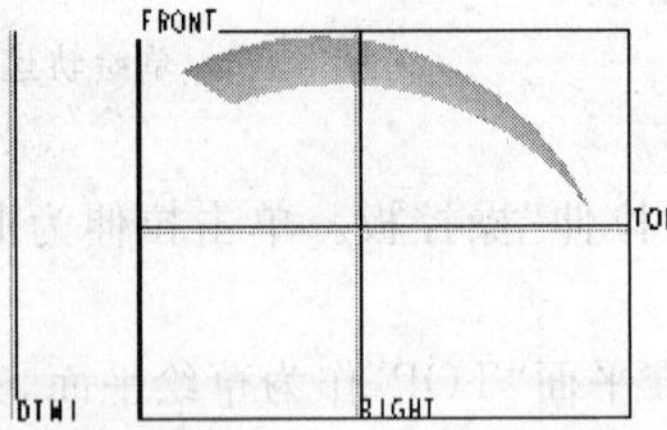

图 5-7　基准平面“DTM1”

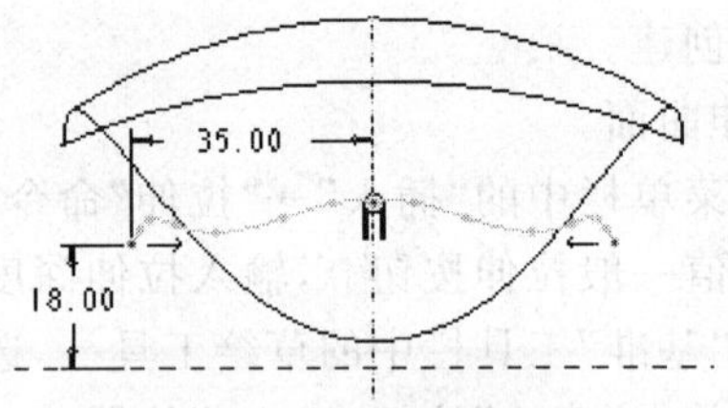

图 5-8　草绘曲线

③边界混合。单击菜单栏中的“插入”→“边界混合”命令,或单击“基础特征”工具栏中的边界混合工具,弹出“边界混合”操控板。首先选取曲面的边界如图 5-9 中箭头所指,然后按住 Ctrl 键选取刚绘制好的曲线。单击“约束”按钮,弹出“约束”上滑板。如图 5-9 所示设置,注意红色线位置。单击建造特征按钮✔,完成边界混合特征的创建。

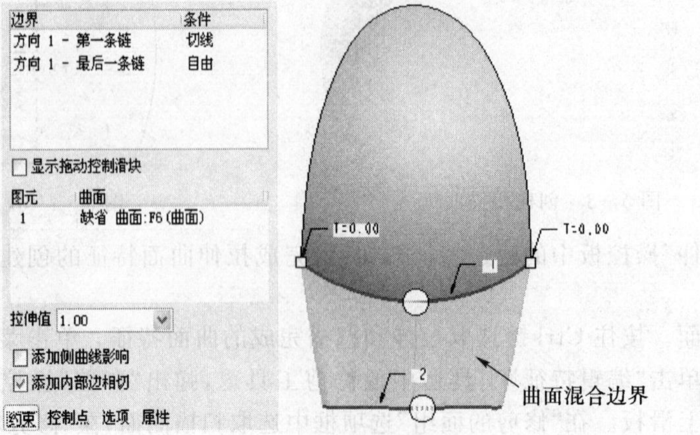

图 5-9　鼠标按键曲面

4. 曲面曲线分析

对于鼠标这类常用的电子产品，曲面的光滑程度如何是很重要的，因此需要进行曲面、曲线分析。

(1)曲线分析。单击菜单栏中的“分析”→“几何”→“二面角”命令，弹出“二面角”对话框。选取如图5-9所示的三维曲面混合边界，“结果”中显示最大最小二面角都是零，说明曲面融合得很好。单击接受值按钮✓，完成曲线分析。

(2)曲面分析。单击菜单栏中的“分析”→“几何”→“着色曲率”命令，弹出“着色曲率”对话框。选择鼠标按键的曲面，“结果”中显示“最小高斯曲率：−0.0014”，“最大高斯曲率：3.6685e−05”。曲率分布则在零件表面直接显示。单击接受值按钮✓，完成曲面分析。

5. 创建鼠标侧面

(1)拉伸曲面。

①单击菜单栏中的“插入”→“拉伸”命令，弹出“拉伸”操控板。单击拉伸为曲面按钮和指定深度拉伸按钮，并输入拉伸深度50。

②单击“基准”工具栏中的草绘工具，弹出“草绘”对话框。选取基准平面“TOP”作为草绘平面，单击“反向”按钮，使黄色箭头朝向曲面，其余选项接受默认设置。单击“草绘”按钮，进入草绘器。

③使用“草绘器”工具栏中的创建直线工具和通过边创建图元工具，绘制图5-10所示的拉伸截面。单击完成按钮✓，退出草绘器。

④单击建造特征按钮✓，完成拉伸曲面特征的创建，如图5-11所示。

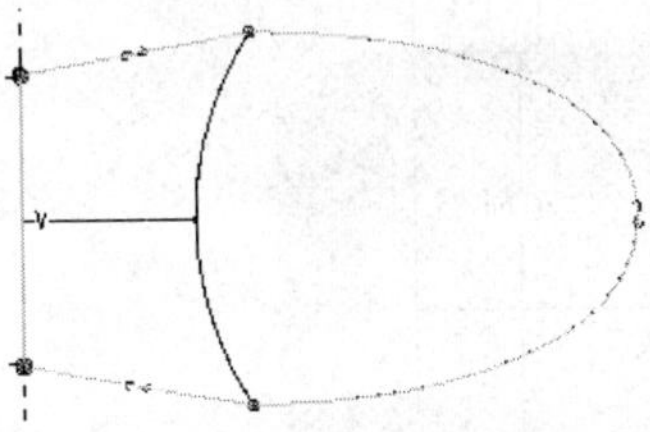

图5-10　拉伸截面

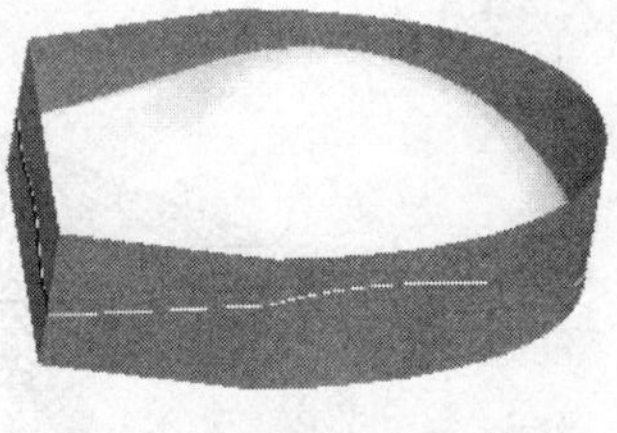

图5-11　拉伸鼠标侧面

(2)合并曲面。

按住Ctrl键选取按键曲面和鼠标表面。单击菜单栏中的“编辑”→“合并”命令，或单击“编辑特征”工具栏中的合并工具，弹出“合并”操控板。接受默认设置，单击建造特征按钮✓，完成合并曲面的创建。

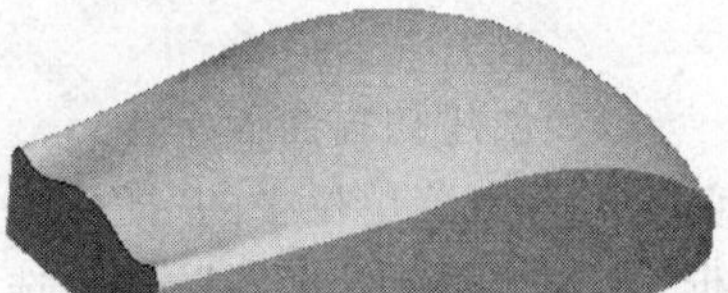

图5-12　鼠标侧面

(3)曲面修剪。

单击菜单栏中的“编辑”→“修剪”命令，弹出“修剪”操控板。单击“参照”按钮，弹出“参照”上滑板。在“修剪的面组”选项框中选取拉伸曲面，在“修剪对象”选项框中选取刚刚合并的曲面，勾选“保留修剪曲面”复选框，单击改变方向按钮，使黄色箭头朝向鼠标底面。单击建造特征按钮✓，完成鼠标侧面的创建，结果如图5-12所示。

6. 创建鼠标底面

(1)填充底面。

①单击菜单栏中的“编辑”→“填充”命令，弹出“填充”操控板。

②单击“基准”工具栏中的草绘工具，弹出“草绘”对话框。选取基准面“TOP”作为草绘

平面,其余选项接受默认设置。单击“草绘”按钮,进入草绘器。

③单击“草绘器”工具栏中的通过边创建图元工具□,点选一圈,如图5-13所示。单击完成按钮✔,退出草绘器。

④单击建造特征按钮✔,完成填充特征的创建。

(2)合并曲面。

①按住Ctrl键选取鼠标底面和侧面。单击菜单栏中的“编辑”→“合并”命令,弹出“合并”操控板。接受默认设置,单击建造特征按钮✔,完成鼠标底面和侧面的合并。

②再按住Ctrl键选取鼠标顶面和刚合并的曲面。单击菜单栏中的“编辑”→“合并”命令,弹出“合并”操控板。单击建造特征按钮✔,这时整个鼠标成为一个曲面。

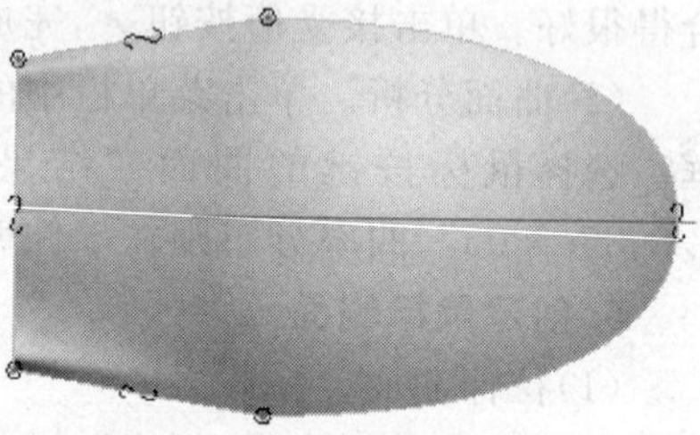

图5-13 草绘曲线

7. 创建鼠标滚轮槽

(1)创建草绘轨迹曲线。

①单击“基准”工具栏中的草绘工具,弹出“草绘”对话框。选取基准平面“FRONT”作为草绘平面,其余选项接受默认设置。单击“草绘”按钮,进入草绘器。

②单击“草绘器”工具栏中的创建样条曲线工具∿,绘制如图5-14所示的弧线。单击完成按钮✔,退出草绘器。

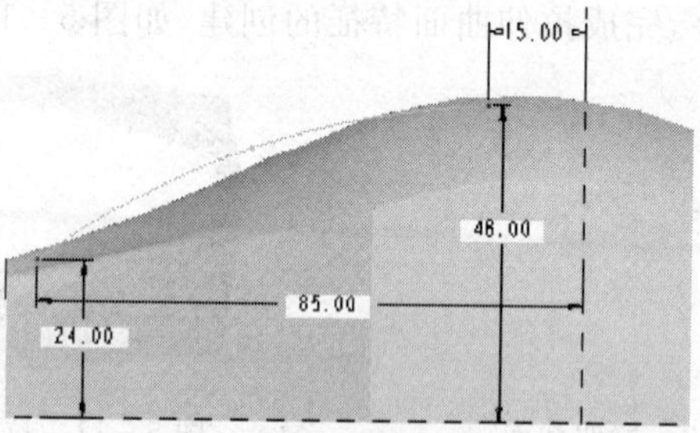

图5-14 草绘轨迹曲线

(2)创建扫描曲面。

①单击菜单栏中的“插入”→“扫描”→“曲面”命令,弹出“菜单管理器”和“曲面:选项”对话框。单击“菜单管理器”中的“选取轨迹”→“曲线链”命令,选取刚创建的曲线作为扫描轨迹,单击“选取全部”→“完成”→“开放端点”→“完成”命令,进入草绘器。

②单击“草绘器”工具栏中的通过3点创建圆弧工具⌒,绘制如图5-15所示的弧线。单击完成按钮✔,退出草绘器。

③单击“曲面:选项”对话框中的“确定”按钮。

(3)合并曲面。按住Ctrl键选取扫描曲面和鼠标表面。单击菜单栏中的“编辑”→“合并”命令,弹出“合并”操控板。单击两个改变方向按钮,使黄色箭头布置如图5-16所示。单击建造特征按钮✔,完成合并特征的创建。

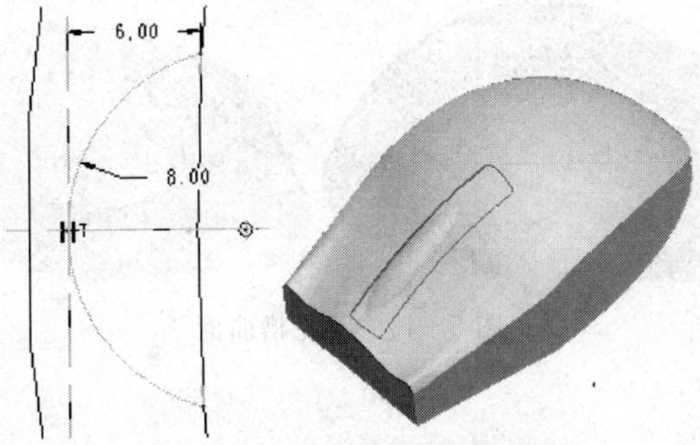

图 5-15　生成滚轮槽扫描曲面

(4)创建草绘轨迹曲线。

①单击“基准”工具栏中的草绘工具，弹出“草绘”对话框。选取基准平面“FRONT”作为草绘平面，其余选项接受默认设置。单击“草绘”按钮，进入草绘器。

②单击“草绘器”工具栏中的创建样条曲线工具，绘制如图 5-17 所示的弧线。单击完成按钮✓，退出草绘器。

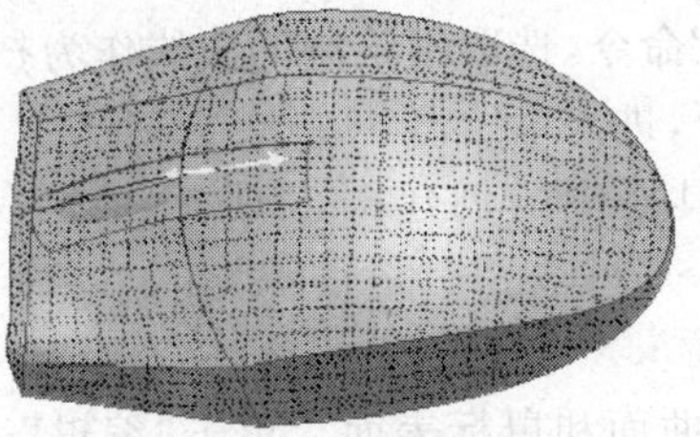

图 5-16　合并曲面

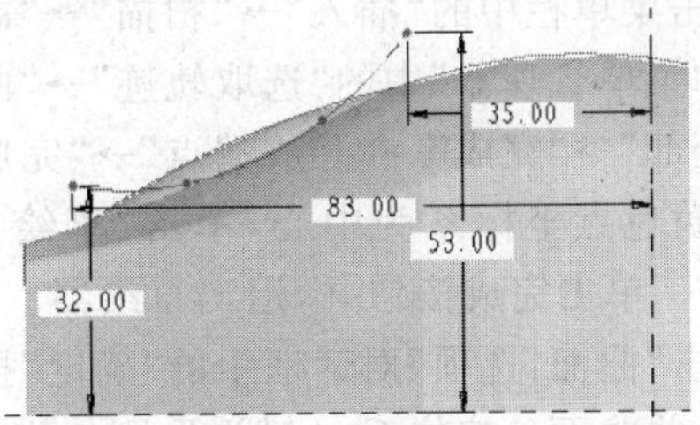

图 5-17　草绘轨迹曲线

(5)创建扫描曲面。

①单击菜单栏中的“插入”→“扫描”→“曲面”命令，弹出“菜单管理器”和“曲面:选项”对话框。单击“菜单管理器”中的“选取轨迹”→“曲线链”命令，选取上一步的曲线作为扫描轨迹，单击“选取全部”→“完成”→“开放端点”→“完成”命令，进入草绘器。

②单击“草绘器”工具栏中的创建圆弧工具，绘制如图 5-18 所示的弧线。单击建造特征按钮✓，退出草绘器。

③单击“曲面:选项”对话框中的“确定”按钮。

(6)合并曲面。按住 Ctrl 键选取刚扫描完成的曲面和鼠标表面。单击菜单栏中的“编辑”→“合并”命令，弹出“合并”操控板。单击两个改变方向按钮，使黄色箭头布置如图 5-19 左图所示。单击建造特征按钮✓，完成合并特征的创建，生成滚轮槽曲面，结果如图 5-19 所示。

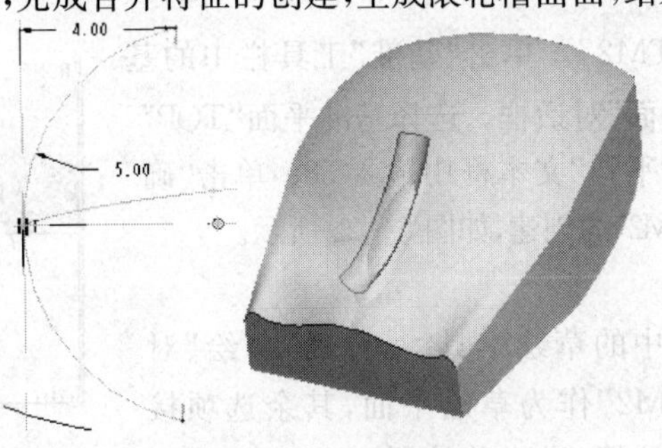

图 5-18　扫描曲面

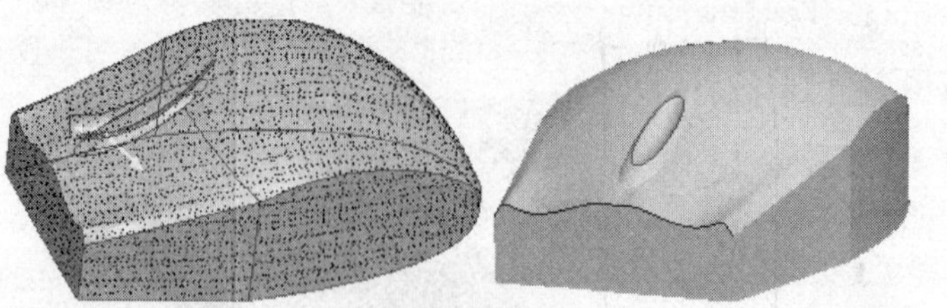

图 5-19 滚轮槽曲面

8. 创建滚轮

(1)创建草绘轨迹曲线。

①单击“基准”工具栏中的草绘工具，弹出“草绘”对话框。选取基准平面“FRONT”作为草绘平面，其余选项接受默认设置。单击“草绘”按钮，进入草绘器。

②单击“草绘器”工具栏中的通过3点创建圆弧工具，绘制如图5-20所示的弧线。单击完成按钮✔，退出草绘器。

(2)创建扫描曲面。

①单击菜单栏中的“插入”→“扫描”→“曲面”命令，弹出“菜单管理器”和“曲面:选项”对话框。单击“菜单管理器”中的“选取轨迹”→“曲线链”命令，选取刚绘制的曲线作为扫描轨迹，单击“选取全部”→“完成”→“开放端点”→“完成”命令，进入草绘器。

②以黄色点坐标系为中心，单击“草绘器”工具栏中的创建圆工具，绘制一个直径为7mm的圆。单击完成按钮✔，退出草绘器。

③单击“曲面:选项”对话框中的“确定”按钮。

(3)合并曲面。按住Ctrl键选取刚扫描完成的曲面和鼠标表面。单击“编辑”→“合并”命令，弹出“合并”操控板。单击两个改变方向按钮，使黄色箭头布置如图5-21所示。单击建造特征按钮✔，完成合并特征。

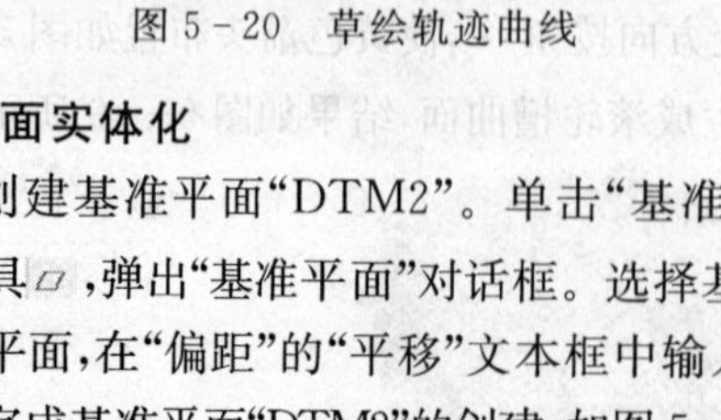

图 5-20 草绘轨迹曲线

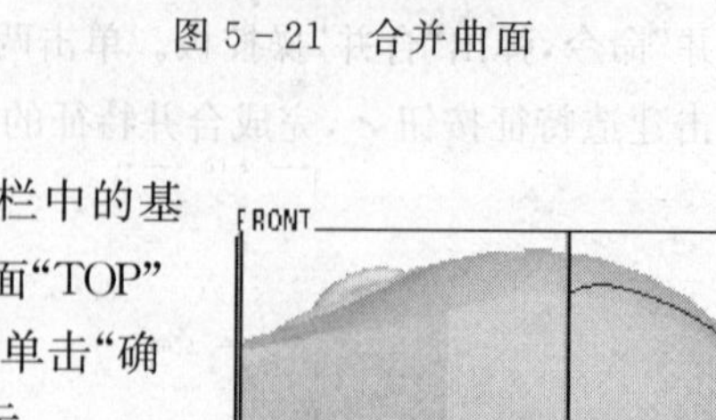

图 5-21 合并曲面

9. 曲面实体化

(1)创建基准平面“DTM2”。单击“基准”工具栏中的基准平面工具，弹出“基准平面”对话框。选择基准平面“TOP”作为参照平面，在“偏距”的“平移”文本框中输入58。单击“确定”按钮，完成基准平面“DTM2”的创建，如图5-22所示。

(2)曲线投影。

①单击“基准”工具栏中的草绘工具，弹出“草绘”对话框。选取基准平面“DTM2”作为草绘平面，其余选项接受默认设置。单击“草绘”按钮，进入草绘器。

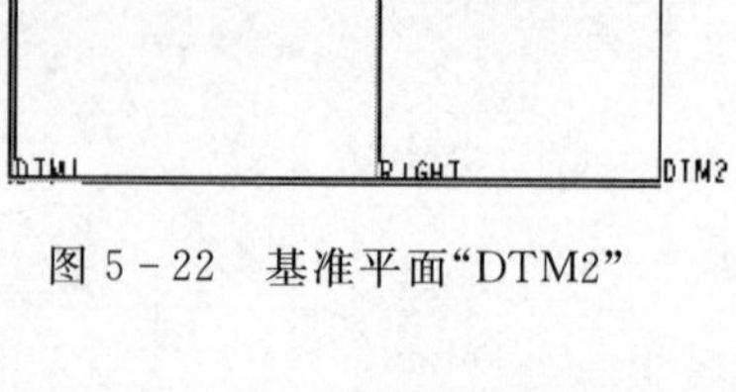

图 5-22 基准平面“DTM2”

②使用“草绘器”工具栏中的通过偏移一条边来创建图元工具、创建中心线工具和通过 3 点创建圆弧工具，绘制如图 5－23 所示的曲线。单击完成按钮，退出草绘器。

③单击菜单栏中的“编辑”→“投影”命令，弹出“投影”操控板。单击“参照”按钮，弹出“参照”上滑板。在“链”选项框中选取刚才草绘的曲线，在“曲面”选项框中选取鼠标表面，在“方向参照”选项框中选取基准平面“DTM2”，单击“反向”按钮，使黄色箭头由基准平面“DTM2”指向曲面。单击建造特征按钮，完成曲线投影特征的创建。

(3)在模型树中选取最后一个“合并 6”特征。单击菜单栏中的“编辑”→“实体化”命令，弹出“实体化”操控板。接受默认设置，单击建造特征按钮，完成曲面特征转换为实体的过程。

10. 鼠标按键的划分

(1)创建基准平面“DTM3”。单击“基准”工具栏中的基准平面工具，弹出“基准平面”对话框。选取基准平面“TOP”作为参照平面，在“偏距”的“平移”文本框中输入 18。单击“确定”按钮，完成基准平面“DTM3”的创建，如图 5－24 所示。

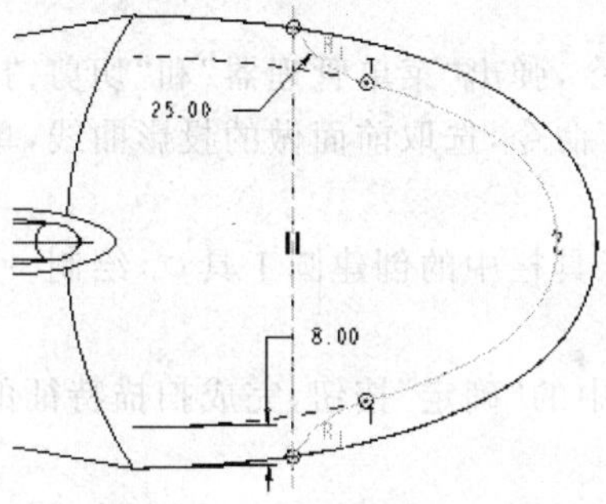

图 5－23　曲线投影

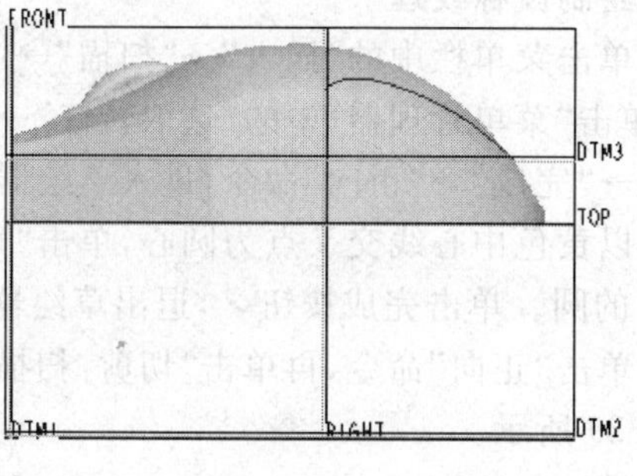

图 5－24　基准平面“DTM3”

(2)拉伸曲面。

①单击菜单栏中的“插入”→“拉伸”命令，弹出“拉伸”操控板。单击拉伸为曲面按钮和指定深度拉伸按钮，输入拉伸深度 50。

②单击“基准”工具栏中的草绘工具，弹出“草绘”对话框。选取基准平面“DTM3”作为草绘平面，单击“反向”按钮，其余选项接受默认设置。单击“草绘”按钮，进入草绘器。

③使用“草绘器”工具栏中的创建中心线工具、通过 3 点创建圆弧工具和镜像选定的图元工具，绘制图 5－25 所示的拉伸截面。单击完成按钮，退出草绘器。

④单击建造特征按钮，完成拉伸曲面特征的创建，结果如图 5－26 所示。

(3)曲面加厚。选取刚绘制的曲面。单击菜单栏中的“编辑”→“加厚”命令，弹出“加厚”操控板。单击去除材料按钮，输入厚度 1，单击两次改变方向按钮，使黄色箭头双向布置。单击建造特征按钮，完成加厚曲面特征的创建，结果如图 5－27 所示。

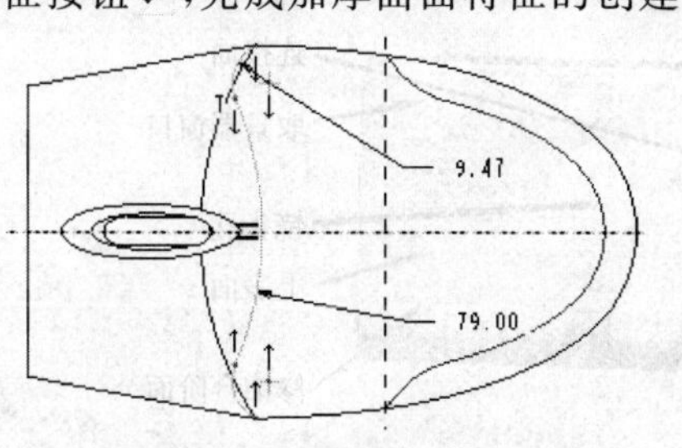

图 5－25　拉伸曲线(一)

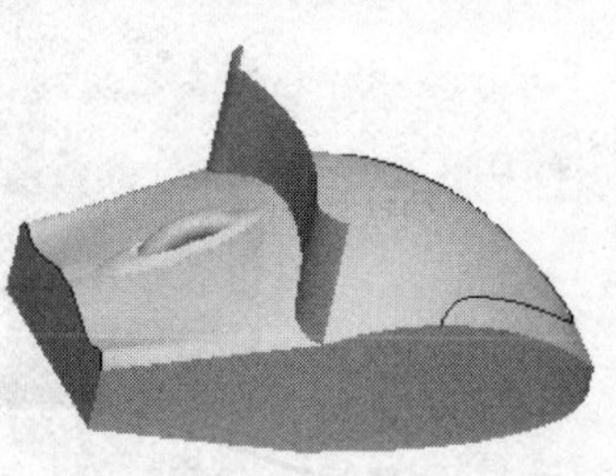

图 5－26　拉伸曲面(二)

再经过两次同样的切槽划分，得到图 5-28 所示的结果。

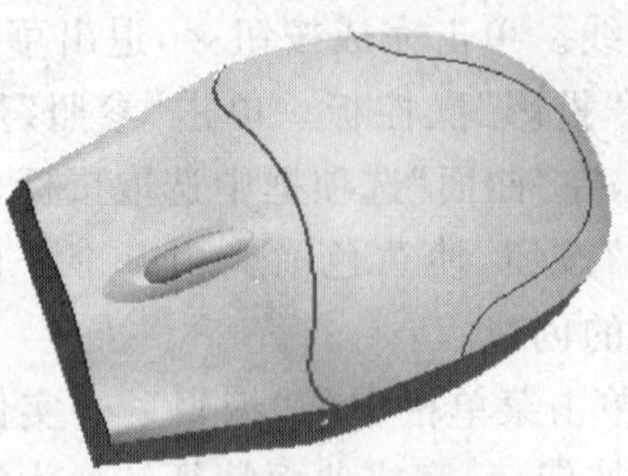

图 5-27 鼠标表面切槽

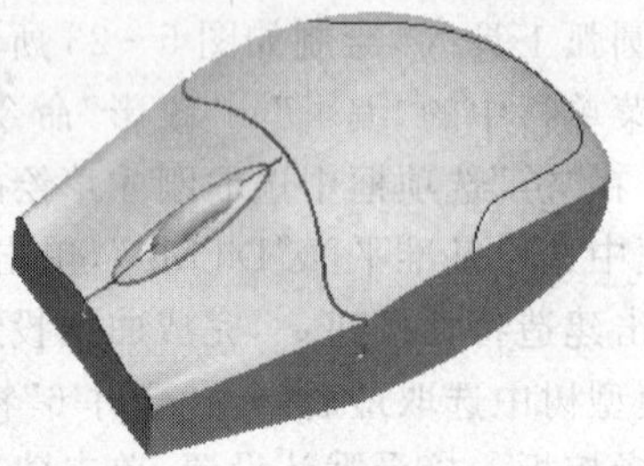

图 5-28 鼠标按键的划分

11. 倒圆角

单击"工程特征"工具栏中的倒圆角工具，弹出"倒圆角"操控板。输入圆角半径 3，选取需要倒角的边。单击建造特征按钮✔，完成倒圆角特征的创建。

12. 绘制鼠标纹理

(1)单击菜单栏中的"插入"→"扫描"→"切口"命令，弹出"菜单管理器"和"切剪:扫描"对话框。单击"菜单管理器"中的"选取轨迹"→"曲线链"命令，选取前面做的投影曲线，单击"选取全部"→"完成"→"正向"命令，进入草绘器。

(2)以黄色中心线交叉点为圆心，单击"草绘器"工具栏中的创建圆工具○，绘制一个直径为 1mm 的圆。单击完成按钮✔，退出草绘器。

(3)单击"正向"命令，再单击"切剪:扫描"对话框中的"确定"按钮，完成扫描特征的创建，如图 5-29 所示。

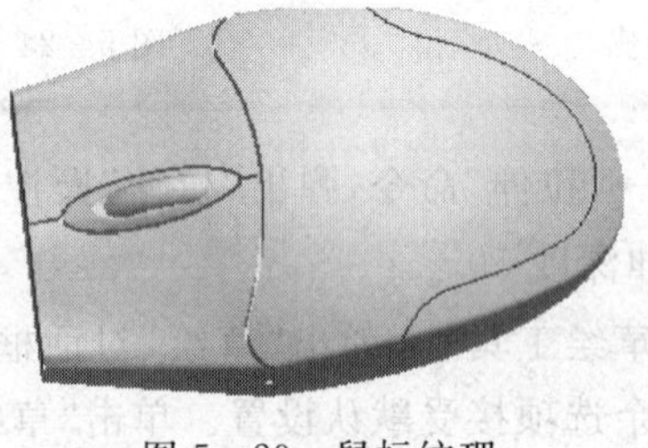

图 5-29 鼠标纹理

5.2 照相机面盖

照相机面盖的建模过程如下。

本节介绍照相机面盖的曲面设计，制作如图 5-30 所示的照相机面盖模型。

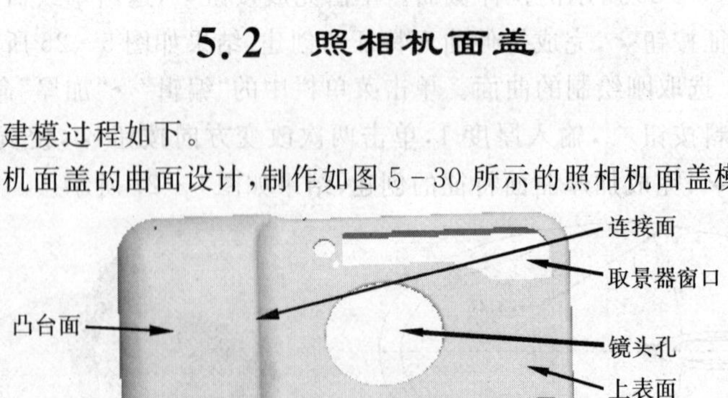

图 5-30 照相机面盖模型

5.2.1　零件分析

照相机面盖曲面的建模过程如下。

(1)创建照相机侧面。

(2)创建基准参照。

(3)创建照相机凸台面。

(4)曲面分析。

(5)创建照相机连接面。

(6)创建照相机上表面。

(7)曲面加厚。

(8)创建镜头孔和取景器窗口。

(9)创建修饰台阶面。

5.2.2　创建照相机面盖

1. 创建新文件

运行 Pro/ENGINEER Wildfire。单击“文件”工具栏中的新建工具，弹出“新建”对话框。点选“类型”选项组中的“零件”单选钮，点选“子类型”选项组中的“实体”单选钮，并在“名称”文本框中输入“zhaoxiangji”，单击“确定”按钮。

2. 创建照相机侧面

(1)单击菜单栏中的“插入”→“拉伸”命令，弹出“拉伸”操控板。

(2)单击“基准”工具栏中的草绘工具，弹出“草绘”对话框。选取基准平面“FRONT”作为草绘平面，选取基准平面“TOP”作为参照平面，“方向”选择“底部”。单击“草绘”按钮，进入草绘器。

(3)使用“草绘器”工具栏中的创建直线工具、通过 3 点创建圆弧工具和镜像选定的图元工具，绘制如图 5-31 所示的拉伸截面。单击完成按钮✓，退出草绘器。

(4)单击“拉伸”操控板中的拉伸为曲面按钮和指定深度拉伸按钮，输入拉伸深度 10。单击建造特征按钮✓，完成照相机侧面的创建，结果如图 5-32 所示。

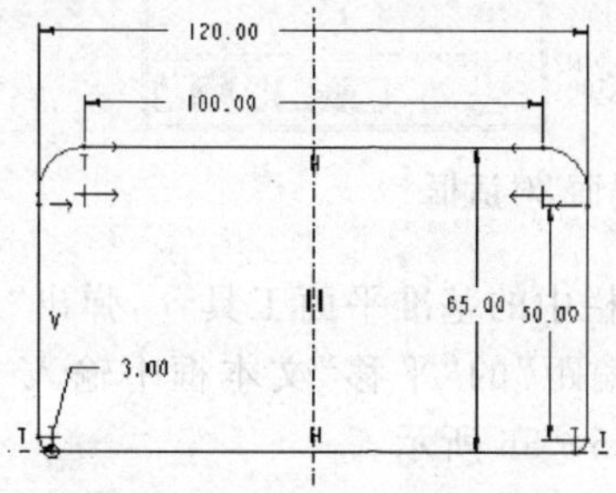

图 5-31　草绘拉伸截面

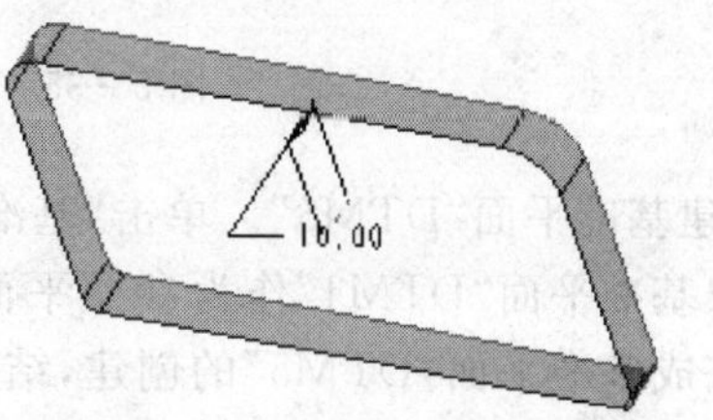

图 5-32　拉伸侧面

3. 创建参考基准

(1)创建基准平面“DTM1”。单击“基准”工具栏中的基准平面工具，弹出“基准平面”对话框。选取基准平面“FRONT”作为参照平面，在“偏距”的“平移”文本框中输入−8。单击“确定”按钮，完成基准平面“DTM1”的创建，结果如图 5-33 所示。

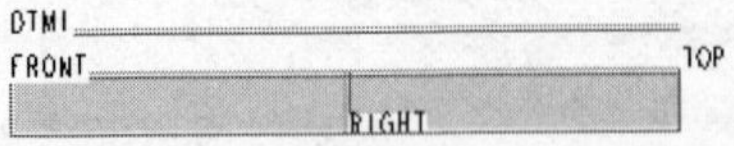

图 5-33 基准平面“DTM1”

(2)创建基准平面“DTM2”。单击“基准”工具栏中的基准平面工具▱,弹出“基准平面”对话框。选取基准平面“TOP”作为参照平面,在“偏距”的“平移”文本框中输入-5。单击“确定”按钮,完成基准平面“DTM2”的创建,结果如图 5-34 所示。

(3)创建基准平面“DTM3”。单击“基准”工具栏中的基准平面工具▱,弹出“基准平面”对话框。选取基准平面“TOP”作为参照平面,在“偏距”的“平移”文本框中输入-50。单击“确定”按钮。完成基准平面“DTM3”的创建,结果如图 5-34 所示。

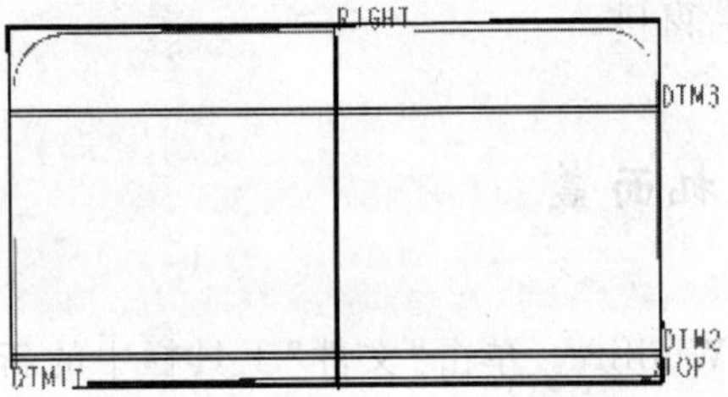

图 5-34 基准平面“DTM2”和“DTM3”

(4)创建基准平面“DTM4”。单击“基准”工具栏中的基准平面工具▱,弹出“基准平面”对话框。在“参照”选项框中选取拉伸边的顶点,如图 5-35 所示。按住 Ctrl 键,选取基准平面“RIGHT”,定义约束类型为“平行”。单击“确定”按钮,完成基准平面“DTM4”的创建。

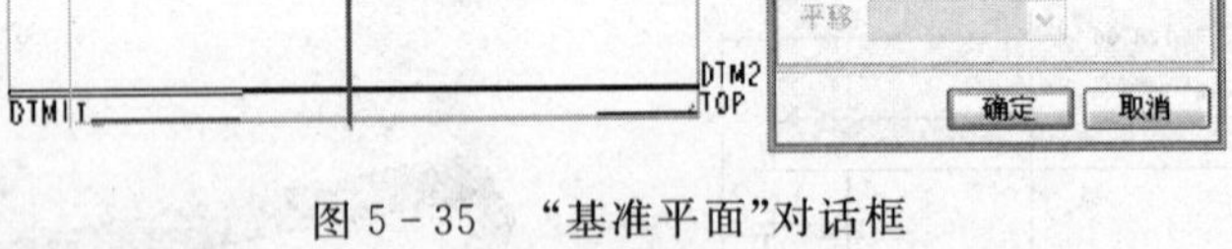

图 5-35 “基准平面”对话框

(5)创建基准平面“DTM5”。单击“基准”工具栏中的基准平面工具▱,弹出“基准平面”对话框。选取基准平面“DTM4”作为参照平面,在“偏距”的“平移”文本框中输入 35。单击“确定”按钮,完成基准平面“DTM5”的创建,结果如图 5-36 所示。

(6)创建基准平面“DTM6”。单击“基准”工具栏中的基准平面工具▱,弹出“基准平面”对话框。选取基准平面“DTM4”作为参照平面,在“偏距”的“平移”文本框中输入 40。单击“确定”按钮,完成基准平面“DTM6”的创建,结果如图 5-37 所示。

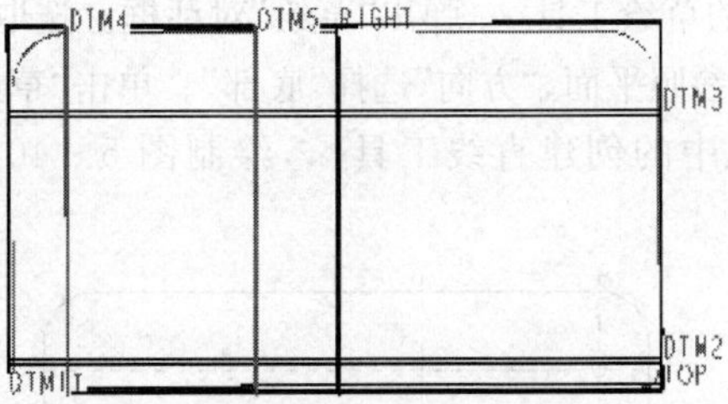

图 5-36　基准平面“DTM5”

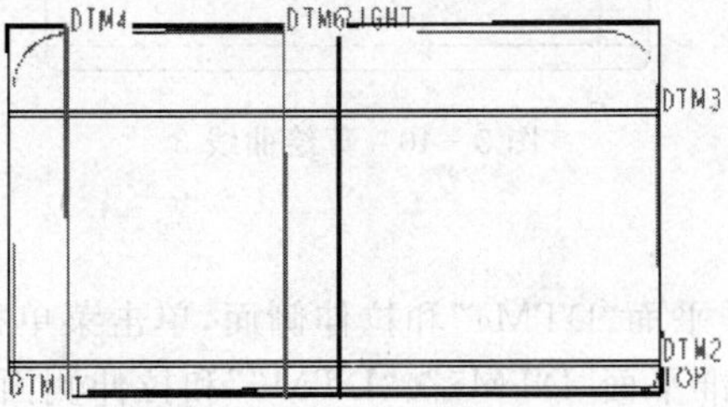

图 5-37　基准平面“DTM6”

4. 创建照相机凸台面

(1)创建草绘曲线。

①单击“基准”工具栏中的草绘工具，弹出“草绘”对话框。选取基准平面“DTM1”作为草绘平面，选取基准平面“TOP”作为参照平面，“方向”选择“底部”。单击“草绘”按钮，进入草绘器。

②单击“草绘器”工具栏中的创建直线工具，绘制图 5-38 所示的草绘曲线 1。单击完成按钮✔，退出草绘器。

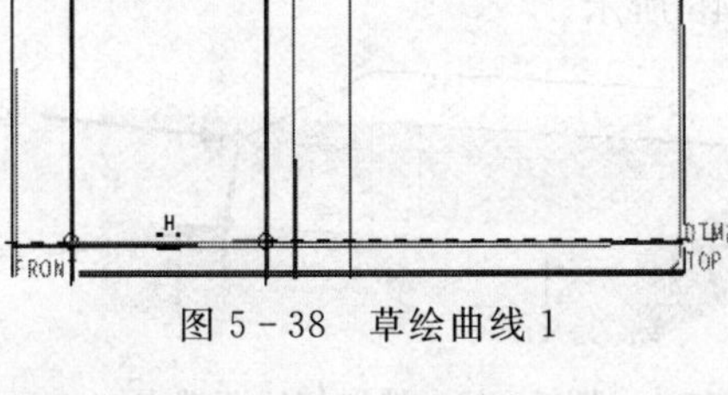

图 5-38　草绘曲线 1

③单击“基准”工具栏中的草绘工具，弹出“草绘”对话框。选取基准平面“FRONT”作为草绘平面，选取基准平面“TOP”作为参照平面，“方向”选择“底部”。单击“草绘”按钮，进入草绘器。

④单击“草绘器”工具栏中的创建直线工具，绘制图 5-39 所示的草绘曲线 2。单击完成按钮✔，退出草绘器。

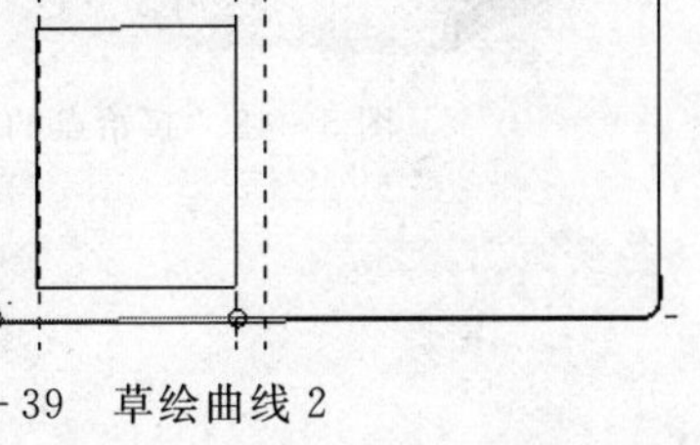

图 5-39　草绘曲线 2

⑤单击“基准”工具栏中的草绘工具，弹出“草绘”对话框。选取基准平面“DTM1”作为草绘平面，选取基准平面“TOP”作为参照平面，“方向”选择“底部”。单击“草绘”按钮，进入草绘器。

⑥单击“草绘器”工具栏中的创建直线工具，绘制图5-40所示的草绘曲线3。单击完成按钮✔，退出草绘器。

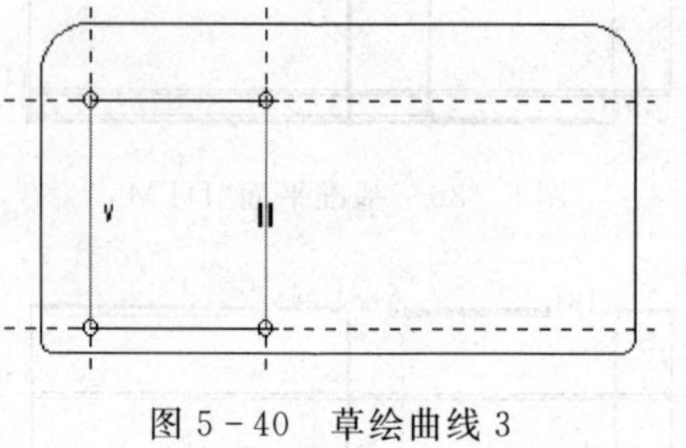

图5-40　草绘曲线3

(2)创建相切曲线。

①按住Ctrl键选取基准平面“DTM4”和拉伸侧面，单击菜单栏中“编辑”→“相交”命令，则建立交截线1。依次建立基准平面“DTM5”、“DTM6”和拉伸侧面的交截线，如图5-41所示。

图5-41　创建相交线

②单击“基准”工具栏中的插入基准曲线工具，弹出“菜单管理器”。单击“经过点”→“完成”命令，弹出下一级菜单和“曲线:通过点”对话框。依次选取如图5-42所示的两点，单击“完成”命令。在“曲线:通过点”对话框中双击“相切”，选取如图5-43所示曲线为在起始点的相切曲线，单击“正向”命令。选取如图5-44所示曲线为在终止点的相切曲线，单击“正向”命令，勾选“曲率”复选框，再单击“完成/返回”命令。单击“曲线:通过点”对话框中的“确定”按钮，创建的相切曲线如图5-45所示。

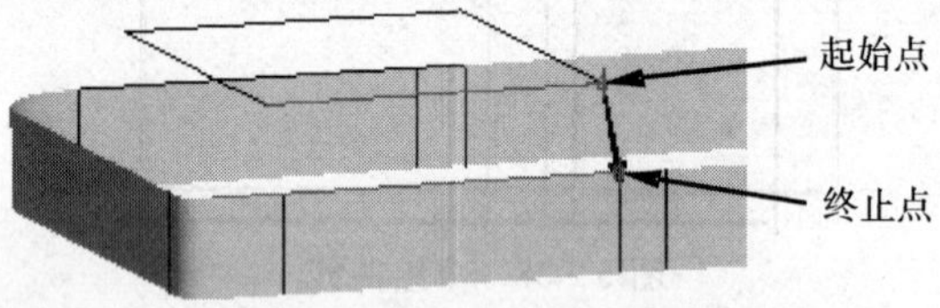

图5-42　选取切线两端点

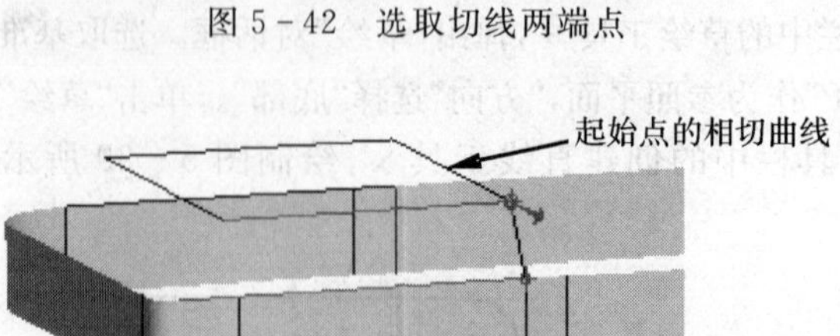

图5-43　起始点的相切方向

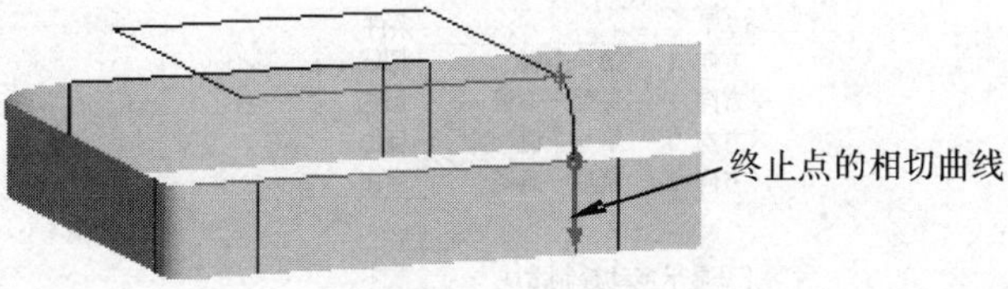

图 5-44　终止点的相切方向

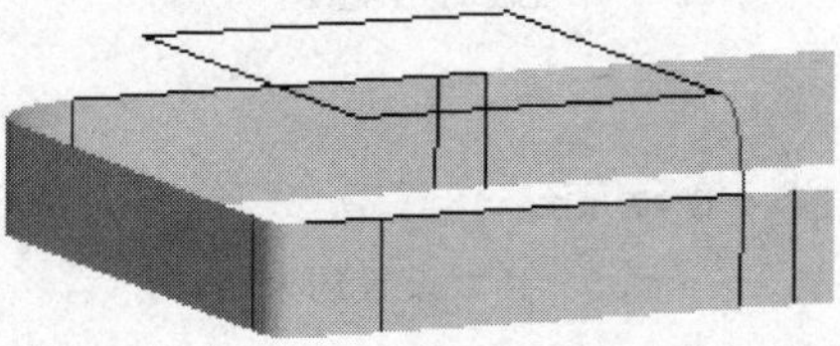

图 5-45　创建相切曲线（一）

采用同样的方法，依次建立如图 5-46 所示的相切曲线。

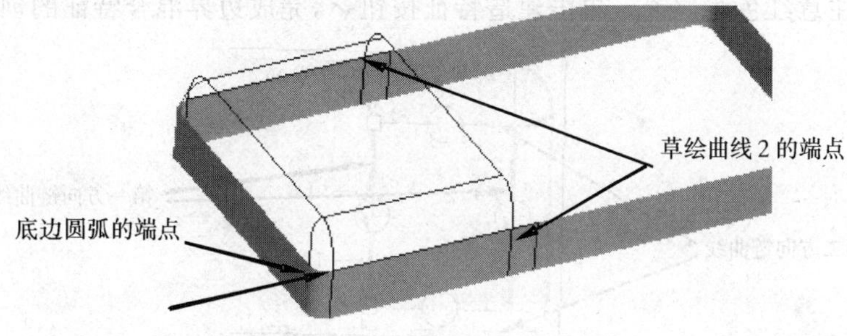

图 5-46　创建相切曲线（二）

（3）边界混合。

①单击“基础特征”工具栏中的边界混合工具，弹出“边界混合”操控板。单击“曲线”按钮，弹出“曲线”上滑板。按住 Ctrl 键选取图 5-47 所示的两条曲线作为第一方向链，按住 Ctrl 键选取图 5-48 所示的两条曲线作为第二方向链。单击“约束”按钮，弹出“约束”上滑板。如图 5-49 所示设置约束条件，注意红色线位置和相应的图元相切，默认“拉伸值”为 1。单击建造特征按钮✔，完成边界混合特征的创建。

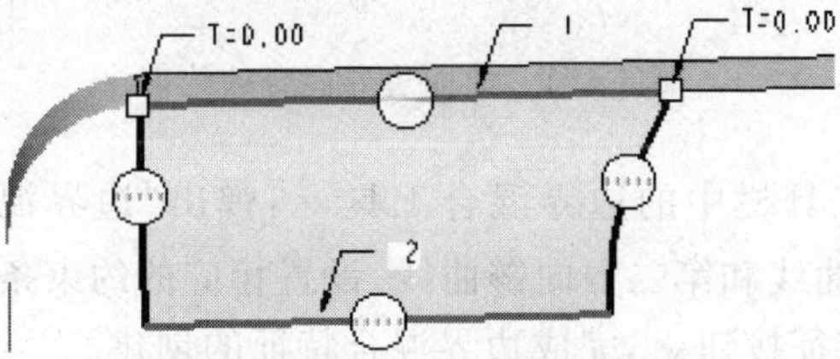

图 5-47　第一方向链曲线

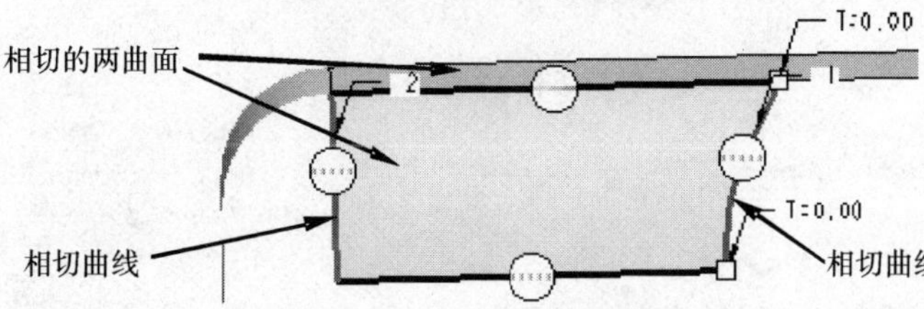

图 5-48　第二方向链曲线

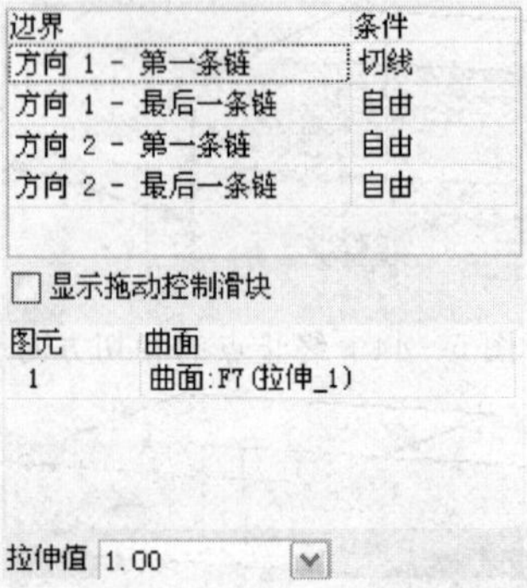

图 5-49　设置约束条件

②单击“基础特征”工具栏中的边界混合工具，弹出“边界混合”上滑板。按照上述步骤，依次选取第一方向链曲线和第二方向链曲线，如图 5-50 所示。设置相应的约束条件，如图 5-51 所示，注意红色线位置。单击建造特征按钮✔，完成边界混合特征的创建。

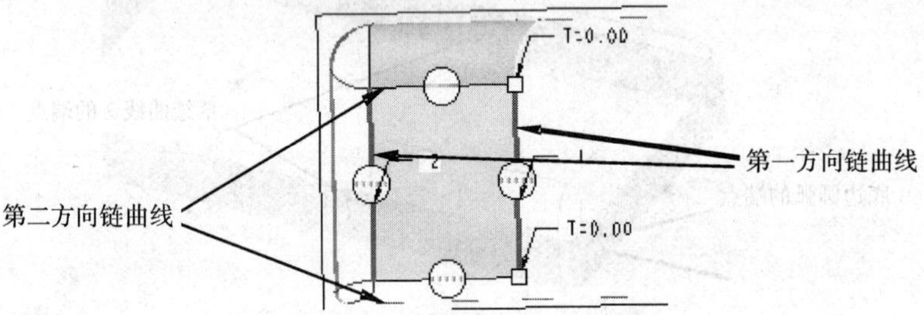

图 5-50　边界混合选取的曲线

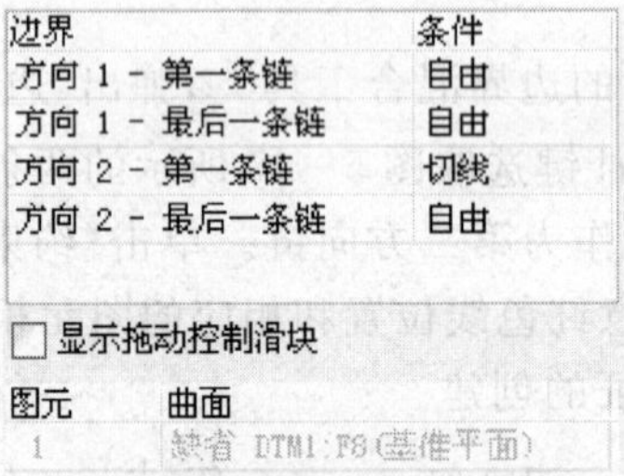

图 5-51　曲面边界混合的约束

③单击“基础特征”工具栏中的边界混合工具，弹出“边界混合”上滑板。按照上述步骤，依次选取第一方向链曲线和第二方向链曲线，设置相应的约束条件，如图 5-52 所示，注意红色线位置。单击建造特征按钮✔，完成边界混合特征的创建。

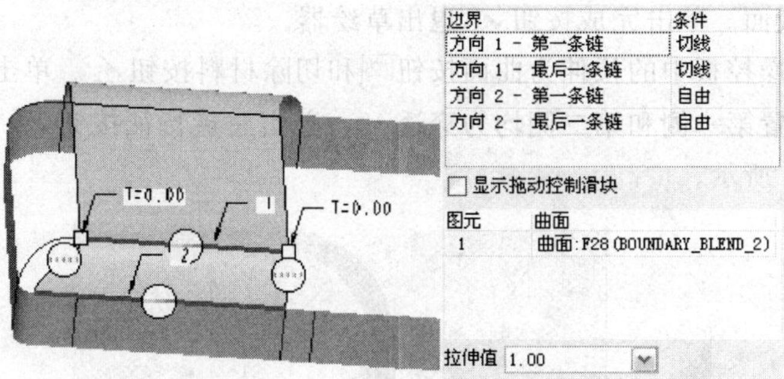

图 5-52　曲面边界混合(一)

④单击“基础特征”工具栏中的边界混合工具，弹出“边界混合”上滑板。按照上述步骤，依次选取第一方向链曲线和第二方向链曲线，设置相应的约束条件，如图 5-53 所示，注意红色线位置。单击建造特征按钮✔，完成边界混合特征的创建。最终生成的曲面如图 5-54 所示。

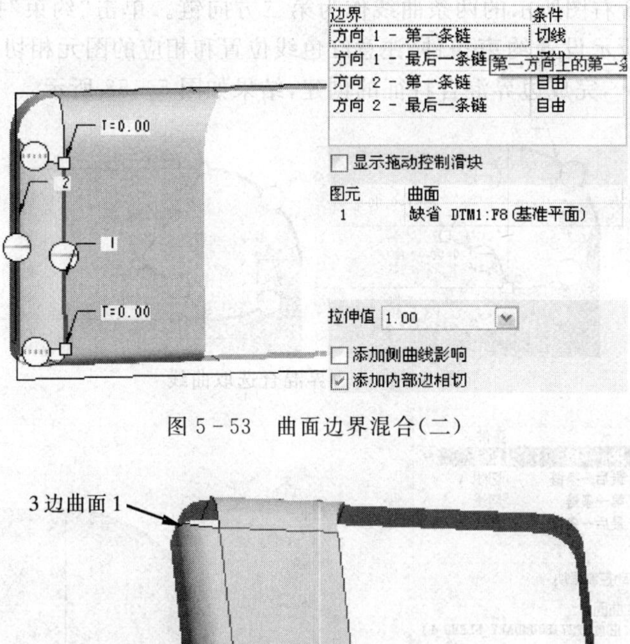

图 5-53　曲面边界混合(二)

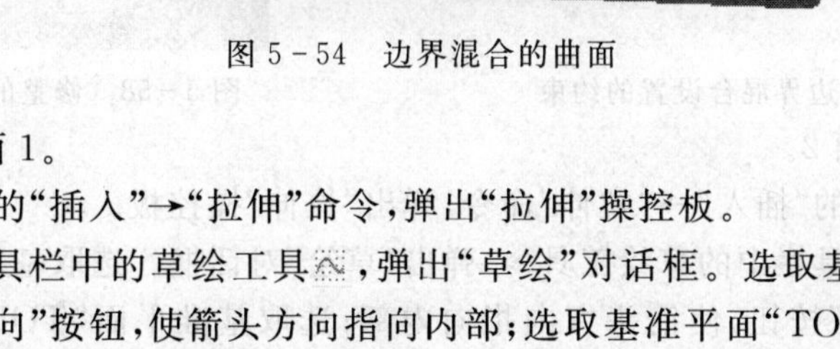

图 5-54　边界混合的曲面

(4)修整 3 边曲面 1。

①单击菜单栏中的“插入”→“拉伸”命令，弹出“拉伸”操控板。

②单击“基准”工具栏中的草绘工具，弹出“草绘”对话框。选取基准平面“FRONT”作为草绘平面，单击“反向”按钮，使箭头方向指向内部；选取基准平面“TOP”作为参照平面，“方向”选择“底部”。单击“草绘”按钮，进入草绘器。

③使用“草绘器”工具栏中的创建直线工具和通过 3 点创建圆弧工具，绘制如图

5－55所示的拉伸截面。单击完成按钮✓，退出草绘器。

④单击“拉伸”操控板中的拉伸为曲面按钮和切除材料按钮。单击“选项”按钮，弹出“选项”上滑板。设置第一侧和第二侧均为穿透。单击建造特征按钮✓，完成拉伸曲面的创建，结果如图5－55所示。

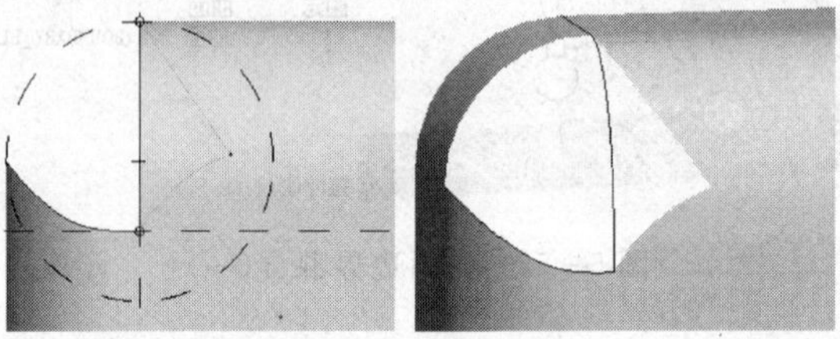

图5－55　拉伸曲面

⑤单击“基础特征”工具栏中的边界混合工具，弹出“边界混合”操控板。单击“曲线”按钮，弹出“曲线”上滑板。按住Ctrl键选取图5－56左图所示的两条曲线作为第一方向链，按住Ctrl键选取图5－56右图所示的两条曲线作为第二方向链。单击“约束”按钮，弹出“约束”上滑板。如图5－57所示设置约束条件，注意红色线位置和相应的图元相切，默认“拉伸值”为1。单击建造特征按钮✓，完成边界混合特征的创建，结果如图5－58所示。

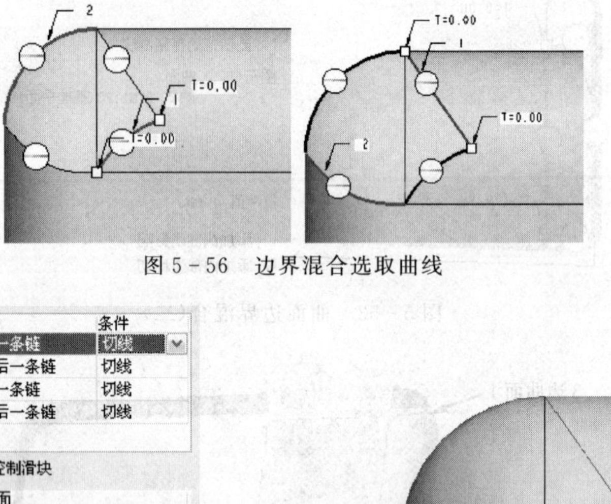

图5－56　边界混合选取曲线

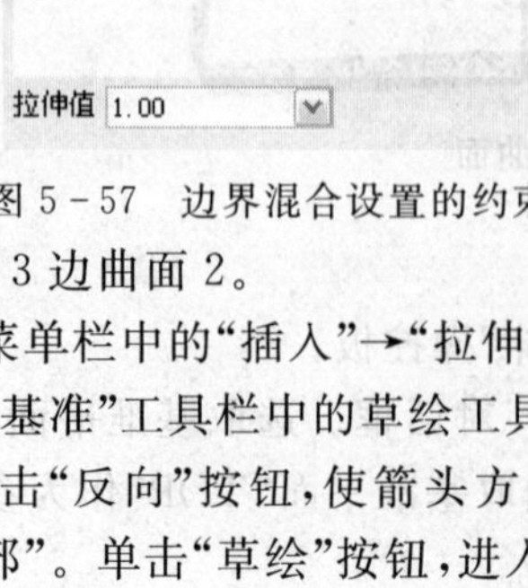

图5－57　边界混合设置的约束

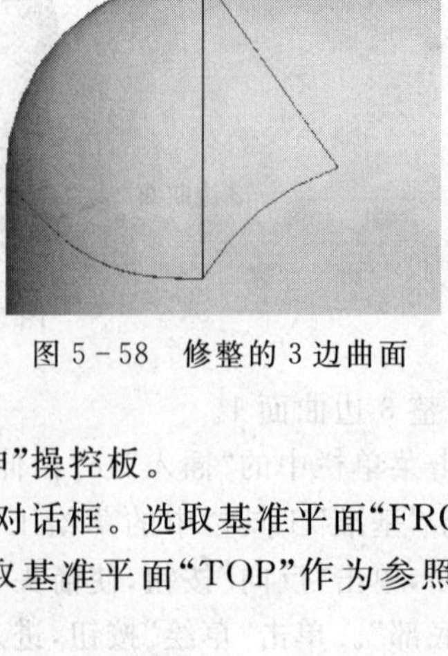

图5－58　修整的3边曲面

(5)修整3边曲面2。

①单击菜单栏中的“插入”→“拉伸”命令，弹出“拉伸”操控板。

②单击“基准”工具栏中的草绘工具，弹出“草绘”对话框。选取基准平面“FRONT”作为草绘平面，单击“反向”按钮，使箭头方向指向内部；选取基准平面“TOP”作为参照平面，“方向”选择“底部”。单击“草绘”按钮，进入草绘器。

③使用“草绘器”工具栏中的创建直线工具和通过3点创建圆弧工具，绘制图5－59

所示的拉伸截面。单击完成按钮✔,退出草绘器。

④单击“拉伸”操控板中的拉伸为曲面按钮和去除材料按钮。单击“选项”按钮,设置第一侧和第而侧均为穿透。单击建造特征按钮✔,完成拉伸曲面的创建,结果如图 5-59 所示。

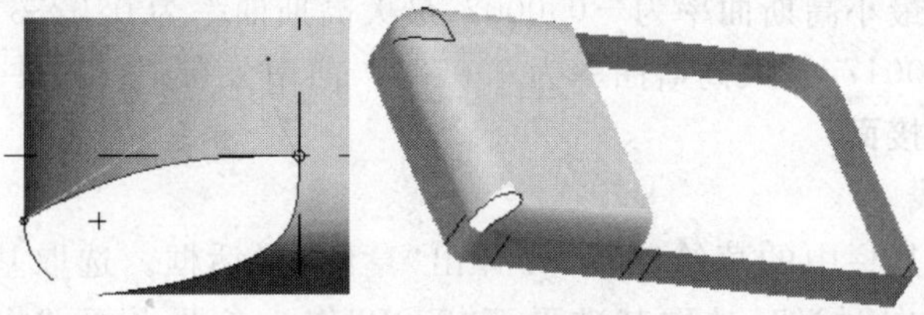

图 5-59　拉伸曲面

⑤单击“基础特征”工具栏中的边界混合工具,弹出“边界混合”操控板。单击“曲线”按钮,弹出“曲线”上滑板。按住 Ctrl 键选取图 5-60 所示的曲线作为第一方向链,按住 Ctrl 键选取图 5-61 所示的两条曲线作为第二方向链。单击“约束”按钮,如图 5-62 所示设置约束条件,注意红色线位置和相应的图元相切,默认“拉伸值”为 1。单击建造特征按钮✔,完成边界混合特征。

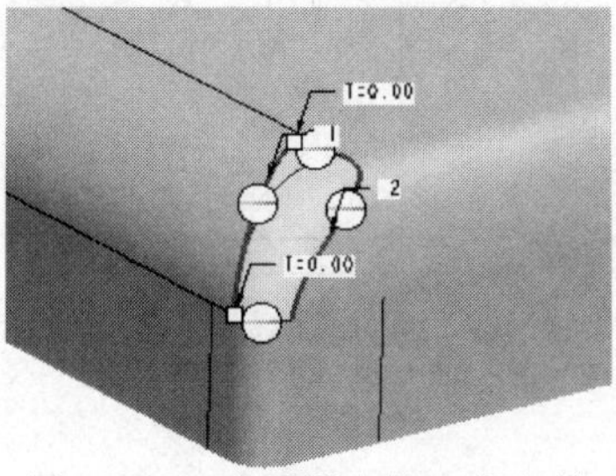

图 5-60　边界混合第一方向链

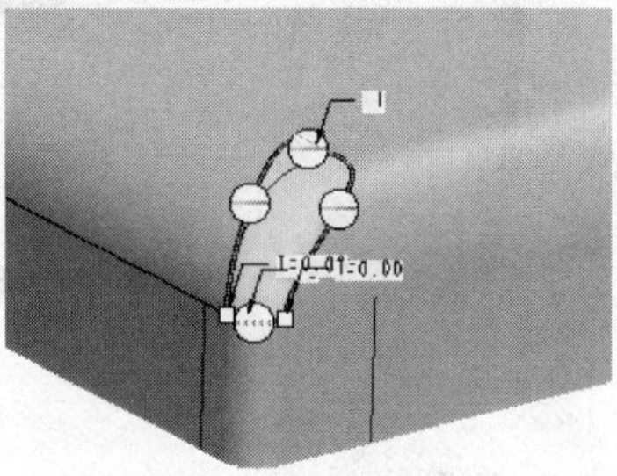

图 5-61　边界混合第二方向链

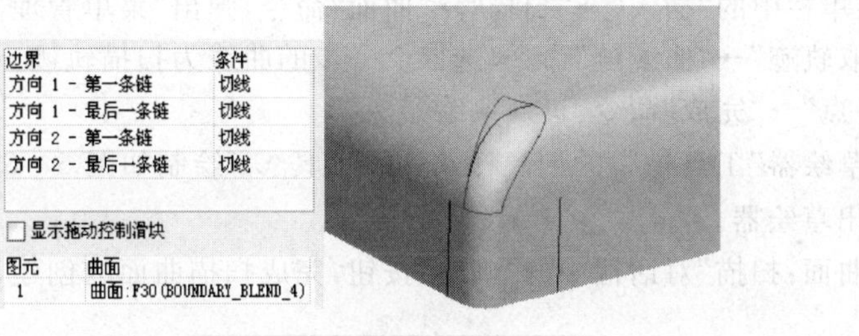

图 5-62　曲面边界混合

(6)合并曲面。按住 Ctrl 键选取图 5-63 所示的两个曲面。单击菜单栏中的“编辑”→“合并”命令,弹出“合并”操控板。接受默认设置,单击建造特征按钮✔,完成合并曲面的创建。采用同样的方法,将凸台面和侧面合并为一个曲面,结果如图 5-64 所示。

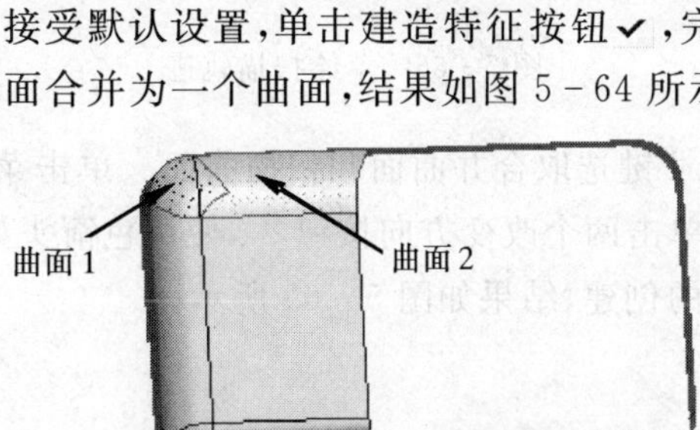

图 5-63　合并曲面

5. 曲面分析

单击菜单栏中的"分析"→"几何"→"着色曲率"命令，弹出"着色曲率"对话框。选取凸台面的曲面，除了两个3边曲面外，在"结果"中显示各曲面最小高斯曲率、最大高斯曲率均为0。修整后的3边曲面1最小高斯曲率为－0.0002，最大高斯曲率为0.0233；修整后的3边曲面2最小高斯曲率为－0.0017，最大高斯曲率为0.0731。曲率分布则在零件表面直接显示。

6. 创建照相机连接面

(1)草绘轨迹曲线。

①单击"基准"工具栏中的草绘工具，弹出"草绘"对话框。选取基准平面"FRONT"作为草绘平面，单击"反向"按钮；选取基准平面"TOP"作为参照平面，"方向"选择"底"。单击"草绘"按钮，进入草绘器。

②使用"草绘器"工具栏中的通过边创建图元工具和创建样条曲线工具，绘制如图5-65所示的弧线。单击完成按钮✔，退出草绘器。

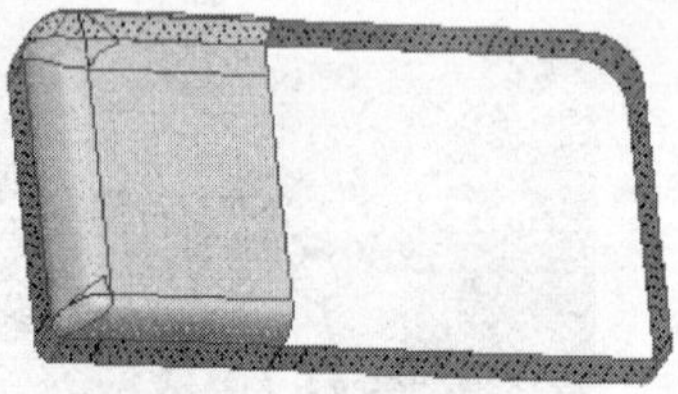

图5-64　合并曲面

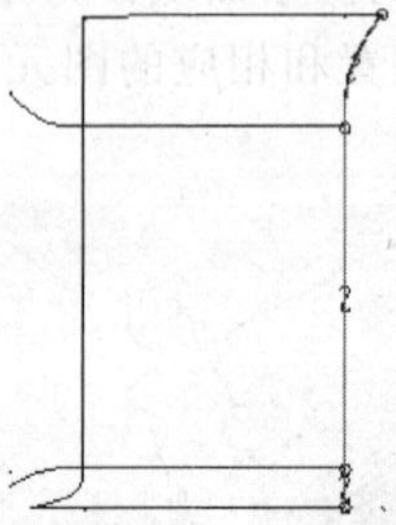

图5-65　草绘轨迹曲线

(2)创建扫描曲面。

①单击菜单栏中的"插入"→"扫描"→"曲面"命令，弹出"菜单管理器"和"曲面：扫描"对话框。单击"选取轨迹"→"曲线链"命令，选取上一步的曲线为扫描轨迹。单击"选取全部"→"完成"→"开放终点"→"完成"命令，进入草绘器。

②使用"草绘器"工具栏中的创建样条曲线工具，绘制如图5-66所示的弧线。单击完成按钮✔，退出草绘器。

③单击"曲面：扫描"对话框中的"确定"按钮，完成扫描曲面的创建，结果如图5-67所示。

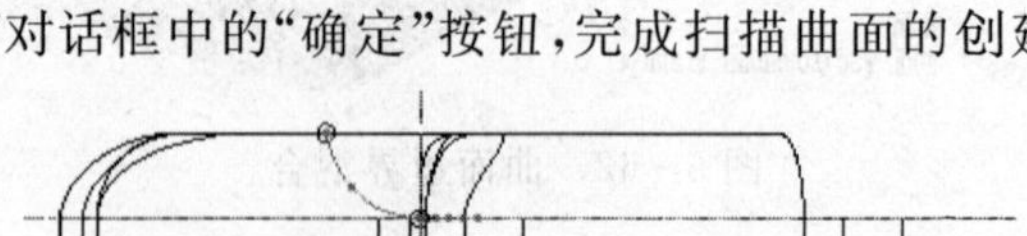

图5-66　草绘扫描轨迹

(3)合并曲面。按住Ctrl键选取合并曲面和扫描曲面。单击菜单栏中的"编辑"→"合并"命令，弹出"合并"操控板。单击两个改变方向按钮，使黄色箭头如图5-68所示。单击建造特征按钮✔，完成合并曲面的创建，结果如图5-69所示。

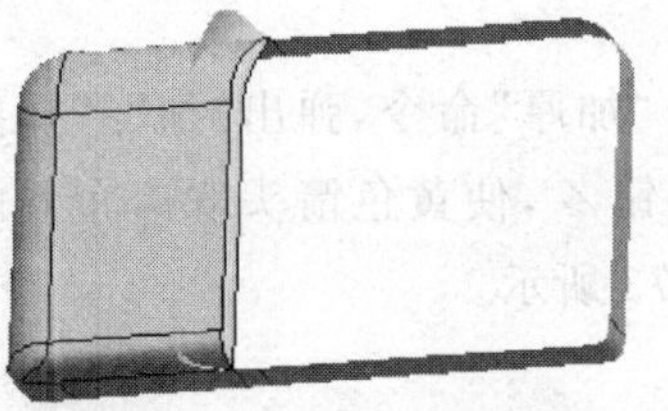

图 5-67　创建扫描曲面

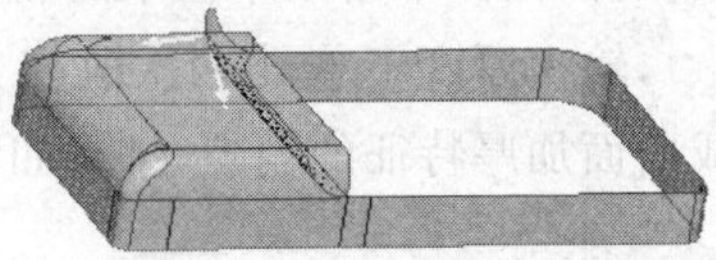

图 5-68　选取合并曲面

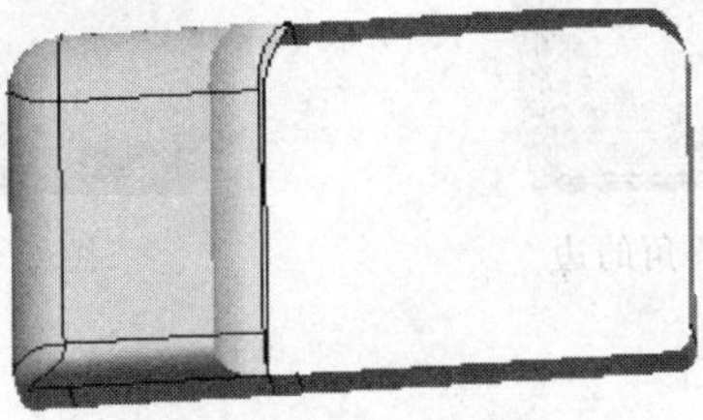

图 5-69　合并后的曲面

7. 创建照相机上表面

(1)填充曲面。

①单击菜单栏中的"编辑"→"填充"命令,弹出"填充"操控板。

②单击"参照",弹出"参照"上滑板,单击"定义",弹出"草绘"对话框。选取基准平面"TOP"作为草绘平面,其余选项接受默认设置。单击"草绘"按钮,进入草绘器。

③单击"草绘器"工具栏中的通过边创建图元工具□,点选一圈,如图 5-70 所示。单击完成按钮✔,退出草绘器。

④单击建造特征按钮✔,完成填充曲面的创建,结果如图 5-71 所示。

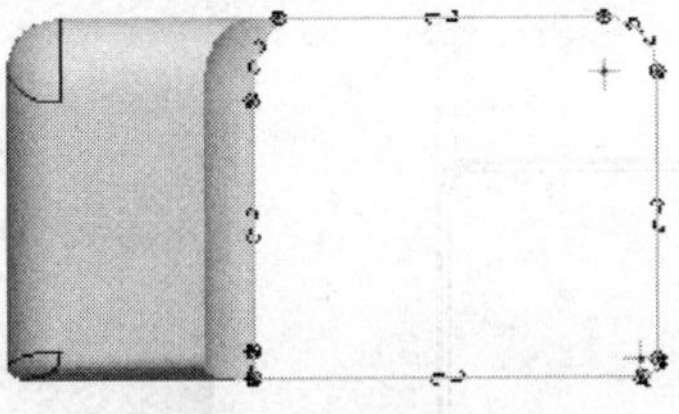

图 5-70　草绘截面

图 5-71　填充曲面

(2)合并曲面。按住 Ctrl 键选取图 5-71 所示的两个曲面。单击菜单栏中的"编辑"→"合并"命令,弹出"合并"操控板。接受默认设置,单击建造特征按钮✔,完成合并曲面的创建。

(3)倒圆角。单击"工程特征"工具栏中的倒圆角工具，弹出"倒圆角"操控板。输入圆角半径 1,选取需要倒角的边,如图 5-72 所示。单击建造特征按钮✔,完成倒圆角特征的创建。

8. 曲面加厚

选取刚绘制的曲面。单击菜单栏中的“编辑”→“加厚”命令，弹出“加厚”操控板。单击加厚为实体按钮□，输入厚度 1，单击两次改变方向按钮✗，使黄色箭头双向布置。单击建造特征按钮✔，完成曲面加厚特征的创建，结果如图 5-73 所示。

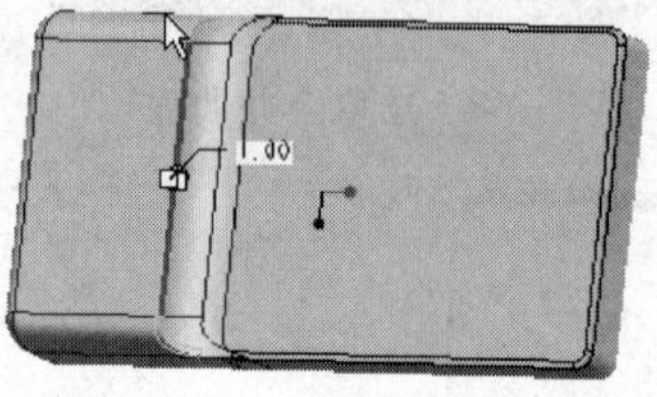

图 5-72　选取倒圆角的边

图 5-73　曲面加厚

9. 创建镜头孔和取景器窗口

(1)创建镜头孔。

①单击菜单栏中的“插入”→“拉伸”命令，弹出“拉伸”操控板。

②单击“基准”工具栏中的草绘工具，弹出“草绘”对话框。选取基准平面“FRONT”作为草绘平面，单击“反向”按钮，使箭头方向指向内部；选取基准平面“TOP”作为参照平面，“方向”选择“底部”。单击“草绘”按钮，进入草绘器。

③使用“草绘器”工具栏中的创建中心线工具┆和创建圆工具○，绘制图 5-74 所示的拉伸截面。单击完成按钮✔，退出草绘器。

④单击“拉伸”操控板中的拉伸为实体按钮□和去除材料按钮◿。单击“选项”按钮，弹出“选项”上滑板。设置第一侧和第二侧均为穿透。单击建造特征按钮✔，完成镜头孔的创建，结果如图 5-75 所示。

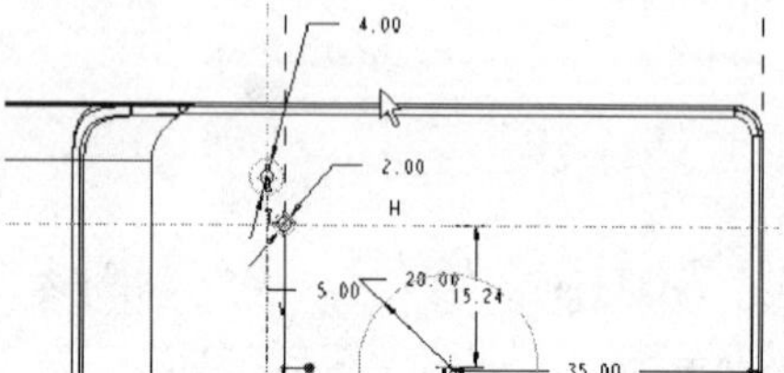

图 5-74　拉伸截面

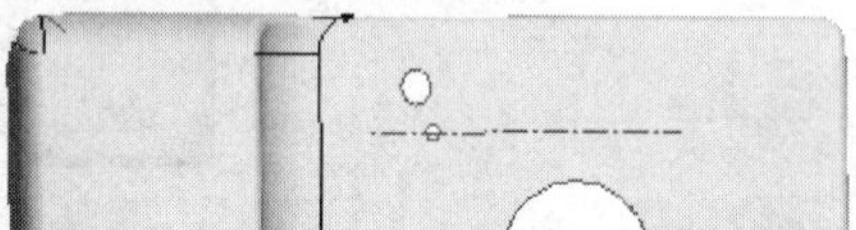

图 5-75　镜头孔

(2)创建取景器窗口。

①单击菜单栏中的“插入”→“拉伸”命令，弹出“拉伸”操控板。

②单击“基准”工具栏中的草绘工具，弹出“草绘”对话框。单击“使用先前的”按钮，再单击“草绘”按钮，进入草绘器。

③使用“草绘器”工具栏中的创建中心线工具┆、创建直线工具╲和通过 3 点创建圆弧工具⌒，绘制图 5-76 所示的拉伸截面。单击完成按钮✔，退出草绘器。

④单击“拉伸”操控板中的拉伸为实体按钮□和去除材料按钮◿。单击“选项”按钮，弹出

“选项”上滑板。设置第一侧和第二侧均为穿透。单击建造特征按钮✓，完成取景器窗口的创建，结果如图5-77所示。

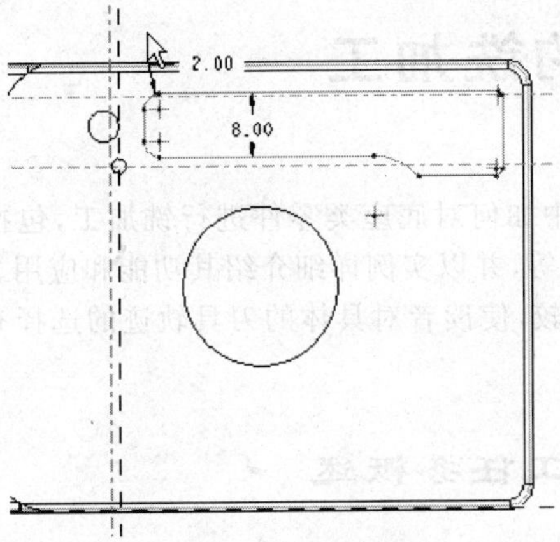

图5-76　拉伸截面

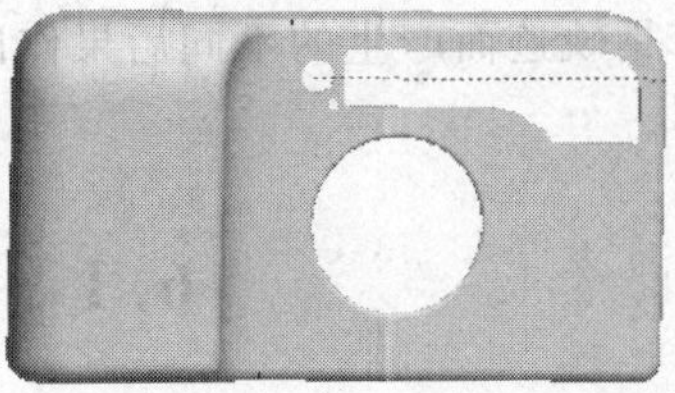

图5-77　取景器窗口

10. 创建修饰台阶面

(1)单击菜单栏中的“插入”→“拉伸”命令，弹出“拉伸”操控板。

(2)单击草绘工具，弹出“草绘”对话框。单击“使用先前的”按钮，再单击“草绘”按钮，进入草绘器。

(3)使用“草绘器”工具栏中的创建样条曲线工具、创建直线工具和通过边创建图元工具，绘制图5-78所示的拉伸截面。单击完成工具✓，退出草绘器。

(4)单击“拉伸”操控板中的拉伸为实体按钮、指定深度拉伸按钮和去除材料按钮，输入拉伸深度0.5，箭头向下。单击建造特征按钮✓，完成修饰台阶面的创建，结果如图5-79所示。

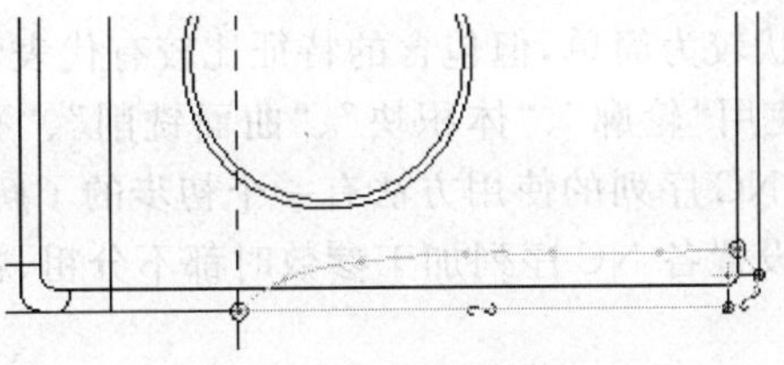

图5-78　拉伸截面

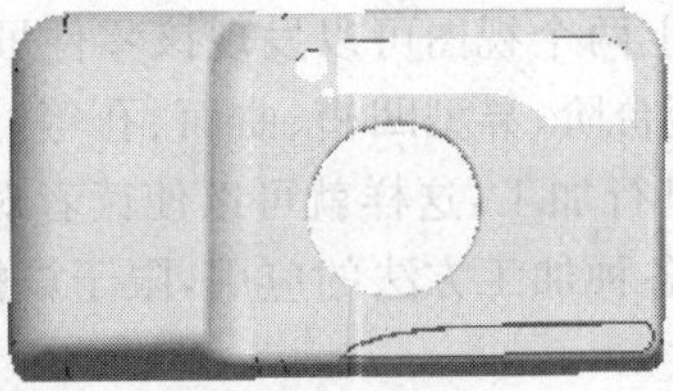

图5-79　修饰台阶面

第 6 章　底座类零件的铣加工

本章将介绍 Pro/ENGINEER Wildfire 中如何对底座类零件进行铣加工，包括合理选择加工方法（NC 序列）、加工参数以及刀具轨迹等，并以实例详细介绍其功能和应用。同时对选择不同的刀具轨迹而产生的不同后果作以比较，使读者对具体的刀具轨迹的选择有一个比较全面的了解。

6.1　加工任务概述

在本章中，以如图 6－1 所示底座的铣加工为例来说明底座的加工方法，该零件的二维图形如图 6－2 所示。

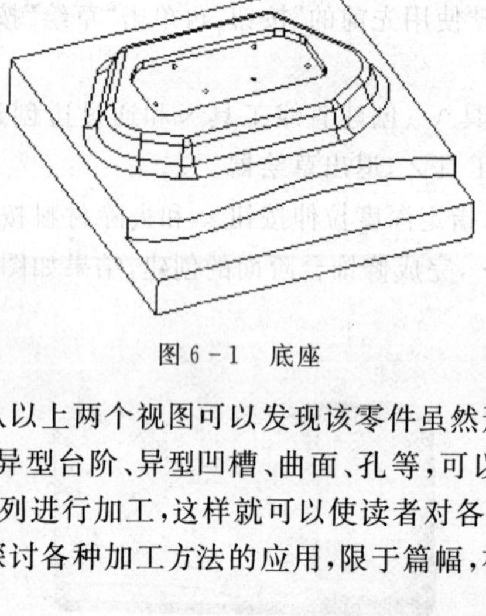

图 6－1　底座

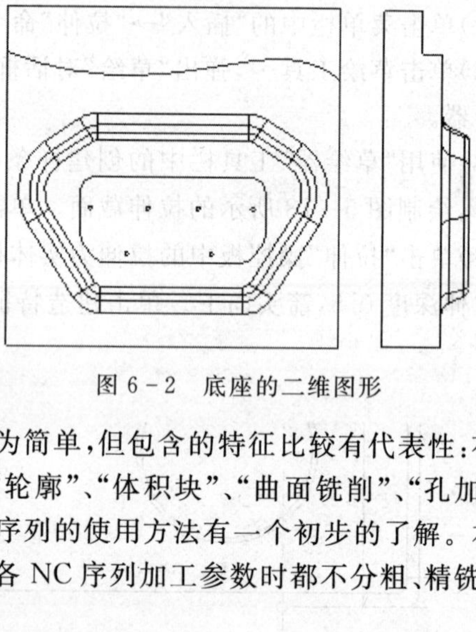

图 6－2　底座的二维图形

从以上两个视图可以发现该零件虽然形状较为简单，但包含的特征比较有代表性：有异型凸台、异型台阶、异型凹槽、曲面、孔等，可以使用“轮廓”、“体积块”、“曲面铣削”、“孔加工”等 NC 序列进行加工，这样就可以使读者对各种 NC 序列的使用方法有一个初步的了解。本章将着重探讨各种加工方法的应用，限于篇幅，在设置各 NC 序列加工参数时都不分粗、精铣。

6.2　新建一个加工文件

首先，将工作目录设置为零件“dz. prt”所在文件夹。

6.2.1　创建数控加工文件

（1）在 Pro/ENGNIEER Wildfire 的主界面中单击新建按钮 □，系统弹出如图 6－3 所示的“新建”对话框。

（2）在“类型”选项组中点选“制造”单选钮，在“子类型”选项组中点选“NC 组件”单选钮，然后在“名称”文本框中输入数控加工文件名“dz”，单击“确定”按钮，进入加工制造模式。

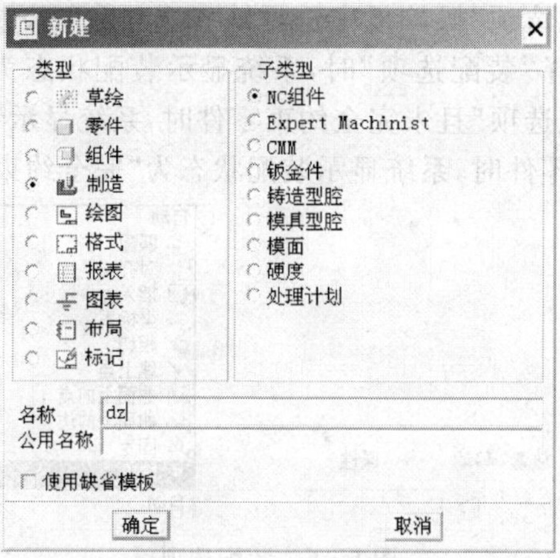

图 6-3　“新建”对话框

(3)在随后出现的“新文件选项”对话框中选择 mmns_mfg_nc 模板。如图 6-4 所示。

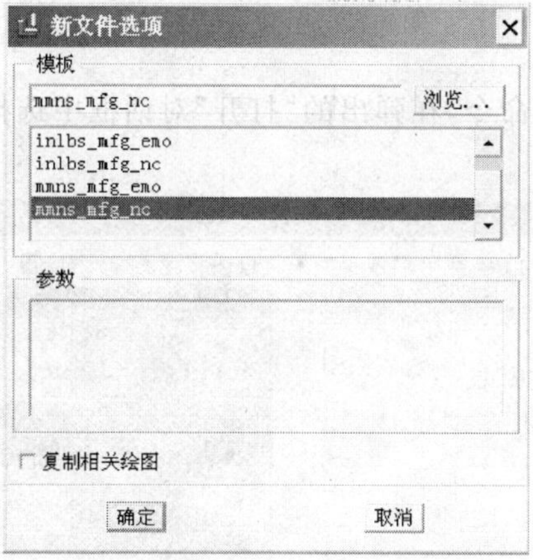

图 6-4　“新文件选项”对话框

(4)单击菜单管理器中的“制造模型”→“装配”→“参考模型”命令，在弹出的“打开”对话框中选择“dz. prt”，如图 6-5 所示，单击“打开”按钮。

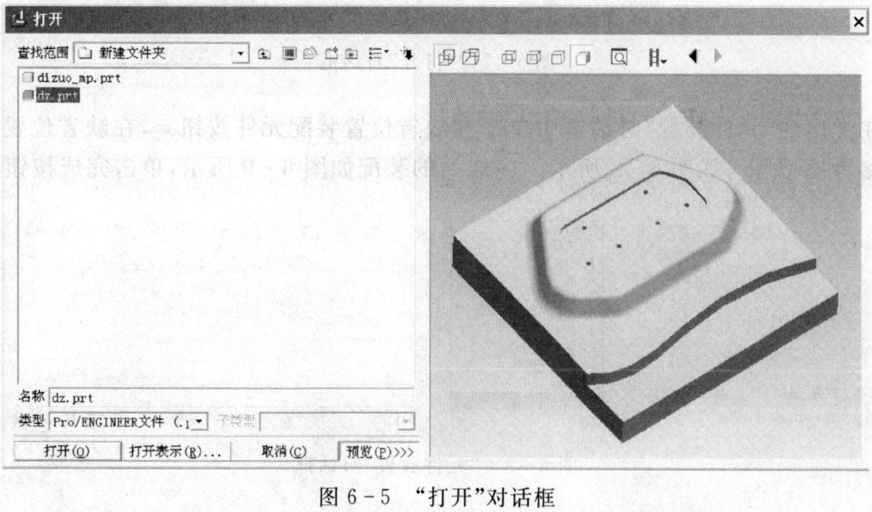

图 6-5　“打开”对话框

(5)在随后出现的“装配选项”操控板中选择缺省选项 缺省 。如图6-6所示。注意在操控板的右侧，当我们未选择“装配选项”时，系统显示装配状态为“不完整约束”并以红色警示；当我们选择某一项“装配选项”且未完全约束零件时，系统显示装配状态为“部分约束”并以红色警示；当我们完全约束零件时，系统显示装配状态为“完全约束”并取消红色警示。

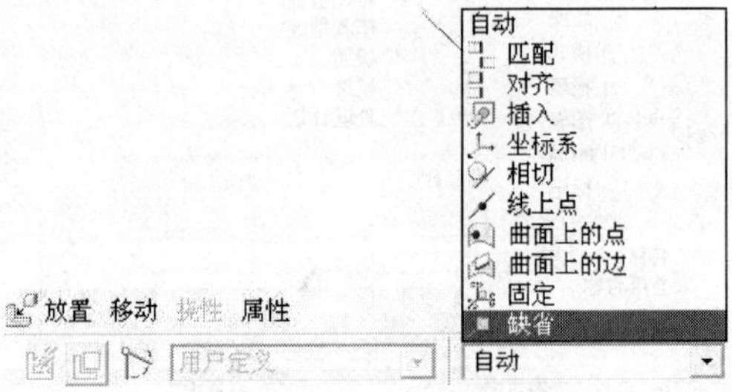

图6-6　装配选项

完成装配后单击完成按钮✓。

6.2.2　装配工件

(1)单击“装配”→“工件”命令，在弹出的“打开”对话框中选择“dizuo_mp.prt”，如图6-7所示，单击“打开”按钮。

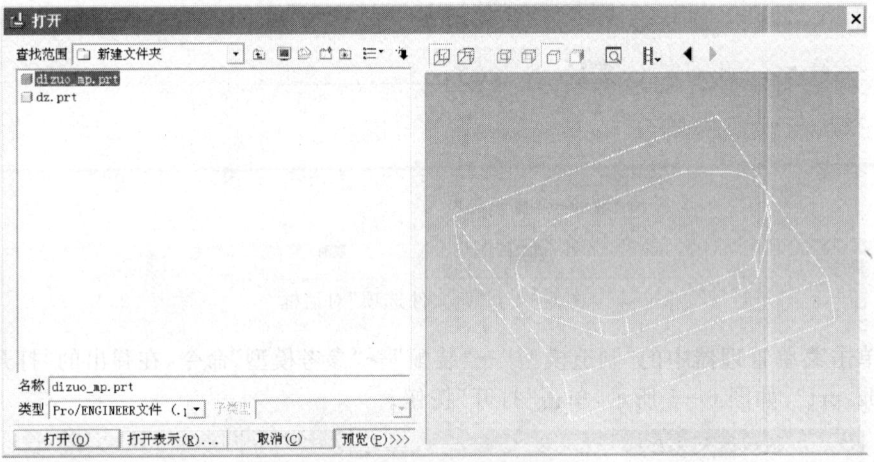

图6-7　“打开”对话框

(2)在弹出的“元件放置”对话框中单击在缺省位置装配元件按钮，在缺省位置将“工件”装配到“参考模型”上，如图6-8所示。完成后的装配如图6-9所示，单击完成按钮✓。

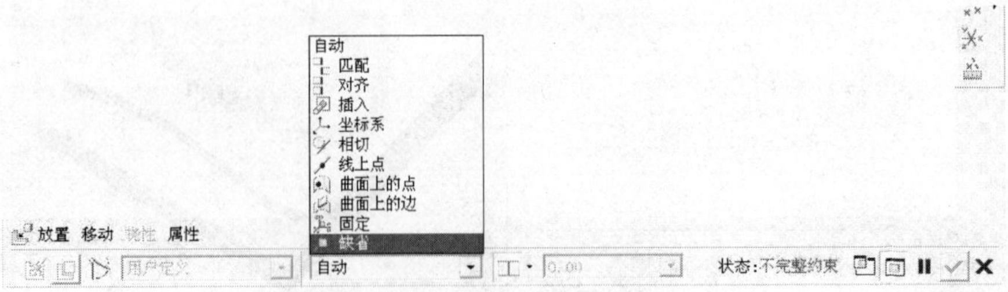

图6-8　“元件放置”对话框

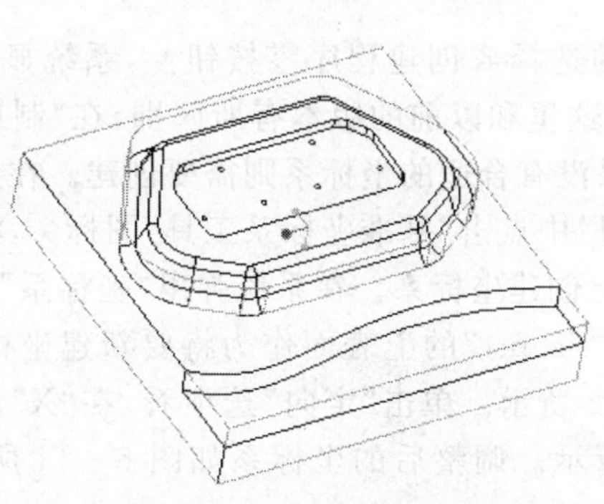

图 6－9 完成的装配

6.3 操作设置

单击“制造”菜单中的“加工”命令，系统弹出如图 6－10 所示的“操作设置”对话框，下面逐一设置其中的选项。

图 6－10 “操作设置”对话框

(1)在“操作名称”文本框输入“dz”。

(2)单击重建或重定义机床按钮，系统弹出如图 6－11 所示的“机床设置”对话框。如果现在对机床没有特别要求，直接单击“确定”按钮。

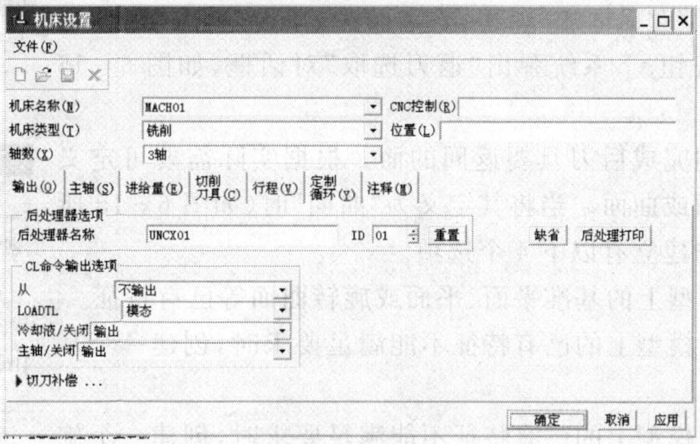

图 6－11 “机床设置”对话框

(3)单击“加工零点”后的选择或创建程序零按钮，系统显示“制造坐标系”菜单。Pro/ENGINEER Wildfire 3.0 在这里和以前的版本有所区别，在“制造坐标系”菜单中没有“创建”命令，只有“选择”命令。如果没有合适的坐标系则需要创建。在这里我们创建一个坐标系。

在屏幕右侧的特征工具栏中点击“基准坐标系工具”图标，将操作设置对话框最小化，在这里选择“dz. prt”以便在其上创建坐标系。在系统弹出“坐标系”对话框，按住 Ctrl 键，依次选择“DTM1”、“DTM2”和零件“dz. prt”的上表面作为将要新建坐标系的原始参照，选择完成后的“坐标系”对话框如图 6 - 12 所示。单击“定向”选项看，在“X”、“Y”方向后单击“反向”按钮调整定向参考，如图 6 - 13 所示。调整后的坐标系如图 6 - 14 所示。单击“确定”按钮，返回“操作设置”对话框。

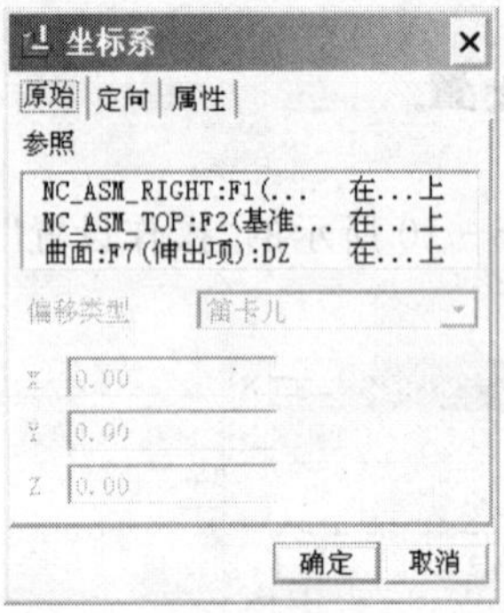

图 6 - 12　选择新建坐标系的原始参照

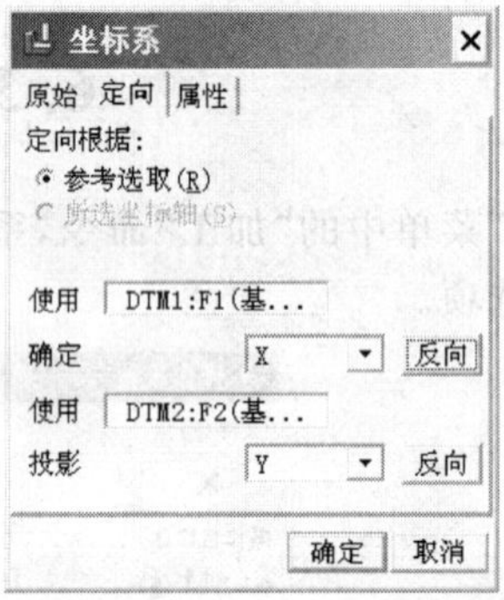

图 6 - 13　调整坐标系定向参考

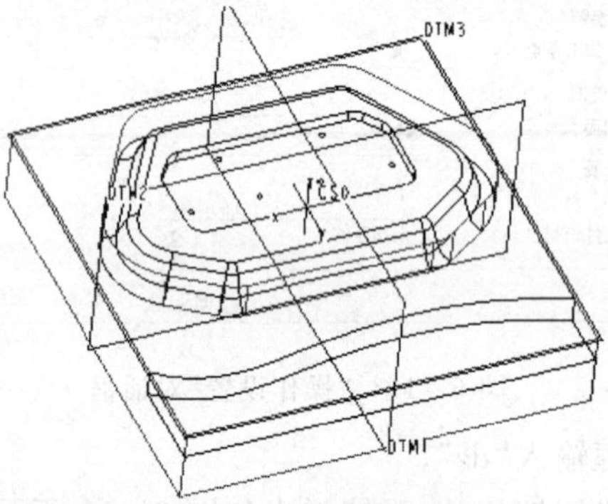

图 6 - 14　调整后的坐标系

(4)在“操作设置”对话框的“退刀”选项组中，单击“曲面”后的选取或创建退刀平面按钮，系统弹出“退刀选取”对话框，如图 6 - 15 所示。

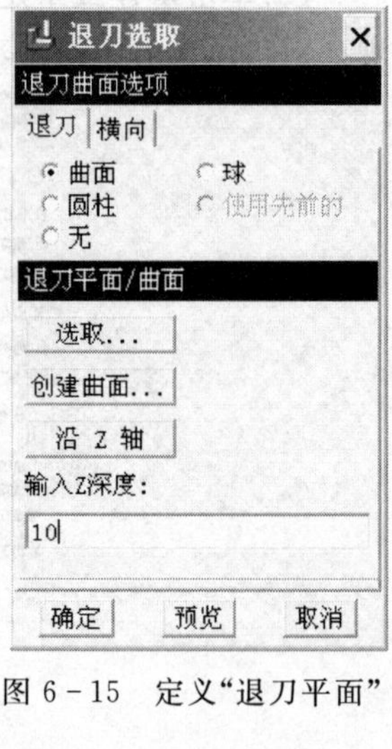

图 6 - 15　定义“退刀平面”

退刀曲面是切削完成后刀具要返回的面。根据实际需要可定义为平面、圆柱面、球面或曲面。当将其定义为“曲面”时(如图 6 - 15 所示)，关于退刀曲面的建立有以下 4 个选项。

· 选取：选取模型上的基准平面、平面或旋转曲面等已有特征。

· 创建平面：当模型上的已有特征不能满足要求时，创建一个基准平面。

· 创建曲面：当模型上的已有特征不能满足要求时，创建一个旋转曲面特征。此选项在“3 轴”NC 序列中不可用。

· 沿 Z 轴:通过沿坐标系 Z 轴指定一个偏距来创建垂直于该轴的基准平面,偏距值在“输入 Z 深度”文本框中输入。

单击“沿 Z 轴”按钮,然后输入退刀面高度 10,单击“确定”按钮,返回“操作设置”对话框。单击“确定”按钮,完成操作设置。

6.4　加工异形台阶

首先来加工零件前侧的异型台阶。对于加工这种开放式台阶笔者认为“轮廓”NC 序列比较适合。

单击“辅助加工”菜单中的“加工”→“轮廓”→“完成”命令,系统显示“序列设置”菜单。除了适用于所有 NC 序列类型的公共选项外,“序列设置”菜单还包含下列特殊选项。

①曲面:选取要铣削的曲面。如果选取面组曲面,请指定要加工的曲面侧。

②扇形凹口曲面:如果指定了 SCALLOP_HGT,则可以选取将从扇形计算中排除的曲面。

③检测曲面:选择对其进行过切检测的附加曲面。

④构建切削:访问“构建切削”功能。

选定的 NC 序列所需选项被自动选取。需要时可选取附加选项,然后单击“完成”命令。系统将依次启动所有选定项目的用户界面。勾选“名称”复选框,其余选项接受系统默认,单击“完成”命令。在消息区输入 NC 序列名称“dz_yxtj”,单击确认按钮。

6.4.1　设置刀具

系统弹出“刀具设定”对话框,输入如图 6-16 所示各项参数。参数设置完成后,可在右侧各项标签中对刀具进行更详细的设置,这里就不再一一阐述。对刀具的设置确认无误后单击“应用”、“确定”按钮。

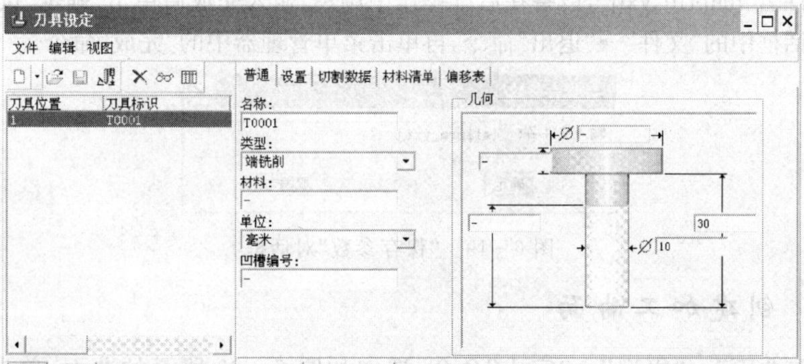

图 6-16　“刀具设定”对话框

6.4.2　设置加工参数

(1)单击“制造参数”菜单中的“设置”命令,系统弹出“参数树”对话框,如图 6-17 所示设置各项参数。要对加工过程进行更具体的控制,可单击“高级”按钮来设置更详细的加工参数。单击“高级”按钮,在弹出的“参数树”对话框中输入如图 6-18 所示的“数量_配置_通过”和“配置_增量”两项参数。设置两项参数的目的是使刀具分 3 层(数量_配置_通过)铣异形台阶面,层与层之间的跨距是 3mm(配置_增量)。

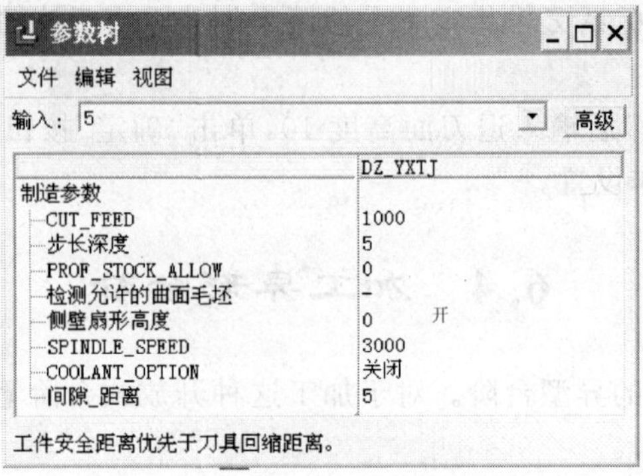

图 6-17　简单加工参数

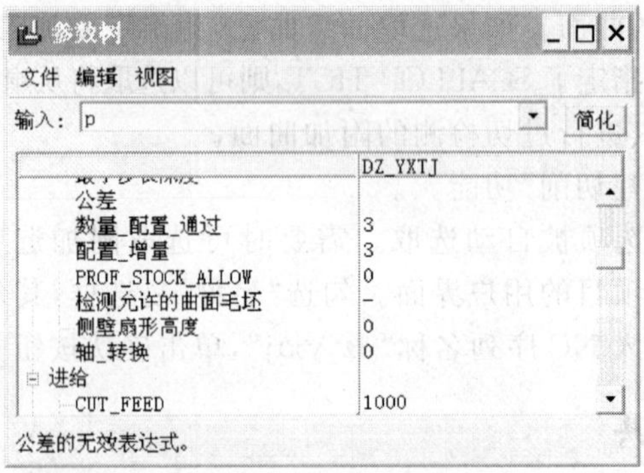

图 6-18　高级加工参数

(2)参数设置完成后，单击“参数树”对话框中的“文件”→“保存”命令。系统弹出“保存参数”对话框。输入文件名“milprm_yxtj”，以备在后续操作中调用，输入完成后单击“确定”按钮，如图 6-19 所示。单击对话框中的“文件”→“退出”命令，再单击菜单管理器中的“完成”命令。

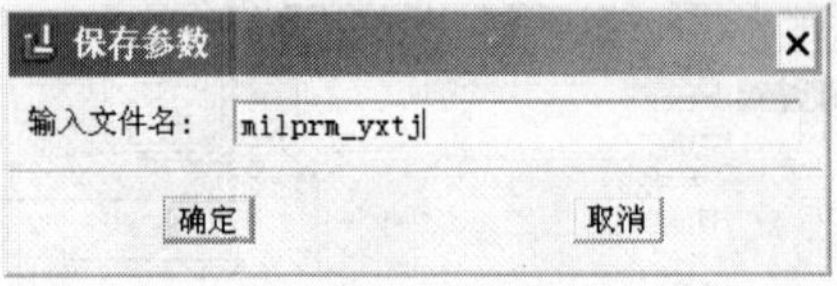

图 6-19　“保存参数”对话框

6.4.3　创建加工曲面

单击“选取曲面”→“模型”→“完成”命令，选取如图 6-20 所示的曲面，单击“完成”→“完成/返回”命令。

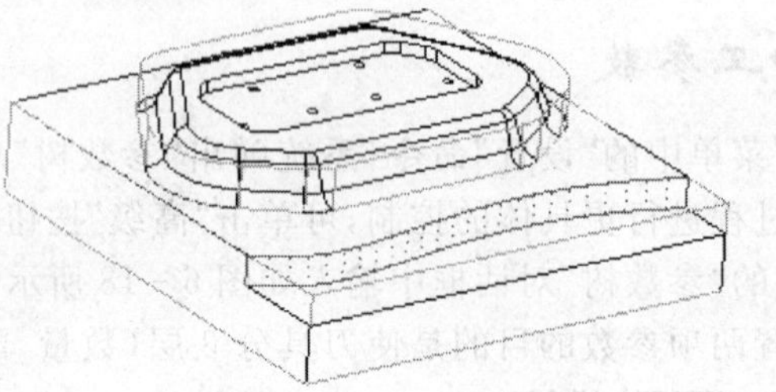

图 6-20　选取加工曲面

6.4.4　加工轨迹演示

单击“演示轨迹”→“屏幕演示”命令，查看一下所定义的粗加工的刀具轨迹。系统显示“播放路径”对话框，如图 6－21 所示。

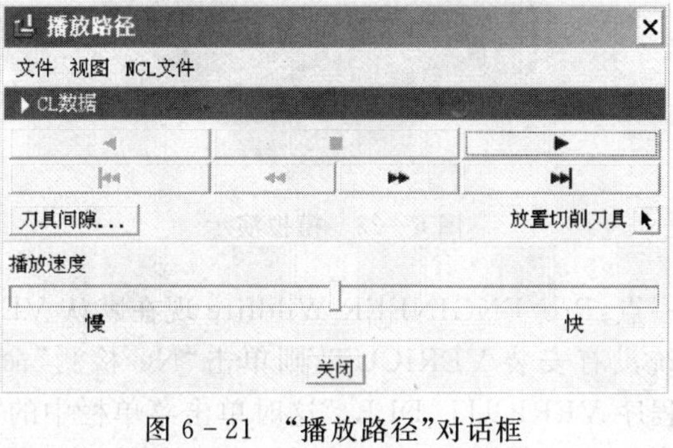

图 6－21　“播放路径”对话框

单击刀具间隙按钮 刀具间隙... 可使用“测量”功能，以计算刀具干涉和间隙。如果使用了整体刀具模型，则可选取其几何用于测量。如果刀具由参数定义，那么它将被暂时转换为“虚拟”零件，并依据适当的刀具参数确定其几何。单击放置切削刀具按钮 放置切削刀具 ，可在刀具路径上选取点来放置切削刀具。要在某 CL 数据行上放置切削刀具，单击“NCL 文件”→“刀具位置”命令。在对话框的底部，有一个滑块可用来调整显示速度。将滑块移动到右端可使显示加快，移动到左端可使显示减慢。当显示刀具路径时，可通过添加断点使刀具停在某些点上。也可在 CL 文件中所需位置处插入定制的 CL 命令，如获得正确 NC 输出所需的特定后处理器词。当保存 CL 数据时，这些命令将被输出到 CL 文件中。如果添加刀具运动命令，则相应的运动也将显示到屏幕上的刀具路径显示中。

单击向前播放按钮 ▶ ，系统显示刀具轨迹如图 6－22 所示。

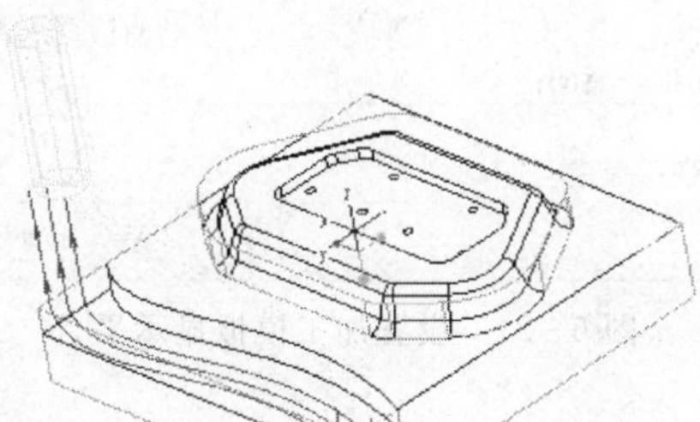

图 6－22　刀具路径

6.4.5　NC 检测

单击“NC 检测”→“运行”命令，系统对模型进行渲染，模拟加工过程，结果如图 6－23 所示。单击“保存”命令，输入文件名“dz_yxtj”，此操作将系统模拟的加工结果以“图片”的形式保存起来（不含刀具），在后续 NC 序列操作中再进行 NC 检测时可以调用此“图片”，在这次模拟显示的基础上进行 NC 检测，使 NC 检测更具真实性。确认无误后，单击“完成/返回”→“完成序列”命令。

图 6-23 模拟演示

这里需要补充说明一点：Pro/ENGINEER Wildfire 现在默认 VERICUT 为其加工模拟显示平台。如果用户的系统没有安装 VERICUT，则单击“NC 检测”命令时系统会在消息区提示：“此平台不支持应用程序 VERICUT_DLL。”这时单击菜单栏中的“工具”→“选项”命令，系统弹出如图 6-24 所示的“选项”对话框。在“选项”文本框输入“nc”时，系统则自动显示“nccheck_type”，按回车键，在“值”文本框显示“vericut”，双击使其变蓝输入“nc”，系统则自动显示“nccheck”。这样，就将系统默认 VERICUT 为其加工模拟显示平台改为 Pro/NC-CHECK。单击添加/更改按钮 添加/更改，再单击确定按钮 确定。

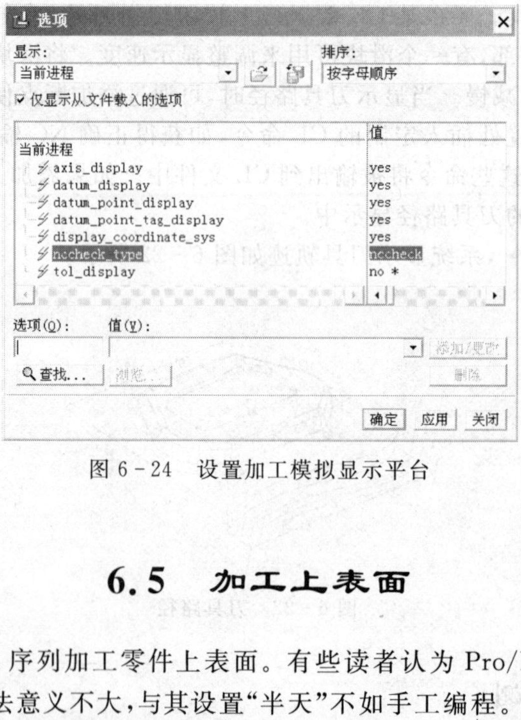

图 6-24 设置加工模拟显示平台

6.5 加工上表面

下面使用“表面”NC 序列加工零件上表面。有些读者认为 Pro/ENGINEER Wildfire 提供这种“简单”的加工方法意义不大，与其设置“半天”不如手工编程。通过本例可以发现对于这种“异型”的表面铣削，Pro/ENGINEER Wildfire 提供的加工轨迹更加合理。在保证完成表面加工的基础上，减少空行程，提高效率，表面的形状越复杂效果越明显。

“表面”NC 序列可以使用端铣或侧铣对零件进行表面加工，可以选取平行于退刀面的一个平面或多个共面表面，所选表面(孔、槽)中的所有内部轮廓将被自动排除，系统将根据所选取的表面自动生成刀具路径。

单击“NC 序列”→“新序列”→“表面”→“完成”命令，系统显示“序列设置”菜单。除了适用于所有 NC 序列类型的公共选项外,“序列设置”菜单还包含下列特殊选项。

(1)曲面:取平行于退刀面的一个平面或多个共面表面,如果选取面组曲面则需要指定要加工的曲面侧。

(2)起始点:允许从选取表面的指定拐点开始加工。

(3)定义:选取一个基准点或顶点,覆盖系统定义的起始点。在选择此选项后,在后续步骤中需定义下列选项。

①移除:回复到系统定义的起始点。

②显示:加亮当前起始点(只有在用户定义了新的起始点后才有效)。

(4)构建切削:访问“构建切削”功能。

选定的 NC 序列所需选项被自动选取,需要时可选取附加选项,然后单击“完成”命令,系统将依次启动所有选定项目的用户界面。

勾选“名称”、“刀具”复选框,其余选项接受系统默认,单击“完成”命令。在消息区输入 NC 序列名称“dz_sbm”,单击确认按钮。

6.5.1　设置刀具

在弹出的“刀具设定”对话框中点击新建图标右侧的三角按钮,在出现的刀具类型表中选择所需的刀具类型:“端铣刀”,或者直接点击新建图标。这时系统自动增加刀具 T0002,且刀具位置为“2”。需要注意的是如果直接在“名称”、“几何”栏修改数据,然后“确定”,这样系统就会产生一个新的刀具,但“刀具位置”仍然是 1,最后生成的加工程序每次换刀都是“T1”。输入如图 6 - 25 所示的各项参数。

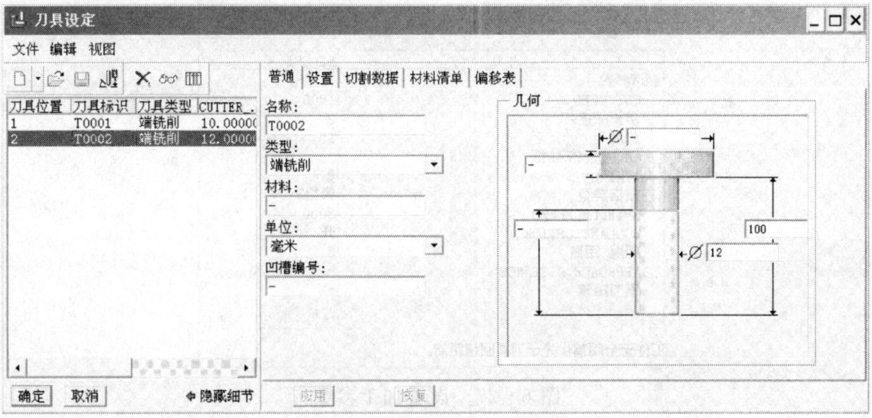

图 6 - 25　“刀具设定”对话框

需要注意的是不能在具体的内容栏内直接输入新刀具参数,如图 6 - 26 所示。这样虽然表面上将我们需要的刀具增加到刀具表,但刀具位置仍然是 1 号,在最后输出加工程序各 NC 序列间虽然换刀,但每次换的都是 1 号刀。需要修改加工程序,容易出现错误。对刀具的设置确认无误后单击“确定”按钮。

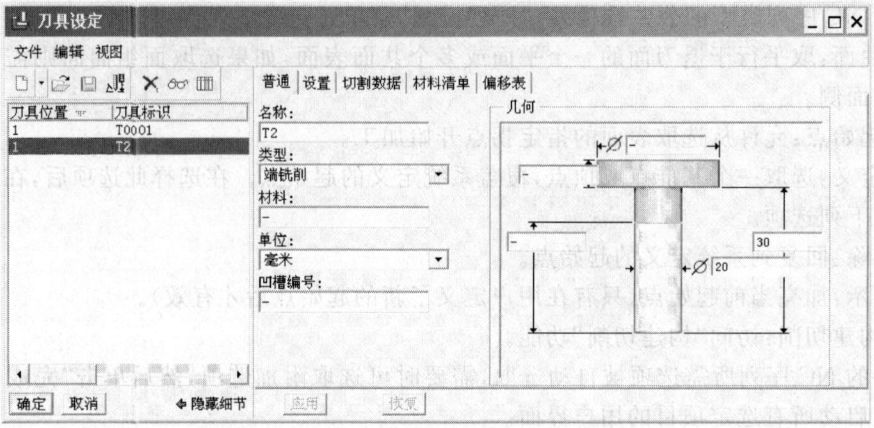

图 6-26　错误的设置刀具方法

6.5.2　设置加工参数

单击“制造参数”菜单中的“设置”命令，系统弹出“参数树”对话框。如图 6-27 所示输入各项加工参数，参数设置完成后，单击对话框中的“文件”→“保存”命令，系统弹出“保存参数”对话框。输入文件名“milprm_sbm”，以备在后续操作中调用，输入完成后单击“确定”按钮，如图 6-28 所示。单击对话框中的“文件”→“退出”命令，再单击菜单管理器中的“完成”命令。

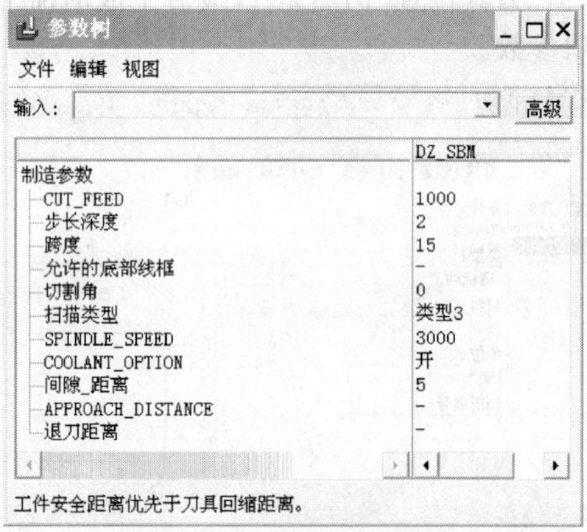

图 6-27　设置加工参数

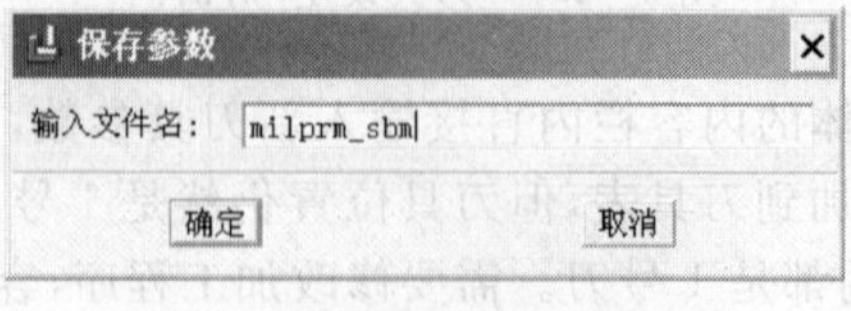

图 6-28　“保存参数”对话框

6.5.3　创建加工曲面

单击“铣削曲面”→“完成”→“创建曲面”命令，在消息区输入欲创建曲面的名称“surface_sbm”。单击“增加”→“复制”命令，系统弹出“曲面:复制”对话框。选择如图 6-29 所示表面

（注意是工件的上表面），单击对话框中的“确定”按钮，再单击“完成/返回”→“正向”→“选取全部”→“完成/返回”命令。

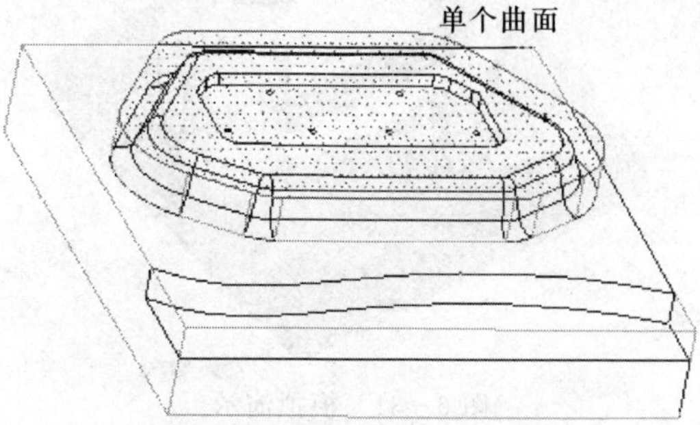

图 6 - 29　选择加工表面

6.5.4　加工轨迹演示

单击“演示轨迹”→“屏幕演示”命令，查看一下所定义的粗加工的刀具轨迹，系统弹出“播放路径”对话框。单击向前播放按钮▶，系统显示刀具轨迹如图 6 - 30 所示。

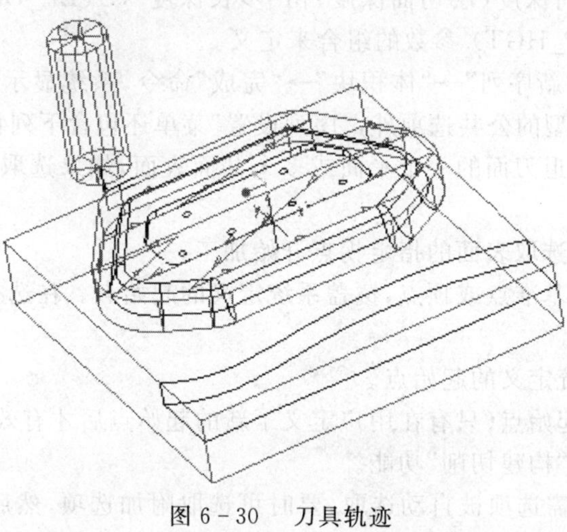

图 6 - 30　刀具轨迹

6.5.5　NC 检测

首先调出上一 NC 序列的最终模拟显示结果。单击“NC 检测”→“恢复”命令，在弹出的“打开”对话框中选择上次加工的模拟显示结果“dz_yxtj. nck”，单击“打开”按钮。再单击“显示”→“运行”命令，系统在上次加工的模拟显示结果的基础上模拟显示加工过程，结果如图 6 - 31所示。模拟显示完成后保存此次模拟显示结果以备下次调用，单击“保存”命令，输入文件名“dz_sbm”，单击“完成/返回”→“完成序列”命令。

图6-31 模拟演示

6.6 加工异形凹槽

下面加工位于零件上表面的异形凹槽。加工此凹槽，选择“体积块”NC序列。

“体积块”NC序列NC序列将按层切面去除“铣削体积块”内的材料。所有层切面都与退刀平面平行；切削的轴向深度（层切面深度）由“步长深度”（STEP_DEPTH）和“侧壁扇形高度”（WALL_SCALLOP_HGT）参数的组合来定义。

单击“NC序列”→“新序列”→“体积块”→“完成”命令，系统显示“序列设置”菜单。除了适用于所有NC序列类型的公共选项外，“序列设置”菜单还包含下列特殊选项。

(1)曲面：取平行于退刀面的一个平面或多个共面表面，如果选取面组曲面则需要指定要加工的曲面侧。

(2)起始点：允许从选取表面的指定拐点开始加工。

(3)定义：选取一个基准点或顶点，覆盖系统定义的起始点。在选择此选项后，在后续步骤中需定义下列选项。

①移除：回复到系统定义的起始点。

②显示：加亮当前起始点（只有在用户定义了新的起始点后才有效）。

(4)构建切削：访问“构建切削”功能。

选定的NC序列所需选项被自动选取，要时可选取附加选项，然后单击“完成”命令，系统将依次启动所有选定项目的用户界面。

勾选“名称”、“刀具”复选框，其余选项接受系统默认，单击“完成”命令。在消息区输入NC序列名称“dz_yxac”，单击确认按钮☑。

6.6.1 设置刀具

在弹出的“刀具设定”对话框中点击新建图标□·右侧的三角按钮，在出现的刀具类型表中选择所需的刀具类型：“端铣刀”，或者直接点击新建图标□。这时系统自动增加刀具T0003，且刀具位置为“3”。输入如图6-32所示的各项参数。

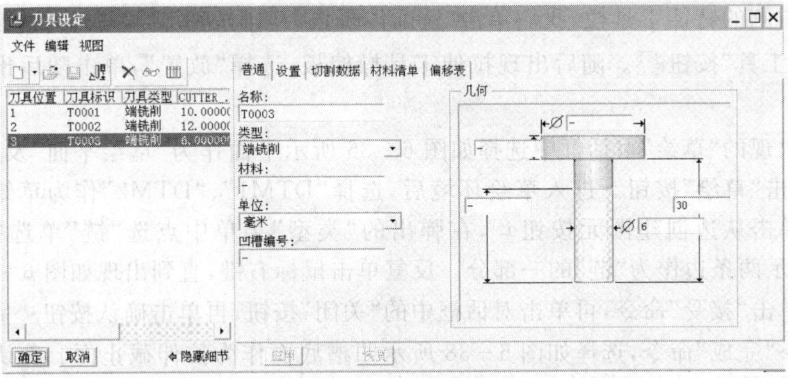

图 6－32　设置刀具

6.6.2　设置加工参数

单击“制造参数”菜单中的“设置”命令，系统弹出“参数树”对话框，如图 6－33 所示输入各项参数。单击“高级”按钮，将“斜面角度”设置为 10(将下刀角度设置为 10，实现 10°斜下刀)，如图 6－34 所示。参数设置完成后，单击对话框中的“文件”→“保存”命令，系统弹出“保存参数”对话框。输入文件名“milprm_yxac”，以备在后续操作中调用，如图 6－35 所示，输入完成后单击“确定”按钮。单击对话框中的“文件”→“退出”命令，再单击菜单管理器中的“完成”命令。

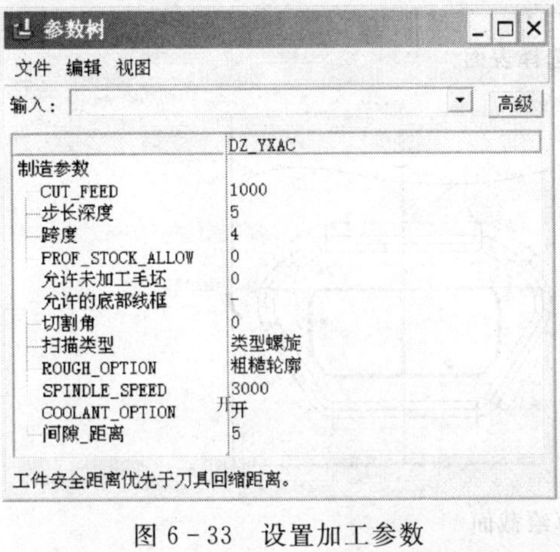

图 6－33　设置加工参数

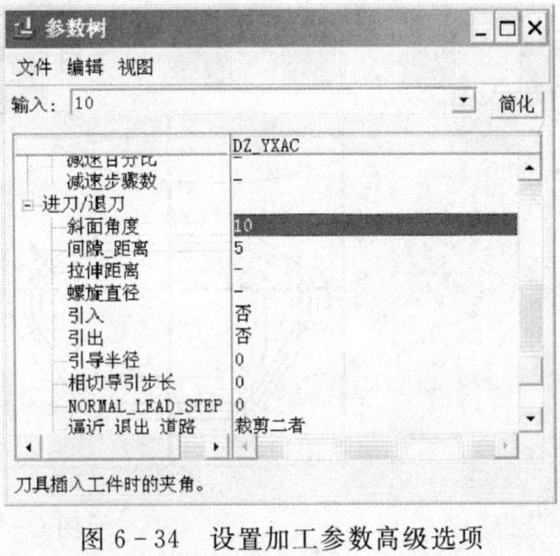

图 6－34　设置加工参数高级选项

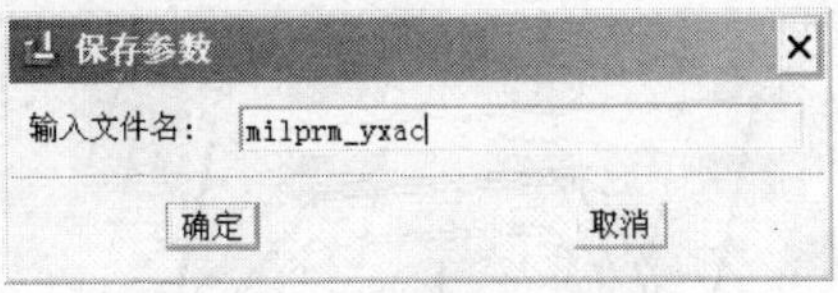

图 6－35　“保存参数”对话框

6.6.3　创建加工体积块

创建体积块有“草绘”和“聚合”两种方法，这里选择“草绘”方法。

这时系统出现“选取”菜单，同时在信息区系统提示：“选取先前定义的铣削体积块。”需要注意的是在这里 Wildfire3.0 和以前版本不一样，没有“创建体积块”命令。

在屏幕右侧的特征工具栏，我们单击“铣削体积块刀具”按钮。在随后出现的特征工具栏选择“拉伸工具”按钮。随后出现拉伸工具操控板，选择“放置”，单击随后出现的定义按钮 定义... 。

在随后出现的“草绘”对话框中选择如图 6－36 所示平面作为“草绘平面”及“草绘参照平面”。然后单击“草绘”按钮。进入草绘环境后，选择“DTM1”、“DTM2”作为草绘参照。进入草绘界面后单击从边创建图元按钮，在弹出的“类型”菜单中点选“链”单选钮，选择如图 6－37左图所示两条边作为“链”的一部分。反复单击鼠标右键，直到出现如图 6－37 右图所示图形为止。单击“接受”命令，再单击对话框中的“关闭”按钮，再单击确认按钮完成草绘。单击“至曲面”→“完成”命令，选择如图 6－38 所示凹槽底面作为拉伸截止面。确认无误后单击确定按钮。

单击“修剪工具”按钮，选择零件 DZ. PRT。确认无误后单击确定按钮。

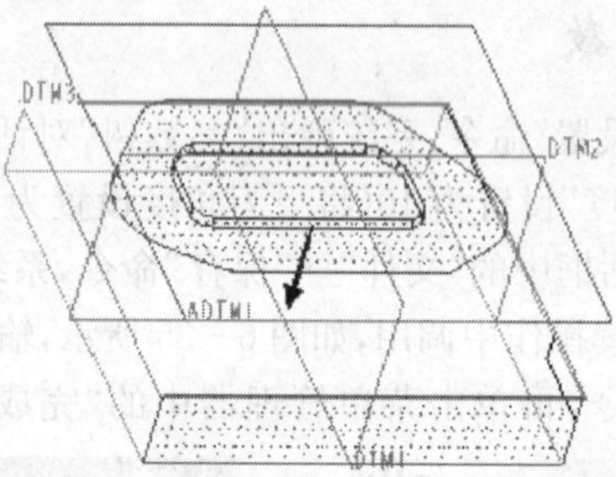

图 6－36　选择表面

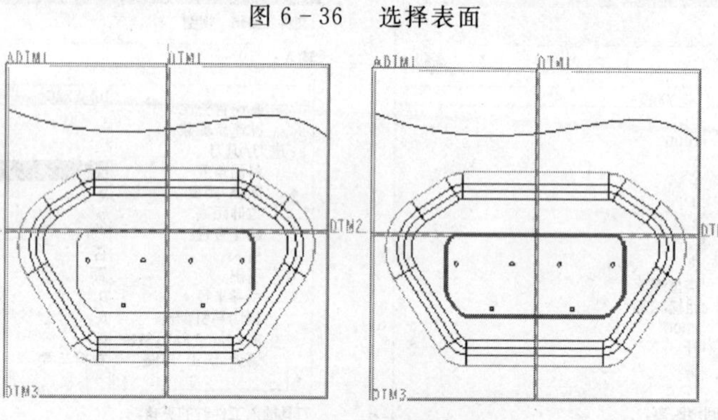

图 6－37　草绘截面

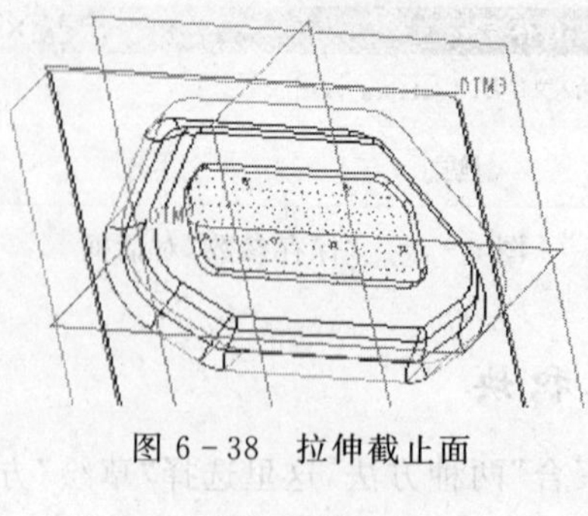

图 6－38　拉伸截止面

6.6.4　加工轨迹演示

单击“演示轨迹”→“屏幕演示”命令，查看一下所定义的粗加工的刀具轨迹，系统显示“播放路径”对话框。单击向前播放按钮▶，系统显示刀具轨迹如图 6-39 所示。

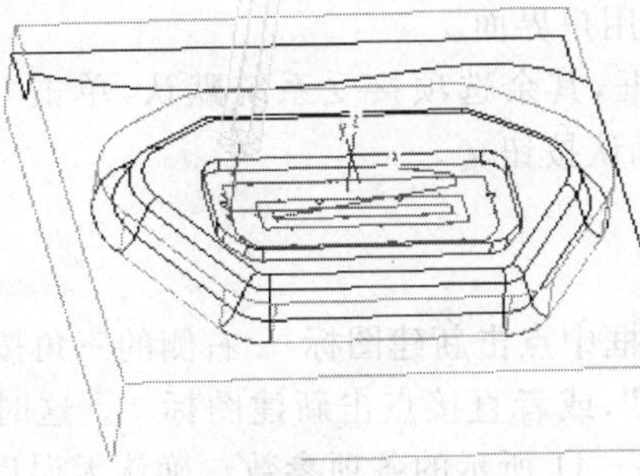

图 6-39　刀具轨迹

6.6.5　NC 检测

首先调出上一 NC 序列的最终模拟显示结果。单击“NC 检测”→“恢复”命令，在弹出的“打开”对话框中选择上次加工的模拟显示结果“dz_sbm. nck”，单击“打开”按钮。再单击“显示”→“运行”命令，系统在上次加工的模拟显示结果的基础上模拟显示加工过程，结果如图 6-40所示。模拟显示完成后保存此次模拟显示结果以备下次调用，单击“保存”命令，输入文件名“dz_yxac”，单击“完成/返回”→“完成序列”命令。

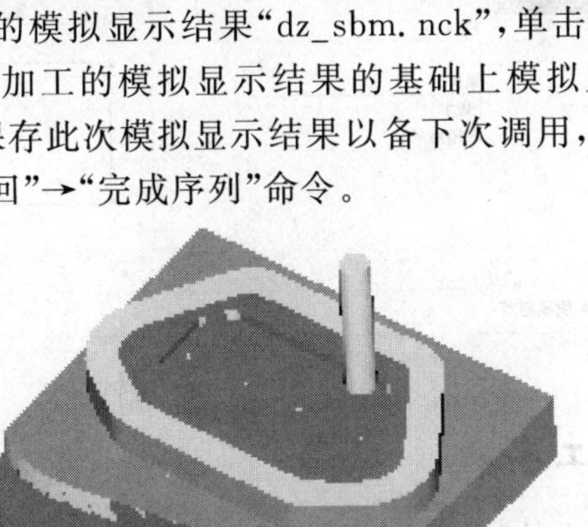

图 6-40　模拟演示

6.7　“轮廓”NC 序列加工曲面

对于异形凸台四周的曲面，使用“轮廓”NC 序列和“曲面铣削”NC 序列都可以完成加工，本节和后面一节将分别探讨使用两种 NC 序列加工曲面的方法。

首先，采用“轮廓”NC 序列来加工凸台四周的曲面。“轮廓”NC 序列可以用来粗加工或精加工垂直或倾斜的曲面，所选曲面必须留出连续的刀具路径。单击“NC 序列”→“新序列”→“轮廓”→“完成”命令，系统显示“序列设置”菜单。除了适用于所有 NC 序列类型的公共选项外，“序列设置”菜单还包含下列特殊选项。

①曲面:选取要铣削的曲面。

②扇形凹口曲面:如果指定了SCALLOP_HGT,则可以选取将从扇形计算中排除的曲面。

③检测曲面:选择对其进行过切检测的附加曲面。

④构建切削:访问“构建切削”功能。

选定的NC序列所需选项被自动选取,需要时可选取附加选项,然后单击“完成”命令,系统将依次启动所有选定项目的用户界面。

勾选“名称”、“刀具”复选框,其余选项接受系统默认,单击“完成”命令。在消息区输入NC序列名称“dz_qm1”,单击确认按钮✔。

6.7.1 设置刀具

在弹出的“刀具设定”对话框中点击新建图标右侧的三角按钮,在出现的刀具类型表中选择所需的刀具类型:“球铣刀”,或者直接点击新建图标。这时系统自动增加刀具T0004,且刀具位置为“4”。输入如图6-41所示的各项参数。确认无误后单击“确认”按钮。

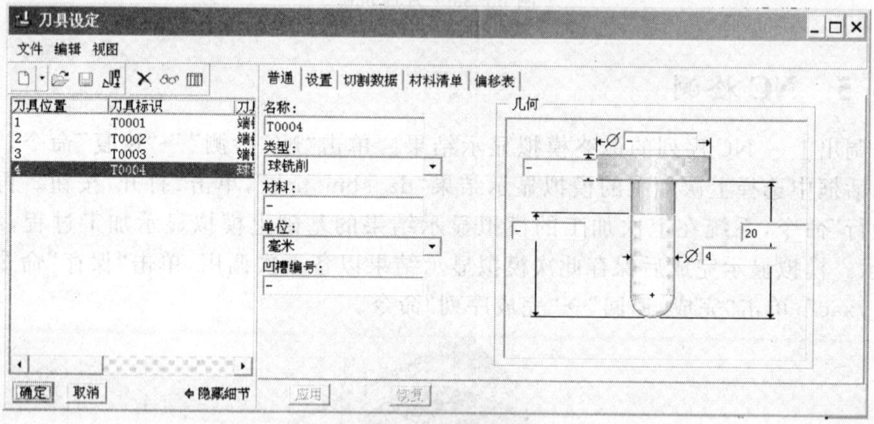

图6-41　设置刀具

6.7.2 设置加工参数

单击“制造参数”菜单中的“设置”命令,系统弹出“参数树”对话框。如图6-42所示输入各项参数,参数设置完成后,单击对话框中的“文件”→“保存”命令,系统弹出“保存参数”对话框。输入文件名“milprm_qm1”,以备在后续操作中调用,输入完成后单击“确定”按钮。单击对话框中的“文件”→“退出”命令,再单击菜单管理器中的“完成”命令。

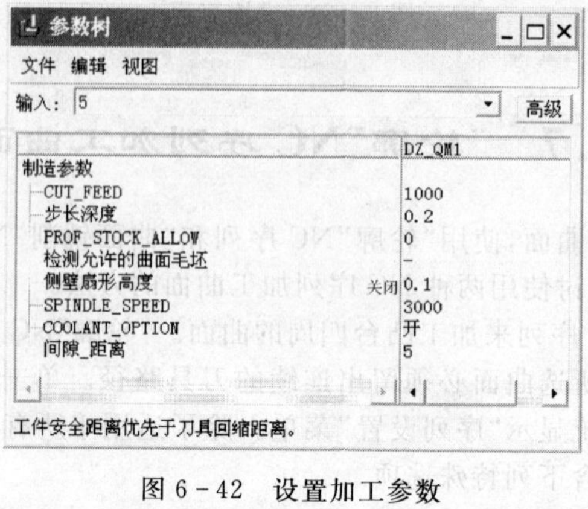

图6-42　设置加工参数

6.7.3　选择加工曲面

为了方便选择曲面，在特征树中选择“DZ_MP. PRT”，单击鼠标右键，在快捷菜单中单击“隐藏”命令，如图 6-43 左图所示，隐藏后的 DZ_MP. PRT 图标如图 6-43 右图所示。这时发现零件 DZ_MP. PRT 不再显示，从而方便了加工曲面的选取。

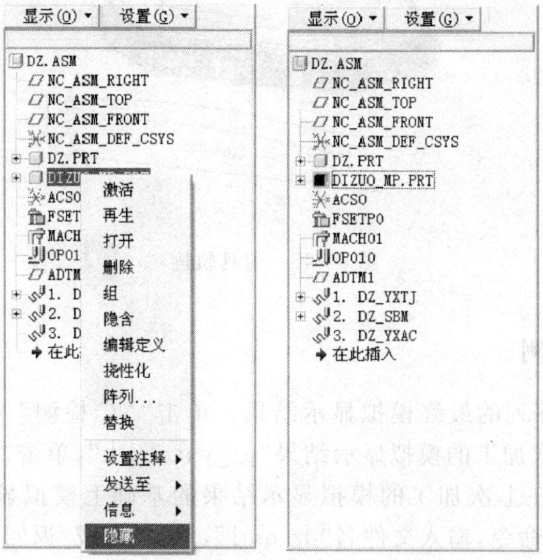

图 6-43　隐藏工件

在“NC 序列　曲面”菜单下选中“选取曲面”选项，“曲面拾取”菜单下选中“模型选项”，点击“完成”。选择如图 6-44 所示凸台四周曲面作为加工曲面，单击“完成”→“完成/返回”→“完成/返回”命令。

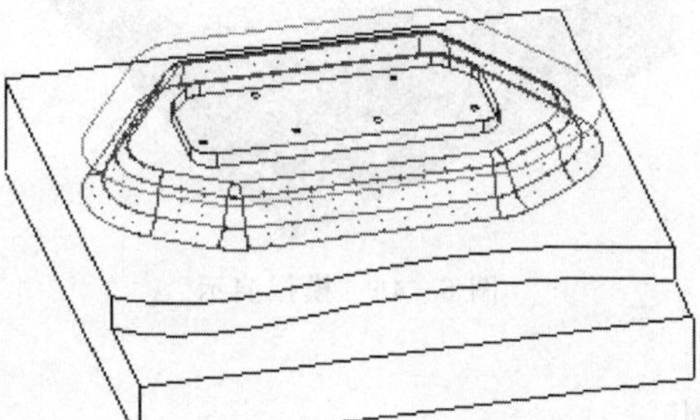

图 6-44　选择曲面

6.7.4　加工轨迹演示

为了使刀具轨迹能被正确显示，需先将被隐藏的工件显示出来。在特征树中选择被隐藏的零件“DZ_MP. PRT”，单击鼠标右键，在快捷菜单中单击“取消隐藏”命令，这时发现零件“DZ_MP. PRT”再次显示。

单击“演示轨迹”→“屏幕演示”命令，查看一下所定义的曲面加工的刀具轨迹，系统显示“播放路径”对话框。单击向前播放按钮▶，系统显示刀具轨迹，如图 6-45 所示。

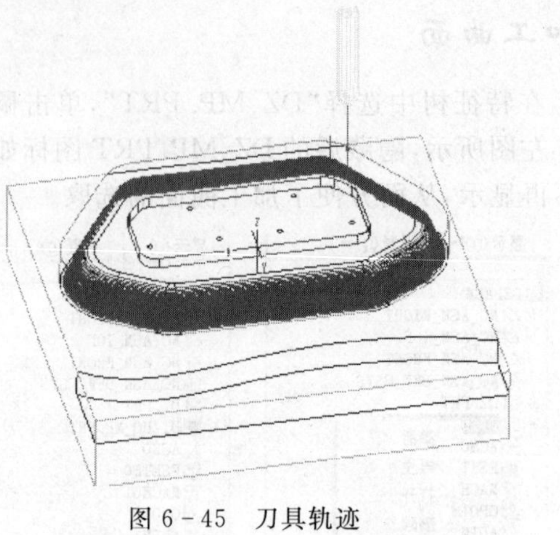

图 6-45　刀具轨迹

6.7.5　NC 检测

首先调出上面 NC 序列的最终模拟显示结果。单击“NC 检测”→“恢复”命令，在弹出的“打开”对话框中选择上次加工的模拟显示结果“dz_yxac.nck”，单击“打开”按钮。再单击“显示”→“运行”命令，系统在上次加工的模拟显示结果的基础上模拟显示加工过程，结果如图 6-46所示。单击“保存”命令，输入文件名“dz_qm1”，单击“完成/返回”→“完成序列”命令。

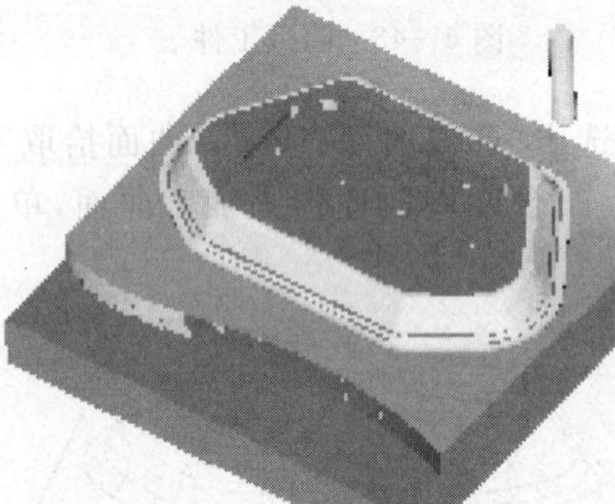

图 6-46　模拟演示

6.7.6　过切检测

由于在这个序列中被加工的曲面较为复杂，是否产生过切并不能简单地通过目测来判断。这时进行过切检测显得十分必要。

单击“过切检测”→“零件”命令，选择参考零件“DZ.PRT”，单击“完成/返回”→“完成/返回”→“公差”命令，输入公差值 0.05，这样可以使过切检测的计算速度更快一点。单击“运行”命令，经过短暂的计算，系统在消息区提示“没有发现过切”，单击“完成/返回”→“完成/返回”→“完成序列”命令。

6.8　“曲面铣削”NC 序列加工曲面

下面使用第二种曲面加工方法——“曲面铣削”NC 序列加工曲面。

“曲面铣削”NC 序列是 Pro/ENGINEER Wildfire 加工曲面的主要方法，它给广大用户提供了丰富的加工选项，使得用户对加工曲面的轨迹有更加具体、详细的控制，适宜加工的曲面类型也更加丰富。“曲面铣削”NC 序列是 Pro/ENGINEER Wildfire 用户需要牢固掌握的一种曲面加工方法。

单击“NC 序列”→“新序列”→“曲面铣削”→“完成”命令，系统显示“序列设置”菜单。除了适用于所有 NC 序列类型的公共选项外，“序列设置”菜单还包含下列特殊选项。

①曲面：选取要加工的曲面，如果选取面组曲面，请指定要加工的曲面侧。

②窗口：创建或选取“铣削窗口”，仅在“3 轴”NC 序列时出现。此选项与“曲面”选项是相互排斥的。如果使用“窗口”选项，则指定“铣削窗口”内的所有曲面都将被选取。

③封闭环：为“窗口”加工指定要封闭的环，仅在“3 轴”NC 序列时出现。

④扇形凹口曲面：如果指定了 SCALLOP_HGT，则选取将从扇形孔计算中排除的曲面。

⑤检测曲面：选择对其进行过切检测的附加曲面。

⑥定义切削：定义曲面铣削的方式，并指定适当的参数。

⑦轴定义：控制刀具轴的方向，仅在 4 轴和 5 轴 NC 序列时出现。

⑧构建切削：访问“构建切削”功能。

⑨进刀/退刀：指定进刀和退刀移动。

选定的 NC 序列所需选项被自动选取，需要时可选取附加选项，然后单击“完成”命令，系统将依次启动所有选定项目的用户界面。

勾选“名称”、“刀具”复选框，其余选项接受系统默认，单击“完成”命令。在消息区输入 NC 序列名称“dz_qm2”，单击确认按钮。

6.8.1　设置刀具

在弹出的“刀具设定”对话框中选择上一序列所用刀具“T4”。虽然在不选择“刀具”选项的情况下系统默认刀具仍然是所希望的上一 NC 序列所选用的刀具“T4”，但是笔者还是建议大家在实际操作中“多此一举”地选择“刀具”项，这样可以避免加工某一零件时在有多个 NC 序列的情况下用错刀具（尤其是在直径差别不大，在 NC 检测中也难以发觉的情况下），造成不必要的损失。

6.8.2　设置加工参数

单击“制造参数”菜单中的“设置”命令，系统弹出“参数树”对话框。如图 6－47 所示输入各项参数。这里需要说明的是，在本例中主要是介绍 Pro/ENGINEER Wildfire 各种 NC 序列的使用方法，为了加快系统计算的速度，节约时间，将“跨度”值设置的比较大（为 1），但并不代表这是粗加工。在本例中对曲面的加工不分粗、精加工，这样也可以使演示的刀具轨迹比较清晰。参数设置完成后，单击对话框中的“文件”→“保存”命令，系统弹出“保存参数”对话框。输入文件名“milprm_qm2”，以备在后续操作中调用。输入完成后单击“确定”按钮。单击对话框中的“文件”→“退出”命令，再单击菜单管理器中的“完成”命令。

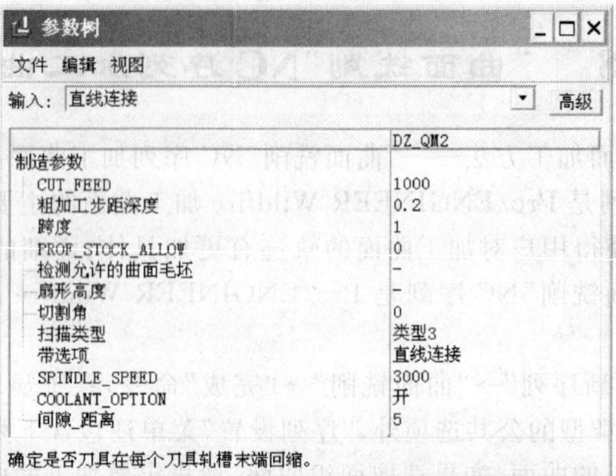

图 6-47　设置加工参数

6.8.3　选择加工曲面

由于要加工的曲面和上一序列一致，所以在选择曲面时单击“从先前序列”命令，在显示的“NC序列列表”中选择上一序列“3：DZ_QM1”，此时所选曲面颜色变绿，单击“完成选取”→“完成/返回”命令。

6.8.4　定义切割

系统弹出“切削定义”对话框。这一步是定义“曲面铣削”NC序列的关键步骤，选择不同的选项则直接导致加工同一曲面时刀具轨迹的不同，由此而导致加工时间、刀具磨损、零件表面质量、刀具寿命等一系列结果的不同。

有4种“切削类型”可以选择。

①直线切削：通过一系列的直线切削加工所选曲面。对于“3轴”NC序列，也可以在深度增量方向去除材料。

②自曲面等值线：由下列曲面U_V直线加工所选曲面。

③切削线：通过定义第一个、最后一个以及一些中间切口形状来加工所选平面。当系统生成刀具路径时，它将根据曲面拓扑逐渐改变切削轨迹。

④投影切削：对所选曲面进行加工时，系统首先将曲面轮廓投影到退刀面上，在曲面上创建一个“平坦的”刀具路径，然后将刀具路径重新投影到原始曲面。此选项只适用于“3轴曲面铣削”。

这里需要注意的是选择不同的“切削类型”必须为之定义适当的参数和几何参照，而某些加工参数对不同的“切削类型”有不同的意义。如果改变了“切削类型”，而且以前定义的参数值不再适用，系统将把此参数值设置为适合新的“切削类型”的缺省值。如果参数值对新旧“切削类型”都适用，系统将不再改变它。

例如：“切削类型”从“切削线”改变为“直线切削”，而“SCAN_TYPE”的值为“TYPE_SPIRAL”，系统会把它变为“TYPE_1”，这是因为“TYPE_SPIRAL”不能用于“直线切削”。如果“SCAN_TYPE”的值为“TYPE_ONE_DIR”，系统将保持此参数值不变。

下面，将分别用4种切削类型分别对所选曲面进行加工，使读者对4种切削类型有一个比较全面的了解。

1. 直线切削

首先，点选“直线切削”单选钮，在“直线切削”选项组中，关于“切削角度参照”有 3 个选项。

· 相对于 X 轴：切削的方向是根据相对“NC 序列”坐标系的 X 轴的角度定义的。“切削角度”对话框中的数值和切削参数中设置的“CUT_ANGLE”参数值相对应，在设置加工参数时并未设置“CUT_ANGLE”，其值为系统默认的 0。通过输入不同的值可改变切削方向。

· 按照曲面：切削可以平行于某一个平面，这时选择某一个平的曲面或基准平面来定义切削方向。

· 根据边：选取某一条边，使切削方向平行于选定的边。

设置完成后，单击预览按钮可以预览切削方向，如果需要可以单击按钮使切削方向反向。确认各项选项与图 6-48 一致后单击“确定”按钮。

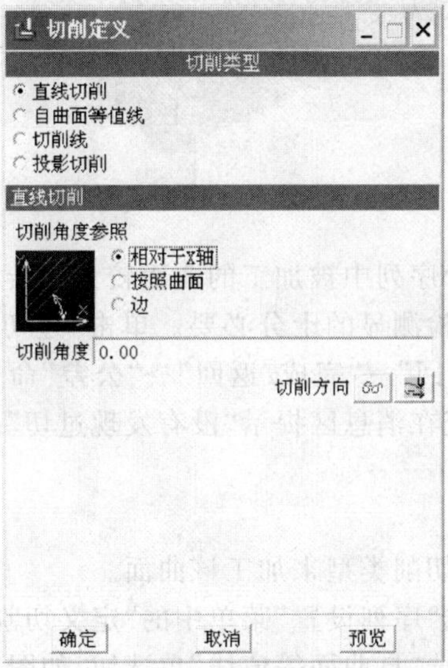

图 6-48　选择“直线切削”

(1)加工轨迹演示。单击“演示轨迹”→“屏幕演示”命令，查看一下所定义的曲面加工的刀具轨迹，系统显示“播放路径”对话框。单击向前播放按钮，系统显示刀具轨迹，如图 6-49 所示。

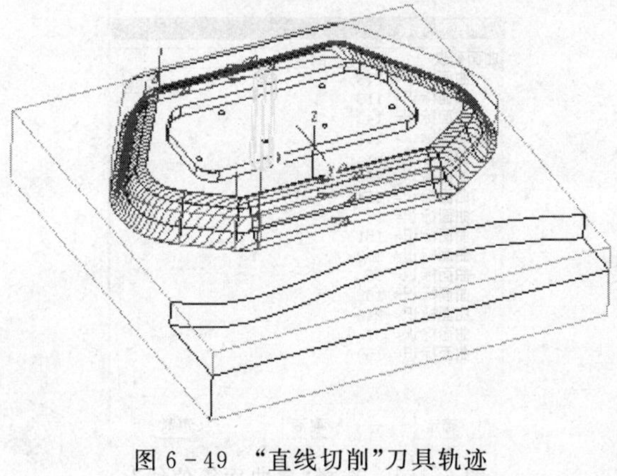

图 6-49　“直线切削”刀具轨迹

(2)NC检测。下面进行加工过程的模拟演示。首先调出上一NC序列的最终模拟显示结果。单击“NC检测”→“恢复”命令,在弹出的“打开”对话框中选择上次加工的模拟显示结果“dz_yxac.nck”,单击“打开”按钮。再单击“显示”→“运行”命令,系统在上次加工的模拟显示结果的基础上模拟显示加工过程,结果如图6-50所示。单击“保存”命令,输入文件名“dz_qm2_zxqx”,单击“完成/返回”命令。

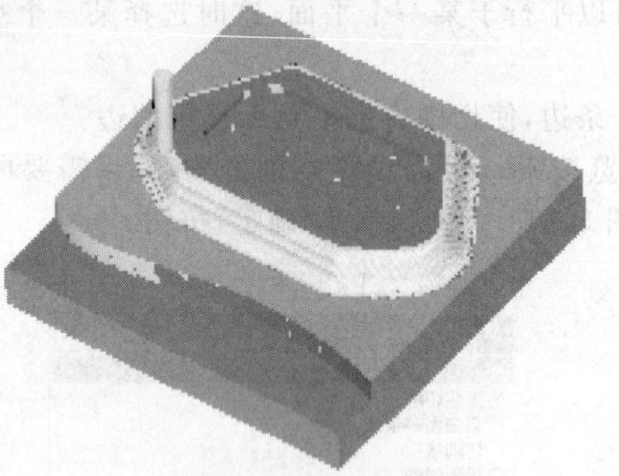

图6-50　模拟演示

(3)过切检测。由于在这个序列中被加工的曲面较为复杂,是否产生过切并不能简单地通过目测来判断。这时进行过切检测显的十分必要。单击“过切检测”→“零件”命令,选择参考零件“DZ.PRT”,单击“完成/返回”→“完成/返回”→“公差”命令,输入公差值0.05。单击“运行”命令,经过短暂的计算,系统在消息区提示“没有发现过切”。单击“完成/返回”→“完成/返回”命令。

2.自曲面等值线

下面选用“自曲面等值线”切削类型来加工该曲面。

单击“序列设置”命令,勾选“序列设置”菜单中的“定义切割”复选框,单击“完成”命令。在弹出的“切削定义”对话框中点选“自曲面等值线”单选钮,如图6-51所示。

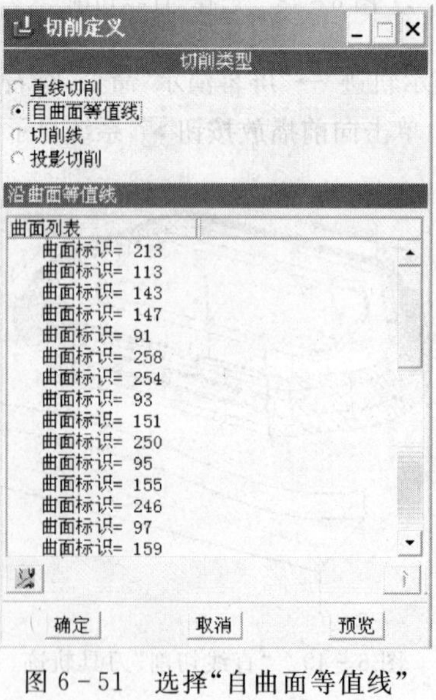

图6-51　选择“自曲面等值线”

使用此方法加工单个或多个连续曲面时加工方向由待加工曲面的 U_V 线确定。如果选定了多个连续曲面，将分别定义每个曲面的加工方向。由于加工方向是由待加工曲面的自然 U_V 轮廓来确定，如果待加工曲面与坐标系的轴成一角度，则选用“自曲面等值线”比选用“直线切削”效果要好。

在列表框中选择一个曲面，可以预览其加工方向。对于每个选取的曲面都有两个方向(由曲面的 U_V 线确定)可选择。单击切削方向按钮可以在两个方向之间进行切换。

由于对于每一个曲面都有两个方向可以选择。那么对于这样一个由 24 个曲面组成的面组来说需要选择 24 次，逐一对其加工方向进行选择有点啰嗦。在本例中按系统默认的加工方向进行加工。有兴趣的读者可以逐一选择试一试。仅从这一点来说“自曲面等值线”比较适合加工“单个”的曲面。确认曲面列表无误后单击“确定”按钮。

(1)加工轨迹演示。单击“演示轨迹”→“屏幕演示”命令，查看一下所定义的曲面加工的刀具轨迹，系统显示“播放路径”对话框。单击向前播放按钮，系统显示刀具轨迹，如图 6 - 52 所示。

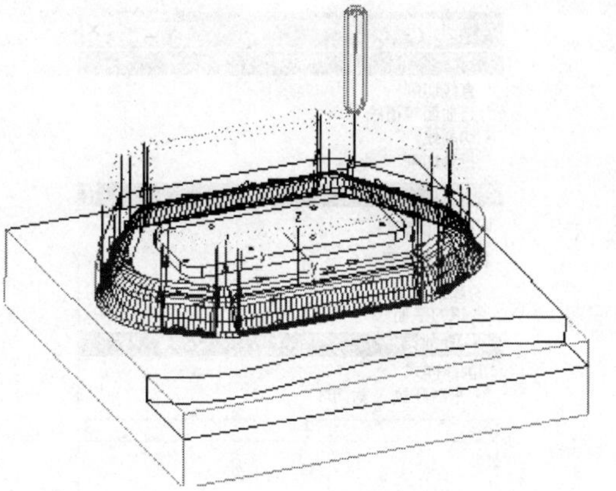

图 6 - 52　“自曲面等值线”刀具轨迹

(2)NC 检测。首先调出上一 NC 序列的最终模拟显示结果。单击“NC 检测”→“恢复”命令，在弹出的“打开”对话框中选择上次加工的模拟显示结果“dz_yxac. nck”，单击“打开”按钮。再单击“显示”→“运行”命令，系统在上次加工的模拟显示结果的基础上模拟显示加工过程，结果如图 6 - 53 所示。单击“保存”命令，输入文件名“dz_qm2_qmdzx”，单击“完成/返回”命令。

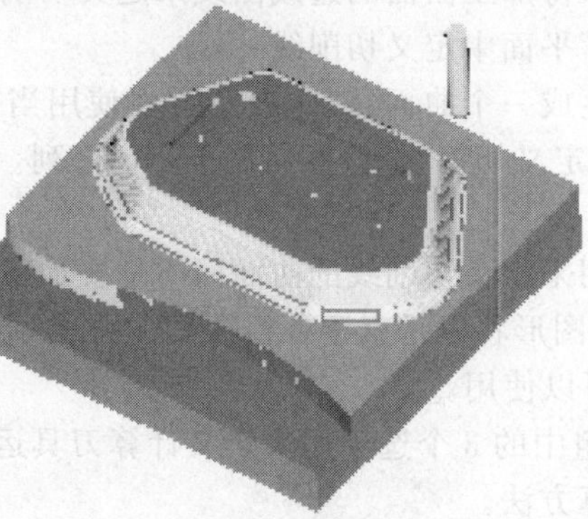

图 6 - 53　模拟演示

(3)过切检测。由于在这个序列中被加工的曲面较为复杂，切削过程也比较复杂，是否产生过切并不能简单地通过目测来判断。这时进行过切检测显得十分必要。单击“过切检测”→“零件”命令，选择参考零件“DZ. PRT，单击“完成/返回”→“完成/返回”→“公差”命令，输入公差值 0.05，这样可以使过切检测的计算速度更快一点。单击“运行”命令，经过计算，系统在消息区提示“没有发现过切”。单击“完成/返回”→“完成/返回”命令。

3. 切削线

下面选择“切削线”来加工该曲面。

单击“序列设置”命令，勾选“序列设置”菜单中的“定义切割”复选框，单击“完成”命令。在弹出的“切削定义”对话框中点选“切削线”单选钮。确认无误后单击“确定”按钮。

使用“切削线”来定制曲面加工与使用“自曲面等值线”选项相比，“切削线”选项对切削的实际形状提供了更多的控制，可以生成形状与曲面拓扑相对应的切削轨迹。这一点对于复杂曲面的加工尤为重要。

单击“切削线”选项卡旁边的“小三角”，对话框展开如图 6 - 54 所示，各选项含义如下。

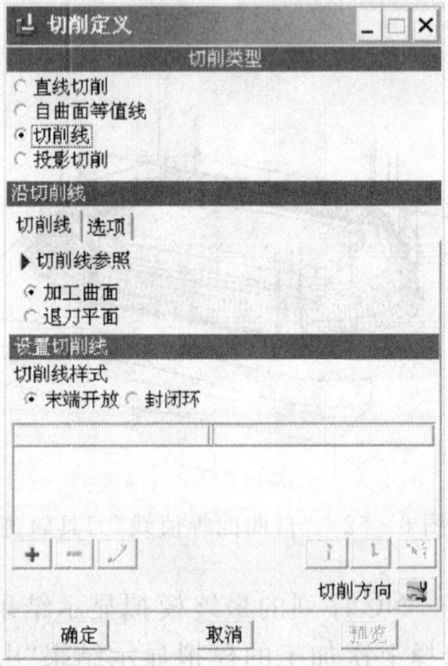

图 6 - 54　选择“自曲面等值线”

· 加工曲面：通过选取待加工曲面的边或曲线来定义切削线。

· 退刀平面：在“退刀”平面中定义切削线。

· 刀具范围：系统将生成一个曲面特征，表示可以使用当前刀具和参数加工的曲面的区域，然后使用此曲面的边来定义切削线，该曲面属于 NC 序列。该选项仅在“3 轴”加工中可以使用。

· 另一曲面：选取要用来定义切削线的曲面而不是要加工的曲面。当选取图形以便从替换曲面定义切削线后，这些图形将以垂直于替换曲面的方向，投影到待加工曲面形成切削线。该选项仅在“3 轴”加工中可以使用。

“刀具路径方法”选项组中的 3 个选项用来定义计算刀具运动的方法，各选项含义如下。

· 自动：自动确定计算方法。

· 刀具接触点：“切削线”表示刀具接触点的轨迹。

· 刀具中心线：“切削线”表示刀具中心的轨迹。

“切削线样式”选项组中的两个选项用来定义加工轨迹是待加工曲面的开放环还是封闭环。

· 末端开放:加工开放的曲面环。选择此选项,系统将认为所有的切削线都是边、曲线或草绘图形的开放链。如果使用曲线或草绘图形创建切削线,则可以调整链的端点。

· 闭合环:加工封闭的曲面环。选择此选项,系统将认为所有的切削线都是边或曲线的封闭环。如果切削线是草绘的,则它在选定曲面上的投影必须也形成一个封闭环。因为切削线是封闭的,所以必须为切削运动指定一个起始点,起始点可以在切削线上选取。

(1)设置切削线。点选“设置切削线”选项组中的“闭合环”单选钮,然后单击 + 按钮。为了方便选择曲线,在特征树中选择“DZ_MP. PRT”,单击鼠标右键,在快捷菜单中单击“隐藏”命令,如图 6 - 43 左图所示,隐藏后的“DZ_MP. PRT”图标如图 6 - 43 右图所示。这时发现零件 DZ_MP. PRT 不再显示,从而方便了切削线的选取。

将“切削定义”对话框最小化,这时系统显示切削线如图 6 - 55 左图所示,单击“接受”→“完成”命令,然后恢复“切削定义”对话框,单击“增加/重定义切割线”对话框中的“确定”按钮。

再单击 + 按钮,将“切削定义”对话框最小化。这时系统显示切削线如图 6 - 55 左图所示。单击“下一个”命令,这时系统显示切削线如图 6 - 55 右图所示。单击“接受”→“完成”命令,然后恢复“切削定义”对话框,单击“增加/重定义切割线”对话框中的“确定”按钮。这时在“设置切削线”栏显示:“切割线 1 从边”、“切割线 2 从边”,单击“确定”按钮。

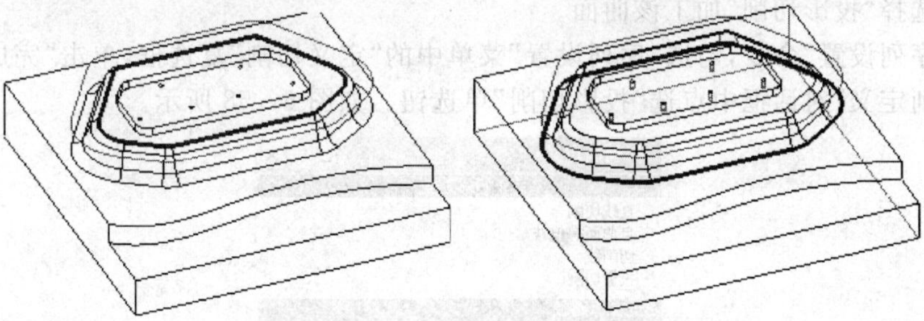

图 6 - 55　设置切削线

(2)加工轨迹演示。为了使刀具轨迹能被正确显示,在特征树中选择被隐藏的零件“DZ_MP. PRT”,单击鼠标右键,在快捷菜单中单击“取消隐藏”命令,零件“DZ_MP. PRT”再次显示。单击“演示轨迹”→“屏幕演示”命令,查看一下所定义的曲面加工的刀具轨迹,系统显示“播放路径”对话框。单击向前播放按钮 ▶,系统显示刀具轨迹,如图 6 - 56 所示。

(3)NC 检测。首先调出上一 NC 序列的最终模拟显示结果。单击“NC 检测”→“恢复”命令,在弹出的“打开”对话框中选择上次加工的模拟显示结果“dz_yxac. nck”,单击“打开”按钮。再单击“显示”→“运行”命令,系统在上次加工的模拟显示结果的基础上模拟显示加工过程,结果如图 6 - 57 所示。单击“保存”命令,输入文件名“dz_qm2_qxx”,单击“完成/返回”命令。

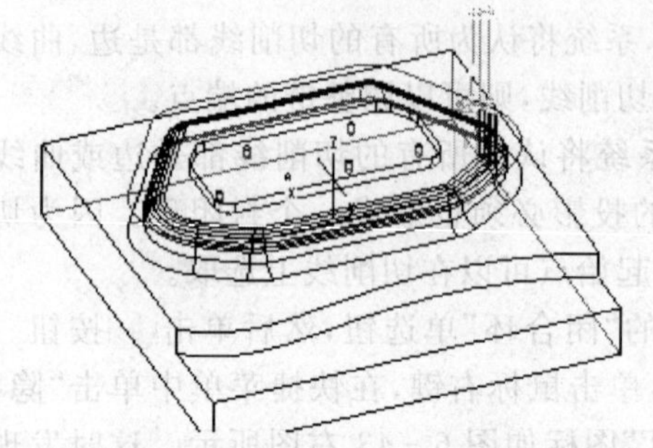

图 6-56　“切削线”刀具轨迹

图 6-57　模拟演示

(4)过切检测。由于在这个序列中被加工的曲面较为复杂,切削过程也比较复杂,是否产生过切并不能简单地通过目测来判断。这时进行过切检测显得十分必要。单击“过切检测”→“零件”命令,选择参考零件“DZ. PRT”,单击“完成/返回”→“完成/返回”→“公差”命令,输入公差值 0.05,这样可以使过切检测的计算速度更快一点。单击“运行”命令,经过短暂的计算,系统在消息区提示“没有发现过切”,单击“完成/返回”命令。

4. 投影切削

最后,选择“投影切削”加工该曲面。

单击“序列设置”命令,勾选“序列设置”菜单中的“定义切割”复选框,单击“完成”命令。在弹出的“切削定义”对话框中点选“投影切削”单选钮。如图 6-58 所示。

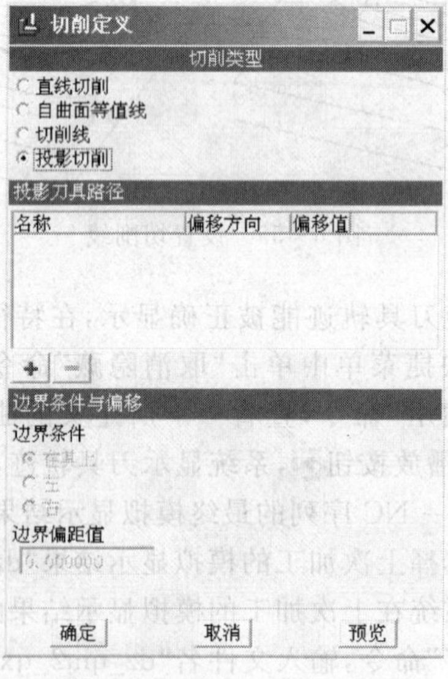

图 6-58　选择“投影切削”

“边界条件与偏移”选项组包含以下选项。

· 在其上:要加工的轮廓与与选定曲面的投影轮廓相一致。

· 左:通过将投影的轮廓以偏距值(Cutter_Diameter/2+“边界偏距值”)偏移到内侧来构建要加工的轮廓。

· 右:通过将投影的轮廓以偏距值(Cutter_Diameter/2+“边界偏距值”)偏移到外侧来构

建要加工的轮廓。

· 边界偏距值:缺省偏距是 Cutter_Diameter/2。在文本框内输入偏距值即可指定偏距值。

(1)设置投影刀具路径。为了方便选择曲线,在特征树中选择"DZ_MP. PRT",单击鼠标右键,在快捷菜单中单击"隐藏"命令,零件"DZ_MP. PRT"不再显示,从而方便了切削线的选取。单击 + 按钮,在"增加轮廓"菜单中单击"完成"命令,在"增加围线"菜单中单击"选取全部"命令,这样选取的是所选曲面的所有边界(即轮廓),使刀具在这个范围内进行加工。读者也可只选择某一边界,这时会发现刀具仅在该边界围成的范围内(上表面)进行加工,这样有助于大家理解"轮廓"的概念。单击"切削定义"对话框中的"确定"按钮。

(2)加工轨迹演示。为了使刀具轨迹能被正确显示,在特征树中选择被隐藏的零件"DZ_MP. PRT",单击鼠标右键,在快捷菜单中单击"取消隐藏"命令,零件"DZ_MP. PRT"再次显示。单击"演示轨迹"→"屏幕演示"命令,查看一下所定义的曲面加工的刀具轨迹,系统显示"播放路径"对话框。单击向前播放按钮 ▶,系统显示刀具轨迹,如图 6-59 所示。

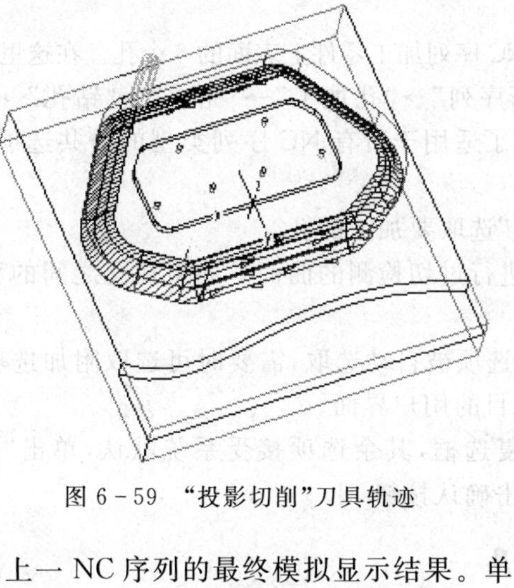

图 6-59 "投影切削"刀具轨迹

(3)NC 检测。首先调出上一 NC 序列的最终模拟显示结果。单击"NC 检测"→"恢复"命令,在弹出的"打开"对话框中选择上次加工的模拟显示结果"dz_yxac. nck",单击"打开"按钮。再单击"显示"→"运行"命令,系统在上次加工的模拟显示结果的基础上模拟显示加工过程,结果如图 6-60 所示。单击"保存"命令,输入文件名"dz_qm2_tyqx",单击"完成/返回"命令。

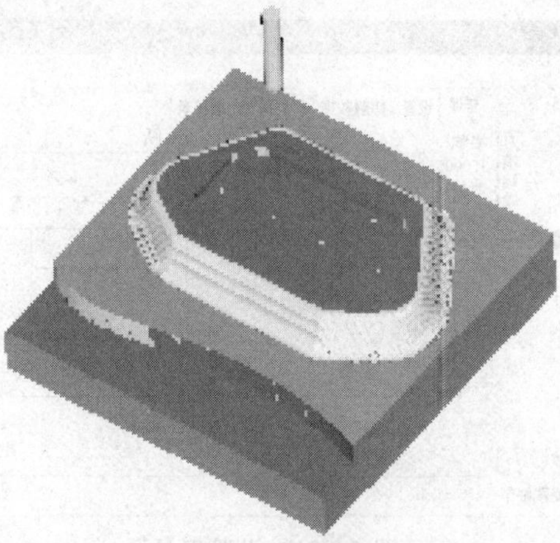

图 6-60 模拟演示

(4)过切检测。由于在这个序列中被加工的曲面较为复杂,切削过程也比较复杂,是否产生过切并不能简单地通过目测来判断。这时进行过切检测显的十分必要。单击“过切检测”→“零件”命令,选择参考零件“DZ.PRT”,单击“完成/返回”→“完成/返回”→“公差”命令,输入公差值0.05,这样可以使过切检测的计算速度更快一点。单击“运行”命令,经过计算,系统在消息区提示“没有发现过切”。至此,先后使用“曲面加工”NC序列的4种切削选项加工凸台四周的曲面。

经过比较发现,用“切削线”来加工此曲面时切削过程比较平稳,抬刀次数少,空行程少,而且“切削线”选项对切削的实际形状提供了更多的控制,可以生成形状与曲面拓扑相对应的切削轨迹,相比其他3种加工方式更加适合加工此曲面。

单击“序列设置”命令,勾选“序列设置”菜单中的“定义切割”复选框,单击“完成”命令。在弹出的“切削定义”对话框中点选“切削线”复选框,单击“确定”按钮,再单击“完成序列”命令。

6.9 “孔加工”NC序列加工孔

下面来使用“孔加工”NC序列加工零件上表面的6个孔。在这里,仅仅进行“点孔”的工作。

单击“NC序列”→“新序列”→“孔加工”→“完成”→“钻孔”→“标准”→“完成”命令,系统显示“序列设置”菜单。除了适用于所有NC序列类型的公共选项外,“序列设置”菜单还包含下列特殊选项。

· 孔:通过定义“孔集”选取要加工的孔。

· 检测曲面:选取将进行过切检测的曲面。如果在孔之间的移动轨迹上有障碍则选取此项以避免撞刀。

选定的NC序列所需选项被自动选取,需要时可选取附加选项,然后单击“完成”命令,系统将依次启动所有选定项目的用户界面。

勾选“名称”、“刀具”复选框,其余选项接受系统默认,单击“完成”命令。在消息区输入NC序列名称“dz_dk”,单击确认按钮。

6.9.1 设置刀具

在弹出的“刀具设定”对话框中点击新建图标右侧的三角按钮,在出现的刀具类型表中选择所需的刀具类型:“基本钻头”。或者直接点击新建图标。这是系统自动增加刀具T0005,且刀具位置为“5”。输入如图6-61所示的各项参数。确认无误后单击“确认”按钮。

图6-61 设置刀具

6.9.2 设置加工参数

单击"制造参数"菜单中的"设置"命令,系统弹出"参数树"对话框。如图 6-62 所示输入各项参数,参数设置完成后,单击对话框中的"文件"→"保存"命令,系统弹出"保存参数"对话框。输入文件名"drlprm_dk",以备在后续操作中调用,输入完成后单击"确定"按钮。单击对话框中的"文件"→"退出"命令,再单击菜单管理器中的"完成"命令。

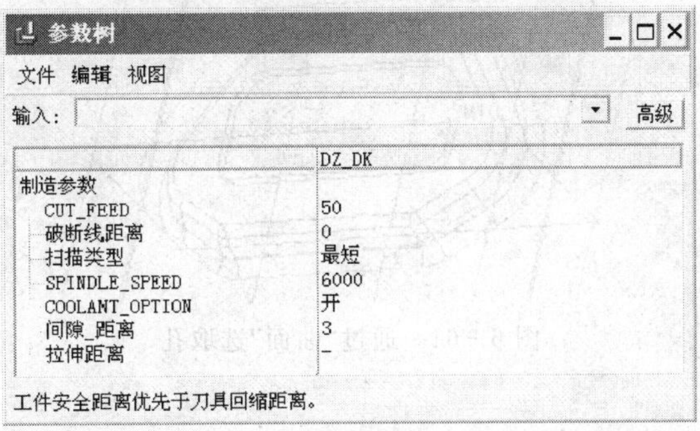

图 6-62 设置加工参数

6.9.3 选择孔

系统弹出的"孔集"对话框上部有 6 个指定孔选取方法的选项卡,如图 6-63 所示。

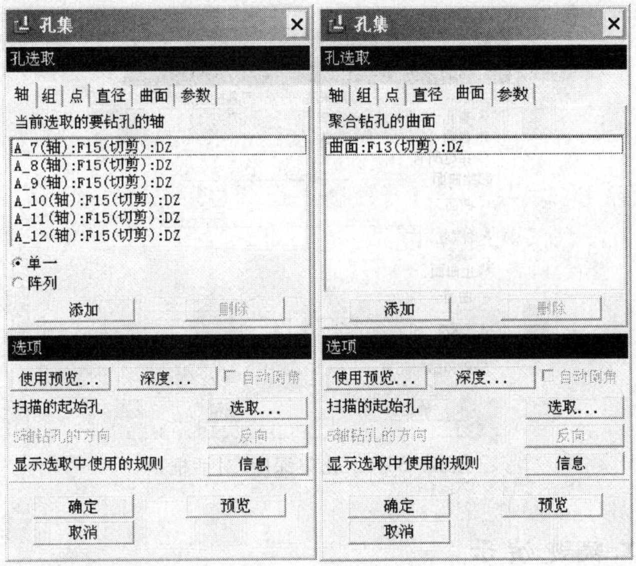

图 6-63 "孔集"对话框

①轴:通过选取孔的轴线来选取孔。

②组:选取预定义的钻孔组。

③点:通过选取基准点或读入带有基准点坐标的文件来定义钻孔位置。

④直径:通过输入直径指定要加工的孔,系统自动包含所有指定直径的"孔"或"圆形槽"。

⑤曲面:通过选取参照零件或工件的曲面指定孔,系统自动包含所有位于选定曲面上的所有"孔"或"圆形槽"。

⑥参数:选取带有特定参数值的孔。

在使用"轴"选项卡时单击"添加"按钮,逐个选取零件上的6个孔,全部选取后,单击鼠标中键,刚才选取的6个孔全部显示在"孔集"对话框中。

或者使用"曲面"选项卡,通过选取如图6-64所示曲面,选取选取我们所需要的孔。

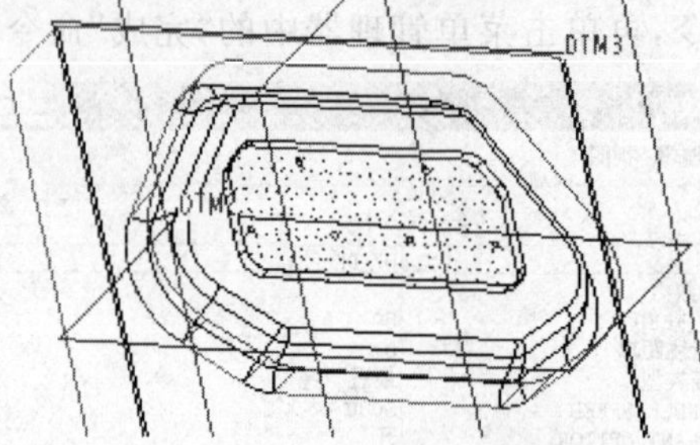

图6-64　通过"曲面"选取孔

6.9.4 设置钻孔深度

单击"深度…"按钮,系统弹出"孔集深度"对话框。"孔深度"选择"盲孔";"起始曲面"选择"Z深度",输入深度值0;"终止曲面"选择"Z深度",输入深度值4,如图6-65所示。单击"孔集深度"对话框中的"确定"按钮,再单击"孔集"对话框中的"确定"按钮,最后单击"完成/返回"命令。

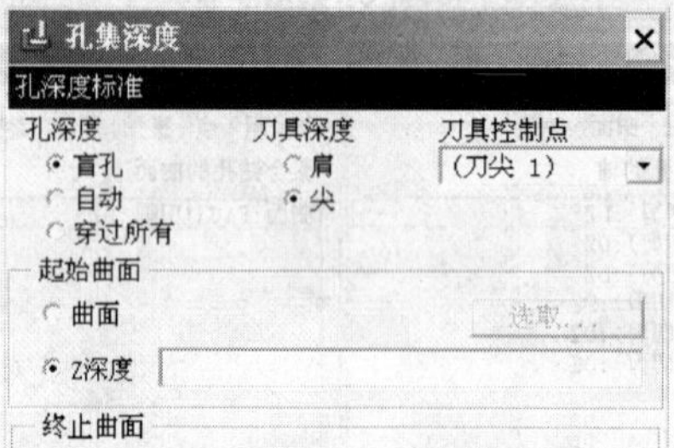

图6-65　"孔集深度"对话框

6.9.5 加工轨迹演示

为了使刀具轨迹能被正确显示,需先将被隐藏的工件显示出来。在特征树中选择被隐藏的零件"DZ_MP.PRT",单击鼠标右键,在快捷菜单中单击"取消隐藏"命令,这时发现零件"DZ_MP.PRT"再次显示。

单击"演示轨迹"→"屏幕演示"命令,查看一下所定义的曲面加工的刀具轨迹,系统显示"播放路径"对话框。单击向前播放按钮▶,系统显示刀具轨迹,如图6-66所示。

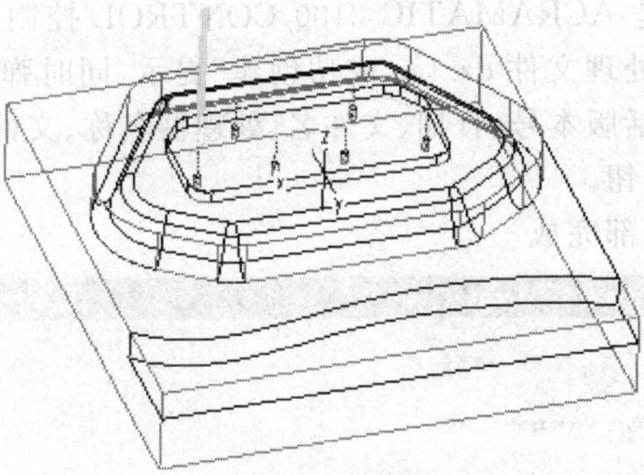

图 6-66　刀具轨迹

6.9.6　NC 检测

首先调出上一 NC 序列的最终模拟显示结果。单击“NC 检测”→“恢复”命令，在弹出的“打开”对话框中选择上次加工的模拟显示结果“dz_qm2_qxx. nck”，单击“打开”按钮。再单击“显示”→“运行”命令，系统在上次加工的模拟显示结果的基础上模拟显示加工过程，结果如图 6-67 所示。单击“保存”命令，输入文件名“dz_dk”，单击“完成/返回”→“完成/返回”→“完成序列”命令。

至此，完成了所有 NC 序列的设置。

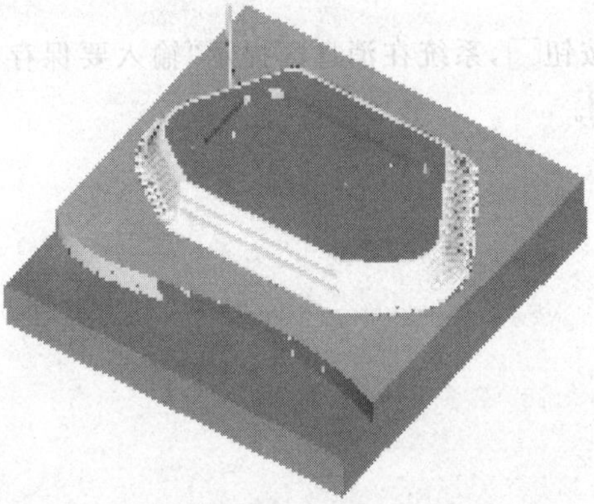

图 6-67　模拟演示

6.10　生成加工程序

单击“CL 数据”→“操作”→“DZ”→“文件”→“完成”命令，系统弹出“保存副本”对话框，接受文件名“DZ. NCL”，单击“确定”按钮。系统经过短暂的计算在消息区出现如下提示“成功创建 Pro/NC 文件 e:\曲面加工\dz. ncl. 1”，也就是说 NCL 文件成功创建。单击“确认输出”→“后置处理”命令，系统弹出“打开”对话框。选择刚刚生成的 NCL 文件“dz. ncl”，单击“打开”按钮。单击“完成”命令，系统显示后置处理器列表。当鼠标停留在某一个后置处理器上时，系统在消息区会显示其相关信息如：机床厂家名称，采用哪种控制系统，以及几轴等等。选择后置处理器“UNCX01. P98”，它是美国 CINCINNATI MILACRON 公司生产的“VICKERS”系列立式加工中心，采用的是 ACRAMATIC 2100 CONTROL 控制系统。系统经过短暂的计算，在消息区出现。“后置处理文件 dz. tap 成功创建”提示，同时弹出如图 6 - 68 所示信息窗口。窗口内显示的信息包括版本号、日期、文件名、处理器名称、文件长度、加工所需时间等等，确认无误后，单击“关闭”按钮。

至此，整个加工过程全部完成。

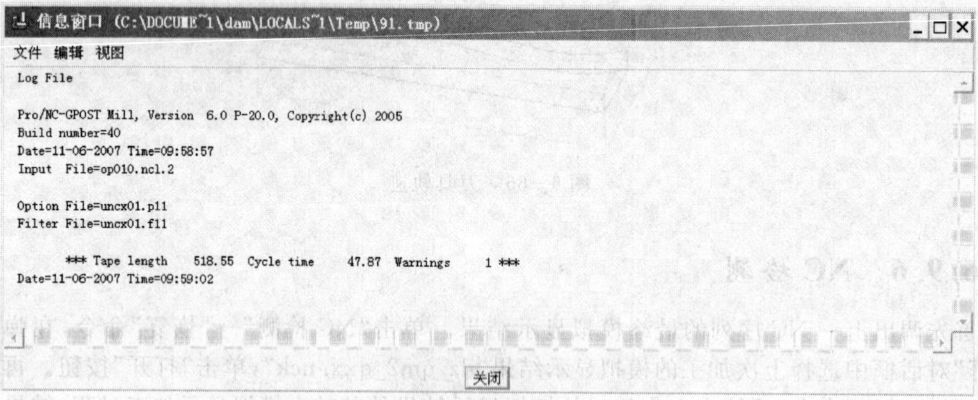

图 6 - 68 信息窗口

6.11 保存文件

单击工具栏中的保存按钮，系统在消息区提示“输入要保存的对象：”，接受默认的名称“dz. mfg”，单击确认按钮。

第 7 章　叶片类零件的铣加工

本章将介绍在 Pro/ENGINEER Wildfire 中如何对叶片类零件(弹壳尾翼)进行铣加工，包括合理选择加工参数、刀具轨迹的合理选择等，并以实例详细介绍其功能和应用。同时对选择不同的刀具轨迹而产生的不同后果作以比较，使读者对具体的刀具轨迹的选择有一个比较全面的了解。

7.1　加工任务概述

在本章中，以如图 7-1 所示弹壳尾翼的铣加工为例来说明尾翼的加工方法，该零件尾翼的二维图形如图 7-2 所示。从以上两个视图中可以发现该弹壳的尾翼带有一定的螺旋，6 个叶片在圆周上均布，下面详细介绍该螺旋尾翼的加工。

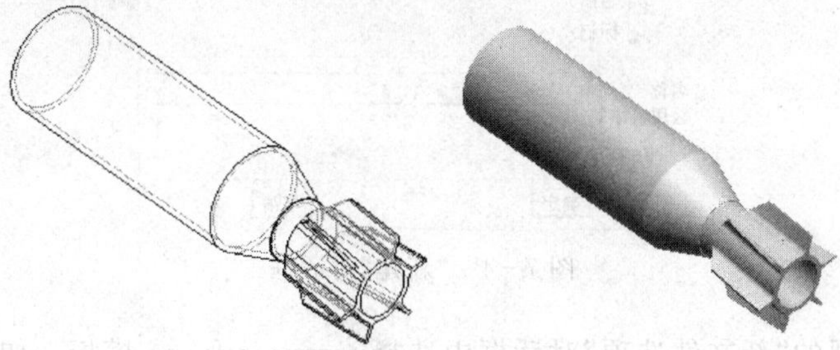

图 7-1　弹壳尾翼

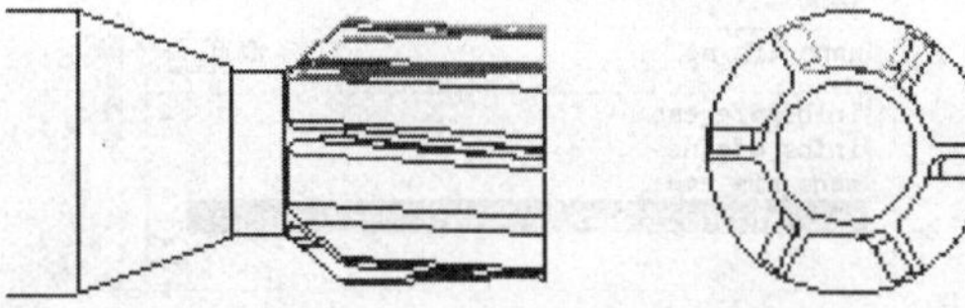

图 7-2　尾翼的二维图形

由于弹壳尾翼的曲面曲线数据量比较大，为了加快计算机运行速度，我们将该零件的非加工部分切掉，只留下两个尾翼间的一组曲面，如图 7-3 所示。这样既留下了全部加工内容，又加快了计算机运行速度。

图 7-3　简化的弹壳尾翼

7.2 新建一个加工文件

首先,将工作目录设置为零件“dk. prt”所在文件夹。

7.2.1 创建数控加工文件

(1)在Pro/ENGNIEER Wildfire的主界面中单击新建按钮□,系统弹出如图7-4所示的“新建”对话框。

(2)在“类型”选项组中点选“制造”单选钮,在“子类型”选项组中点选“NC组件”单选钮,然后在“名称”文本框中输入数控加工文件名“dk”,单击“确定”按钮,进入加工制造模式。

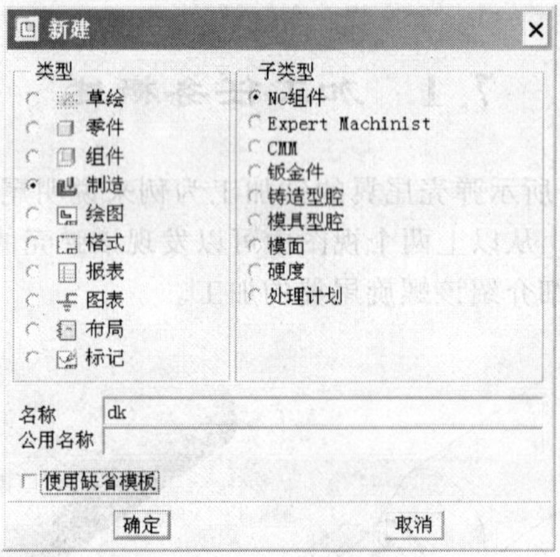

图7-4 “新建”对话框

(3)在随后出现的“新文件选项”对话框中选择mmns_mfg_nc模板。如图7-5所示。

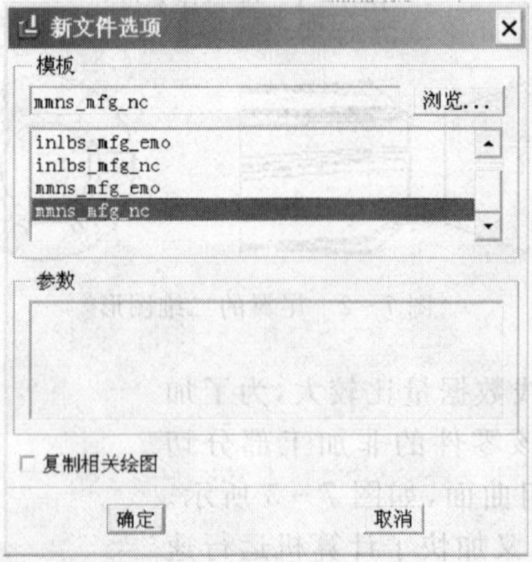

图7-5 “新文件选项”对话框

(4)单击菜单管理器中的“制造模型”→“装配”→“参考模型”命令,在弹出的“打开”对话框中选择“dk. prt”,如图7-6所示,单击“打开”按钮。

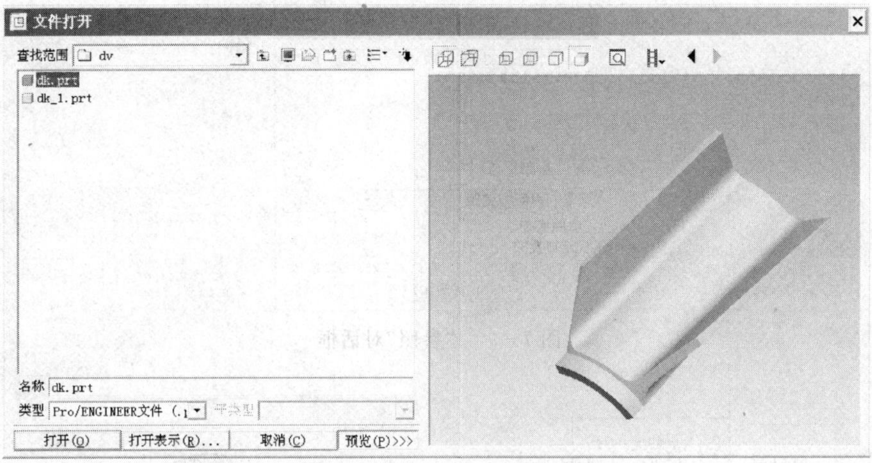

图 7-6 “打开”对话框

(5)在随后出现的“装配选项”操控板中选择缺省选项 ■ 缺省 。如图 7-7 所示。注意在操控板的右侧，当我们未选择“装配选项”时，系统显示装配状态为“不完整约束”并以红色警示。当我们选择某一项“装配选项”且未完全约束零件时，系统显示装配状态为“部分约束”并以红色警示。当我们完全约束零件时，系统显示装配状态为“完全约束”并取消红色警示。

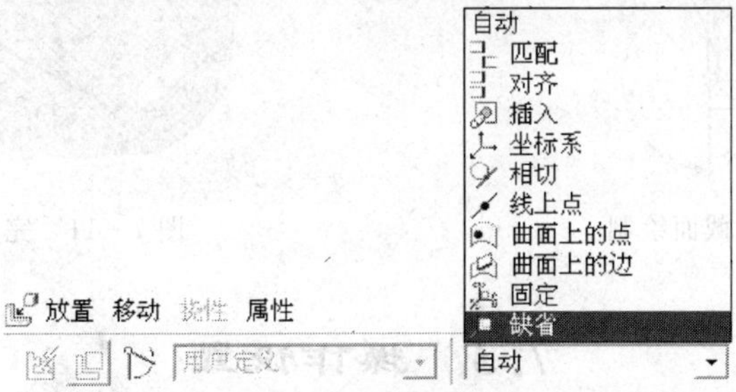

图 7-7 装配选项

完成装配后单击确认按钮☑。

7.2.2 创建工件

(1)单击“创建”→“工件”命令，在消息区输入欲创建的工件名称“dkwy_mp”，单击确认按钮☑。

(2)单击“加材料”→“旋转”→“实体”→“完成”命令，再单击操控板中的“位置”→“定义”按钮，系统弹出“草绘”对话框。选择基准平面“DTM3”作为草绘平面，选择基准平面“FRONT”作为参考平面，其余选项如图 7-8 所示，单击“草绘”按钮。

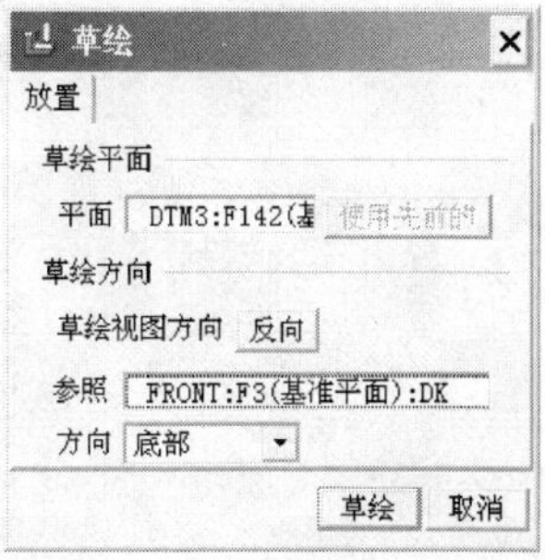

图 7-8 “草绘”对话框

(3)选择“A_2 轴”和基准平面“F3(NC_ASM_FRONT)”作为绘图参考，选择结果如图 7-9 所示。绘制如图 7-10 所示截面，单击确认按钮✔完成草绘。单击操控板中的预览按钮 预览图形，经确认无误后，单击确认按钮☑，完成的工件如图 7-11 所示。单击“制造模型”菜单中的“完成/返回”命令。

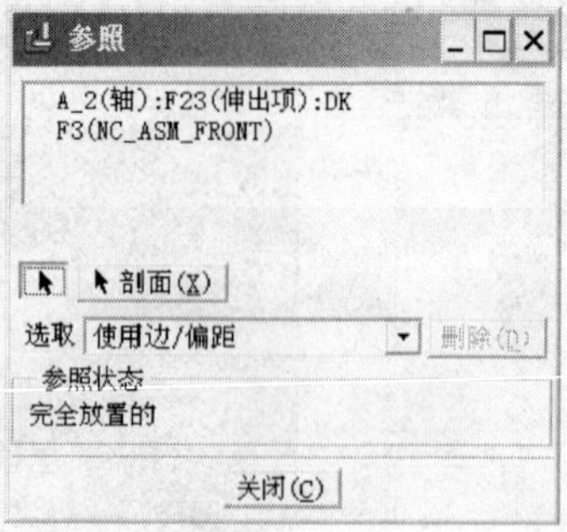

图 7-9 “参照”对话框

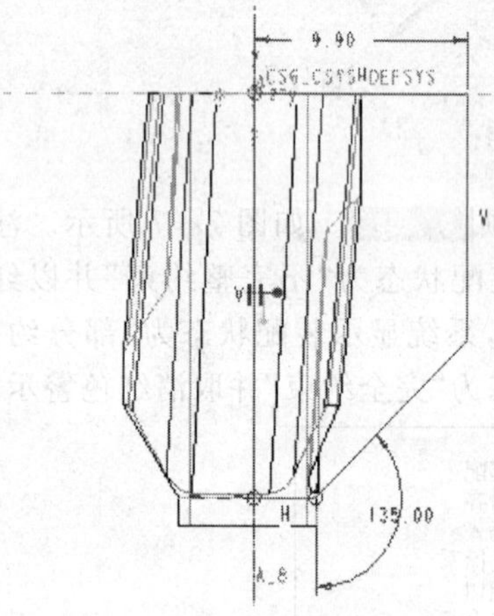

图 7-10 截面绘制

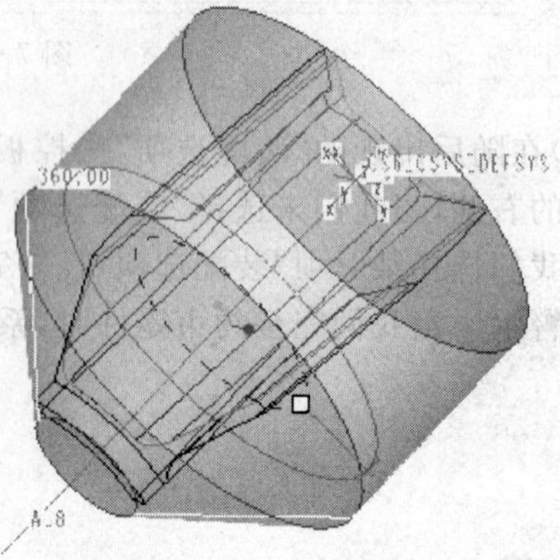

图 7-11 完成的工件

7.3 操作设置

单击“制造”菜单中的“加工”命令，系统弹出如图 7-12 所示“操作设置”对话框。在“操作名称”栏中，将“OP010”改为“dkwy”。

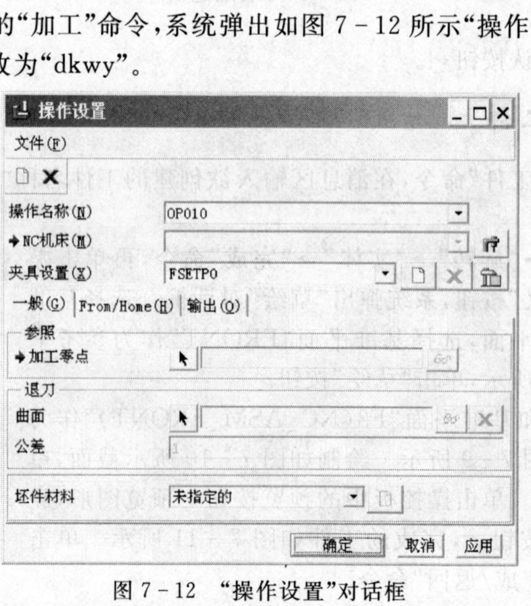

图 7-12 “操作设置”对话框

7.3.1　设置机床

单击重建或重定义机床按钮，系统弹出如图 7－13 所示的“机床设置”对话框，如果对机床没有特别要求，直接单击“确定”按钮。

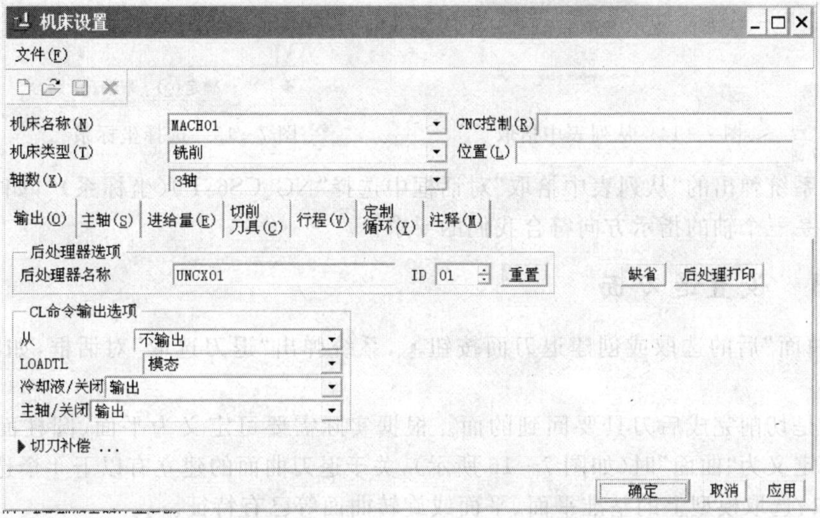

图 7－13　“机床设置”对话框

这里特别说明一下对机床轴数的选择。首先，5 轴联动的机床加工该零件是最合适的，将刀具轴线偏置一个角度，尽量使用球头铣刀靠近侧刃的部分加工零件，这样切削线速度大，有利于提高零件表面质量。当然，这种加工方法的加工成本也是最大的。

第二种方法就是选择一台带回转工作台的铣加工中心，每次加工两个叶片中的凹槽，然后由回转工作台实现零件的旋转，每次旋转 60°，由于刀具轴线相对于零件不能偏置一个角度，因此在加工到底面时，是使用球头刀具的横刃，或者说是靠近刀具中心的部位来切削，切削环境恶劣，切削线速度低，不利于提高零件表面质量。为了提高表面质量，不得不减小 STEP_OVER。这样做的直接后果是加工时间变长，但是由于 STEP_OVER 小，使得每齿吃刀量变小，这样可以提高进给量，把损失的时间补回来。

笔者使用的是第三种方法。由于条件限制，在立式铣加工中心上外加一个手摇分度头，每次加工完一个凹槽后，将零件旋转 60°。与第二种方法的区别在于一个是手动分度，一个分度由机床完成。这种方法的关键在于精确调整分度头，使其圆跳动达到图纸要求。相同点在于编程时只编一个凹槽，然后将其调用 6 次即可。

7.3.2　设置加工零点

单击“加工零点”后的选择或创建程序零按钮，系统显示“制造坐标系”菜单。Proewildе3.0 在这里和以前的版本有所区别，在“制造坐标系”菜单中没有“创建”命令，只有“选择”命令。如果没有合适的坐标系则需要创建。在这里我们选择一个坐标系。

将鼠标移到系统所显示坐标系上方，待任意一个坐标系变亮后单击鼠标右键，在随后弹出的对话框中选择“从列表中拾取”选项，如图 7－14 所示。

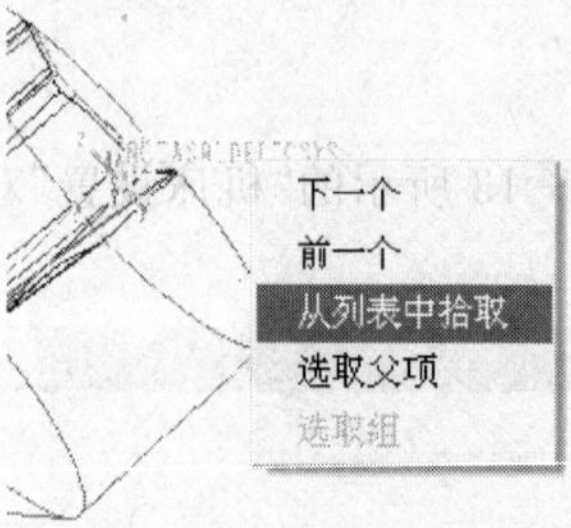

图7-14　从列表中拾取

图7-15　选择坐标系

在随后系统弹出的“从列表中拾取”对话框中选择“NC_CS6:F9(坐标系)”，如图7-15所示。此坐标系三个轴的指示方向符合我们的要求。

7.3.3　设置退刀面

单击“曲面”后的选取或创建退刀面按钮，系统弹出“退刀选取”对话框，如图7-16所示。

退刀面是切削完成后刀具要回到的面。根据实际需要可定义为平面、圆柱面、球面或曲面。当将其定义为“曲面”时(如图7-16所示)，关于退刀曲面的建立有以下4个选项：

- 选取：选取模型上的基准平面、平面或旋转曲面等已有特征。
- 创建平面：当模型上的已有特征不能满足要求时，创建一个基准平面。
- 创建曲面：当模型上的已有特征不能满足要求时，创建一个旋转曲面特征。此选项在“3轴”NC序列中不可用。
- 沿Z轴：通过沿坐标系Z轴指定一个偏距来创建垂直于该轴的基准平面，偏距值在“输入Z深度”文本框中输入。

单击“沿Z轴”按钮，然后输入退刀面高度20。单击“确定”按钮，返回“操作设置”对话框，完成的设置如图7-17所示。单击“确定”按钮，完成操作设置。

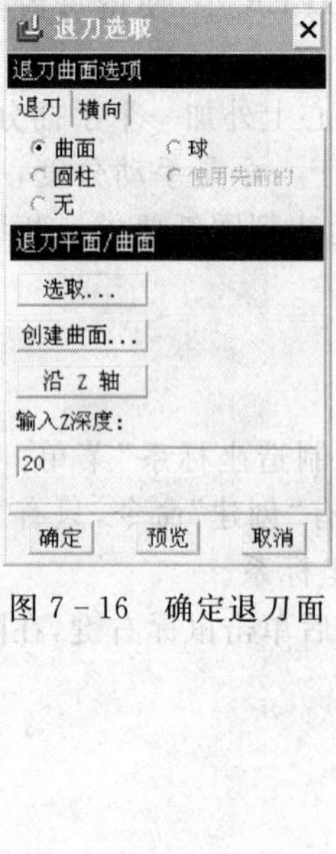

图7-16　确定退刀面

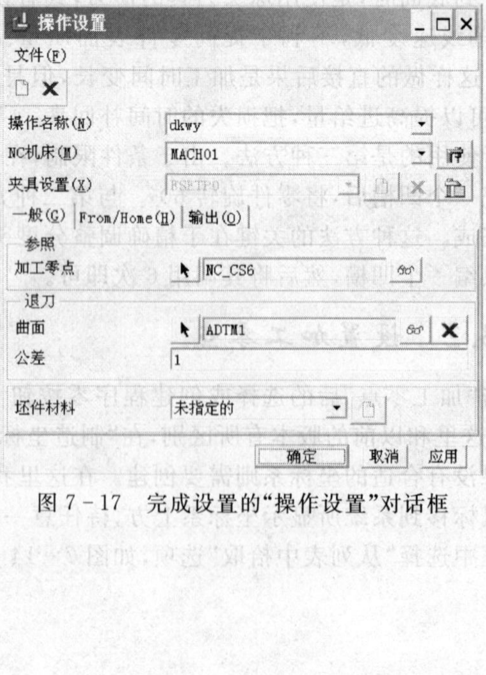

图7-17　完成设置的“操作设置”对话框

7.4 设定粗加工 NC 序列

单击“加工”→“曲面铣削”→“完成”命令，系统显示“序列设置”菜单。除了适用于所有 NC 序列类型的公共选项外，“序列设置”菜单还包含下列特殊选项：

(1)曲面：选取要加工的曲面。如果选取面组曲面，请指定要加工的曲面侧。

(2)窗口：创建或选取“铣削窗口”，仅在“3 轴”NC 序列时出现，此选项与“曲面”选项是相互排斥的。如果使用“窗口”选项，则指定“铣削窗口”内的所有曲面都将被选取。

(3)封闭环：为“窗口”加工指定要封闭的环，仅在“3 轴”NC 序列时出现。

(4)扇形凹口曲面：如果指定了 SCALLOP_HGT，则选取将从扇形孔计算中排除的曲面。

(5)检测曲面：选择对其进行过切检测的附加曲面。

(6)定义切削：定义曲面铣削的方式，并指定适当的参数。

(7)轴定义：控制刀具轴的方向，仅在 4 轴和 5 轴 NC 序列时出现。

(8)构建切削：访问“构建切削”功能。

(9)进刀/退刀：指定进刀和退刀移动。

选定的 NC 序列所需选项被自动选取，需要时可选取附加选项，然后单击“完成”命令，系统将依次启动所有选定项目的用户界面。

勾选“名称”复选框，其余选项接受系统默认，单击“完成”命令。在消息区输入 NC 序列名称“dkwy_rough”，单击确认按钮▶。

7.4.1 设置刀具

在弹出的“刀具设定”对话框中点击新建按钮右侧的三角按钮，在出现的刀具类型表中选择所需的刀具类型：“端铣刀”。或者直接点击图标。这时系统自动增加刀具 T0001，且刀具位置为“1”。输入如图 7-18 所示的各项参数。

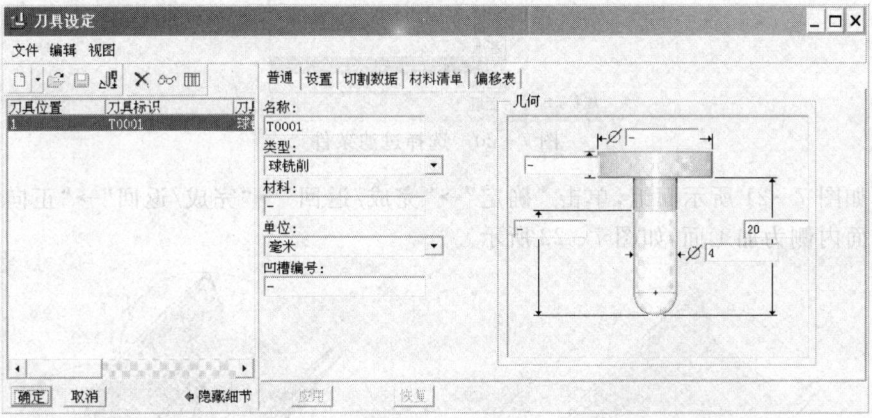

图 7-18　“刀具设定”对话框

7.4.2 设置加工参数

单击“设置”命令，系统弹出“参数树”对话框，如图 7-19 所示输入各项参数。在这里需要对本例(弹壳尾翼)采用的加工方法作一个简单介绍。首先，采用一把∅4 mm 的球头铣刀粗铣加工表面，预留 0.2 mm 加工余量，由于是粗铣，“跨度”值可以设的大一点，在本例中为 1 mm。然后，采用一把∅1.6 mm 的球头铣刀精铣加工表面到尺寸，“跨度”值可以设定的小一点，在本例中为 0.1 mm。

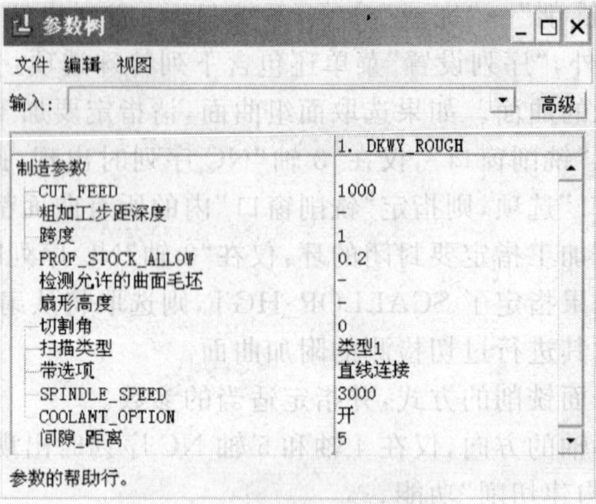

图 7-19 设置“加工参数”

要对加工过程进行更具体的控制，可单击“高级”按钮来设置更详细的加工参数。

参数设置完成后，单击对话框中的“文件”→“保存”命令，系统弹出“保存参数”对话框。输入文件名“milprm_rough”，以备在后续操作中调用，单击“确定”按钮。单击对话框中的“文件”→“退出”命令，再单击菜单管理器中的“完成”命令。

7.4.3 创建加工曲面

单击“选取曲面”→“模型”→“完成”命令。单击“过滤器”下拉列表框，选择“面组”选项，如图 7-20 所示，这样方便复制曲面时对曲面的选择。

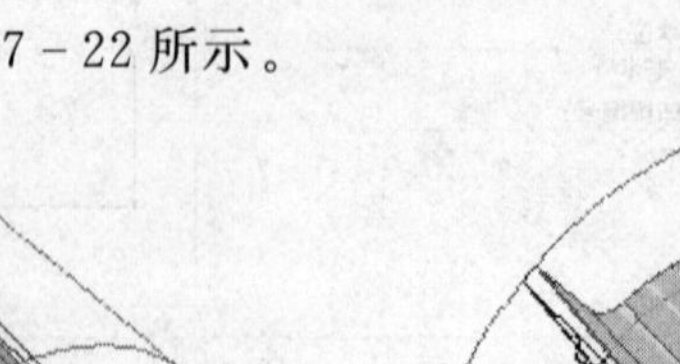

图 7-20 选择过滤条件

选择如图 7-21 所示面组，单击 “确定”→“完成/返回”→“完成/返回”→“正向”命令，接受所选曲面内侧为加工面，如图 7-22 所示。

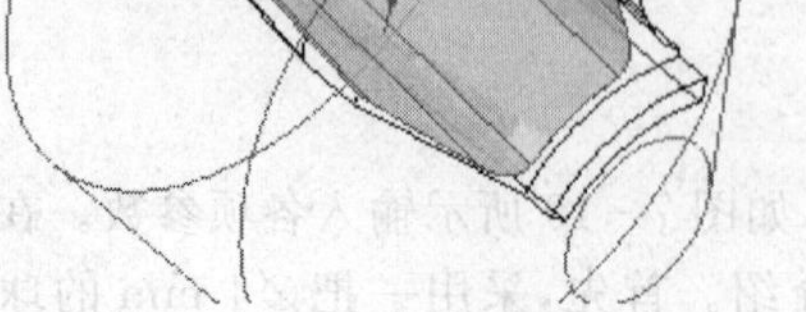
图 7-21 选择曲面

图 7-22 选择方向

7.4.4　定义切割

系统弹出"切削定义"对话框。这一步是曲面加工的关键步骤，选择不同的选项则直接导致加工同一曲面时刀具轨迹的不同，由此而导致加工时间、刀具磨损、零件表面质量、刀具寿命等一系列结果的不同。具体各项参数如何选择以及对加工产生的影响将在精加工中作详细介绍。

接受系统默认的各项选择如图 7－23 所示，单击"确定"按钮。

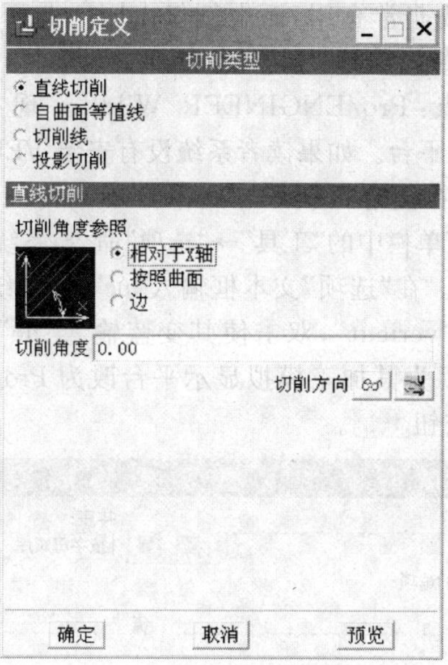

图 7－23　选择切削类型

7.4.5　加工轨迹演示

单击"演示轨迹"→"屏幕演示"命令，查看一下所定义的粗加工的刀具轨迹，系统显示"播放路径"对话框。

单击刀具间隙按钮 刀具间隙... 可使用"测量"功能，以计算刀具干涉和间隙。如果使用了整体刀具模型，则可选取其几何形状用于测量。如果刀具由参数定义，那么它将被暂时转换为"虚拟"零件，并依据适当的刀具参数确定其几何形状。单击放置切削刀具按钮 放置切削刀具，可在刀具路径上选取点来放置切削刀具。要在某 CL 数据行上放置切削刀具，单击"NCL 文件"→"刀具位置"命令。在对话框的底部，有一个滑块可用来调整显示速度。将滑块移动到右端可使显示加快，移动到左端可使显示减慢。当显示刀具路径时，可通过添加断点使刀具停在某些点上。也可在 CL 文件中所需位置处插入定制的 CL 命令，如获得正确 NC 输出所需的特定后处理器词。当保存 CL 数据时，这些命令将被输出到 CL 文件中。如果添加刀具运动命令，则相应的运动也将显示到屏幕上的刀具路径显示中。

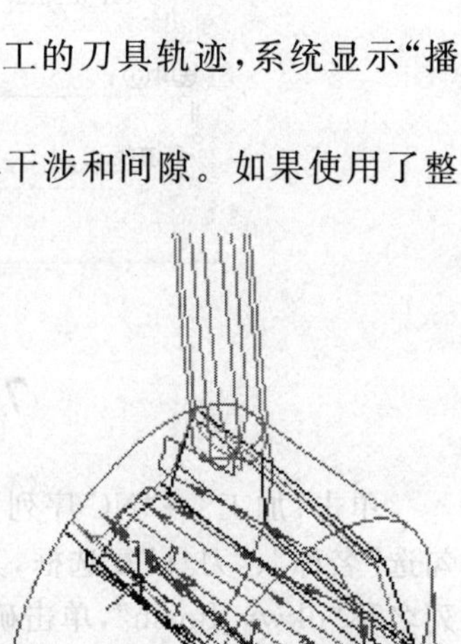

图 7－24　刀具轨迹

单击向前播放按钮▶，系统显示刀具轨迹如图 7－24 所示。

7.4.6　NC 检测

单击“NC 检测”→“运行”命令，系统对模型进行渲染，模拟加工过程，结果如图 7－25 所示。单击“保存”命令，输入文件名“dkwy_rough”，确认无误后，单击“完成/返回”→“完成序列”命令。至此，完成粗加工的定制。（保存 NC 检测的结果，在由多个 NC 序列组成的加工过程中对控制加工参数非常有用，而本例仅由同一曲面的粗精两次加工组成，在录制视频文件时将这一步骤省去。）

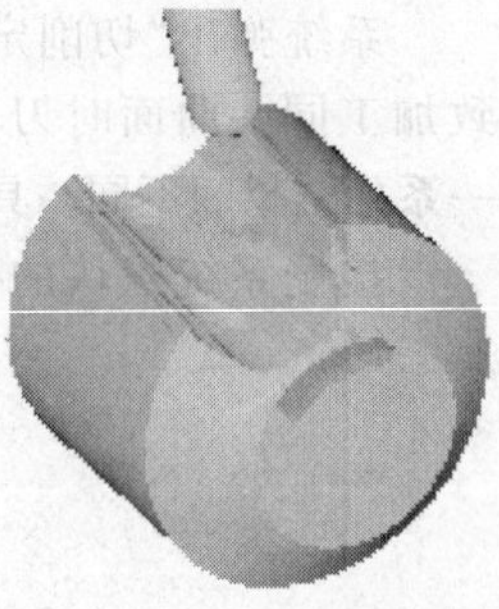

图 7－25　NC 检测结果

这里需要补充说明一点：Pro/ENGINEER Wildfire 现在默认 VERICUT 为其加工模拟显示平台。如果读者系统没有安装 VERICUT，单击“NC 检测”命令时系统会在消息区提示：“此平台不支持应用程序 VERICUT_DLL。”这时单击菜单栏中的“工具”→“选项”命令，系统弹出如图 7－26 所示的“选项”对话框。在“选项”文本框输入“nc”时，系统则自动显示“nccheck_type”，按回车键，在“值”文本框显示“vericut”，双击使其变蓝输入“nc”，系统则自动显示“nccheck”。这样，就将系统默认 VERICUT 为其加工模拟显示平台改为 Pro/NC－CHECK。单击添加/更改按钮[添加/更改]，再单击确定按钮[确定]。

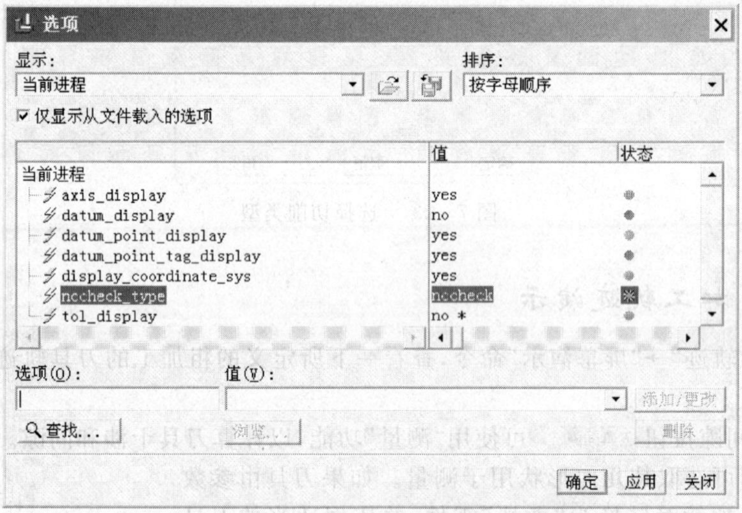

图 7－26　设置加工模拟显示平台

7.5　设定精加工 NC 序列

单击“加工”→“NC 序列”→“新序列”→“曲面铣削”→“完成”命令，显示“序列设置”菜单。勾选“名称”、“刀具”复选框，其余选项接受系统默认，单击“完成”命令。在消息区输入 NC 序列名称“dkwy_finish”，单击确认按钮▶。

7.5.1　设置刀具

在弹出的“刀具设定”对话框中输入如图 7－27 所示的各项参数。参数设置完成后，可单击“刀具窗口”按钮在随后打开的小窗口查看所定义的刀具，也可直接在“刀具窗口”按钮下方的小窗口查看刀具，在这两个窗口内都可以通过鼠标的拖放实现刀具图形的放大和移动。对刀具的设置确认无误后单击“确定”按钮。

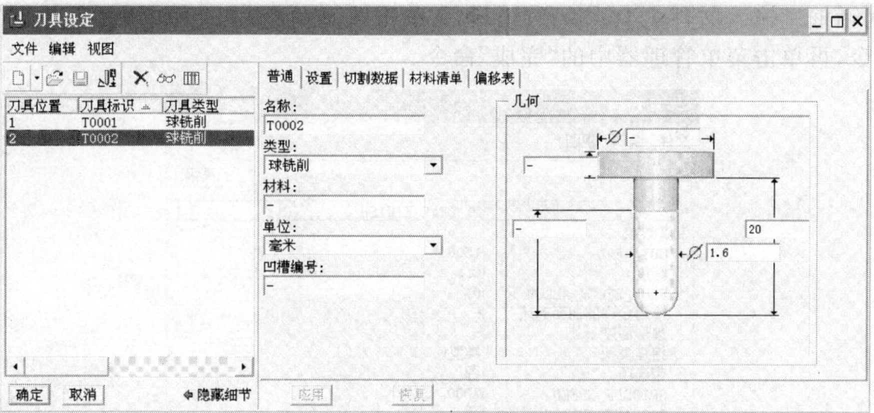

图 7－27 “刀具设定”对话框

由于尾翼根部有一个 $R1$ 的圆角过渡，为了使过渡曲面与其他加工曲面一样是被球头刀一点一点“刹”出来的，选用比 $R1$ 圆角略小的 $R0.8$ 的球头刀，这样既满足加工的要求又使刀具直径尽可能得大。在实际加工过程中如果选用 $R1$ 的球头刀，在加工时会“一刀”成型过渡曲面，使得它与其他被“刹”出来的曲面连接得不是很顺畅。

7.5.2 设置加工参数

单击“检索”命令，在弹出的“打开”对话框中选择在粗加工 NC 序列中保存的加工参数“milprm_rough.mil”，如图 7－28 所示，单击“打开”按钮。

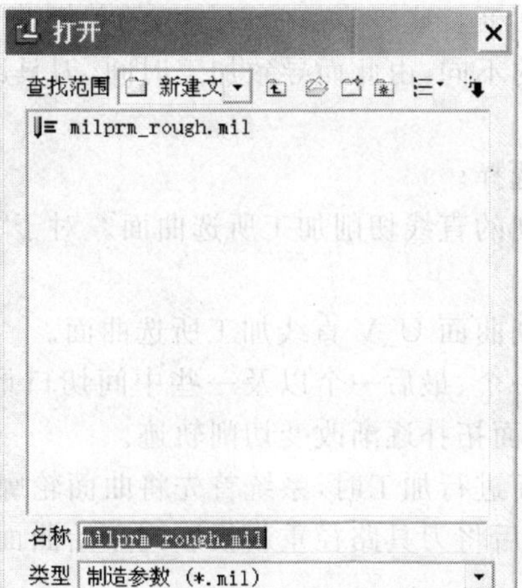

图 7－28 “检索”加工参数

单击“设置”命令，系统弹出“参数树”对话框。其中显示的是被打开的加工参数“milprm_rough.mil”，如图7-29所示修改参数。单击对话框中的“文件”→“保存”命令，系统弹出“保存参数”对话框。输入文件名“milprm_finish”，单击“确定”按钮。单击对话框中的“文件”→“退出”命令，再单击菜单管理器中的“完成”命令。

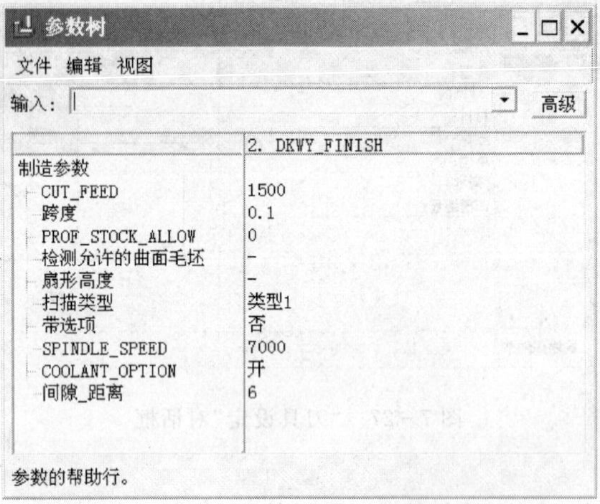

图7-29　设置加工参数

7.5.3　创建加工曲面

因为精加工NC序列加工的曲面与粗加工NC序列加工的曲面一样，所以在显示的“NC序列曲面”菜单中单击“从先前序列”命令，然后在“NC序列表”中选择“DKWY_ROUGH”，单击“完成选取”→“完成/返回”命令。

7.5.4　定义切割

系统弹出“切削定义”对话框。这一步是曲面加工的关键步骤，选择不同的选项则直接导致加工同一曲面时刀具轨迹的不同，由此而导致加工时间、刀具磨损、零件表面质量、刀具寿命等一系列结果的不同。

有4种“切削类型”可以选择。

(1)直线切削：通过一系列的直线切削加工所选曲面。对于“3轴”NC序列，也可以在深度增量方向去除材料。

(2)自曲面等值线：由下列曲面U_V直线加工所选曲面。

(3)切削线：通过定义第一个、最后一个以及一些中间切口形状来加工所选平面。当系统生成刀具路径时，它将根据曲面拓扑逐渐改变切削轨迹。

(4)投影切削：对所选曲面进行加工时，系统首先将曲面轮廓投影到退刀面上，在曲面上创建一个“平坦的”刀具路径，然后将刀具路径重新投影到原始曲面。此选项只适用于“3轴曲面铣削”。

下面，将分别对4种切削类型的具体选项作一个简单介绍。

(1)首先，选中“直线切削”单选钮，如图7-30所示。

关于“切削角度参照”有 3 个选项，各选项含义如下。

· 相对于 X 轴：切削的方向是根据相对“NC 序列”坐标系的 X 轴的角度定义的。“切削角度”对话框中的数值和切削参数中设定的 CUT_ANGLE 参数值相对应，在设定加工参数时并未设定 CUT_ANGLE，其值为系统默认的 0。通过输入不同的值可改变切削方向。

· 按照曲面：切削可以平行于某一个平面，这时选择某一个平的曲面或基准平面来定义切削方向。

· 根据边：选取某一条边，使切削方向平行于选定的边。

设置完成后，单击预览按钮可以预览切削方向，如果需要可以单击更改切削方向按钮使切削方向反向。

(2)点选“自曲面等值线”单选钮，如图 7－31 所示。

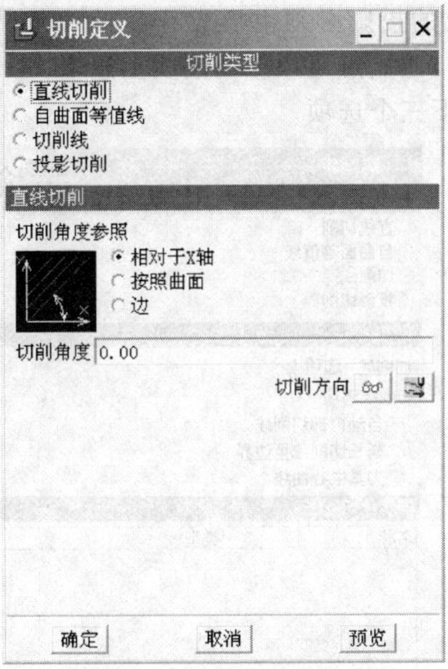

图 7－30　“直线切削”设置

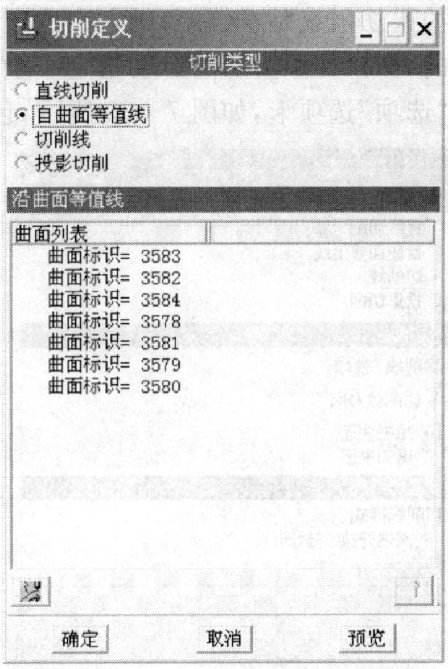

图 7－31　“自曲面等值线”放置

使用此方法加工单个或多个连续曲面时加工方向由待加工曲面的 U_V 线确定。如果选定了多个连续曲面，将分别定义每个曲面的加工方向。由于加工方向是由待加工曲面的自然 U_V 轮廓来确定，如果待加工曲面与坐标系的轴成一角度，则选用“自曲面等值线”比选用“直线切削”效果要好。

在列表框中选取一个曲面，可以预览其加工方向，对于每个选取的曲面都有两个方向（由曲面的 U_V 线确定）可选择。

(3)点选“切削线”单选钮，如图 7－32 所示。

使用“切削线”来定制曲面加工与使用“自曲面等值线”选项相比，“切削线”选项对切削的实际形状提供了更多的控制，可以生成形状与曲面拓扑相对应的切削轨迹。

单击“切削线”选项卡旁边的“小三角”，对话框展开如图 7－32 所示，各选项含义如下。

· 加工曲面：通过选取待加工曲面的边或曲线来定义切削线。

· 退刀平面：在“退刀”平面中定义切削线。

· 刀具范围：系统将生成一个曲面特征，表示可以使用当前刀具和参数加工的曲面的区域，然后使用此曲面的边来定义切削线，该曲面属于 NC 序列。该选项仅在“3 轴”加工中可以使用。

· 另一曲面：选取要用来定义切削线的曲面而不是要加工的曲面。当选取图形以便从替换曲面定义切削线后，这些图形将以垂直于替换曲面的方向，投影到待加工曲面形成切削线。该选项仅在“3 轴”加工中可以使用。

“刀具路径方法”选项组中的 3 个选项用来定义计算刀具运动的方法，各选项含义如下。

- 自动：自动确定计算方法。
- 刀具接触点：“切削线”表示刀具接触点的轨迹。
- 刀具中心线：“切削线”表示刀具中心的轨迹。

“切削线样式”选项组中的两个选项用来定义加工轨迹是待加工曲面的开放环还是封闭环。

- 末端开放：加工开放的曲面环。选择此选项，系统将认为所有的切削线都是边、曲线或草绘图形的开放链。如果使用曲线或草绘图形创建切削线，则可以调整链的端点。
- 闭合环：加工封闭的曲面环。选择此选项，系统将认为所有的切削线都是边或曲线的封闭环。如果切削线是草绘的，则它在选定曲面上的投影必须也形成一个封闭环。因为切削线是封闭的，所以必须为切削运动指定一个起始点，起始点可以在切削线上选取。

单击“选项”选项卡，如图 7-33 所示，包含以下三个选项。

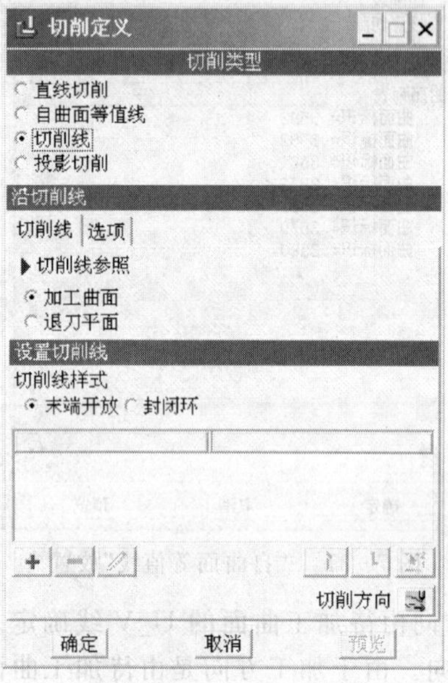

图 7-32 切削线设置

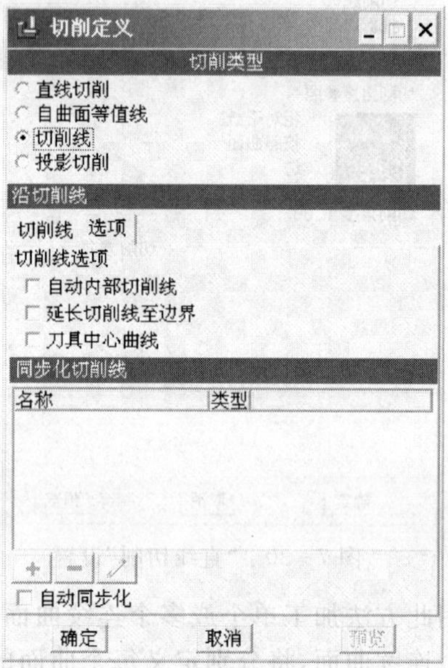

图 7-33 “切削线”中的“选项”设置

- 自动内部切削线：系统将使用穿过所有指定同步线的边作为内部切削线。
- 延长切削线至边界：系统将使切削线延伸到曲面边界，当切削线未延伸至所选曲面全长时，应该选中此功能。
- 刀具中心曲线：生成刀具路径时，根据刀具中心位置计算刀具路径。

在“同步化切削线”区域包括同步化切削线的刀具。

- 定义切削线间的同步线，添加一个同步选项后，其名称和类型将在框内列出。
- 删除在“同步化切削线”列表框中列出的同步选项。
- 重定义在“同步化切削线“列表框中选取的同步选项。
- 自动同步化：如果有一条边穿过所有的切削线，系统将试图确定它们是否作为同步线。当显示刀具路径的中间网格时，它将加亮所有的同步线。如果对自动选取的同步线不满意，清除“自动同步化”选项，然后单击按钮，手动选取适当的同步线。

(4)点选“投影切削”单选钮，如图 7-34 所示。

“边界条件与偏移”选项组包含以下选项：

· 在其上：要加工的轮廓与与选定曲面的投影轮廓相一致。

· 左：通过将投影的轮廓以偏距值(Cutter_Diameter/2＋“边界偏距值”)偏移到内侧来构建要加工的轮廓。

· 右：通过将投影的轮廓以偏距值(Cutter_Diameter/2＋“边界偏距值”)偏移到外侧来构建要加工的轮廓。

· 边界偏距值：缺省偏距是 Cutter_Diameter/2。在文本框内输入偏距值即可指定偏距值。

(5)经过比较，在精加工中选择“切削线”来定义切削。

①设置定义加工开始的切削线。单击按钮，系统弹出如图 7－35 所示的“增加/重定义切割线”对话框。

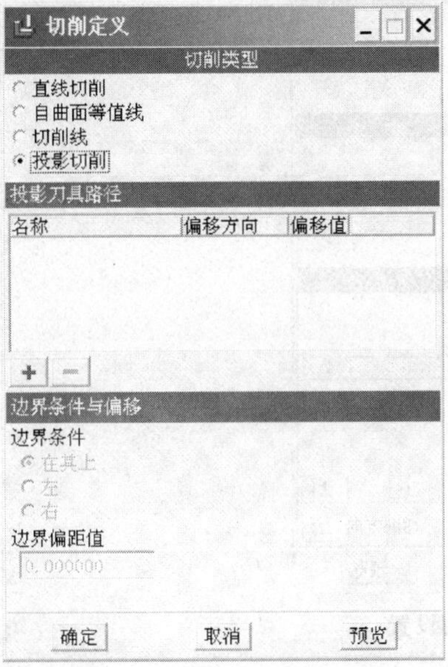

图 7－34　“投影切削”设置

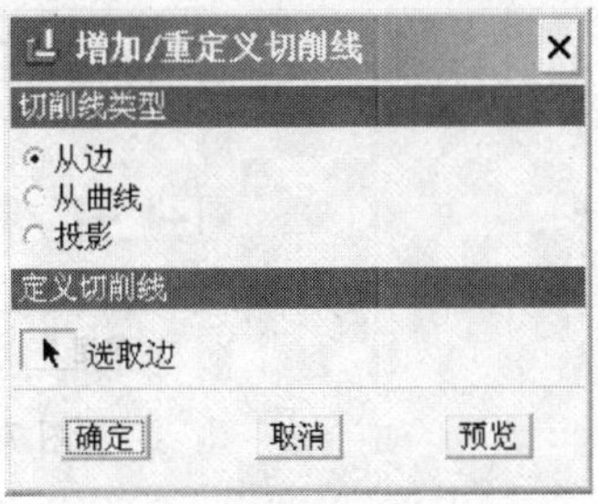

图 7－35　“增加/重定义切割线”对话框

“切削线类型”包含以下 3 个选项：

· 从边：从为铣削选取的曲面或其他曲面选取边(使用“刀具范围”或“替换曲面”选项指定的)来定义切割线。

· 从曲线：通过选取原有的基准曲线来定义切割线。

· 投影：在退刀面或指定的另一个草绘平面上草绘切割线。

这时“链”菜单的(有可能被“切削定义”对话框覆盖，移开对话框即可看见)选项依次为“边界链”→“选取”，选择如图 7－35 所示两点，系统显示“选取”菜单，反复单击“下一个”命令，直到确定选取的是如图 7－35 所示的那一段，单击“接受”命令。单击“链”菜单中的“完成”命令，单击“增加/重定义切割线”对话框中的“确定”按钮。此时在“切削定义”对话框中显示设置的切削线“切割线 1 从边”。

②设置定义加工结束的切削线。单击按钮，系统弹出“增加/重定义切割线”对话框。选择如图 7－37 所示两点，系统显示“选取”菜单，反复单击“下一个”命令，直到确定选取的是如图 7－37 所示的那一段，单击“接受”命令。单击“链”菜单中的“完成”命令，单击“增加/重定义切割线”对话框中的“确定”按钮。此时在“切削定义”对话框中显示设置的切削线，如图 7－38 所示。

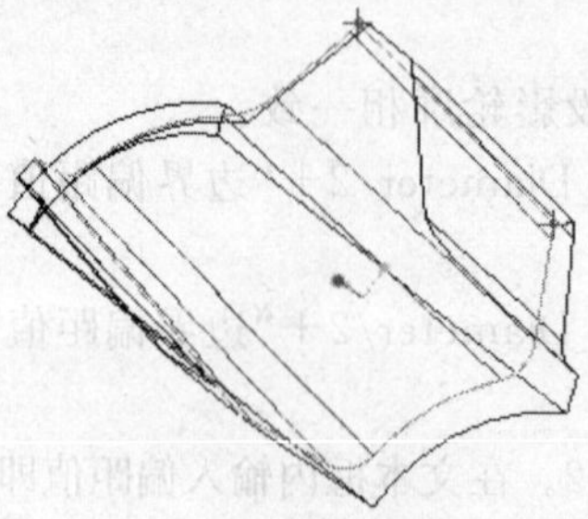

图 7-36　切割线 1

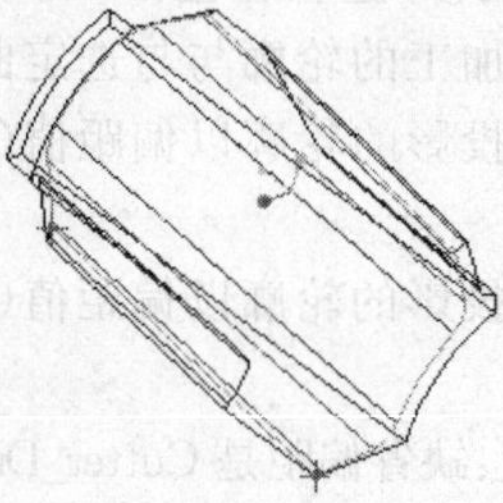

图 7-37　切割线 2

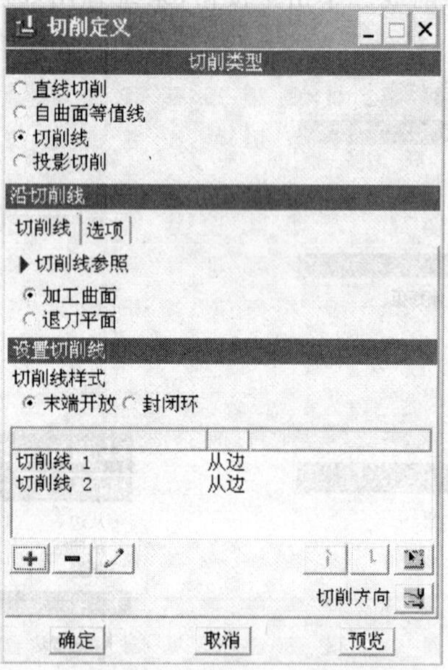

图 7-38　完成的设置

这时单击排序按钮▣，然后在工作区选择取已定义的切削线，可以对其进行重新排序。此时所有的切削线加亮，选择先要加工的切削线，然后按照希望的加工顺序继续选择其余的切削线。或者单击“完成选取”，其余的将以缺省顺序加工。如果需要改变切削方向，单击更改切削方向按钮▣，系统显示一个红色箭头显示当前方向。单击“反向”和“确定”命令可以指定所希望的方向。确认无误后单击“切削定义”对话框中的“确定”按钮。

7.5.5　加工轨迹演示

单击“演示轨迹”→“屏幕演示”命令，查看一下所定义的粗加工的刀具轨迹，系统显示“播放路径”对话框。单击向前播放按钮▶，系统显示刀具轨迹如图 7-39 所示。

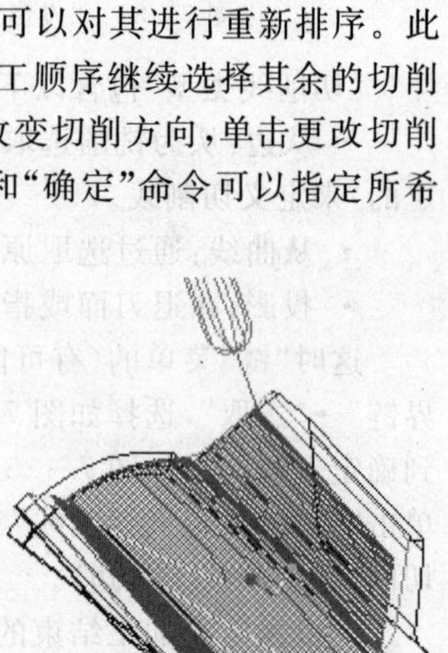

图 7-39　精加工轨迹

7.5.6　NC 检测

首先调出粗加工模拟显示的结果文件。单击“NC 检测”→“恢复”命令，在弹出的“打开”对话框中选择上次加工的模拟显示结果“dkwy_rough.nck”，单击“打开”按钮。再单击“显示”→“运行”命令，系统在粗加工模拟显示结果的基础上进行加工模拟，结果如图

7-40所示。单击“保存”命令，输入文件名“dkwy_finish.nck”，单击“完成/返回”→“完成/返回”→“完成序列”命令。

图 7-40　加工模拟结果

7.6　生成加工程序

下面进行加工程序的生成。

(1)单击“CL 数据”→“操作”→“DKWY”→“文件”→“完成”命令，系统弹出“保存副本”对话框。接受默认的文件名“DKWY.NCL”，单击“确定”按钮。系统经过短暂的计算在消息区出现如下提示“成功创建 Pro/NC 文件 e:\曲面加工\dkwy.ncl.1”，NCL 文件成功创建。

(2)单击“确认输出”→“后置处理”命令，选择刚刚生成的 NCL 文件“dkwy.ncl”。单击“打开”按钮。

(3)单击“完成”命令，系统出现后置处理器列表。当鼠标停留在某一个后置处理器上时，系统在消息区会显示其相关信息如：机床厂家名称，采用哪种控制系统，以及几轴等等。选择后置处理器“UNCX01.P11”，它是美国 HASSS 公司生产的“HASS VF8”系列加工中心。系统经过短暂的计算，在在消息区出现如下提示“后置处理文件 dkwy.tap 成功创建”，同时弹出如图 7-41 所示信息窗口。窗口内显示的信息包括版本号、日期、文件名、处理器名称、文件长度、加工所需时间等等，确认无误后，单击“关闭”按钮。

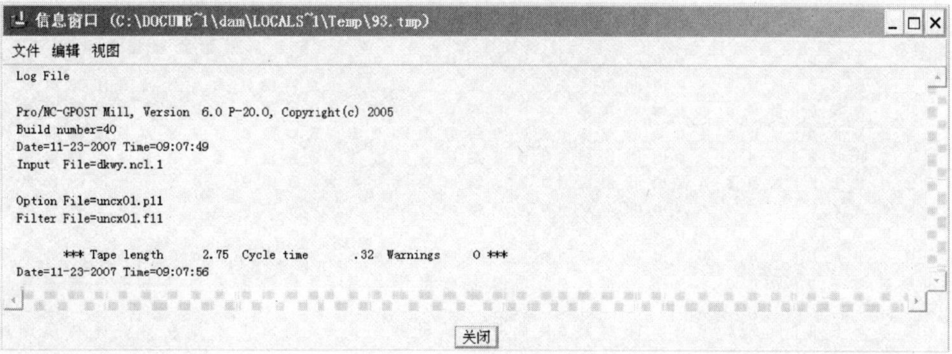

图 7-41　信息窗口

至此，整个加工过程全部完成。

7.7 保存文件

单击工具栏中的保存按钮，系统在消息区提示“输入要保存的对象:”，接受默认的名称“dkwy. mfg”，单击确认按钮。

第 8 章　铸造模具类零件上砂芯的铣加工

本章将介绍 Pro/ENGINEER Wildfire 中如何对铸造模具零件进行铣加工，包括合理选择加工参数、刀具轨迹的合理选择等，并以实例详细介绍其功能和应用。同时对选择不同的刀具轨迹而产生的不同后果作以比较，使读者对具体的刀具轨迹的选择有一个比较全面的了解。

8.1　加工任务概述

本章以如图 8-1 所示汽车排气歧管铸造模具的铣加工为例来说明铸造模具的加工方法。图 8-2 所示排气歧管铸造模具用于铸造排气歧管时成型排气歧管内孔的下砂芯，用于成型排气歧管内孔的下砂芯模具将在下一章介绍。

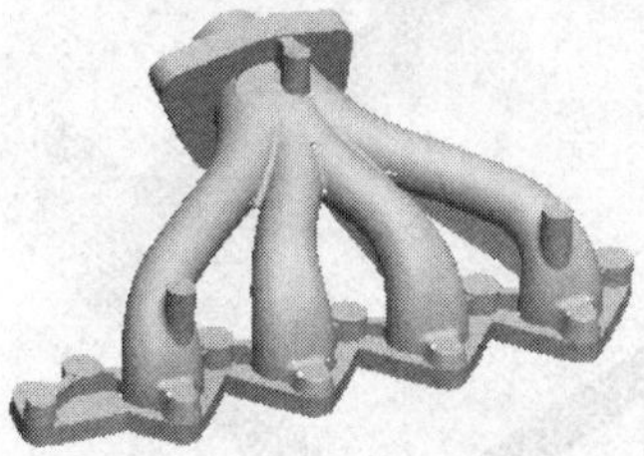

图 8-1　排气歧管

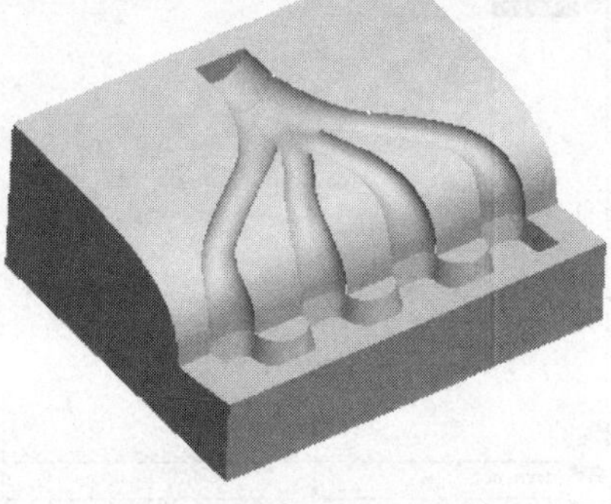

图 8-2　排气歧管铸造模具

8.2　新建一个加工文件

首先，将工作目录设置为零件“up. prt”所在文件夹。

8.2.1　创建数控加工文件

(1)在 Pro/ENGNIEER Wildfire 的主界面中单击新建按钮 □，系统弹出如图 8-3 所示的“新建”对话框。

(2)在“类型”选项组中点选“制造”选项，在“子类型”选项组中点选“NC 组件”选项，然后在“名称”文本框中输入数控加工文件名“up”，单击“确定”按钮，进入加工制造模式。

(3)在随后出现的“新文件选项”对话框中选择 mmns_mfg_nc 模板。如图 8-4 所示。

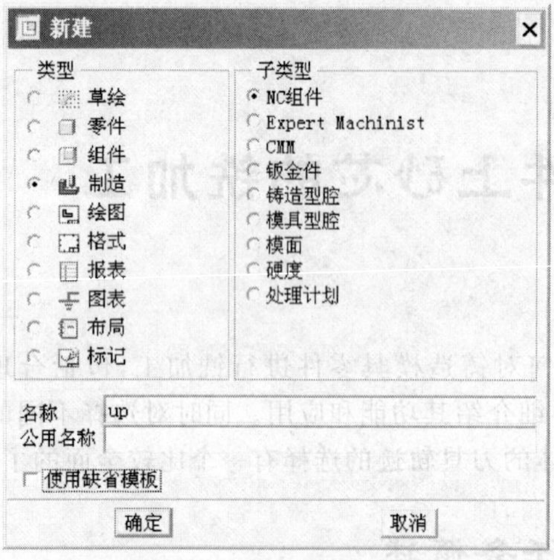

图 8-3 “新建”对话框

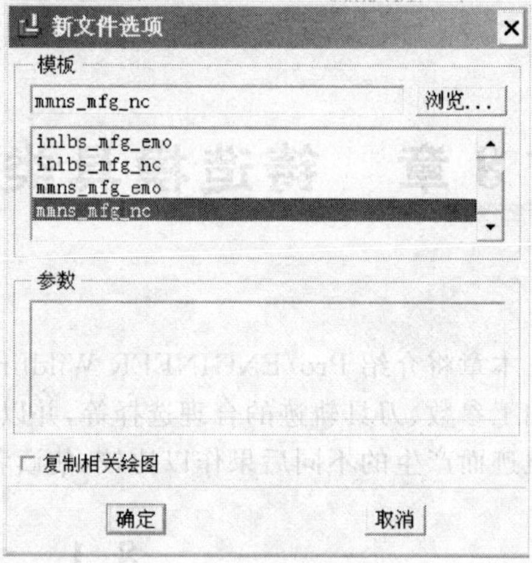

图 8-4 “新文件选项”对话框

(4)单击菜单管理器中的“制造模型”→“装配”→“参考模型”命令，在弹出的“打开”对话框中选择“down. prt”，如图 8-5 所示，单击“打开”按钮。

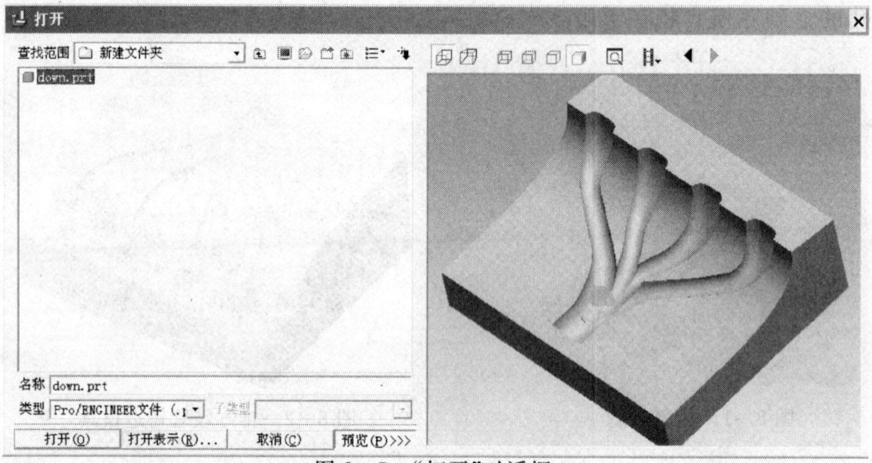

图 8-5 “打开”对话框

(5)在随后出现的“装配选项”操控板中选择缺省 缺省 选项。如图 8-6 所示。注意在操控板的右侧，当我们未选择“装配选项”时，系统显示装配状态为“不完整约束”并以红色警示。当我们选择某一项“装配选项”且未完全约束零件时，系统显示装配状态为“部分约束”并以红色警示。当我们完全约束零件时，系统显示装配状态为“完全约束”并取消红色警示。完成装配后单击确认按钮。

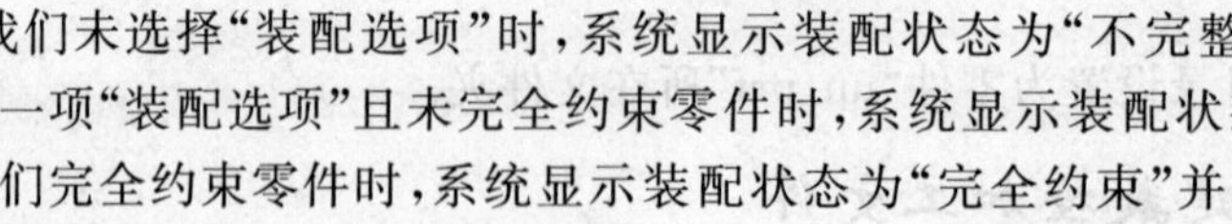

图 8-6 装配选项

8.2.2　创建工件

(1)单击“创建”→“工件”命令，在消息区输入欲创建的工件名称“up_mp”，单击确认按钮。

(2)单击“加材料”→“拉伸”→“实体”→“完成”命令，再单击操控板中的“位置”→“定义”按钮，系统弹出“剖面”对话框。选择基准平面“DTM3”作为草绘平面，选择基准平面“FRONT”作为参考平面，其余选项如图 8-7 所示，单击“草绘”按钮。完成的选取图 8-8 所示。

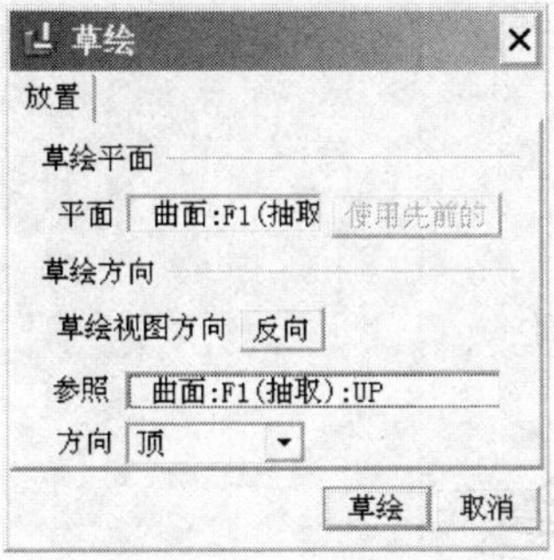

图 8-7　“剖面”对话框

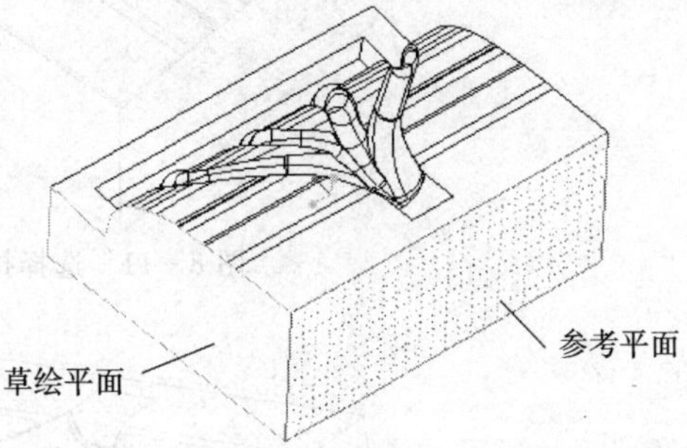

图 8-8　选择草绘平面

(3)选择如图 8-9 左图所示两边作为绘图参考，选择结果如图 8-9 右图所示。绘制如图 8-10 所示截面，单击确认按钮完成草绘。单击操控板中的拉伸至曲面按钮，选择如图 8-11所示平面作为拉伸终止面。单击操控板中的预览按钮预览图形，经确认无误后，单击确认按钮，完成的工件如图 8-12 所示。单击“制造模型”菜单中的“完成/返回”命令。

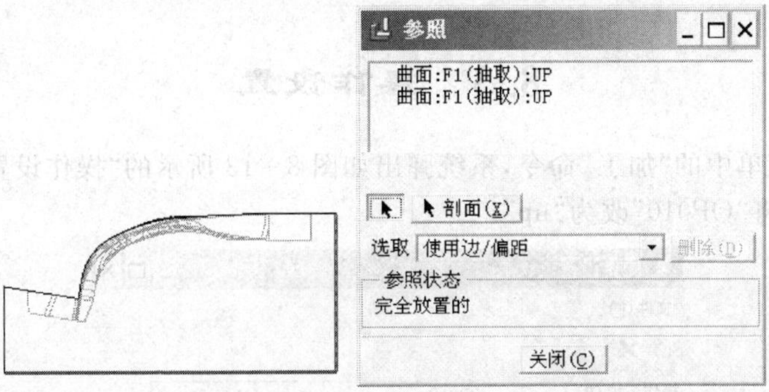

图 8-9　选择参照

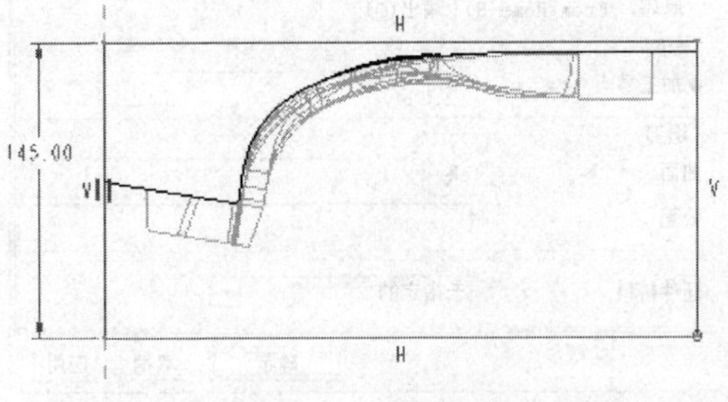

图 8-10　截面绘制

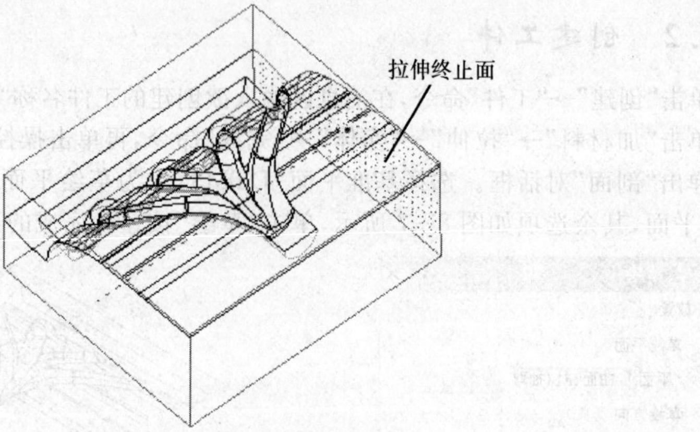

图 8-11　选择拉伸终止面

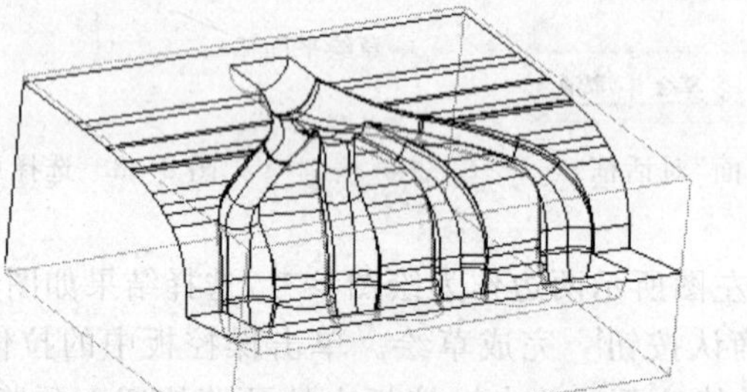

图 8-12　完成的工件

8.3　操作设置

单击“制造”菜单中的“加工”命令，系统弹出如图 8-13 所示的“操作设置”对话框。在“操作名称”文本框中将“OP010”改为“up”。

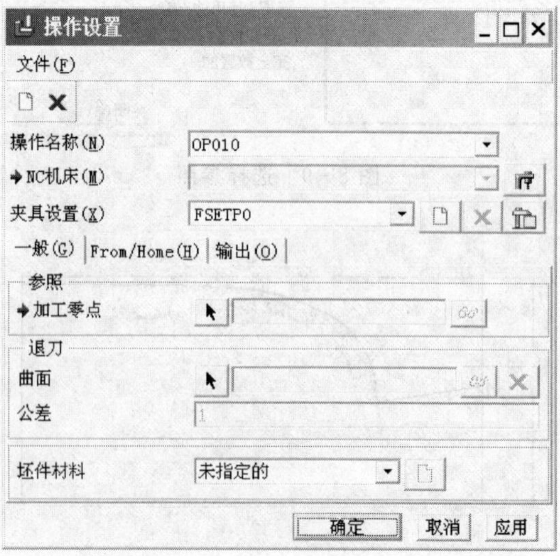

图 8-13　“操作设置”对话框

8.3.1　设置机床

单击重建或重定义机床按钮，系统弹出如图 8－14 所示的“机床设置”对话框，如果对机床没有特别要求，直接单击“确定”按钮。

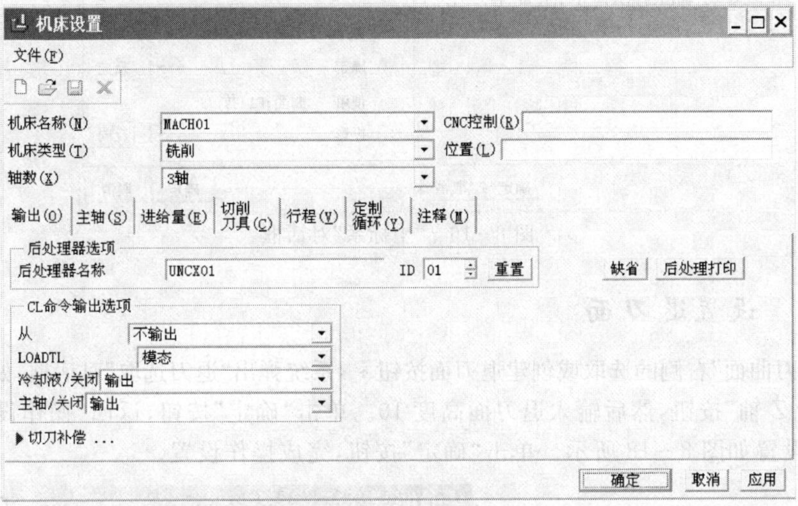

图 8－14　“机床设置”对话框

这里特别说明一下对机床轴数的选择。首先，5 轴连动的机床加工该零件是比较合适的，将刀具轴线偏置一个角度，尽量使用球头铣刀靠近侧刃的部分加工零件，这样切削线速度大，有利于提高零件表面质量，同时可以有效减少刀长，使刀具强度增加，可以加大吃刀量，提高加工效率。当然，这种加工方法的加工成本也是最大的。

由于条件限制，只能使用立式铣加工中心，因此在本例中介绍的是使用立式铣加工中心加工的方法。

8.3.2　设置加工零点

单击“加工零点”后的选择或创建程序零按钮，系统显示“制造坐标系”菜单。Proewilde3.0 在这里和以前的版本有所区别，在“制造坐标系”菜单中没有“创建”命令，只有“选择”命令。如果没有合适的坐标系则需要创建。在这里我们创建一个坐标系。

在屏幕右侧的特征工具栏我们点击“基准坐标系工具”图标，将操作设置对话框最小化，在这里选择“dz.prt”以便在其上创建坐标系。在系统弹出“坐标系”对话框，按住 Ctrl 键，依次选择如图 8－15所示的三个表面作为将要新建坐标系的原始参照，选择完成后的“坐标系”对话框如图 8－16 左图所示。单击“定向”选项卡，在“X”、“Y”方向后单击“反向”按钮调整定向参考，如图 8－16 右图所示。调整后的坐标系如图 8－15 所示。单击“确定”按钮，返回“操作设置”对话框。

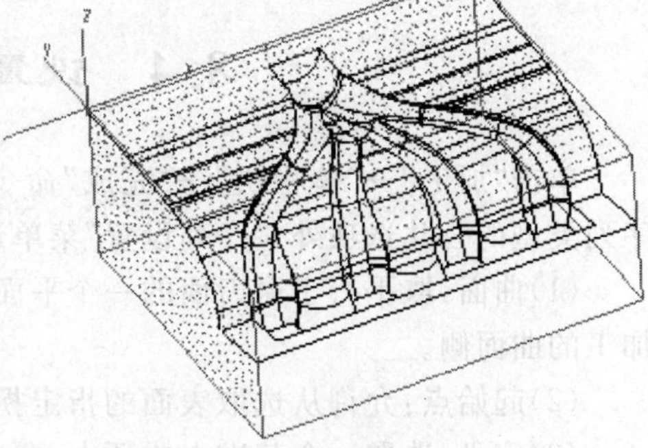

图 8－15　选择坐标系原始参照

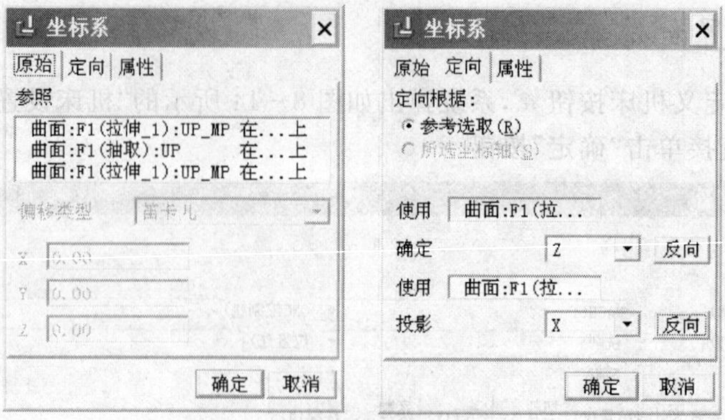

图 8-16　“坐标系”对话框

8.3.3　设置退刀面

单击“退刀曲面”右侧的选取或创建退刀面按钮，系统弹出“退刀选取”对话框，如图 8-17 所示。单击“沿 Z 轴”按钮，然后输入退刀面高度 10。单击“确定”按钮，返回“操作设置”对话框，完成的操作设置如图 8-18 所示。单击“确定”按钮，完成操作设置。

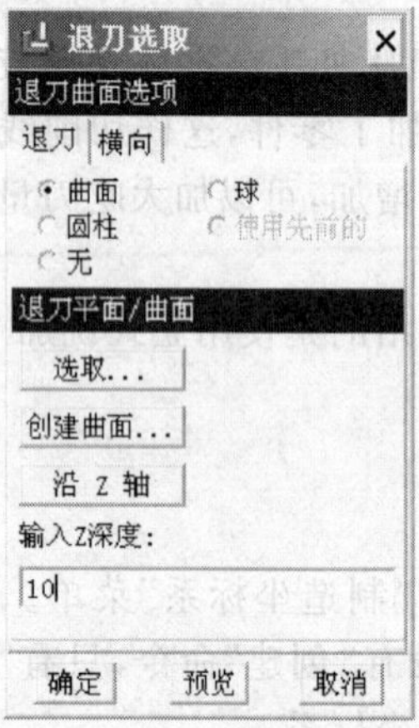

图 8-17　确定退刀面

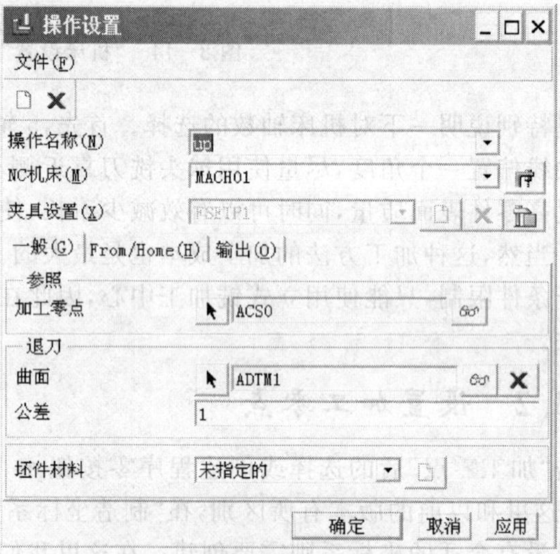

图 8-18　完成设置的“操作设置”对话框

8.4　设置粗加工 NC 序列

单击“加工”→“体积块”→“完成”命令，系统显示“序列设置”菜单。除了适用于所有 NC 序列类型的公共选项外，“序列设置”菜单还包含下列特殊选项：

(1)曲面：取平行于退刀面的一个平面或多个共面表面，如果选取面组曲面则需要指定要加工的曲面侧。

(2)起始点：允许从选取表面的指定拐点开始加工。

(3)定义：选取一个基准点或顶点，覆盖系统定义的起始点。选择此选项后，在后续步骤中需定义下列选项。

①移除：回复到系统定义的起始点。

②显示：加亮当前起始点（只有在用户定义了新的起始点后才有效）。

(4)构建切削：访问“构建切削”功能。

选定的 NC 序列所需选项被自动选取，需要时可选取附加选项，然后单击“完成”命令。系统将依次启动所有选定项目的用户界面。

勾选“名称”复选框，其余选项接受系统默认，单击“完成”命令。在消息区输入 NC 序列名称“up_rough”，单击确认按钮✓。

8.4.1　设置刀具

系统弹出“刀具设定”对话框，输入如图 8-19 所示各项参数。在这一 NC 序列中，用∅60mm的面刀进行粗加工来去除余量。参数设置完成后，可在右侧各项标签中对刀具进行更详细的设置，这里就不再一一阐述。对刀具的设置确认无误后单击“应用”、“确定”按钮。

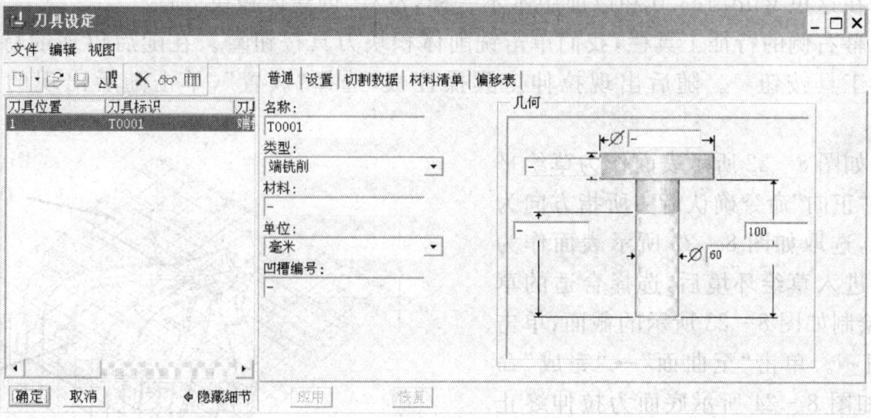

图 8-19　“刀具设定”对话框

8.4.2　设置加工参数

在随后弹出的“制造参数”菜单中单击“设置”命令，系统弹出“参数树”对话框，如图 8-20 所示输入各项参数。在这里需要对本例采用的加工方法作一个简单介绍。首先，使用一把∅60mm的面铣刀粗铣加工去余量，预留 5mm 加工余量，由于是粗铣，“跨度”值可以设置的大一点，在本例中为 50mm。再使用一把∅40mm 的球头铣刀半精铣加工表面，“跨度”值可以设置的小一点，在本例中为 2mm。然后使用∅20mm 的球头铣刀精铣加工表面到尺寸。最后使用更小的球头铣刀对未加工到的地方补充加工。

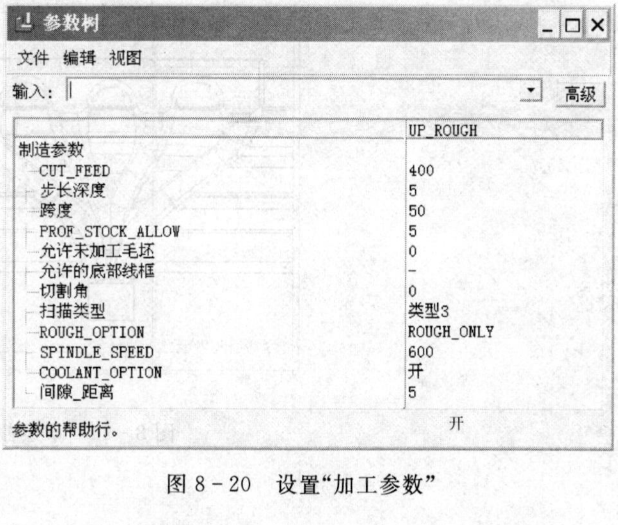

图 8-20　设置“加工参数”

参数设置完成后，单击对话框中的“文件”→“保存”命令，系统弹出“保存参数”对话框。输入文件名“milprm_rough”，如图 8-21 所示，以备在后续操作中调用，单击“确定”按钮。单击对话框中的“文件”→“退出”命令，再单击菜单管理器中的“完成”命令。

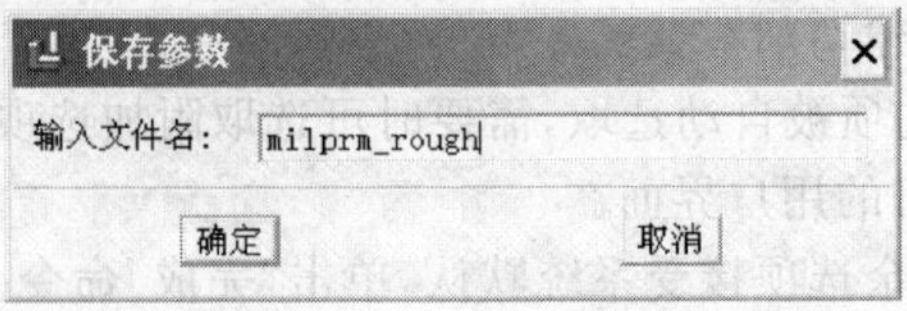

图 8-21　保存加工参数

8.4.3　创建加工体积块

创建体积块有“草绘”和“聚合”两种方法，这里选择“草绘”方法。

这时系统出现“选取”菜单，同时在信息区系统提示：“选取先前定义的铣削体积块。”需要注意的是在这里 wildfire3.0 和以前版本不一样，没有“创建体积块”命令。

在屏幕右侧的特征工具栏，我们单击铣削体积块刀具按钮。在随后出现的特征工具栏选择拉伸工具按钮。随后出现拉伸工具操控板，选择“放置”，单击随后出现的定义按钮 定义... 。

选取如图 8-22 所示表面作为草绘平面。单击“正向”命令确认箭头所指方向为拉伸方向，选取如图 8-22 所示表面作为顶平面。进入草绘环境后，选择合适的草绘参照，绘制如图 8-23 所示的截面，单击确认按钮。单击“至曲面”→“完成”命令，选择如图 8-24 所示底面为拉伸终止面，单击“伸出项：拉伸”对话框中的“确定”按钮。单击“裁剪”命令，选择零件“up.prt”，这时消息区显示“修剪已经成功创建”，完成的修剪如图 8-25 所示，单击“完成/返回”命令。

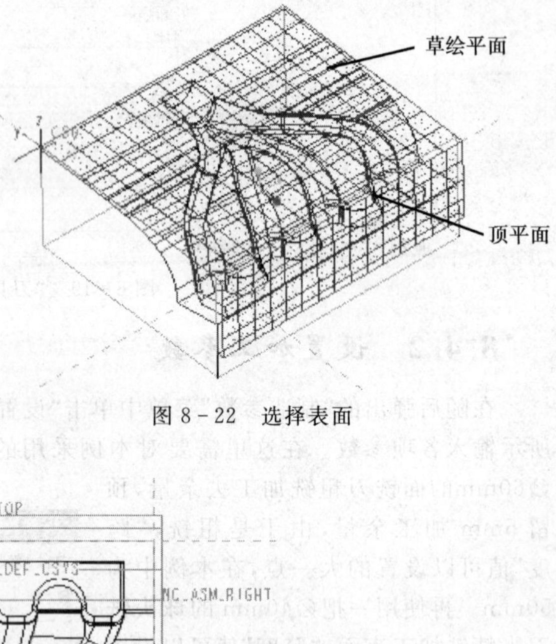

图 8-22　选择表面

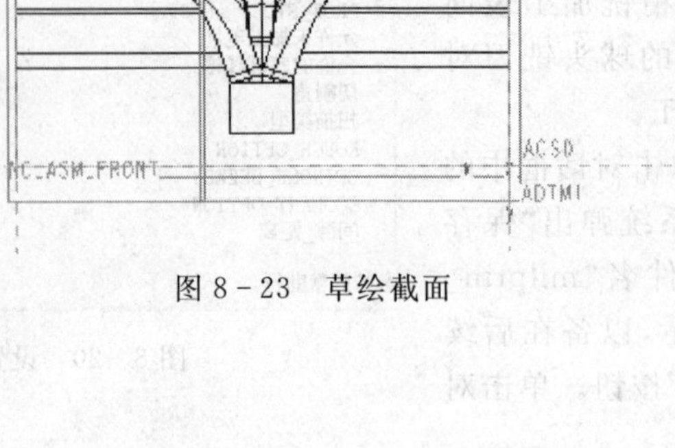

图 8-23　草绘截面

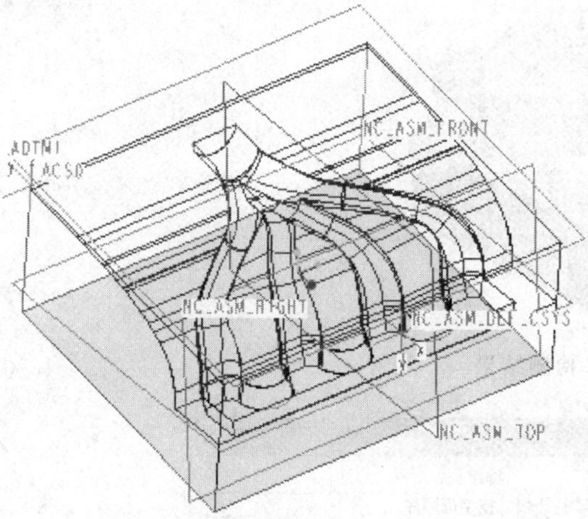

图 8-24　拉伸终止面

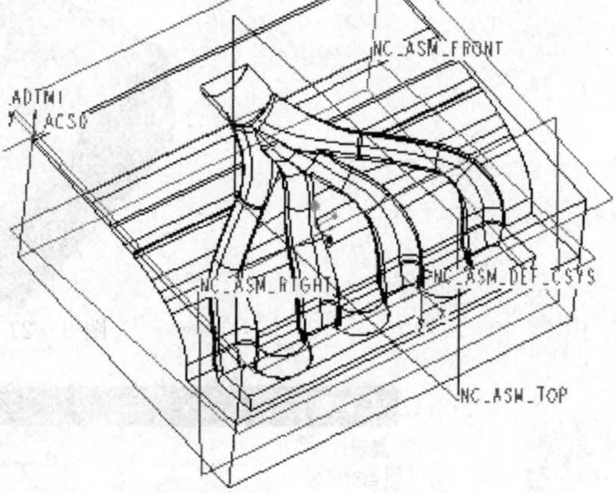

图 8-25　完成的修剪

8.4.4　加工轨迹演示

单击“演示轨迹”→“屏幕演示”命令，查看一下所定义的粗加工的刀具轨迹，系统弹出“播放路径”对话框。单击向前播放按钮▶，系统显示刀具轨迹如图 8-26 所示。

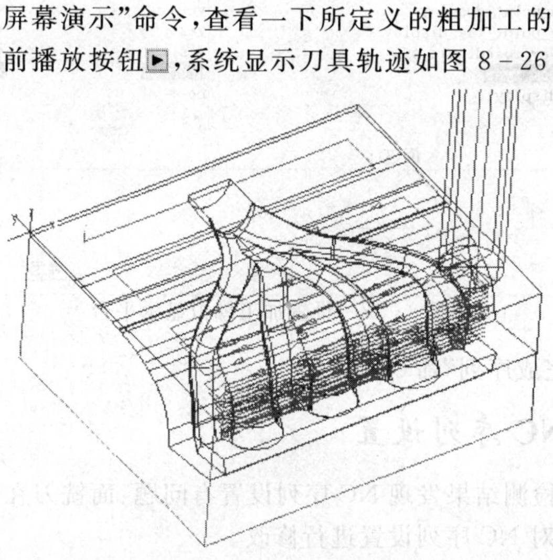

图 8-26　刀具轨迹

8.4.5　NC 检测

单击“NC 检测”→“运行”命令，系统对模型进行渲染，模拟加工过程，结果如图 8-27 所示。

这里需要补充说明一点：Pro/ENGINEER Wildfire 现在默认 VERICUT 为其加工模拟显示平台。如果用户系统没有安装 VERICUT，在单击“NC 检测”命令时系统会在消息区提示：“此平台不支持应用程序 VERICUT_DLL。”这时单击菜单栏中的“工具”→“选项”命令，系统弹出如图 8-28 所示的“选项”对话框。在“选项”文本框输入“nc”时，系统则自动显示“nccheck_type”，按回车键，在“值”文本框显示“vericut”，双击使其变蓝输入“nc”，系统则自动显示“nccheck”。这样，就将系统默认 VERICUT 为其加工模拟显示平台改为 Pro/NC-CHECK。单击添加/更改按钮 添加/更改 ，再单击确定按钮 确定 。

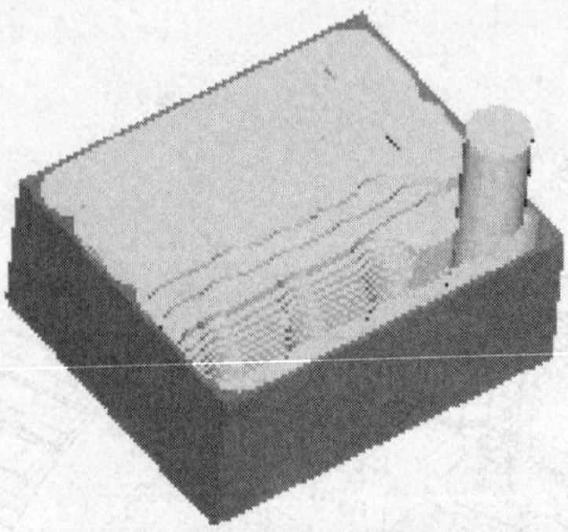

图 8－27　NC 检测结果

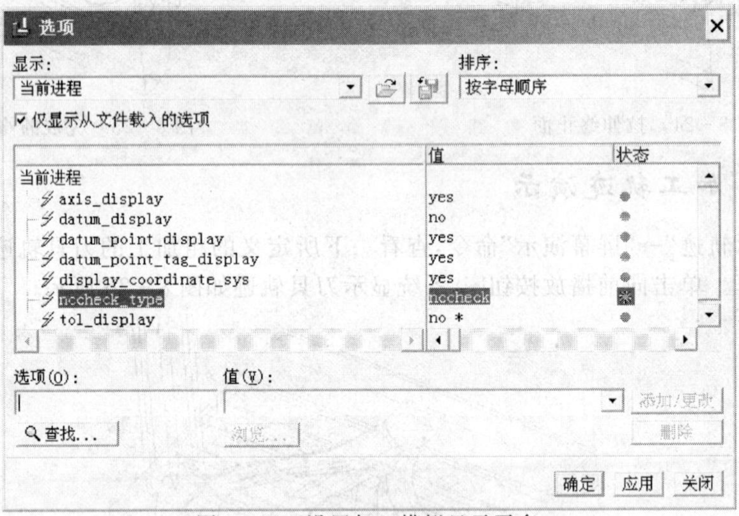

图 8－28　设置加工模拟显示平台

确认无误后单击“完成序列”命令。

8.4.6　修改 NC 序列设置

由刀具轨迹及 NC 检测结果发现 NC 序列设置有问题：面铣刀在毛坯区域内直接下刀，毛坯的两侧未加工。下面对 NC 序列设置进行修改。

(1)首先打开特征树，选择上一序列所做的体积块。单击右键，在弹出的菜单中选择“编辑定义”。如图 8－29 所示。

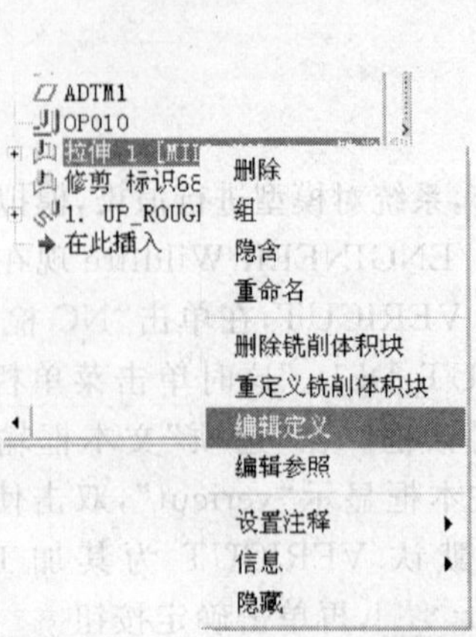

图 8－29　“编辑定义”体积块

在随后出现的“子选项”对话框中选择“保留全部”。也就是保留在此“体积块”基础之上所做的其他特征。这时系统回到特征编辑窗口，单击“放置”→“编辑”命令。将原截面更改为如图 8-30 所示截面。确认无误后单击确认按钮✔。在操控板单击确认按钮☑。完成的体积块如图 8-31 所示。

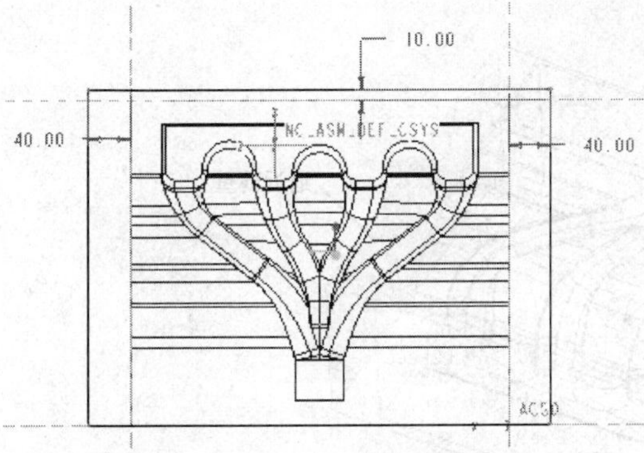

图 8-30　新“体积块”拉伸截面

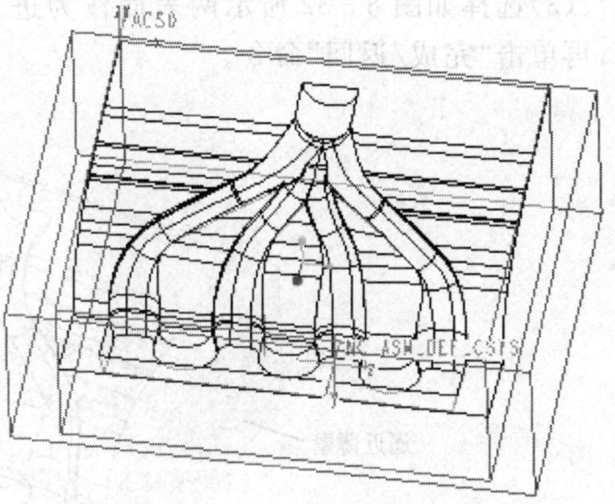

图 8-31　完成的体积块

(2)单击“加工”→“NC 序列”，选择序列“UP_ROUGH”。单击“序列设置”命令，勾选“参数”和“逼近薄壁”复选框，再单击“完成”命令。在随后出现的“制造参数”对话框中单击“设置”命令，系统弹出“参数树”对话框。将“扫描类型”由“TYPE-3”改为“TYPE-2”。参数设置完成后，单击对话框中的“文件”→“保存”命令，系统弹出“保存参数”对话框。输入文件名“milprm_rough”，单击“确定”按钮。单击对话框中的“文件”→“退出”命令，再单击菜单管理器中的“完成”命令。

各种扫描类型及其大致用法如下。

· TYPE_1：刀具连续加工体积块，遇到岛时退刀。

· TYPE_2：刀具连续加工体积块而不退刀，遇到岛时绕过它。

· TYPE_3：刀具从岛几何定义的连续区域去除材料，依次加工这些区域并绕岛移动。完成一个区域后，可退刀，铣削其余区域。建议将 TYPE_3 的 ROUGH_OPTION 设置成 ROUGH_&_PROF。

· TYPE_SPIRAL：生成螺旋形切刀路径。

· TYPE_ONE_DIR：刀具只进行单向切削。在每个切削走刀终止位置退刀并返回到工件的另一侧，以相同方向开始下一切削。避开岛的方法与 TYPE_1 相同。

· TYPE_1_CONNECT：刀具只进行单向切削。在每个切削走刀终止位置退刀，迅速返回到当前走刀的起始点，切入，然后移动到下一走刀的起始位置。如果在切削走刀的起始位置存在一相邻壁，连接运动将沿着该壁的轮廓进行以避免切入。

· CONSTANT_LOAD：执行高速粗加工(ROUGH_OPTION 设置为 ROUGH_ONLY)或轮廓加工(ROUGH_OPTION 设置为 PROF_ONLY)。

· SPIRAL_MAINTAIN_CUT_TYPE：生成螺旋切刀路径，两次切削之间用倒圆弧连接。切削完成后，刀具按圆弧轨迹进入下一切削区域，反转切削方向以维持相对于其余材料的切削类型(CLIMB 或 CONVENTIONAL)。这是一个高速加工选项，它可最小化退刀次数。

· SPIRAL_MAINTAIN_CUT_DIRECTION：生成螺旋切刀路径，两次切削之间用 S 形连接。切削完成后，刀具按 S 形连接轨迹进入下一切削区域，保持切削方向，这样就使相对于其余材料的切削类型在两次切削之间改变(从CLMB到CONVENTIONAL,然后从CONVENTIONAL到CLIMB)。这是一个高速加工选项,它可最小化退刀次数。

· FOLLOW_HARDWALLS:每次切削形状遵循体积块的壁形状,在两次连续切削的相应点之间保持固定偏移。如果闭合切削区域,则在切削之间存在S形连接。

(3)选择如图8-32所示两表面作为进刀和退刀侧壁,单击"选取"对话框中的"确定"按钮,再单击"完成/返回"命令。

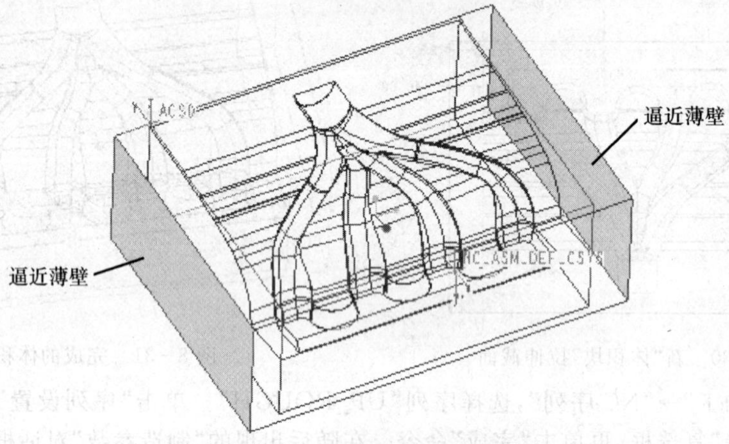

图8-32 选择进刀和退刀侧壁

8.4.7 加工轨迹演示

查看一下所定义的粗加工的刀具轨迹,系统显示刀具轨迹如图8-33所示。

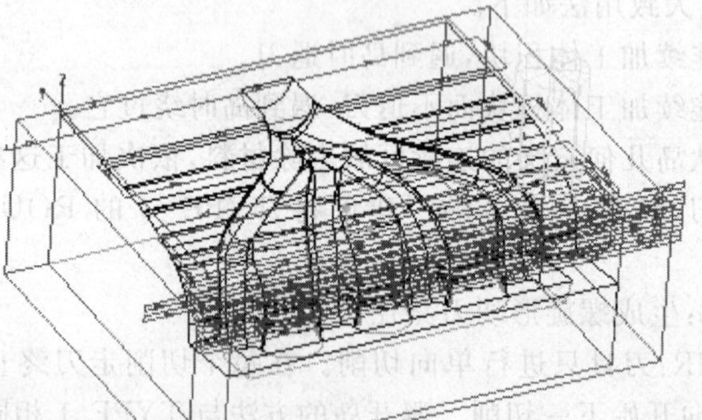

图8-33 刀具轨迹

8.4.8 NC检测

单击"NC检测"→"运行"命令,系统对模型进行渲染,模拟加工过程,结果如图8-34所示。单击"保存"命令,输入文件名"up_rough",单击"完成/返回"→"完成序列"命令。至此,完成粗加工的定义。

图 8 - 34　NC 检测结果

8.5　设置半精加工 NC 序列

在设置参数之前，为了便于操作，将粗加工 NC 序列中创建的“体积块”和“工件”隐藏起来，如图 8 - 35 所示。

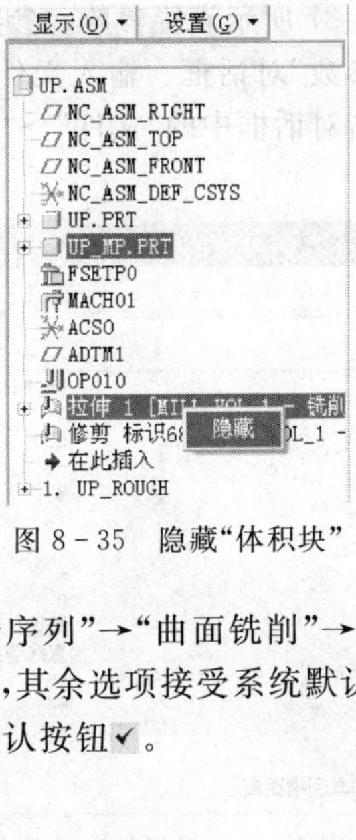

图 8 - 35　隐藏“体积块”

单击“加工”→“NC 序列”→“新序列”→“曲面铣削”→“完成”命令，系统显示“序列设置”菜单。勾选“名称”和“刀具”复选框，其余选项接受系统默认，单击“完成”命令。在消息区输入 NC 序列名称“up_finish_1”，单击确认按钮✔。

8.5.1　设置刀具

在弹出的“刀具设定”对话框中点击新建图标右侧的三角按钮，在出现的刀具类型表中选择所需的刀具类型：“球铣刀”。或者直接点击新建图标。这时系统自动增加刀具 T0002，且刀具位置为“2”。

需要注意的是如果直接在“名称”，“几何”栏修改数据，然后“确定”这样系统会产生一个新的刀具，但“刀具位置”仍然是 1，最后生成的加工程序每次换刀都是“T1”。

对于半精加工 NC 序列，选用∅40mm 装有两个硬质合金刀片的机加球头刀。输入如图 8 - 36所示的各项参数。

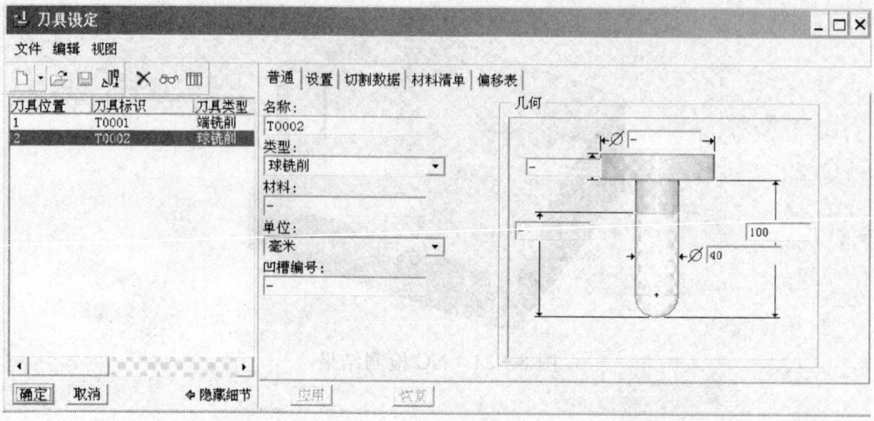

图 8-36 “刀具设定”对话框

8.5.2 设置加工参数

单击“设置”命令，系统弹出“参数树”对话框。我们如果选择切削速度为 120m/min，每齿进给量为 0.2mm，经过计算如图 8-37 所示设置参数。参数设置完成后，单击对话框中的“文件”→“保存”命令，系统弹出“保存参数”对话框。输入文件名“milprm_finish_1”，以备在后续操作中调用，单击“确定”按钮。单击对话框中的“文件”→“退出”命令，再单击菜单管理器中的“完成”命令。

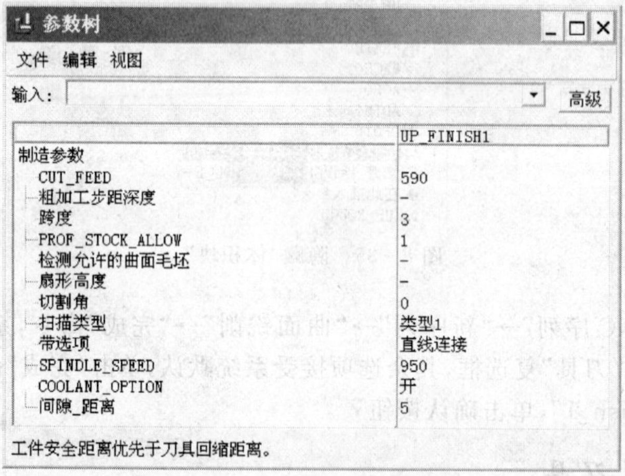

图 8-37 设置加工参数

8.5.3 创建加工曲面

单击“选取曲面”→“模型”→“完成”命令，系统提示选取曲面，选取如图 8-38 所示曲面。在选取如图 8-38 这一类曲面时，一个简便的方法是用鼠标划一个矩形框将希望选取的曲面全部选取(用这种方法选取曲面时零件放置的位置及旋转的角度对顺利的选取曲面有很大的影响，这一点需要读者在实际操作中反复练习才能掌握)，然后再逐一补充漏选的曲面或逐一排除多选的曲面。单击“完成/返回”→“完成/返回”命令。

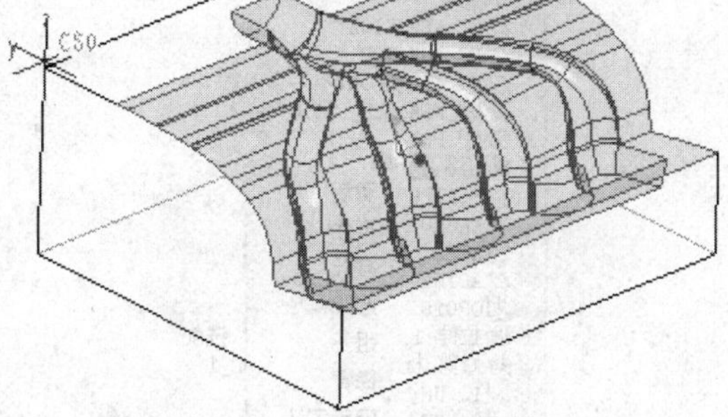

图 8 - 38　选取曲面

8.5.4　定义切割

系统弹出“切削定义”对话框，点选“直线切削”单选钮，如图 8 - 39 所示。接受系统默认的各项选择，单击“确定”按钮。

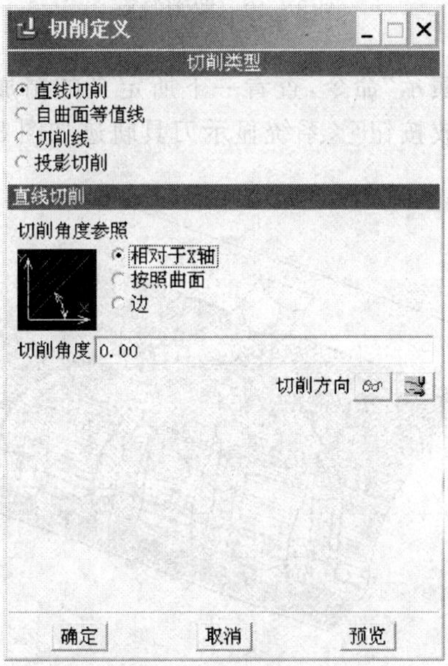

图 8 - 39　“切削定义”对话框

8.5.5　加工轨迹演示

在进行加工轨迹演示前，先将工件“up_mp. prt”取消隐藏，如图 8 - 40 所示。

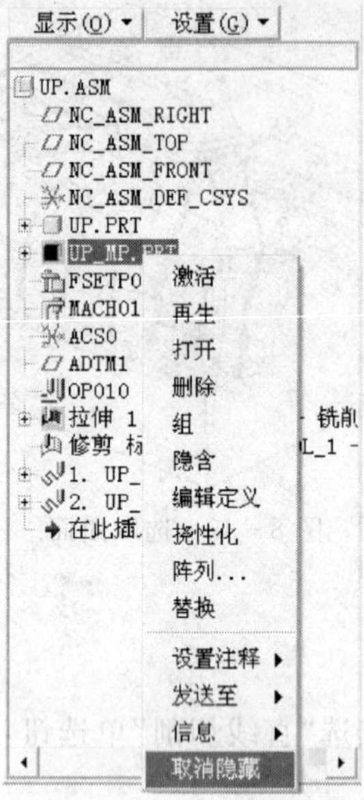

图8-40　取消隐藏

单击“演示轨迹”→“屏幕演示”命令，查看一下所定义的精加工的刀具轨迹，系统弹出“播放路径”对话框。单击向前播放按钮▶，系统显示刀具轨迹如图8-41所示。

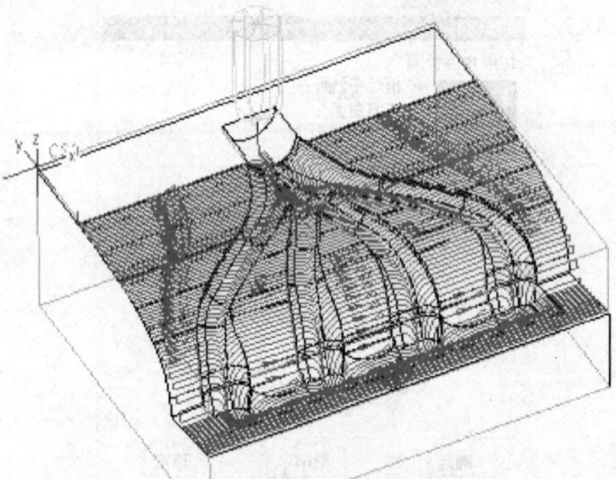

图8-41　半精加工轨迹

8.5.6　NC检测

首先调出粗加工模拟显示的结果文件。单击“NC检测”→“恢复”命令。选择粗加工模拟显示的结果文件“up_rough.nck”，单击“打开”按钮。再单击“显示”→“运行”命令，系统在粗加工模拟显示结果的基础上进行加工模拟，结果如图8-42所示。单击“保存”命令，输入文件名“up_finish_1”，单击“完成/返回”→“完成序列”命令。

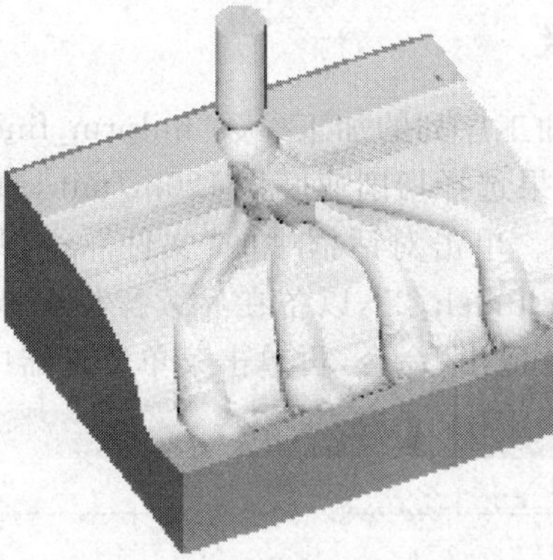

图 8－42　加工模拟结果

8.5.7　过切检测

单击“过切检测”→“零件”命令，选择被加工零件“up.prt”，单击“完成/返回”→“完成/返回”→“公差”命令，为了加快计算速度，输入一个比较大的公差值 0.2。单击“运行”命令，系统经过短暂的计算，在消息区出现提示“没有发现过切”，单击“完成/返回”→“完成序列”命令。至此，完成半精加工的定义。

8.6　设置精加工 NC 序列

单击“加工”→“NC 序列”→“新序列”→“曲面铣削”→“完成”命令，系统显示“序列设置”菜单。勾选“名称”和“刀具”复选框，其余选项接受系统默认，单击“完成”命令。在消息区输入 NC 序列名称“up_finish_2”，单击确认按钮✓。

8.6.1　设置刀具

在弹出的“刀具设定”对话框中点击新建图标右侧的三角按钮，在出现的刀具类型表中选择所需的刀具类型：“球铣刀”。或者直接点击新建图标。这时系统自动增加刀具 T0003，且刀具位置为“3”。对于精加工 NC 序列，选用∅20mm 装有两个硬质合金刀片的机加球头刀。输入如图 8－43 所示的各项参数。

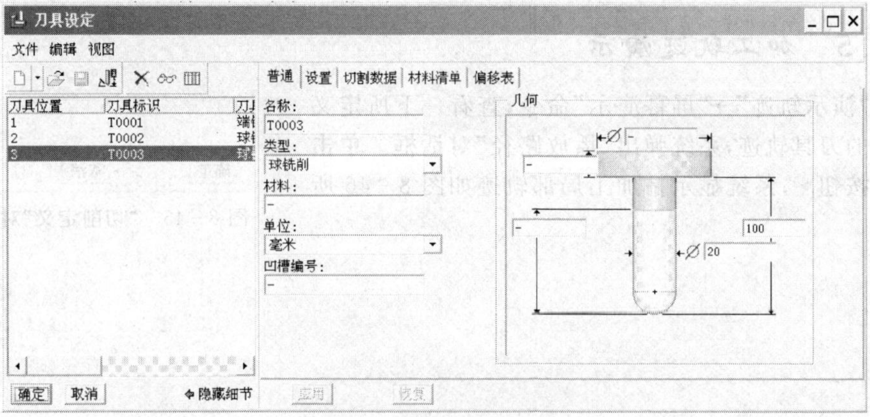

图 8－43　“刀具设定”对话框

8.6.2　设置加工参数

单击“检索”命令，调出上一加工序列的加工参数“milprm_finish_1”。单击“设置”命令，系统弹出“参数树”对话框。我们如果选择切削速度为120m/min，每齿进给量为0.2mm，经过计算得出如图8-44所示设置参数。单击对话框中的“文件”→“保存”命令，系统弹出“保存参数”对话框。输入文件名“milprm_finish_2”，以备在后续操作中调用，输入完成后单击“确定”按钮。单击对话框中的“文件”→“退出”命令，再单击菜单管理器中的“完成”命令。

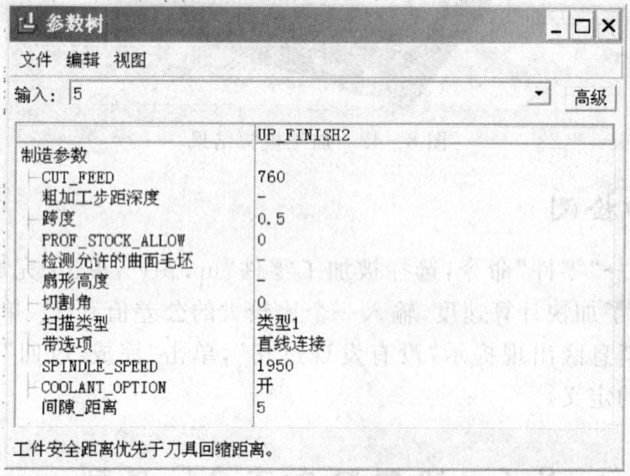

图8-44　设置加工参数

8.6.3　创建加工曲面

单击“从先前序列”命令，在显示的加工序列表中选择上一加工序列“2:UP_FINISH_1”，单击“完成选取”→“完成/返回”命令。

8.6.4　定义切割

系统弹出“切削定义”对话框，点选“直线切削”复选框，如图8-45所示。接受系统默认的各项选择，单击“确定”按钮。

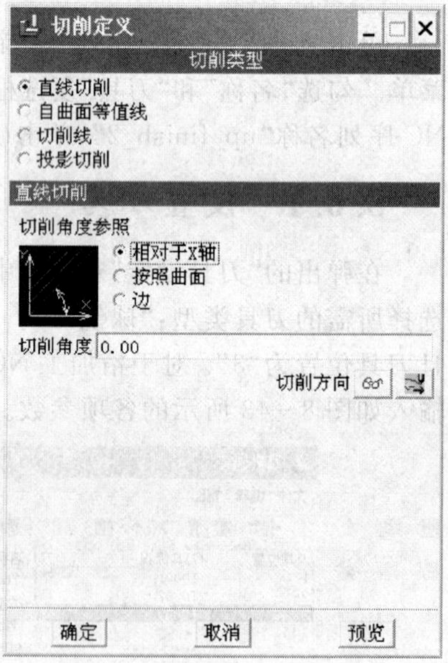

图8-45　“切削定义”对话框

8.6.5　加工轨迹演示

单击“演示轨迹”→“屏幕演示”命令，查看一下所定义的精加工的刀具轨迹，系统弹出“播放路径”对话框。单击向前播放按钮▶，系统显示精加工局部轨迹如图8-46所示。

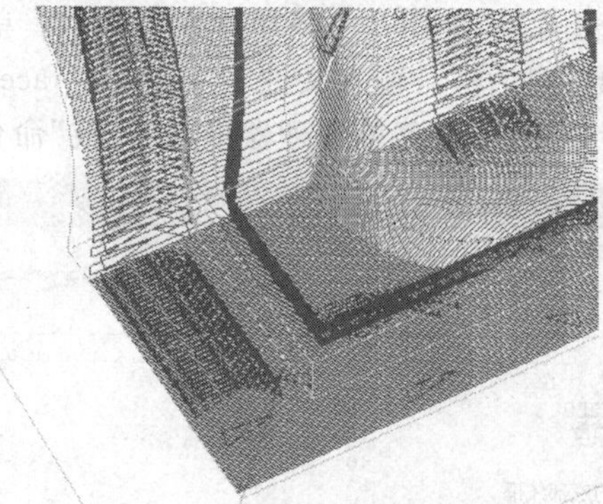

图 8-46　精加工局部轨迹

8.6.6　NC 检测

系统在半精加工模拟显示的结果基础上进行加工模拟，结果如图 8-47 所示。

图 8-47　半精加工模拟结果

8.6.7　过切检测

系统经过计算，在消息区出现提示“没有发现过切”。

8.7　设置表面加工 NC 序列

单击“加工”→“NC 序列”→“新序列”→“表面”→“完成”命令，系统显示“序列设置”菜单。勾选“名称”复选框，其余选项接受系统默认，单击“完成”命令。在消息区输入 NC 序列名称“up_face”，单击确认按钮☑。

8.7.1　设置刀具

在弹出的“刀具设定”对话框中选择粗加工 NC 序列使用的∅60mm 面铣刀 T0001。

8.7.2　设置加工参数

单击“设置”命令，系统弹出“参数树”对话框。我们如果选择设置切削速度为 200m/min，每齿进给量为 0.15mm。经过计算，如图 8－48 所示设置参数。单击对话框中的“文件”→“保存”命令，系统弹出“保存参数”对话框。输入文件名“milprm_face”，单击“确定”按钮。单击对话框中的“文件”→“退出”命令，再单击菜单管理器中的“完成”命令。

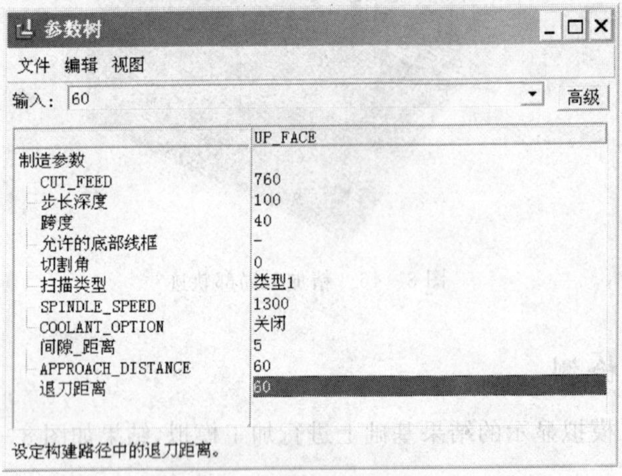

图 8－48　设置加工参数

8.7.3　创建加工曲面

单击“模型”→“完成”命令，选择如图 8－49 所示平面，单击“选取”对话框中的“确定”按钮，再单击“完成/返回”命令。

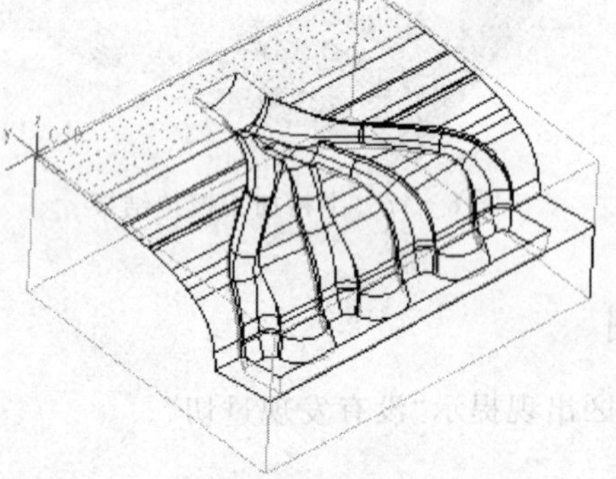

图 8－49　选择平面

8.7.4　加工轨迹演示

系统显示精加工局部轨迹如图 8－50 所示。

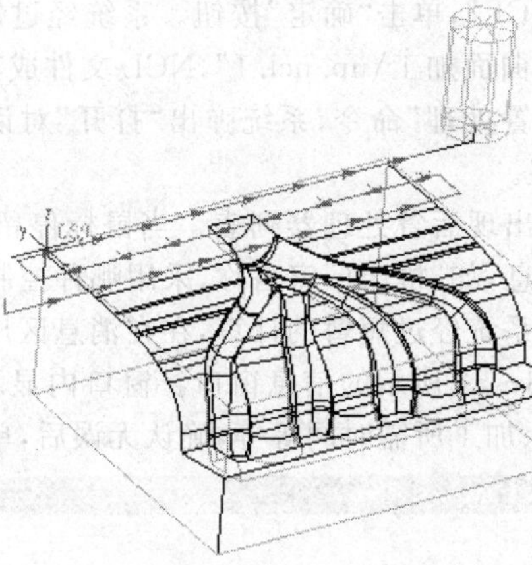

图 8-50 精加工局部轨迹

8.7.5 NC 检测

系统在精加工模拟显示的结果基础上进行加工模拟，结果如图 8-51 所示。

图 8-51 精加工模拟结果

8.7.6 过切检测

系统经过计算，在消息区出现提示“没有发现过切”。

8.7.7 其余的加工

该零件还有一些细节需要清根，这需要反复使用“局部铣削”。限于篇幅，这一部分就不再进行介绍。

8.8 生成加工程序

下面进行加工程序的生成。

(1)单击“CL 数据”→“操作”→“up”→“文件”→“完成”命令，系统弹出“保存副本”对话框。接受默认的文件名“UP. NCL”，单击“确定”按钮。系统经过短暂的计算在消息区出现提示“成功创建 Pro/NC 文件 e:\曲面加工\up. ncl. 1”，NCL 文件成功创建。

(2)单击“确认输出”→“后置处理”命令，系统弹出“打开”对话框。选择刚刚生成的 NCL 文件“up. ncl”，单击“打开”按钮。

(3)单击“完成”命令，系统出现后置处理器列表。当鼠标停留在某一个后置处理器上时，系统在消息区会显示其相关信息，如：机床厂家名称，采用哪种控制系统，以及几轴等等。选择后置处理器“UNCX01. P11”。系统经过短暂的计算，在在消息区出现提示“后置处理文件 up. tap 成功创建”，同时弹出如图 8－52 所示的信息窗口。窗口内显示的信息包括版本号、日期、文件名、处理器名称、文件长度、加工所需时间等等，确认无误后，单击“关闭”按钮。

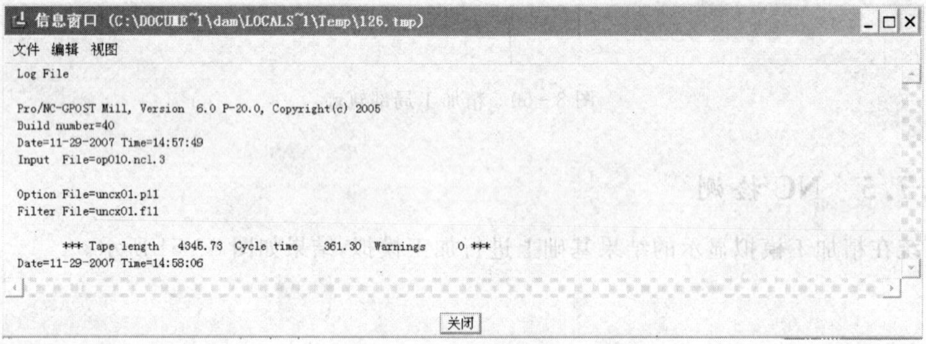

图 8－52　信息窗口

至此，整个加工过程全部完成。

8.9　保存文件

单击工具栏中的保存按钮，系统在消息区提示“输入要保存的对象：”，接受默认的名称“up. mfg”，单击确认按钮，文件即被保存。

第 9 章　铸造模具类零件下砂芯的铣加工

本章将介绍 Pro/ENGINEER Wildfire 中如何对铸造模具零件进行铣加工，包括合理选择加工参数、刀具轨迹等，并以实例详细介绍其功能和应用。同时对选择不同的刀具轨迹而产生的不同后果作以比较，使读者对具体的刀具轨迹的选择有一个比较全面的了解。

9.1　加工任务概述

在本章中，以如图 9-1(a)所示汽车排气歧管铸造模具的铣加工为例来说明铸造模具的加工方法。图 9-1(b)所示排气歧管铸造模具用于铸造排气歧管时成型排气歧管内孔的砂芯。

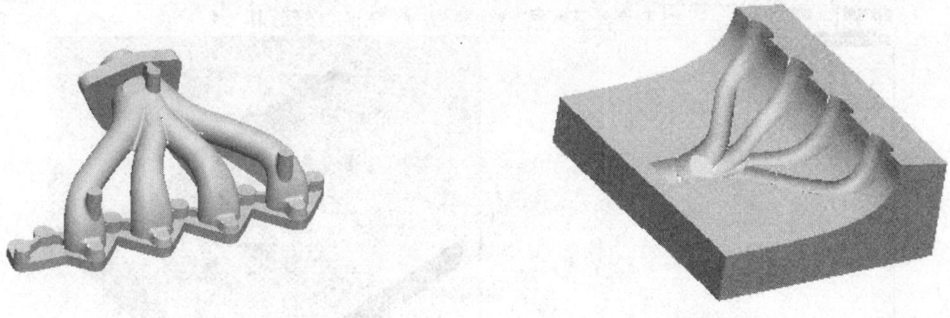

(a)排气歧管　　(b)排气歧管铸造模具

图 9-1　排气歧管和铸造模具

9.2　新建一个加工文件

首先，将工作目录设置为零件“down. prt”所在文件夹。

9.2.1　创建数控加工文件

(1)在 Pro/ENGNIEER Wildfire 的主界面中单击新建按钮，系统弹出如图 9-2 所示的“新建”对话框。

(2)在“类型”选项组中点选“制造”选项，在“子类型”选项组中点选“NC 组件”选项，然后在“名称”文本框中输入数控加工文件名“down”，单击“确定”按钮，进入加工制造模式。

(3)在随后出现的“新文件选项”对话框中选择 mmns_mfg_nc 模板。如图 9-3 所示。

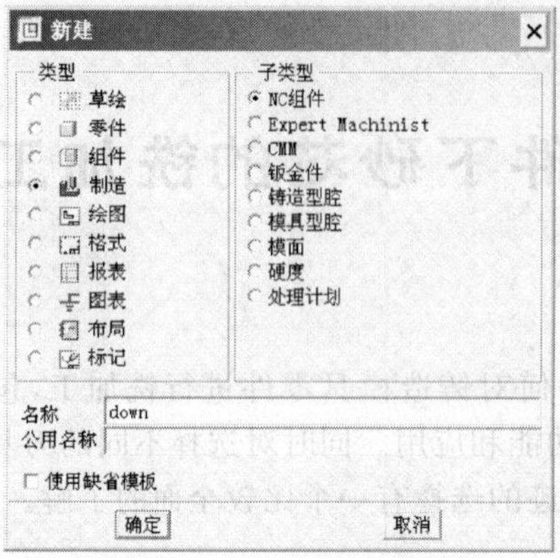

图 9-2 “新建”对话框

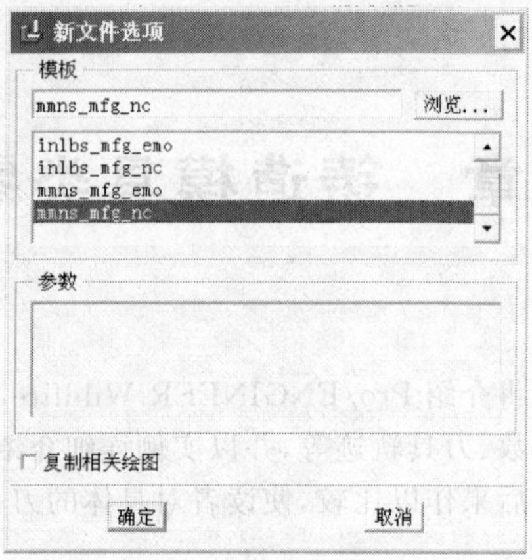

图 9-3 “新文件选项”对话框

(4)单击菜单管理器中的“制造模型”→“装配”→“参考模型”命令，在弹出的“打开”对话框中选择“down. prt”，如图 9-4 所示，单击“打开”按钮。

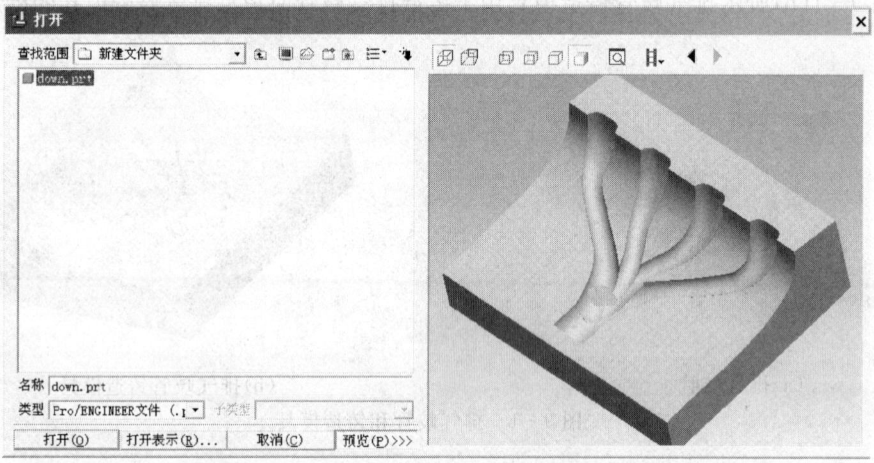

图 9-4 “打开”对话框

(5)在随后出现的“装配选项”操控板中选择缺省选项 缺省 。如图 9-5 所示。注意在操控板的右侧，当我们未选择“装配选项”时，系统显示装配状态为“不完整约束”并以红色警示。当我们选择某一项“装配选项”且未完全约束零件时，系统显示装配状态为“部分约束”并以红色警示。当我们完全约束零件时，系统显示装配状态为“完全约束”并取消红色警示。

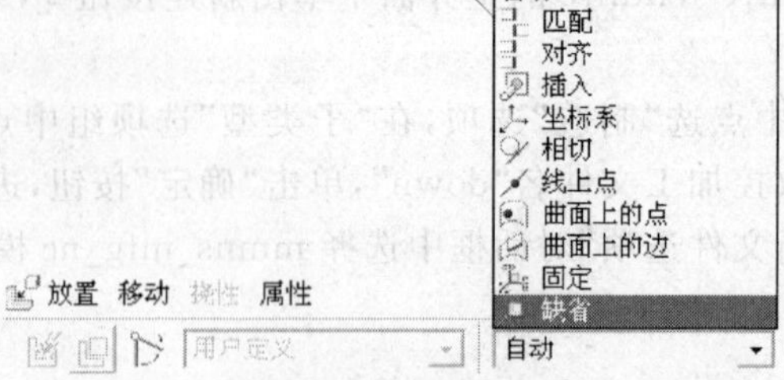

图 9-5 装配选项

完成装配后单击确定按钮。

9.2.2 创建工件

(1)单击“创建”→“工件”命令，在消息区输入欲创建的工件名称“down_mp”，单击确认按钮✔。

(2)单击“加材料”→“拉伸”→“实体”→“完成”命令，再单击操控板中的草绘按钮，系统弹出“剖面”对话框。选择零件前端平面作为草绘平面，选择如图 9-6 所示平面作为“顶”参考平面，单击“草绘”按钮。

(3)进入草绘截面后，选择如图 9-7 所示两边作为绘图参考，绘制如图 9-8 所示的截面，单击确认按钮✔。单击操控板中的拉伸至曲面按钮，选择如图 9-9 所示平面作为拉伸终止面。单击操控板板中的预览按钮预览图形，经确认无误后，单击确认按钮✔，完成的工件如图 9-10 所示。单击“制造模型”菜单中的“完成/返回”命令。

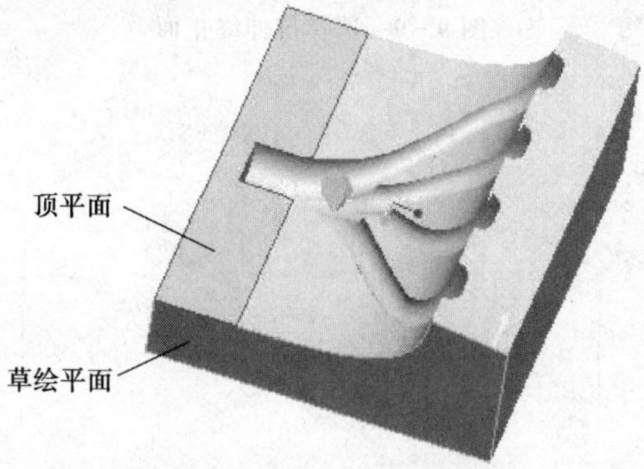

图 9-6　选择草绘平面

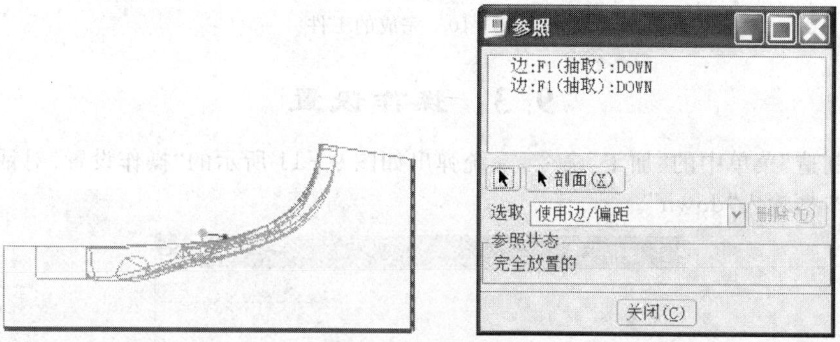

图 9-7　选择参照

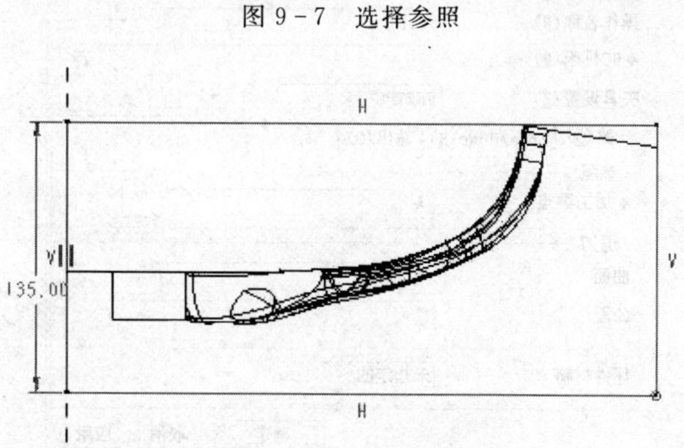

图 9-8　截面绘制

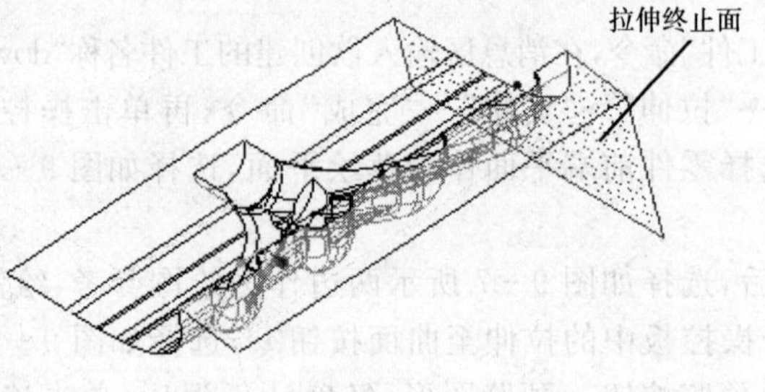

图 9－9 选择拉伸终止面

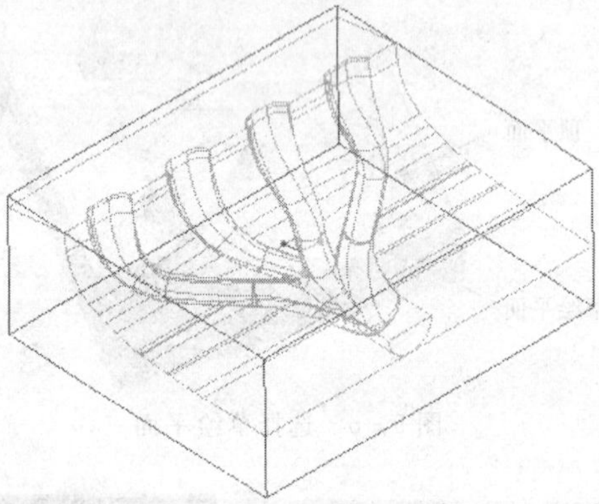

图 9－10 完成的工件

9.3 操作设置

单击“制造”菜单中的“加工”命令，系统弹出如图 9－11 所示的“操作设置”对话框。在“操作名称”文本框输入“down”。

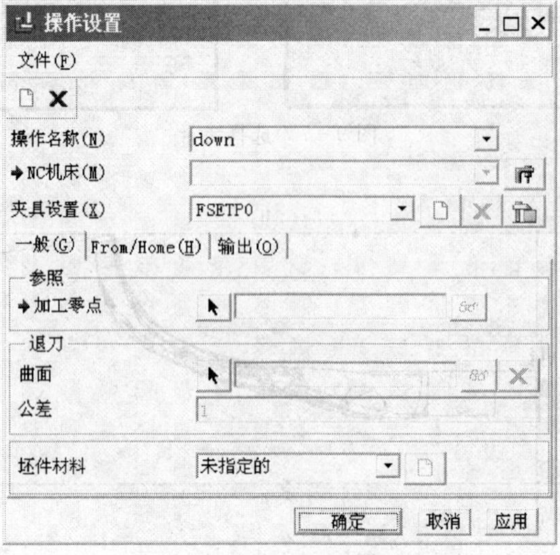

图 9－11 “操作设置”对话框

9.3.1 设置机床

单击重建或重定义机床按钮，系统弹出如图 9－12 所示的“机床设置”对话框，如果对机床没有特别要求，直接单击“确定”按钮。

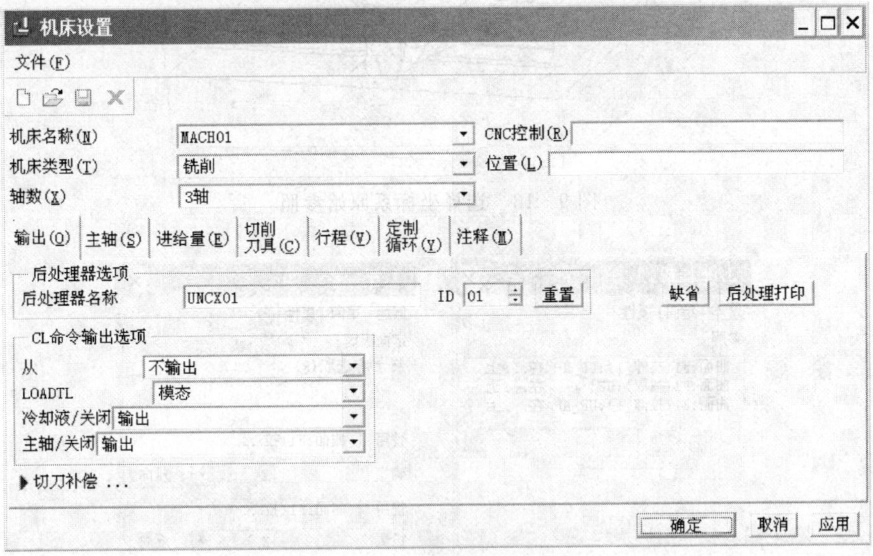

图 9－12　“机床设置”对话框

这里特别说明一下对机床轴数的选择。首先，5 轴连动的机床加工该零件是最合适的，将刀具轴线偏置一个角度，尽量使用球头铣刀靠近侧刃的部分加工零件，这样切削线速度大，有利于提高零件表面质量，同时可以有效减少刀长，使刀具强度增加，可以加大吃刀量，提高加工效率。当然，这种加工方法的加工成本也是最大的。

由于条件限制，只能使用立式铣加工中心，因此在本例中介绍的是使用立式铣加工中心加工的方法。

9.3.2 设置加工零点

单击“加工零点”后的选择或创建程序零按钮，系统显示“制造坐标系”菜单。Proewilde3.0 在这里和以前的版本有所区别，在“制造坐标系”菜单中没有“创建”命令，只有“选择”命令。如果没有合适的坐标系则需要创建。在这里我们创建一个坐标系。

在屏幕右侧的特征工具栏我们点击“基准坐标系工具”图标，将操作设置对话框最小化，在这里选择“down. prt”以便在其上创建坐标系。在系统弹出“坐标系”对话框，按住 Ctrl 键，依次选择如图 9－13 所示的三个表面作为将要新建坐标系的原始参照，选择完成后的“坐标系”对话框如图 9－14 右图所示。单击“定向”选项看，在“X”、“Y”方向后单击“反向”按钮调整定向参考，如图 9－14 左图所示。调整后的坐标系如图 9－13 所示。单击“确定”按钮，返回“操作设置”对话框。

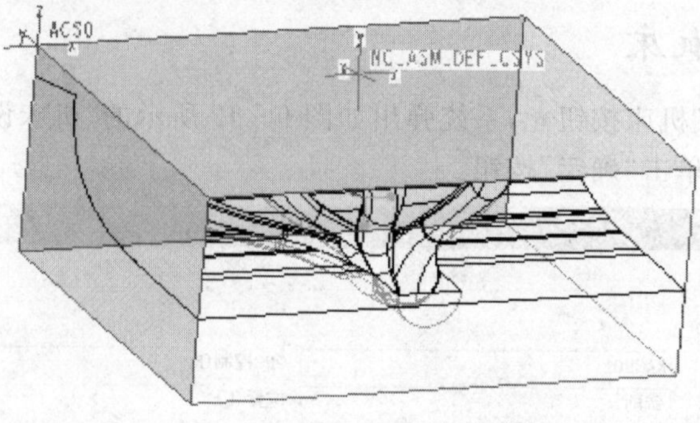

图 9-13　选择坐标系原始参照

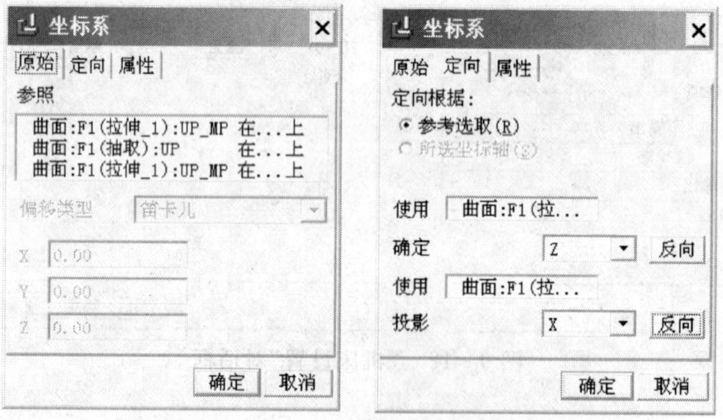

图 9-14　“坐标系”对话框

9.3.3　设置退刀面

单击“曲面”右侧的选取或创建退刀面按钮 ，系统弹出“退刀选取”对话框。单击“沿 Z 轴”按钮，输入退刀面高度 10，如图 9-15 所示，单击“确定”按钮。系统返回“操作设置”对话框，完成的设置如图 9-16 所示。单击“确定”按钮，完成操作设置。

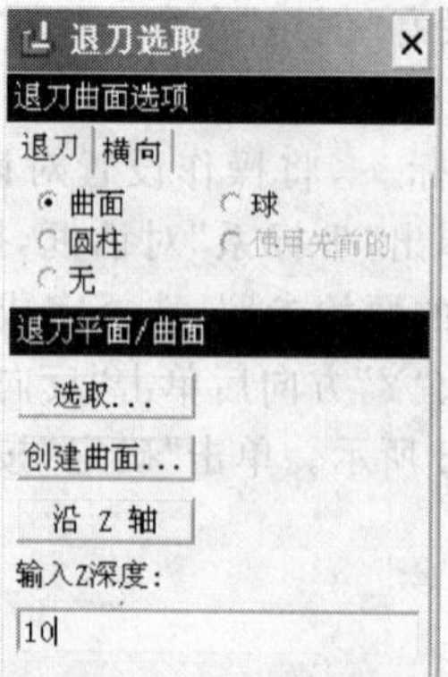

图 9-15　确定退刀面

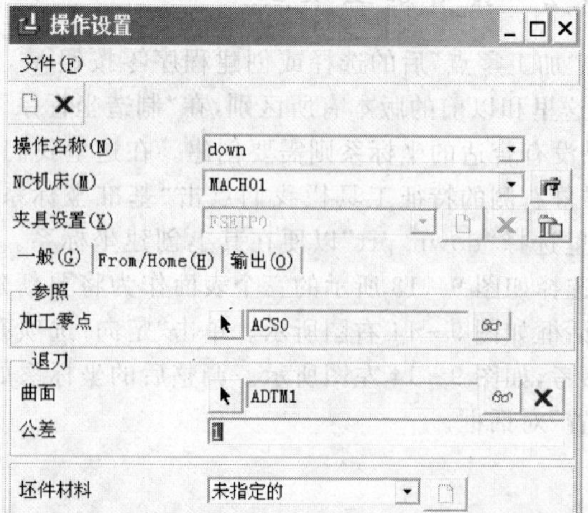

图 9-16　完成设置的“操作设置”对话框

9.4 设置粗加工 NC 序列

单击“加工”→“体积块”→“完成”命令，系统显示“序列设置”菜单。除了适用于所有 NC 序列类型的公共选项外，“序列设置”菜单还包含下列特殊选项。

(1)曲面：取平行于退刀面的一个平面或多个共面表面，如果选取面组曲面则需要指定要加工的曲面侧。

(2)起始点：允许从选取表面的指定拐点开始加工。

(3)定义：选取一个基准点或顶点，覆盖系统定义的起始点。选择此选项后，在后续步骤中需定义下列选项。

①移除：回复到系统定义的起始点。

②显示：加亮当前起始点（只有在用户定义了新的起始点后才有效）。

(4)构建切削：访问“构建切削”功能。

选定的 NC 序列所需选项被自动选取，需要时可选取附加选项，然后单击“完成”命令，系统将依次启动所有选定项目的用户界面。

勾选“名称”复选框，其余选项接受系统默认，单击“完成”命令。在消息区输入 NC 序列名称“down_rough”，单击确认按钮。

9.4.1 设置刀具

系统弹出“刀具设定”对话框，输入如图 9-17 所示各项参数。参数设置完成后，可在右侧各项标签中对刀具进行更详细的设置，这里就不再一一阐述。对刀具的设置确认无误后单击“应用”、“确定”按钮。

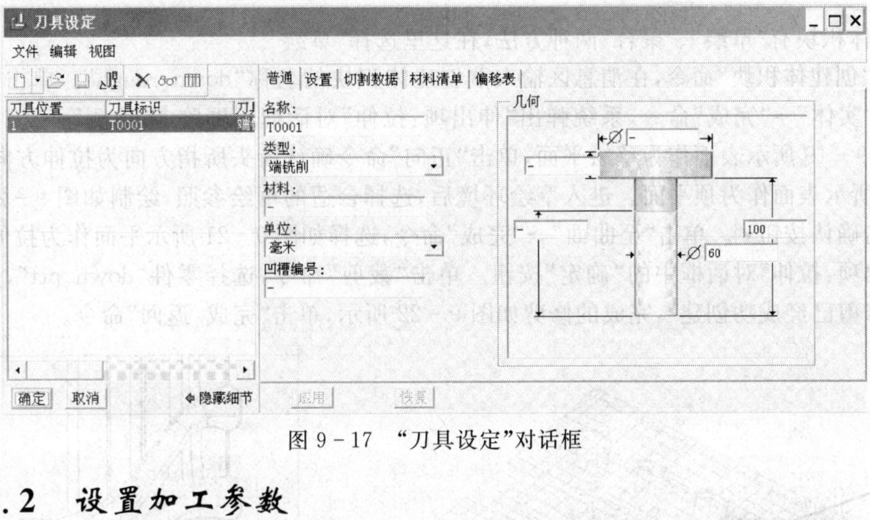

图 9-17 “刀具设定”对话框

9.4.2 设置加工参数

单击“设置”命令，系统弹出“参数树”对话框，如图 9-18 所示输入各项参数。

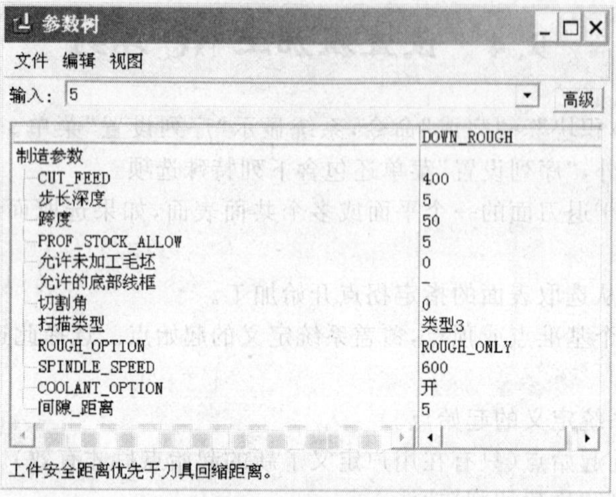

图 9-18　设置加工参数

在这里需要对本例采用的加工方法作一个简单介绍。首先，使用一把∅60mm 的面铣刀粗铣加工去余量，预留 5mm 加工余量，由于是粗铣，“跨度”值可以设置的大一点，在本例中为 50mm。再使用一把∅40mm 的球头铣刀半精铣加工表面，“跨度”值可以设置的小一点，在本例中为 2mm。然后使用∅20mm 的球头铣刀精铣加工表面到尺寸。最后使用更小的球头铣刀对未加工到的地方补充加工。参数设置完成后，单击对话框中的“文件”→“保存”命令，系统弹出“保存参数”对话框。输入文件名“milprm_rough”，以备在后续操作中调用，输入完成后单击“确定”按钮。单击对话框中的“文件”→“退出”命令，再单击菜单管理器中的“完成”命令。

9.4.3　创建加工体积块

创建体积块有“草绘”、“聚合”两种方法，在这里选择“草绘”。

单击“创建体积块”命令，在消息区输入欲创建体积块的名称“down_rough”。单击“草绘”→“拉伸”→“实体”→“完成”命令，系统弹出“伸出项:拉伸”对话框。再单击“单侧”→“完成”命令，选取如图 9-19 所示表面作为草绘平面，单击“正向”命令确认箭头所指方向为拉伸方向，选取如图 9-19 所示表面作为顶平面。进入草绘环境后，选择合适的草绘参照，绘制如图 9-20 所示的截面，单击确认按钮✔。单击“至曲面”→“完成”命令，选择如图 9-21 所示平面作为拉伸终止面，单击“伸出项:拉伸”对话框中的“确定”按钮。单击“裁剪”命令，选择零件“down. prt”，这时消息区显示“修剪已经成功创建”，完成的修剪如图 9-22 所示，单击“完成/返回”命令。

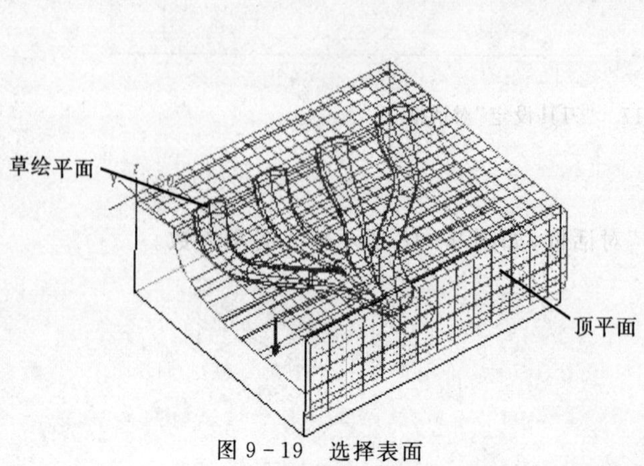

图 9-19　选择表面

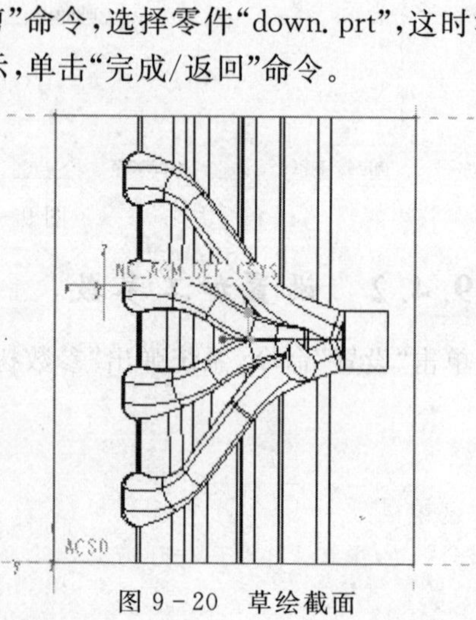

图 9-20　草绘截面

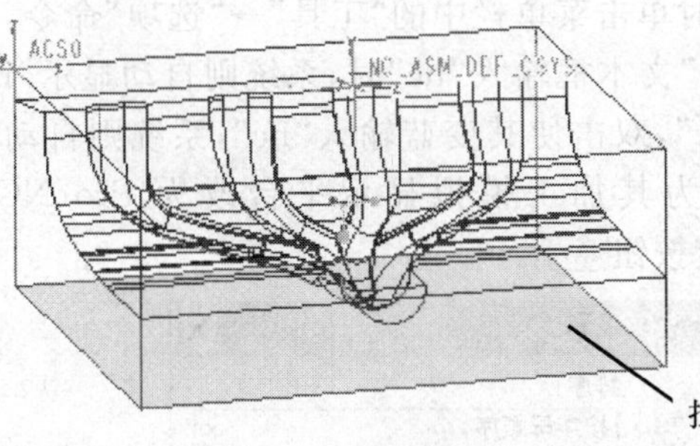

图 9-21　拉伸终止面

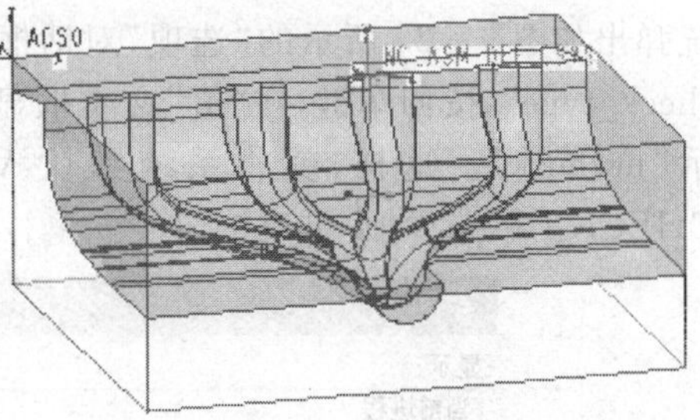

图 9-22　完成的修剪

9.4.4　加工轨迹演示

单击“演示轨迹”→“屏幕演示”命令，查看一下所定义的粗加工的刀具轨迹，系统弹出“播放路径”对话框。单击向前播放按钮▶，系统显示刀具轨迹如图 9-23 所示。

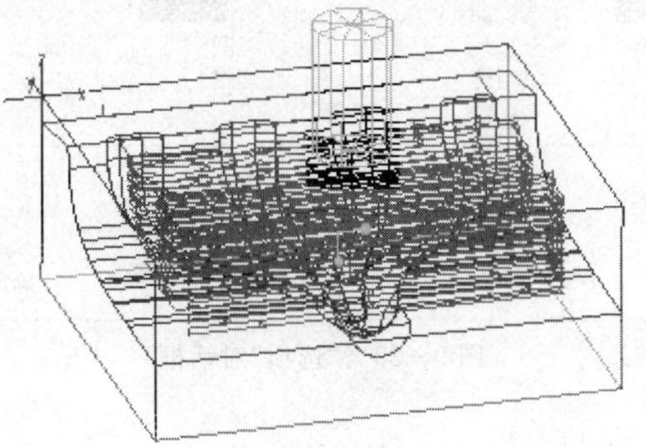

图 9-23　刀具轨迹

9.4.5　NC 检测

单击“NC 检测”→“运行”命令，系统对模型进行渲染，模拟加工过程，结果如图 9-24 所示。

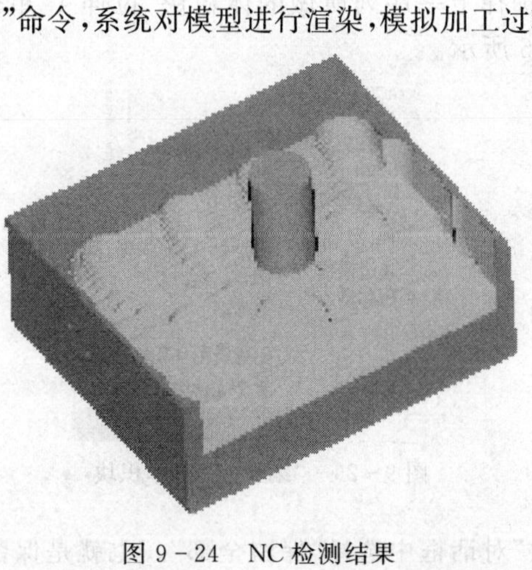

图 9-24　NC 检测结果

这里需要补充说明一点：Pro/ENGINEER Wildfire 现在默认 VERICUT 为其加工模拟显示平台。如果用户的系统没有安装 VERICUT，在单击“NC 检测”命令时系统会在消息区提示:“此平台不支持应用程序VERICUT_DLL。”这时单击菜单栏中的“工具”→“选项”命令,系统弹出如图9-25所示的“选项”对话框。在“选项”文本框输入“nc”时,系统则自动显示“nc-check_type”,按回车键,在“值”文本框显示“vericut”,双击使其变蓝输入“nc”,系统则自动显示“nccheck”。这样,就将系统默认VERICUT为其加工模拟显示平台改为Pro/NC-CHECK。单击添加/更改按钮[添加/更改],再单击确定按钮[确定]。

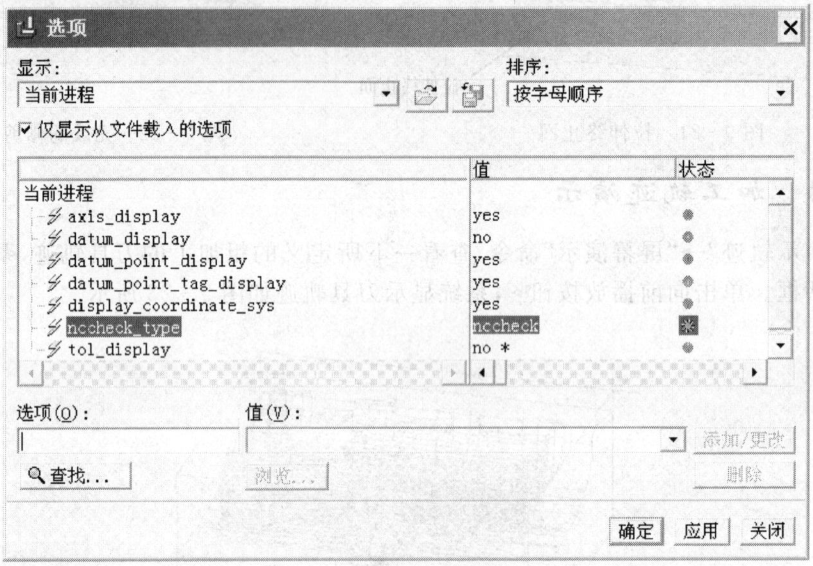

图9-25　“选项”对话框

9.4.6　修改NC序列设置

由刀具轨迹及NC检测结果发现NC序列设置有问题:面铣刀在毛坯区域内直接下刀,毛坯的两侧未加工。下面对NC序列设置进行修改。

(1)首先打开特征树,选择上一序列所做的体积快“拉伸1”单击右键,在弹出的菜单中选择“编辑定义”。如图9-26所示。

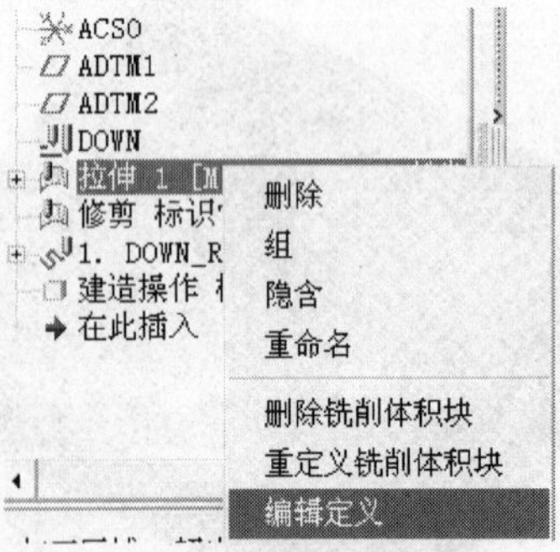

图9-26　“编辑定义”体积块

在随后出现的“子选项”对话框中选择“保留全部”。也就是保留在此“体积块”基础之上所做的其他特征。这时系统回到特征编辑窗口,单击“放置”→“编辑”命令。将原截面更改为如图9-27所示截面。确认无误后单击确认按钮✓。在操控板单击确认按钮☑。完成的体积块如图9-28所示。

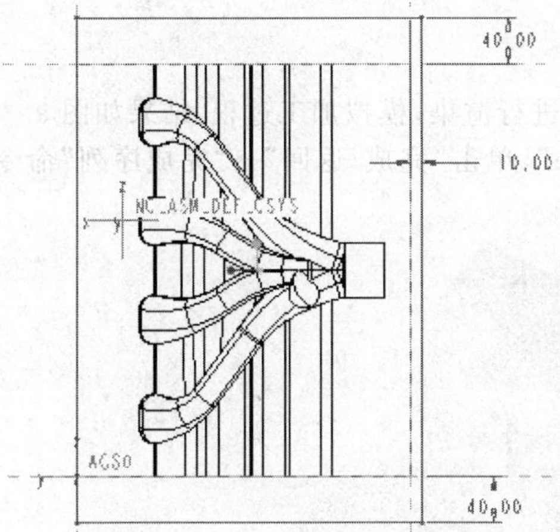

图 9-27　新“体积块”拉伸截面

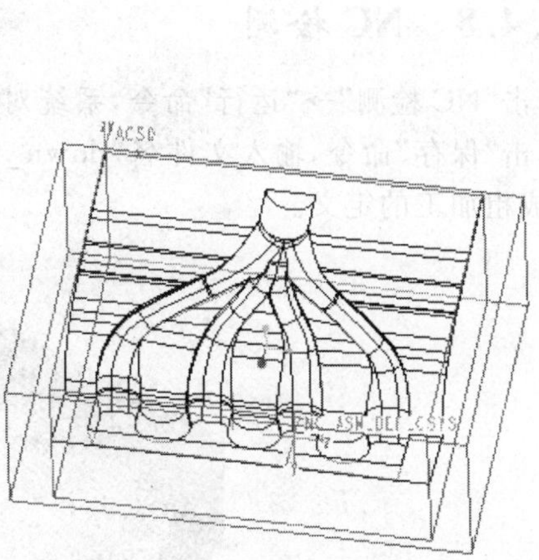

图 9-28　完成的体积块

(2)单击“加工”→“NC 序列”,选择序列“UP_ROUGH”。单击“序列设置”命令,勾选“参数”和“逼近薄壁”复选框,再单击“完成”命令。在随后出现的“制造参数”对话框中单击“设置”命令,系统弹出“参数树”对话框。将“扫描类型”由“类型 3”改为“类型 2”。参数设置完成后,单击对话框中的“文件”→“保存”命令,系统弹出“保存参数”对话框。输入文件名“milprm_rough”,单击“确定”按钮。单击对话框中的“文件”→“退出”命令,再单击菜单管理器中的“完成”命令。

(3)选择如图 9-29 所示两表面为进刀和退刀侧壁,单击“选取”对话框中的“确定”按钮,再单击“完成/返回”命令。

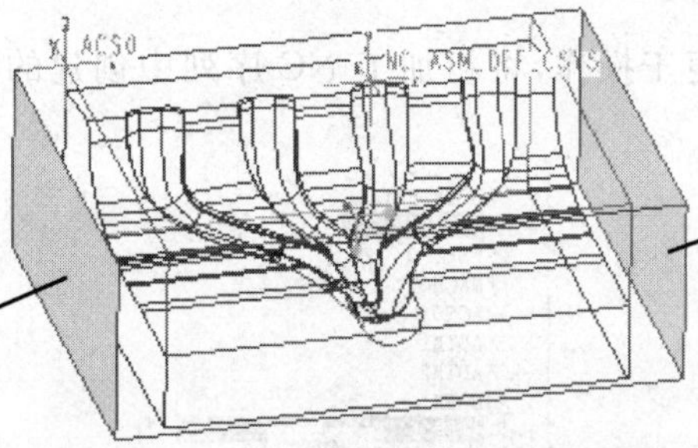

图 9-29　选择进刀和退刀侧壁

9.4.7　加工轨迹演示

单击“演示轨迹”→“屏幕演示”命令,查看一下所定义的粗加工的刀具轨迹,系统弹出“播放路径”对话框。单击向前播放按钮▶,系统显示刀具轨迹如图 9-30 所示。

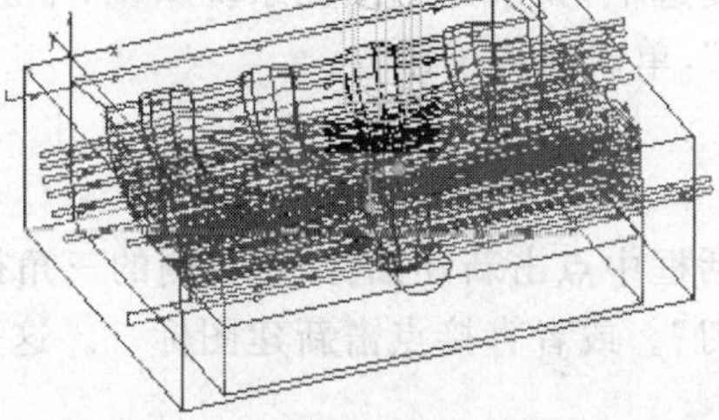

图 9-30　刀具轨迹

9.4.8　NC 检测

单击“NC 检测”→“运行”命令，系统对模型进行渲染，模拟加工过程，结果如图 9－31 所示。单击“保存”命令，输入文件名“down_rough”，单击“完成/返回”→“完成序列”命令。至此，完成粗加工的定义。

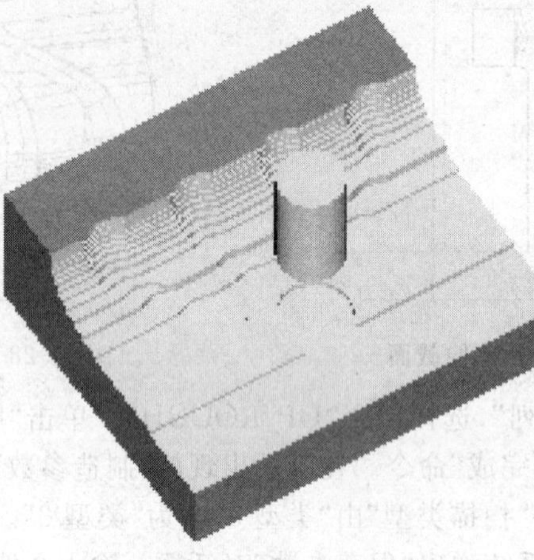

图 9－31　NC 检测结果

9.5　设置半精加工 NC 序列

在设置参数之前，为了便于操作，将粗加工 NC 序列中创建的“体积块”和“工件”隐藏起来，如图 9－32 所示。

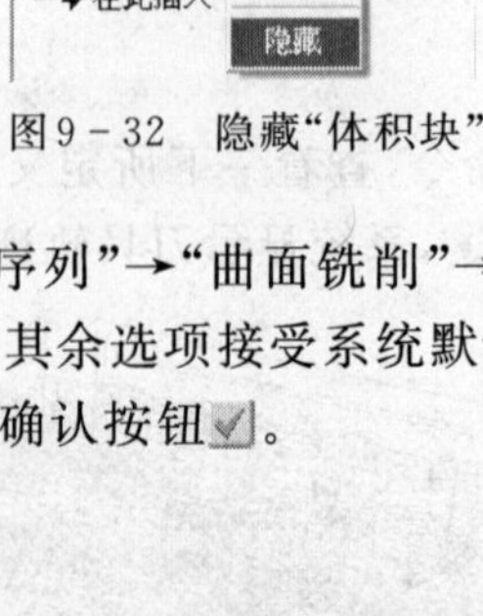

图 9－32　隐藏“体积块”

单击“加工”→“NC 序列”→“新序列”→“曲面铣削”→“完成”命令，系统显示“序列设置”菜单。勾选“名称”和“刀具”复选框，其余选项接受系统默认，单击“完成”命令。在消息区输入 NC 序列名称“down_finish_1”，单击确认按钮☑。

9.5.1　设置刀具

在弹出的“刀具设定”对话框中点击新建图标右侧的三角按钮，在出现的刀具类型表中选择所需的刀具类型：“球铣刀”。或者直接点击新建图标。这是系统自动增加刀具 T0002，且刀具位置为“2”。

需要注意的是如果直接在“名称”、“几何”栏修改数据，然后“确定”这样系统会产生一个新的刀具，但“刀具位置”仍然是 1，最后生成的加工程序每次换刀都是“T1”。

对于半精加工 NC 序列，选用∅40mm 装有两个硬质合金刀片的机加球头刀。输入如图 9－33所示的各项参数。

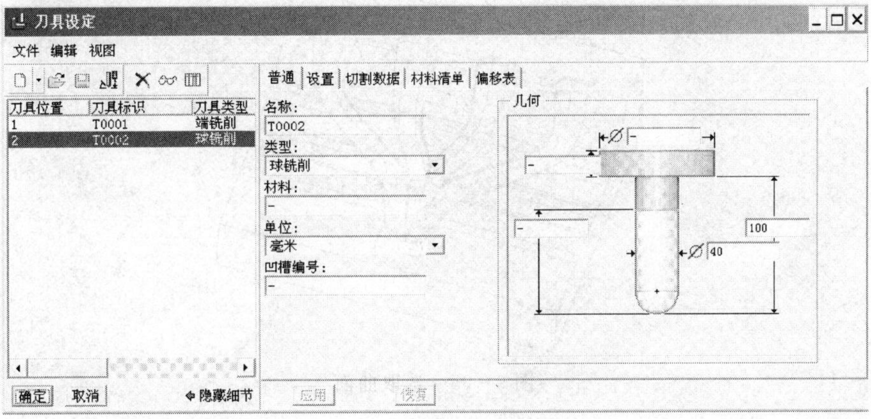

图 9－33　“刀具设定”对话框

9.5.2　设置加工参数

单击“设置”命令，系统弹出“参数树”对话框。如果我们选择切削速度为 120m/min，每齿进给量为 0.2mm，经过计算如图 9－34 所示设置参数。参数设置完成后，单击对话框中的“文件”→“保存”命令，系统弹出“保存参数”对话框。输入文件名“milprm_finish_1”，以备在后续操作中调用，单击“确定”按钮。单击对话框中的“文件”→“退出”命令，再单击菜单管理器中的“完成”命令。

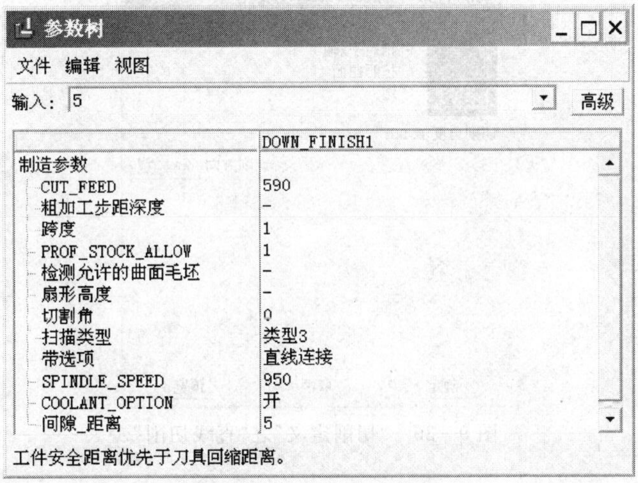

图 9－34　设置加工参数

9.5.3　创建加工曲面

单击“选取曲面”→“模型”→“完成”命令，系统提示选取曲面，选取如图 9－35 所示的曲面。在选取如图 9－35 这一类曲面时，一个简便的方法是用鼠标划一个矩形框将希望选取的曲面全部选取(用这种方法选取曲面时零件放置的位置及旋转的角度对顺利的选取曲面有很大的影响，这一点需要读者在实际操作中反复练习才能掌握)，然后再逐一补充漏选的曲面或逐一排除多选的曲面。单击“完成/返回”→“完成/返回”命令。

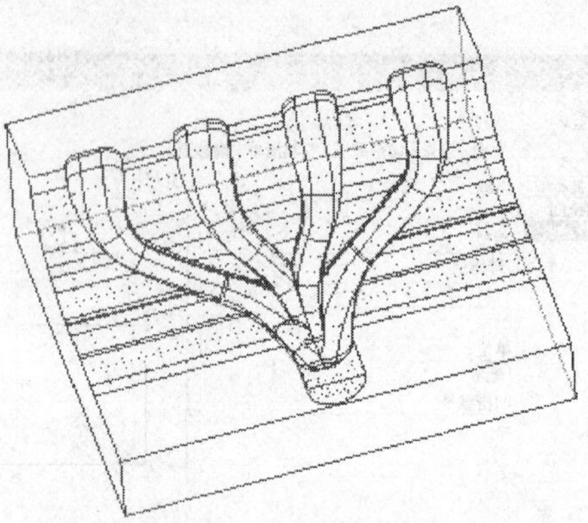

图 9－35　选取曲面

9.5.4　定义切割

系统弹出“切削定义”对话框。点选“直线切削”单选钮，如图 9－36 所示。接受系统默认的各项选择，单击“确定”按钮。

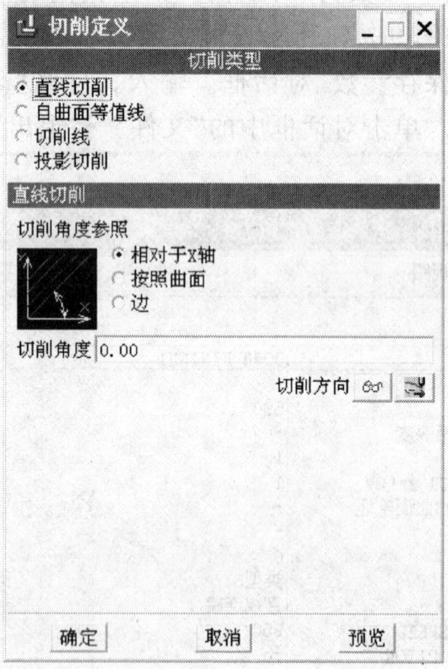

图 9－36　“切削定义”之“直线切削”

9.5.5　加工轨迹演示

在进行加工轨迹演示前，先将工件“down_mp.prt”取消隐藏，如图 9－37 所示。

单击“演示轨迹”→“屏幕演示”命令，查看一下所定义的精加工的刀具轨迹，系统弹出“播放路径”对话框。单击向前播放按钮▶，系统显示半精加工轨迹如图 9－38 所示。

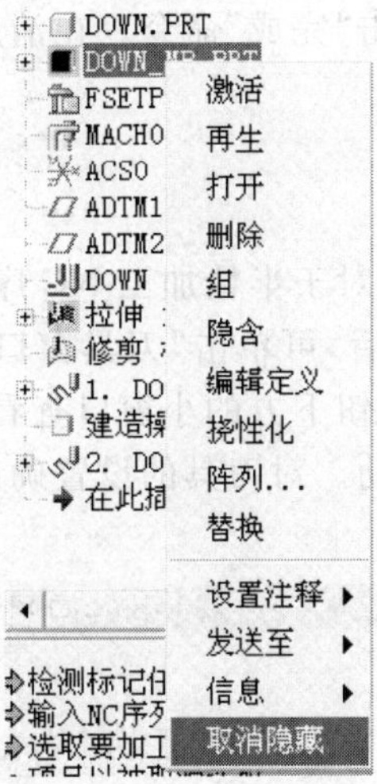

图 9-37　取消隐藏

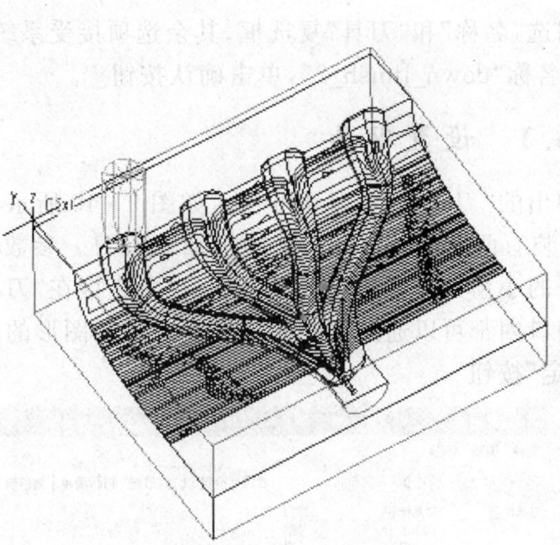

图 9-38　半精加工轨迹

9.5.6 NC 检测

首先调出粗加工模拟显示的结果文件。单击“NC 检测”→“恢复”命令，选择粗加工模拟显示的结果文件“down_rough.nck”，单击“打开”按钮。再单击“显示”→“运行”命令，系统在粗加工模拟显示的结果基础上进行加工模拟，结果如图 9-39 所示。单击“保存”命令，输入文件名“down_finish_1”，单击“完成/返回”命令。

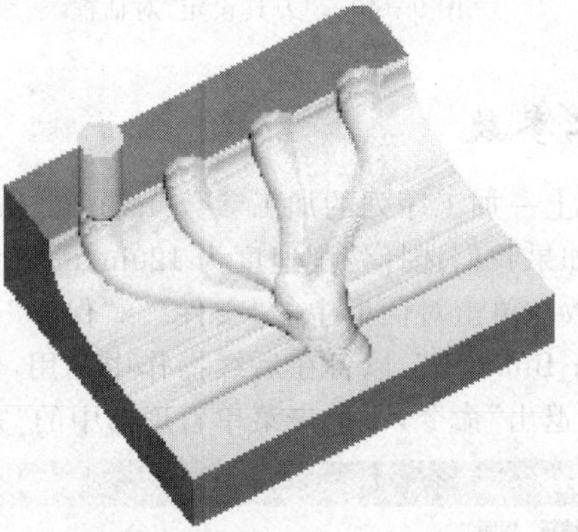

图 9-39　加工模拟结果

9.5.7 过切检测

单击“过切检测”→“零件”命令，选择被加工零件“down.prt”，单击“完成/返回”→“完成/返回”→“公差”命令，为了加快计算速度，输入一个比较大的公差值 0.2。单击“运行”命令，系统经过短暂的计算。在消息区出现提示“没有发现过切”，单击“完成/返回”→“完成/返回”→“完成序列”命令。至此，完成的半精加工定义。

9.6 设置精加工 NC 序列

单击“加工”→“NC 序列”→“新序列”→“曲面铣削”→“完成”命令，系统显示“序列设置”

菜单。勾选“名称”和“刀具”复选框，其余选项接受系统默认，单击“完成”命令。在消息区输入 NC 序列名称“down_finish_2”，单击确认按钮。

9.6.1　设置刀具

在弹出的“刀具设定”对话框输入如图 9-40 所示各项参数，对于半精加工 NC 序列，选用 ∅20mm 装有两个硬质合金刀片的机加球头刀。参数设置完成后，可单击“刀具窗口”按钮在随后打开的小窗口查看所定义的刀具，也可直接在“刀具窗口”按钮下方的小窗口查看刀具，在这两个窗口内都可以通过鼠标的拖放实现刀具图形的放大和移动。对刀具的设置确认无误后单击“确定”按钮。

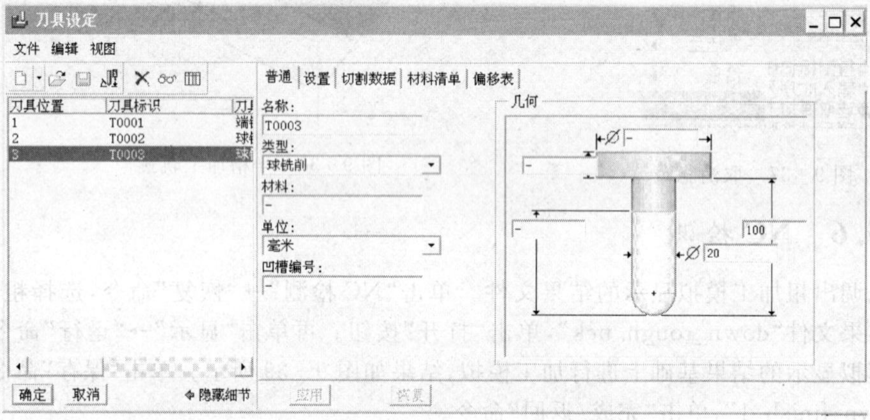

图 9-40　“刀具设定”对话框

9.6.2　设置加工参数

单击“检索”命令，调出上一加工序列的加工参数“milprm_finish_1”。单击“设置”命令，系统弹出“参数树”对话框。如果我们选择切削速度为 120m/min，每齿进给量为 0.2mm，经过计算如图 9-41 所示设置参数。单击对话框中的“文件”→“保存”命令，系统弹出“保存参数”对话框。输入文件名“milprm_finish_2”，以备在后续操作中调用，输入完成后单击“确定”按钮。单击对话框中的“文件”→“退出”命令，再单击菜单管理器中的“完成”命令。

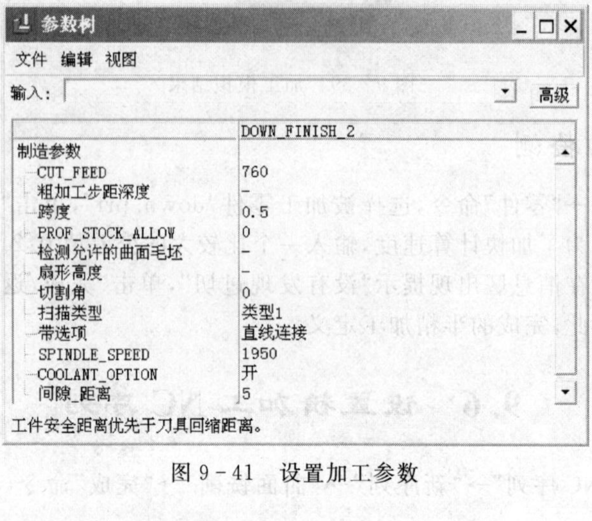

图 9-41　设置加工参数

9.6.3　创建加工曲面

单击“从先前序列”命令，在显示的加工序列表中选择上一加工序列“2:DOWN_FINISH_1”，单击“完成选取”→“完成/返回”命令。

9.6.4　定义切割

系统弹出“切削定义”对话框，点选“直线切削”复选框，如图 9-42 所示。接受系统默认的各项选择，单击“确定”按钮。

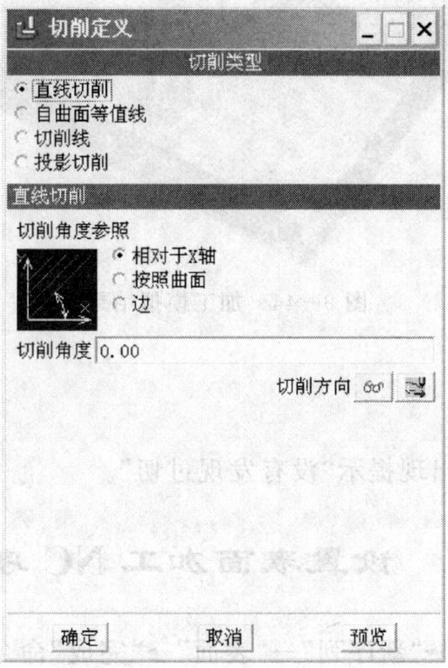

图 9-42　定义直线切削

9.6.5　加工轨迹演示

系统显示精加工局部轨迹如图 9-43 所示。

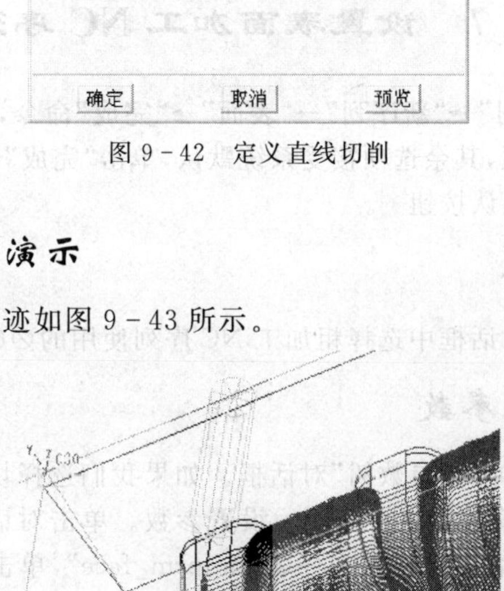

图 9-43　精加工局部轨迹

9.6.6 NC 检测

系统在半精加工模拟显示的结果基础上进行加工模拟，结果如图 9-44 所示。

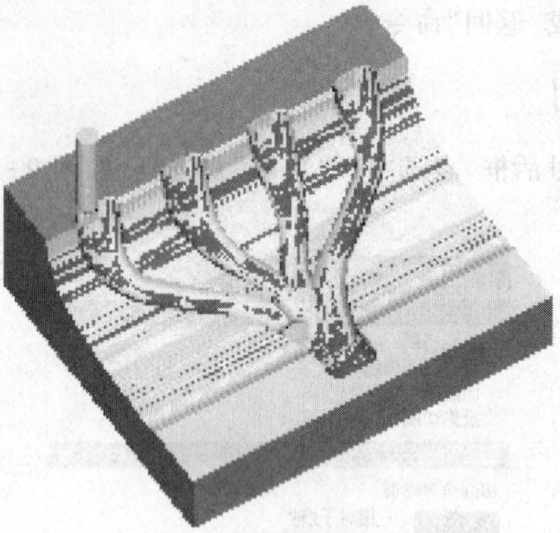

图 9-44 加工模拟结果

9.6.7 过切检测

系统经过计算，在消息区出现提示“没有发现过切”。

9.7 设置表面加工 NC 序列

单击“加工”→“NC 序列”→“新序列”→“表面”→“完成”命令，系统显示“序列设置”菜单。勾选“名称”和“刀具”复选框，其余选项接受系统默认，单击“完成”命令。在消息区输入 NC 序列名称“down_face”，单击确认按钮☑。

9.7.1 设置刀具

在弹出的“刀具设定”对话框中选择粗加工 NC 序列使用的∅60mm 面铣刀 T0001。

9.7.2 设置加工参数

单击“设置”命令，系统弹出“参数树”对话框。如果我们选择切削速度为 200m/min，每齿进给量为 0.15mm，经过计算如图 9-45 所示设置参数。单击对话框中的“文件”→“保存”命令，系统弹出“保存参数”对话框。输入文件名“milprm_face”，单击“确定”按钮。单击对话框中的“文件”→“退出”命令，再单击菜单管理器中的“完成”命令。

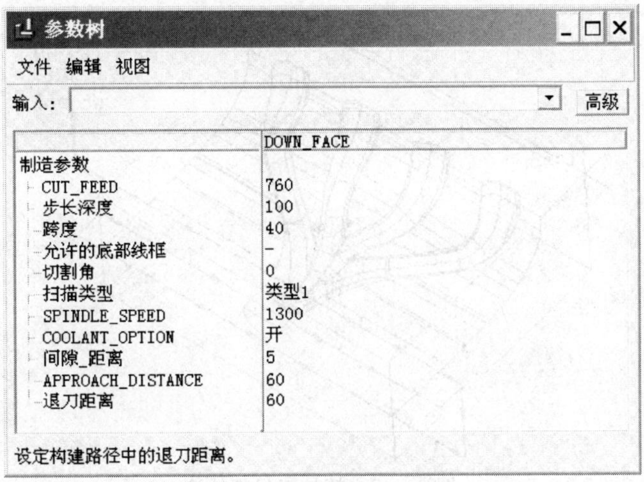

图 9－45　设置加工参数

9.7.3　创建加工曲面

单击“模型”→“完成”命令，选择如图 9－46 所示平面，单击“选取”对话框中的“确定”按钮，再单击“完成/返回”命令。

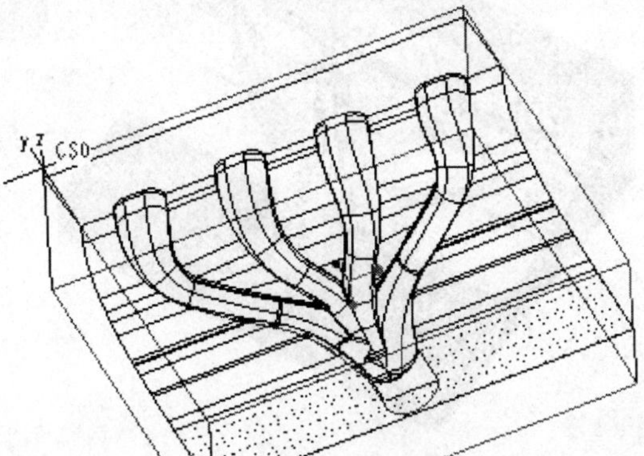

图 9－46　选择平面

9.7.4　加工轨迹演示

单击“演示轨迹”→“屏幕演示”命令，查看一下所定义的精加工的刀具轨迹，系统弹出“播放路径”对话框。单击向前播放按钮▶，系统显示精加工局部轨迹如图 9－47 所示。

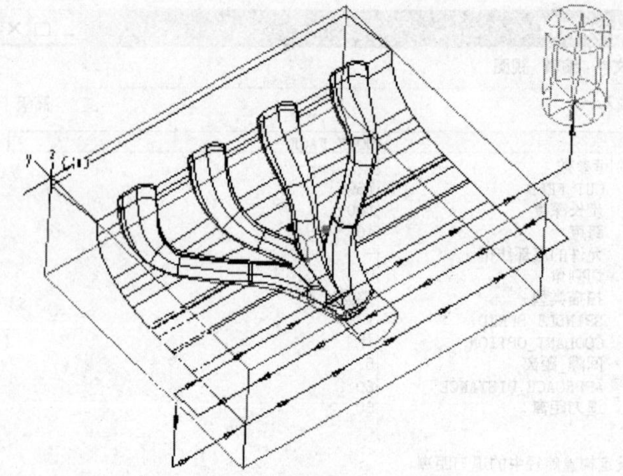

图 9-47　精加工局部轨迹

9.7.5　NC 检测

系统在精加工模拟显示的结果基础上进行加工模拟，结果如图 9-48 所示。

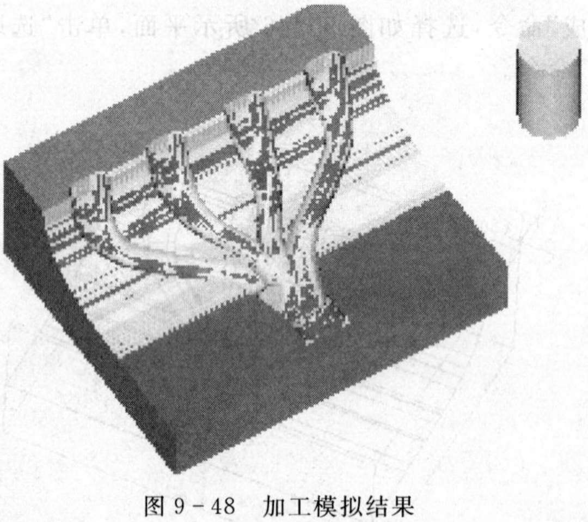

图 9-48　加工模拟结果

9.7.6　过切检测

系统经过计算，在消息区出现提示“没有发现过切”。

9.7.7　其余的加工

(1)对于如图 9-49 所示斜平面，只需将零件的一端垫高，使该平面保持水平，然后设置一个表面加工 NC 序列即可完成。当然，这需要另建一个“操作”，另建一个坐标系。在这里就不再进行介绍。

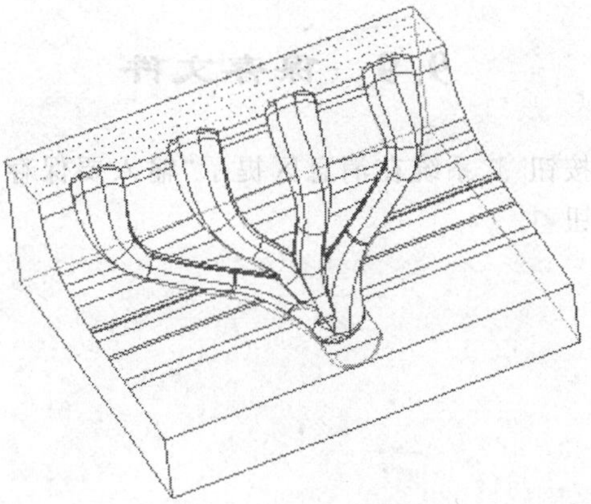

图 9-49　斜平面

(2)另外,该零件还有一些细节需要清根,这需要反复使用“局部铣削”。限于篇幅,这一部分也不再进行介绍。

9.8　生成加工程序

下面进行加工程序的生成。

(1)单击“CL 数据”→“操作”→“DOWN”→“文件”→“完成”命令,系统弹出“保存副本”对话框。接受默认的文件名“DOWN. NCL”,单击“确定”按钮。系统经过短暂的计算在消息区出现提示“成功创建 Pro/NC 文件 e:\曲面加工\down. ncl. 1”,NCL 文件成功创建。

(2)单击“确认输出”→“后置处理”命令,系统弹出“打开”对话框。选择刚刚生成的 NCL 文件“down. ncl”,单击“打开”按钮。

(3)单击“完成”命令,系统出现后置处理器列表。选择后置处理器 UNCX01. P11。系统经过短暂的计算,在在消息区出现如下提示“后置处理文件 down. tap 成功创建”,同时弹出如图 9-50 所示信息窗口。窗口内显示的信息包括版本号、日期、文件名、处理器名称、文件长度、加工所需时间等等,确认无误后,单击“关闭”按钮。

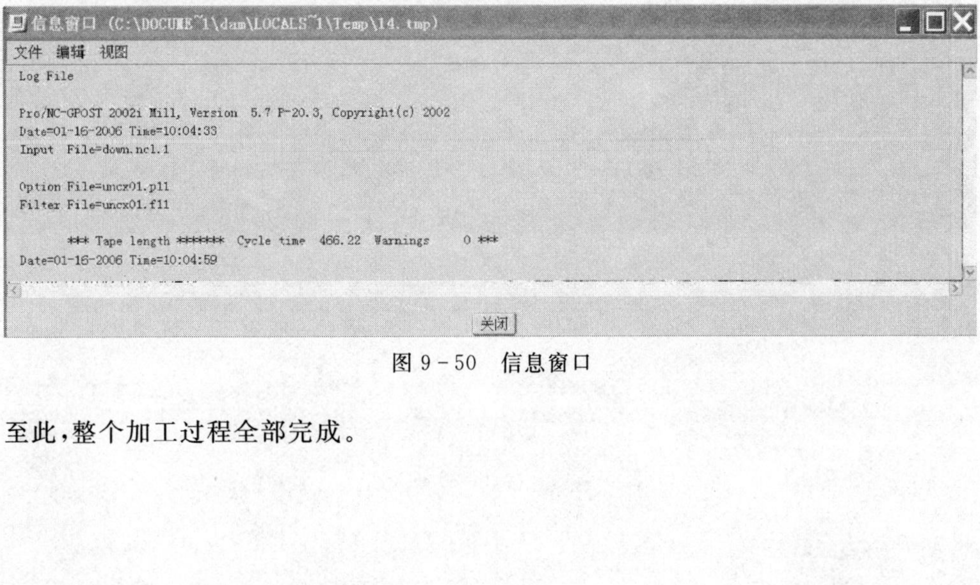

图 9-50　信息窗口

至此,整个加工过程全部完成。

9.9　保存文件

单击工具栏中的保存按钮，系统在消息区提示“输入要保存的对象:”，接受默认的名称“down.mfg”，单击确认按钮。

第 10 章　曲面零件数据转换

本章介绍了常用 CAD 软件数据转换标准 IGES、STEP 和 DXF，常用的模型数据转换方法与各自特点，常用 CAD/CAM 软件的特点以及模型数据输入输出方法。通过几个实例，讲解了 Pro/ENGINEER 软件与其他常用 CAD 软件的曲面零件数据转换方法与详细步骤。

10.1　CAD 系统软件数据转换规范

随着计算机技术的发展与应用，越来越多的 CAD/CAE/CAM 系统被广泛应用到产品设计、制造和辅助工程分析等领域当中。不同环节或同一环节的技术人员往往使用不同的软件，这就出现了多个 CAD/CAE/CAM 软件系统之间进行模型数据转换、多个 CAD/CAE/CAM 软件系统协同工作的问题。这将大大发挥各软件系统自身的优势，提高产品的设计速度、加工质量与效率。由于目前许多 CAD 系统软件（Pro/ENGINEER、SolidWorks、CATIA、I-Deas、AutoCAD、UniGraphics、ANSYS 等）分属不同的系统，所用的数据库格式不同，各种软件功能侧重不同，不能直接进行数据转换。所以在转换过程中必须注意一些技术问题，才能正确地进行不同 CAD/CAM 软件之间的模型数据转换。

每个 CAD/CAM 系统都有自己的数据文件，数据文件格式与每个 CAD/CAM 系统自己的内部数据模式密切相关。目前市场上流行的 CAD/CAM 系统内部产品模型的数据结构和格式各不相同，这给设计和制造部门或企业与企业之间的数据交换带来困难，因此，需要对数据转换文件标准化。目前，国际上已制定了一些数据交换标准，如 IGES、STEP、VDA、SET 等，还有一种尽管不是标准，但由于 CAD 系统的使用者众多，形成了事实上的企业标准，最典型的是 AutoCAD 的 DXF 图形数据交换文件。另外，还有一些不是标准，是为了某些需要，在某些 CAD/CAM 系统之间或 CAD/CAM 与其他系统之间转换数据，建立某些数据转换格式，如在扫描数据与 Pro/ENGINEER 之间交换数据的 IBL 文件格式。

下面介绍几种典型的数据转换规范。

10.1.1　基本图形转换规范 IGES

1980 年，在美国国家标准局（NBS）主持下成立了由波音公司和通用电气公司参加的技术委员会，制订了基本图形交换规范 IGES（initial graphics exchange specification），并于 1981 年正式成为美国的国家标准。

1. IGES 的功能

最初开发 IGES 是为了能在计算机绘图系统的数据库上进行数据交换。IGES 开发吸取的思想主要来自波音公司的 CAD/CAM 集成信息网和通用电气公司的中性数据库。IGES 草案（IGES 1.0）于 1980 年 1 月发表，最初范围仅限于工程图纸所需的典型几何、图形和标注元素（entity）。

1982 年 IGES 2.0 发表，包括了电子和有限元两个委员会完成的工作。1986 年 IGES 3.0

发表,包括了工厂规划和建筑结构工程两个委员会的工作。在几何表示方面,IGES 3.0支持曲面和三维线框表示,只是对IGES 1.0有所改变,这在实际的CAD系统数据交换中是不够的,因为CAD数据很大部分以实体形式出现。IGES在CAM-I的协助下开发出实体模型数据的实验规范ESP(experimental solids proposal)。ESP能处理边界表示模型、CSG模型和装配体,其中的CSG部分成功地用于福特汽车公司的PADL-2系统、通用汽车公司的GMSolid和通用电气公司的TRUCE系统之间的数据交换。1988年6月发表的IGES 4.0包括了CSG模型,而实体的边界模型则包含在IGES以后的版本中。

随着IGES版本的不断升级,IGES逐渐成熟,日益丰富,覆盖了CAD/CAM数据交换的越来越多的应用领域。作为较早颁布的标准,IGES被许多CAD/CAM系统接受,成为应用最广泛的数据转换标准。

2. IGES元素

在IGES数据交换文件中表示信息的基本单位就是元素,每种元素都有唯一的元素类型号与之对应。需要注意的是,元素类型号目前并没有被全部使用,有些号码是空的,不对应任何元素。

在IGES标准中定义了5类元素:曲线和曲面几何元素、构造实体几何CSG元素、边界B-Rep实体元素、标注元素和结构元素。

①曲线和曲面几何元素。在IGES标准中定义的曲线和曲面几何元素包括:圆弧、组合曲线、二次曲线、数据集、平面、直线、参数样条曲线、参数样条曲面、点、直纹面、旋转面、列表柱面、变换矩阵、几何元素显示标记、有理B样条曲线、有理B样条曲面、等距曲线、等距曲面、边界、参数曲面上的曲线、有界曲面、剪裁曲面等。

②构造实体几何元素。IGES标准中CSG元素包括:块、直角楔体、正圆柱、正圆锥、球体、圆环、旋转体、线性拉伸体、椭圆体、布尔树、选择部件、实体装配、实体实例等。

③B-Rep实体元素。边界表示B-Rep实体模型元素,包括拓扑元素集、曲面元素集和曲线元素集。

· 拓扑元素集包括:流形B-Rep实体、顶点、边、环、面、壳等。

· 曲面元素集包括:参数样条曲面、直纹面、旋转面、列表柱面、有理B样条曲面、等距曲面、平曲面、正圆柱面、正圆锥面、球面、圆环面等。

· 曲线元素集包括:圆弧、组合曲线、二次曲线、2D路径、3D路径、平面封闭曲线、直线、参数样条曲线、有理B样条曲线、等距曲线等。

④标注图形元素。IGES标准中定义的标注图形元素包括:数据集、角度尺寸标注、曲线尺寸标注、直径尺寸标注、标识注解、一般标注、一般注解、新一般注解、箭头标注、直线尺寸标注、坐标尺寸标注、点尺寸标注、半径尺寸标注、一般符号、剖面区域等。

⑤结构元素。IGES中结构元素包括:空元素、连接点、有限元结点、有限元元素、结点的位移或旋转、结点值、元素值、相关性定义、线型定义、子图定义、字体定义、文本显示方式、颜色定义、单位数据、网络子图定义、属性表定义、相关性实例、图样、特性、单子图实例、视图、方阵子图实例、圆周阵子图实例、外部基准、结点加载和约束、网络子图实例、属性表实例、宏实例等。

3. IGES文件结构

IGES文件由5或6段组成:标志(FLAG)段、开始(START)段、全局(GLOBAL)段、元素索引(DIRECTORY ENTRY)段、参数数据(PARAMTER DATA)段和结束(TERMINATE)段。其中,标志段仅出现在二进制或压缩的ASCII文件格式中。

一个IGES文件可以包含任意类型、任意数量的元素,每个元素在元素索引段和参数数据段各有一项。索引项提供了一个索引以及包含一些数据的描述性属性;参数数据项提供了特定元素的定义。元素索引段中的每一项格式是固定的,参数数据段的每一项是与元素有关的,不同的元素其参数数据项的格式和长度也不同。每个元素的索引项和参数数据项通过双向指针联系在一起。

文件每行80个字符。每段若干行,每行的第1～72个字符为该段的内容;第73个字符为该段的段码;第74～80个字符为该段每行的序号。段码是这样规定的:字符"B"或"C"表示标志段;"S"表示开始段;"G"表示全局段;"D"表示元素索引段;"P"表示参数数据段;"T"表示结束段。

①开始段(start section)。文件开始段是可供人阅读的有关该文件的一些前言性质的说明。在第1～72列上可以写入任何内容的ASCII码字符。

②全局段(global section)。文件的全局段包含由前置处理器写入、后置处理器处理该文件所需的信息。它描述了IGES文件在使用的参数分隔符、记录分隔符、文件名、IGES版本、直线颜色、单位、建立该文件的时间、作者等信息。

③元素索引段(direction entry section)。每一种元素对应一个索引,每个索引记录含有20项,每一项占8个字符,每个索引在元素索引段中占两行。索引记录包括:元素类型号,参数指针、版本、线型、图层、视图、变换矩阵、标号显示、状态号、段码和序号、元素类型号、直线的权号、颜色号、参数记录数、形式号、元素标号、元素下标号、段码和序号。

④参数数据段(parameter data section)。该段记录了每个元素的几何数据,其格式是不固定的。根据每个元素参数数据的多少,决定它在参数数据段中有几行。

⑤结束段(terminate section)。结束段只有一行,在前32个字符里,分别用8个字符记录了开始段、全局段、元素索引段和参数数据段的段码和每段的总行数。第33～72个字符没有用到。最后8个字符为结束段的段码和行数。

4. IGES存在问题及解决方法

IGES目前已发展到V5.3版,每一版本的功能都有所加强,压缩了数据格式、扩充了元素范围、扩大了宏指令功能、完善了使用说明等,可以支持产品造型中的边界表示和结构的实体几何表示,并在国际上绝大多数商品化CAD/CAM系统中采用。因此,在实际工作中,由CAD/CAM系统的数据格式转换成IGES格式时,一般都不会产生问题;而由IGES格式转换成CAD/CAM系统的数据格式时常会出现问题。下面介绍几种经常发生的问题及解决办法。

①变换过程中经常会发生错误或数据丢失现象,最差的情况是因为一个或几个实体无法转换,使整个图形都无法转换。如仅因一个B样条曲线无法转换,导致全部不能转换。这时可通过另一个CAD/CAM系统来进行转换,如欲把某IGES文件转换成CATIA,可先把该IGES文件转换成UGII,再通过UGII的IGES转换器转换成IGES格式,然后经CATIA的后处理器转换成CATIA的数据格式。

②在转换数据的过程中经常发生某个或某几个小曲面丢失的情况,这时可利用原有曲面边界重新生成曲面。但当子图形丢失太多时,则可通过前述第一种类似方式进行转换。

③某些小曲面(face)在转换过程中变成大曲面(surface),此时可对曲面进行裁剪。

以上仅是在实际中经常遇到的问题,当然,IGES文件还存在着其他问题,如不能把两个零部件的信息放在一个文件中;不能转换属性信息;产生的数据量太大,以致许多CAD/CAM系统难以处理等,这些问题有待于在实践中继续完善。

10.1.2　STEP标准

作为数据交换的国际标准IGES发表以后，成为应用最广泛的数据交换标准。但在应用过程中，IGES缺点逐渐暴露出来，不能满足复杂的工业上数据交换的要求。法国航空航天业在IGES的基础上自行开发了数据交换规范SET(standard d'exchange et de transfert)。SET的文件格式与IGES完全不同，长度大大小于IGES文件长度。德国的汽车制造业也在IGES的基础上开发了产品数据交换的德国国家标准VDAFS(verband der deutschen automobilindustrie－flachennittstelle)。产品定义数据接口PDDI(product definition data interface)计划是美国空军组织实施的，目的在于定义完整的基于计算机的在设计和制造之间的产品定义数据接口。

1984年，IGES组织设置了一个研究计划，称为PDES(product data exchange specification)。PDES计划与IGES相比的一个显著特点是着重于产品模型信息的交换，而不是像IGES那样仅传递一些几何和图形数据。另外，PDES支持的产品数据交换方式除了文件交换外，还有共享数据库，这在实现方式上又比以前的数据交换标准如IGES、SET、VDAFS等前进了一大步。PDES的开发方法是一个三层的体系结构和参考模型及形式化语言的运用。体系结构中的三层包括应用层、逻辑层和物理层。形式化语言如EXPRESS语言的使用提高了计算机可实现的程度，消除了标准定义中的二义性。所以，无论是开发标准的方法论还是标准的结构和内容，PDES计划都有重大的突破和创新，为STEP标准的制定奠定了良好的基础。

1983年12月，国际标准化组织ISO设立了184技术委员会(TC184)，TC184名为工业自动化系统。TC184下设第四分委员会(SC4)，SC4的领域是产品数据表达与交换。ISO TC184/SC4制定的标准常被称为产品模型数据转换标准STEP(standard for the exchange of product model data)。STEP的制定主要基于PDES计划，欧洲也作了许多重要的工作。1988年ISO把美国的PDES文本作为STEP标准的建议草案公布，随后PDES的制定工作并入STEP的制定中，PDES计划从PDES的制定转向STEP标准的应用，PDES也因此改名为"应用STEP进行产品数据交换(product data exchange using STEP)"。由于PDES计划和STEP密切相关，习惯上常将两者合在一起PDES/STEP。

STEP标准是一个关于产品数据的计算机可理解的表示和交换标准，其目的是提供一种不依赖于具体系统的中性机制，能够描述产品整个生命周期的产品数据。产品生命周期包括产品的设计、制造、使用、维护、报废等整个周期。这种描述不仅适合于中性文件转换，而且是实现和共享产品数据库以及存档的基础，产品在生命周期的各个过程产生的数据信息既多又复杂，而且分散在不同部门和地方。这就要求产品信息应以计算机能理解的形式表示。而且能够在计算机系统之间进行交换，这就是所谓的构成了STEP标准。STEP标准包括以下5个方面的内容：标准的描述方法、集成资源、应用协议、实现形式、一致性测试和抽象测试。

1. 标准的描述方法

STEP的体系结构是由应用层、逻辑层、物理层3个层次构成。最上层是应用层，包括应用协议对象的抽象测试集，这是面向具体应用的一个层。第二层是逻辑层，包括集成通用资源和集成应用资源及由这些资源建造的一个完整的产品模型，它从实际应用中抽象出来，并与具体实现无关。最低层是物理层，包括实现方法，给出在计算机上具体的实现形式。

STEP采用参照模型和形式定义语言进行模型的描述。参照模型可以用来构成其他模型，不论是应用层还是逻辑层，均由许多参照模型组成。高层次的参照模型可以由低层次的参照模型构成。

EXPRESS 语言是 IPO(IGES/PDES organization)专门开发的形式定义语言,采用形式化数据规范语言的目的是保证产品描述的一致性和无二义性,同时也要求它具有可读性,并且能被计算机所理解。EXPRESS 语言就是根据这些要求制订的,它是一种建模语言。它提供了对集成资源和应用协议中产品数据进行标准描述的机制。

EXPRESS 语言基础是模式(sehema),每种模型由若干模式组成,其重点是定义实体,包括体属性和这些属性上的约束条件,而属性可以是简单数据类型,或者是另一种实体类型。EXPRESS 不仅用来描述集成资源和应用协议,而且也用来描述中性文件实现方式的数据模型和标准访问接口 SDAI 实现方式中的所有数据类型。用这种形式语言描述标准,使标准在计算机上实现提供了良好的基础。

EXPRESS 语言类丰富,有简单数据类型、聚合数据类型、实体数据类型、定义数据类型、枚举数据类型选择数据库类型等。实体内有属性、局部规则,还有超类与子类的说明等。EXPRESS 语言的表达式除一般算术、逻辑、字符等表达式外,还有实体的实例运算。

EXPRESS 语言是定义对象、描述概念模式的形式化建模语言,而不是一种程序设计语言,它不包含输入/输出、信息处理等语句。

2. 集成资源

STEP 逻辑层统一的概念模型为集成产品信息模型,又称集成资源。它是 STEP 标准的一部分,采用 EXPRESS 语言描述。集成资源提供的资源是产品数据描述的基础,集成资源分为通用和应用资源两类。通用资源在应用上具有通用性,与应用无关;而应用资源则描述某一应用领域的数据,它们依赖于通用资源的支持。

通用资源部分有产品描述与支持的原理、几何与拓扑表示、结构表示、产品结构配置、材料、视图描绘、公差和形状特征等。应用资源部分有制图、舶体结构和有限元分析等。

几何与拓扑表示包括几何部分、拓扑部分、几何形体模型等,用产品外形的显示表达。其中几何部分只包括参数化曲线、曲面定义以及与此相关的定义,拓扑部分涉及物体的连通关系。几何形状模型提供了物体的一个完整外形表达,在很多场合,都要包括产品的几何和拓扑数据,它包含了 CSG 模型和 B-Rep 模型这两种主要的实体模型。

结构表示描述几何表示的结构和这些结构的控制关系。它包括表面模式和扫描实体表示模式两方面内容。

形状特征分为通道、凹陷、凸起、过渡、域和变形等 6 大类。并由此派生出具有各种细节的特征,有相应的模式、实体及属性定义。

应用资源内容包括有关制图信息的资源,有图样定义模式、制图元素模式和尺寸图模式等。

3. 应用协议

STEP 标准支持广泛的应用领域,具体的应用系统很难采用标准的全部内容,一般只实现标准的一部分,如果不同的应用系统所实现的部分不一致,则在进行数据交换时,会产生类似 IGES 数据不可靠的问题。为了避免这种情况,STEP 计划制订了一系列应用协议。所谓应用协议就是一份文件,用以说明如何用标准的 STEP 集成资源来解释产品数据模型文本,以满足工业需要。也就是说,根据不同应用领域的实际需要,确定标准的内容,或加上必须补充的信息,强制要求各应用系统在交换、传输和存储产品数据时应符合应用协议的规定。

应用协议(AP)包括应用的范围、相关内容、信息需求的定义,应用解释模型(ALM)、规定的应用方式、一致性要求和测试意图。应用范围的说明可用描述过程、信息流、功能需求的图示化应用活动模型(AAM)来支持,而 AAM 可以作为应用协议的附录。应用相关内容的信息要求和约束由一组功能和应用对象来定义,定义的结果是一个应用参考模型(ARM)。ARM是一个形式化信息模型,它也作为应用协议的附录——非标准知识性附录。应用解释模型(ALM)表示应用的信息要求。ALM中的资源从定义的集成资源中的资源构件选取。资源构件的解释,就是通过修改、增加构件上的约束、关系、属性等方式来满足应用协议规定领域内的信息要求。

1991年发表的初始版本即STEP RI中发表的应用协议,只有显式制图及配置控制设计。显式制图面向机械工程和建筑结构工程应用,建立用于CAD图交换的应用协议。配置控制设计应用协议为应用系统之间配置了控制三维产品定义数据和方法。

4. 实现形式

STEP标准将数据交换的实现形式分为四级:第一级为文件交换;第二级为工作格式(working form)交换;第三级为数据库交换;第四级为知识库交换。对于不同的CAD/CAM系统,可以根据对数据交换的要求和技术条件选取一种或多种形式。

文件交换是最低一级。STEP文件有固定的格式规定,利用明文或二进制编码,提供对应用协议书中产品数据描述的读和写操作,是一种中性文件格式。STEP文件含有两个节:首部节和数据节。首部节的记录内容为文件名、文件生成日期、作者姓名、单位、文件描述、前后处理程序名等。数据节的主体记录内容主要是实体及其属性值,实例用标识号和实体名表示,属性值为简单数据类型的值或引用其他实例的标识号。各应用系统之间数据交换是经过前置处理或后置处理程序处理为标准中性文件进行交换的。某种CAD/CAM系统的输出经前置处理程序映射成STEP应用中,由于有统一的产品数据模型,由模型到文件只是一种映射关系,前后处理程序比较简单。

工作格式交换是一种特殊的形式。它是产品数据结构在内存的表现形式,利用内存数据管理系统使要处理的数据常驻内存,对它进行集中处理,即利用内存数据管理系统产生一个待处理的数据常驻内存,可对它处理,故提高了运行速度;另外,不必考虑数据的存储方式、指针、链表的维护,减速轻了设计人员的负担。

数据库交换方式是通过共享数据库实现的,产品数据经数据库管理系统DBMS存入数据库,每个应用系统可以从数据库取出所需的数据,运用数据字典,应用系统可以向数据库系统直接查询、处理、存取产品数据。

知识库交换是通过知识库来实现数据交换的,各应用系统通过知识库管理向知识闸存取产品数据,它们与数据库交换级的内容基本相同。

在STEP中还有一个标准数据访问接口。在目前的计算机工程应用环境中,数据存取方式采用专用数据访问接口。对现有的应用软件,若要改用另一种数据存储技术或数据存取方法,则必须修改原有应用软件。如果所有存储数据技术都采用标准的数据访问接口,则应用软件的编写可独立于数据存储技术,与系统无关。这就使得接口具有柔性,也使新的存储系统更方便地与现有应用软件集成起来。STEP标准正是基于这个因素而采用标准数据访问接口SDAI。它规定以EXPRESS语言定义其数据库结构,应用程序用此接口来获取和操作数据。应用软件的开发者不必关心数据储系统以及其他应用软件本身的数据定义形式和存取接口。

5. 一致性测试和抽象测试

即使资源模型定义得非常完善,但经过应用协议,在具体的应用程序中,其数据交换是否符合原来意图,尚需经过一致性测试。STEP标准订有一致性测试过程、测试方法和测试评估标准。

一致性测试中分为结合应用程序实例的测试与抽象测试。前者根据定义确定产品模型在应用程序运行后的实例，检查其数据表达、传输和交换中是否可靠和有效；后者作为标准的抽象测试，则用一种形式定义语言来定义抽象测试事例，每一个测试事例提出一套用于取得某项专门测试目标的说明。一致性测试的要求以及测试过程由应用协议加以规定。

10.1.3　DXF 数据接口

DXF(drawling exchange file)是 AutoCAD 系统的图形数据文件，DXF 虽然不是标准，但由于 AutoCAD 系统的普遍应用，使得 DXF 成为事实上的数据交换标准。DXF 是具有专门格式的 ASCII 码文本文件，易于被其他程序处理，主要用于实现高级语言编写的程序与 AutoCAD 系统的连接，或其他 CAD 系统与 AutoCAD 系统交换图形文件。

1. DXF 文件结构

一个完整的 DXF 文件是由 4 个段和 1 个文件结尾组成的，其顺序如下。

①标题段。记录 AutoCAD 系统的所有标题变量的当前值或当前状态。这些标题变量记录了 AutoCAD 系统的当前工作环境。例如，AutoCAD 版本号、插入基点、绘图界限、SNAP 捕捉的当前状态、栅格间距、式样、当前图层名、当前线型和当前颜色等。

②表段。包含了 4 个表，每个表又包含可变数目的表项。按照这些表在文件中出现的顺序，它们依次为线型表、图层表、字样表和视图表。

③块段。记录定义每一块的块名、当前图层名、块的种类、块的插入基点及组成该块的所有成员。块的种类分为图形块、带有属性的块和无名块 3 种。无名块包括用 HATCH 命令生成的剖面线和用 DIM 命令完成的尺寸标注。

④元素段。记录了每个几何元素的名称、所在图层的名称、线型名、颜色号、基面高度、厚度以及有关几何数据。

⑤文件结束段。标识文件的结束。

DXF 文件每个段由若干个组构成，每个组在 DXF 文件中占有两行。组的第一行为组代码，它是一个非零的正整数，相当于数据类型代码，每个组代码的含义是由 AutoCAD 系统约定好的，以 FORTRAN“I3”格式(即向右对齐并且用 3 字符字段填满空格的输出格式)输出。组的第二行为组值，相当于数据的值，采用的格式取决于组代码指定的组的类型。组代码和组值合起来表示一个数据的含义和它的值。需要注意的是，在 AutoCAD 系统中组代码既用于指出组值的类型，又用来指出组的一般应用。组代码的具体含义取决于实际变量、表项或元素描述，但“固定”的组代码总具有相同的含义，如组代码“8”总表示图层名。

一个 DXF 文件的框架如下：

```
0 / * 段开始
SECTION
2
HEADER / * 该段为标题段
9
$ ACADVER / * 下面依次描述所有标题变量
⋮
0
ENDSEC / * 标题段结束
0
SECTION/ * 段开始
```

2

TABLES/ * 该段为表段

0

TABLE/ * 表开始

2

LTYPE/ * 该表为线型表

⋮

0

ENDTAB / * 线型表结束

⋮

0

ENDSEC / * 表段结束

0

SECTION

2

BLOCKS / * 块段开始

0

BLOCK/ * 块开始

⋮

ENDBLK/ * 块结束

⋮

0

ENDSEC/ * 块段结束

0

SECTION

2

ENTITIES/ * 元素段开始

0

XXXXX/ * 开始的元素

⋮

0

ENDSEC/ * 元素段结束

0

EOF/ * 文件结束

2. DXF 文件接口程序设计

DXF 文件格式的设计充分考虑了接口程序的需要，它能够容易地跳过没有必要关心的信息，同时又能方便地提取所需要的信息。只要记住按何顺序处理各个组并跳过不关心的组即可。但编写一个输出 DXF 文件的程序是比较困难的，因为必须保持图形的一致性以使 AutoCAD 系统接受它。AutoCAD 系统允许在一个 DXF 文件中省略许多项并且仍可获得一个合法的图形。如果不需要设置任何标题变量，那么整个 HEADER 段都可以省略。在 TABLES 段中的任何一个表，在不需要时也可以略去，并且事实上如果对它不作任何处理时，整个表段也可以去掉。如果在 LTYPE 表中定义了线型，则该表必须在 LAYER 表之前出现。如果图中没有使用块定义，则可以省略 BLOCKS 段。如果有，那么它必须出现在 ENTITIES 段之前。EOF 必须出现在文件的末尾。

3. DXF 文件格式存在的问题

由于 DXF 文件制定的较早，存在很多的不足，主要有以下两点。

①不能完整地描述产品信息模型，产品的公差、材料等信息根本没有涉及。即使产品的几何模型信息比较完整，但由于仅仅保留了原有系统数据结构中的几何和部分属性信息，大量的拓扑信息已不复存在，也是不完整的。

②DXF 文件格式也不合理，文件过于冗长，使得文件的处理、存放、传递和交换不方便。另外，复杂的文件格式也使得编写一个读、写完整的 DXF 数据文件的程序接口变得困难。

10.2　数据转换的特点和方法

数据转换的类型及方法如下。

10.2.1　数据转换类型

数据转换类型通常可分为普通和复杂两种类型。普通交换是指利用现有 CAD/CAM 软件自身所带的数据交换功能完成数据格式的交换，也是通过下文所要介绍的各种 CAD/CAM 软件的输入输出模块来实现的。复杂交换则是指无法通过现有软件的自身功能完成数据格式的转换，必须通过编程人员进行数据分析和编程才能完成。

10.2.2　数据转换方法

1. 直接转换法

目前市面上流行的大多数 CAD 软件，大多都具有标准的数据转换格式接口，相互间可以直接进行图形数据的转换。即各软件对几何模型，选择相互之间认可的模型数据存储格式存储数据，或再增加其他一些条件，确保数据顺利转换，即生成完整的模型。这种方法简单，但是复杂的模型转换后会丢失某些信息，甚至可能因此出现错误。而且不能用现有的软件直接进行模型的变量分析与优化，需要对其适当的修补。

2. 间接转换法

间接交换也称异型数据接口交换，即指在有些 CAD 软件之间，没有直接进行数据交换的数据格式和接口，以实现数据的交换。根据数据交换的需要，专门开辟相应的 CAD 模型库空间，设置模型数据转换格式窗口，将所需交换的模型数据导入，经过转换后写入另一 CAD 软件系统中，最终完成相应数据的交换。这种方法针对性强，适用于变型较少的纵系列模块化设计。

3. 中心数据库方法

在 CAD 系统软件之间建立模块中心数据库，共用一套数据，使各 CAD 建模可以直接进行数据双向交换。由此可见，前两种方法数据为单向传递，优化后的变量不能逆向传递给 CAD 模型，而中心数据库方法能将数据双向传递。另外，该方法能将前两种方法的优势结合，对不需要优化的部分模型直接转换，需要优化的部分则通过外部文件传递变量数据，进行变量化编程建模，利用现有的 CAD 程序优化。该方法在模型变量化编码时即对模型进行删减细节特征和非几何信息。几何模型是模块化 CAD 的主要部分，非几何信息包括：结构模块的功能信息、性能信息、结构信息、接口信息、运动信息、管理信息、制造信息等。

10.2.3　数据转换实例

1. DXF 接口标准进行数据交换

DXF(drawling exchange file)图形描述文件是由AutoDesk公司开发的。它以ASCⅡ码文本数据形式来存储图形的各种信息,在任何计算机系统上都可以读取这种数据。AutoCAD软件拥有大量用户,DXF标准数据格式非常流行,已经成为二维图形数据事实上的标准。但DXF主要用于输入和输出支持二维信息,包括AutoCAD、TurboCAD、CADKEY、MicroStation、Pro/ENGINEER、SolidWorks等系统软件之间的数据信息的交换。必须注意数据交换前,CAD的模型数据应以DXF数据格式存储,然后在另一软件中再以同样的数据格式提取,并且在应用时还应当注意:各软件版本之间的对应关系,建模时选择合适的比例和位置,建立相应的坐标系以及当时的单位是米制还是英制等。

2. IGES 接口标准进行数据交换

在技术研究所主持下,由波音公司和通用电气公司参加研制开发的。不同的CAD软件都可以按照IGES的标准,将其内部图样数据库的数据转换为符合IGES标准的数据文件输出,也可以接受IGES格式的数据文件输入。IGES是目前应用最成熟的数据交换标准之一,几乎所有的CAD系统软件均配有IGES接口。IGES以ASCⅡ码格式或它的两种替代格式的形式存储图形信息,可以用于输入和输出二维图形和三维模型的几何图形及相应的尺寸。值得注意的是,在各软件数据交换前,除了注意上述的问题以外,还要注意存储数据文件时,不要以中文文件名命名,以确保数据的顺利导入。

3. 异型数据接口进行数据交换

如果采用AutoCAD较早期和国内的某些中文版本,没有IGES标准接口,模型数据不能直接与ANSYS等系统软件直接交换生成新的模型,属异型数据接口。该模型数据的交换只能通过第三者(Pro/ENGINEER或DXFtoANSYS等软件),先以其他数据格式如DXF格式存储,然后转换成ANSYS所需的Lgw数据格式即可。DXFtoANSYS软件专门用于将AutoCAD的DXF格式的数据转换为ANSYS的Lgw数据格式(软件市场和互联网上都可找到这种程序软件),它可把二维和三维的线、面造型DXF格式数据转换成Lgw数据格式。模型若为实体造型,需先分解为面,再分解为线,然后存为DXF数据格式(因为该软件程序不认可实体的DXF数据格式),最后在ANSYS中稍作处理就可完成数据的交换。该软件程序本身编辑简单,操作方便,进行数据交换后,数据信息的丢失较少。

10.3　常用CAD/CAM软件特点及模型数据转换方法

不同CAD/CAM软件间是否可以进行数据交换,关键是两软件之间是否同时支持某一格式的图形文件。所以在进行软件之间的零件数据转换时,要选用这些软件都支持的图形格式进行数据转换。下面介绍几种常用的CAD/CAM软件的模型数据转换方法。

10.3.1　Pro/ENGINEER文件的输入输出

Pro/ENGINEER是美国PTC公司的产品,目前已经发布了Pro/ENGINEER Wildfire 3.0。1985年PTC公司成立于美国波士顿,开始参数化建模软件的研究。经过十余年的发展,Pro/ENGINEER已经成为最优秀的三维建模CAD软件之一。Pro/ENGINEER是一个基于特征的参数化实体造型系统,用户能迅速方便地利用其建立各种庞大复杂的模型。

1. 文件输出

①支持格式。提供 STEP、IGES、STL、SET、VDA、PARTRAN、COMSMOS、中性图形格式、JPEG、TIFF 等 30 多种图形文件接口。

②操作方法。启动 Pro/ENGINEER 软件,创建新模型或是打开已有模型文件;单击菜单栏中的"文件"→"保存副本"命令,弹出"保存副本"对话框。输入文件名称,选择输出文件类型,单击"确定"按钮。在弹出的对话框中,完成各种设置,关闭对话框,系统生成输出文件。

2. 文件输入

①支持格式。提供 STEP、IGES、STL、SET、VDA、Ibl 文件、DXF、中性图形格式等 30 多种图形文件接口。

②操作方法。启动 Pro/ENGINEER 软件,单击菜单栏中的"文件"→"打开"命令,弹出"文件打开"对话框。在"类型"选项框中选择输入文件的类型,选择需要输入的文件名称,单击"打开"按钮,关闭对话框,输入模型文件。

10.3.2　UG 文件的输入输出

Unigraphics(简称 UG)是当今世界最先进和紧密集成的、面向制造行业的 CAID/CAD/CAM/CAE 高端软件。作为一个集成的全面产品工程解决方案,UG 软件在机械设计以及工程仿真和数字化制造等领域都具有强大的功能,它已成为世界上制造业广泛使用的系统。

1. 文件输出

①支持格式。提供 Part、STEP203、STEP214、DXF/DWG、IGES、STL、SAT、Imageware 等 21 种图形文件接口。

②操作方法。以 IGES 为例,单击菜单栏中的"File"→"Export"→"IGES"命令,弹出"Export IGES"对话框。通过"Class Seletion"选择输出的模型,并进行相应的参数设置后,单击"OK"按钮,弹出"Export Exchange Job"对话框,完成数据转换。

2. 文件输入

①支持格式。UGNX2.0 版本提供 Part、STEP203、STEP214、DXF/DWG、IGES、STL、SAT、Imageware 等 14 种图形文件接口。

②操作方法。以 IGES 为例,单击菜单栏中的"File"→"Import"→"IGES"命令,弹出"Import IGES"对话框。通过"Choose IGES File"选择输入的模型,并进行相应的参数设置后,单击"OK"按钮,弹出"Import Exchange Job"对话框,完成数据转换。

10.3.3　I-Deas 文件的输入输出

I-Deas 是美国 SDRC(structual dynamics research corporation)公司自 1993 年推出的新一代机械设计自动化软件,也是 SDRC 公司 CAD/CAE/CAM 领域的旗舰产品,并以其高度一体化、功能强大、易学易用等特点著称。I-Deas 可以实现实体建模、线性静态分析、结构模态分析、热传递分析、流动分析等仿真分析、注塑模具设计等功能,是一个集 CAD、CAE、CAM 于一体的软件。

1. 文件输出

①支持格式。提供 STEP、IGES、STL、SET、VDA、PARTRAN、COMSMOS、中性图形格式、JPEG、TIFF 等 30 多种图形文件接口。

②操作方法。单击菜单栏中的"File"→"Export"→"IGES"命令,弹出"Export"对话框。

确定输出的文件路径和格式，在此以IGES为例，单击“确定”按钮，弹出“输出IGES”对话框。进行相应参数设置以后，单击“确定”按钮，即完成数据输出。

2. 文件输入

①支持格式。提供STEP、IGES、STL、SET、VDA、Ibl文件、DXF、中性图形格式等30多种图形文件接口。

②操作方法。单击菜单栏中的“File”→“Import”→“IGES”命令，弹出“Import”对话框。然后确定输出的文件路径和格式，在此以IGES为例，单击“确定”按钮，弹出“输出IGES”对话框。进行相应参数设置以后，单击“确定”按钮，即完成数据输入。

10.3.4 CATIA文件的输入输出

IBM和达索公司共同推出了它们完整的电子商务“产品生命周期管理方案”的核心产品CATIA。CATIA是一套集成的应用软件包，其内容覆盖了产品设计的各个方面：计算机辅助设计(CAD)、计算机辅助工程分析(CAE)和计算机辅助制造(CAM)，既提供了支持各种类型的协同产品设计的必要功能，也可以进行无缝集成完全支持“端到端”的企业流程解决方案。

1. 文件输出

①支持格式。提供CATPart、stl、igs、model、stp、3dmap、vps、wrl、hcg、x_b、cgr、x_t等文件格式的输入。

②操作方法。单击菜单栏中的“File”→“Save As”命令，弹出“Save As”对话框。在“保存类型”选项框中，选择输入的文件及格式，在此以IGES为例，选择“igs”，在“文件名”文本框中输入需要输出模型的文件名。单击“保存”按钮，即完成模型数据的输出。

2. 文件输入

①支持格式。提供CATPart、Drawings、Analysis、model、library、session、gl、wrl、tdg、stp、stl、step、stbom、igs、dxf、dwg、3dmap等图形文件接口。

②操作方法。单击菜单栏中的“File”→“Open”命令，弹出“File Selection”对话框。确定输出的文件路径和格式，在此以IGES为例，在“文件类型”选项框中选择“All Standard Files(*.igs; *.wrl; *.stp; *.step)”，然后选择需要输入的文件名。单击“打开”按钮，即完成数据的输入。

10.3.5 SolidWorks文件的输入输出

SolidWorks是美国SolidWorks公司推出的三维机械设计软件，自1995年问世以来，以其优异的性能、易用性和创新性，极大地提高了机械设计工程师的设计效率，成为三维设计软件的标准，在全球拥有近30万用户。SolidWorks能够直接读取DWG格式文件，在人工干预下，可以将AutoCAD的图形转换成SolidWorks三维实体模型。

1. 文件输出

①支持格式。提供IGES、Parasolid、STEP、ACIS、VDAFS、STL、DXF/DWG、VRML、TIFF、JPG等图形文件接口。

②操作方法。单击菜单栏中的“文件”→“另存为”命令，弹出“另存为”对话框。单击“保存类型”选项框，选择需要输出的文件格式，在此以IGES为例，选择“IGES(*.igs)”。单击“选项”按钮，弹出“输出选项”对话框。进行相应参数设置后，单击“确定”按钮。单击“保存”按钮，即完成数据输出。

2. 文件输入

①支持格式。提供 IGES、Parasolid、STEP、ACIS、VDAFS、STL、DXF/DWG、VRML、TIFF、JPG 等图形文件接口。

②操作方法。单击菜单栏中的"文件"→"打开"命令，弹出"打开"对话框。选择输入的文件及格式，在此以 IGES 为例，选择"IGES(*. igs; * iges)"。单击"选项"按钮，弹出"输入选项"对话框。进行相应参数设置后，单击"确定"按钮。浏览需要输入的文件名，然后单击"打开"按钮，即完成数据输入。

10.3.6 MasterCAM 文件的输入输出

MasterCAM 是由美国 CNC Software 公司开发的基于微机的 CAD/CAM 软件，V5 以上版本运行于 Windows 操作系统。因其价格适中，在国内机械制造业的中小企业应用较为广泛。MasterCAM 的造型能力不如 UG 和 Pro/ENGINEER，但在数控加工领域，它在二维轮廓、孔加工、粗加工、自动清根、数控编程效率和数据传输方面有较强的优势。

1. 文件输出

①支持格式。Maste CAM V9 版本可输出的文件格式有 Ascii、STEP、Autodesk、IGES、Parasld、STL、SAT、VDA 等 8 种图形文件。

②操作方法。以 IGES 为例，单击菜单栏中的"File"→"Converters"→"IGES"→"Write File"命令，弹出"Specify File Name to Write"对话框，输入文件路径及文件名。单击"保存"按钮，即完成数据输出。

2. 文件输入

①支持格式。MasterCAM V9 版本可输入的文件格式有 Ascii、STEP、Autodesk、IGES、Parasld、STL、SAT、VDA、ProE 等 9 种图形文件。V9 增加了直接导入 Pro/ENGINEER 模型的功能，大大方便了将 Pro/ENGINEER 中的"*. PRT"或"*. ASM"格式文件向 MasterCAM V9 的转换，使两个软件的联合应用更加方便、安全，减少了文件转换过程中的数据丢失。所以可以将 Pro/E 中创建好的实体模型转换到 MasterCAM 中加工。

②操作方法。以 Pro/ENGINEER 为例，单击菜单栏中的"File"→"Converters"→"Pro/E"→"Read File"命令，弹出"Pro/E Read Parameters"对话框。输入文件路径及文件名，并进行相应的参数设置。单击"OK"按钮，完成数据导入。

10.3.7 AutoCAD 文件的输入输出

AutoCAD 具有完善的二维工程图样设计功能，普及率高，在二维工程图样的设计、修改和管理过程中，常常会出现与上述软件的数据转换。

1. 文件输出

①支持格式。可以输出的文件格式有 DWG、DXF、EPS、SIL、SAT、BMP 等。

②操作方法。在 AutoCAD 中将图形另存为所需的格式。

2. 文件输入

主要有两种方法：

①若文件格式为 DWG 或 DXF，直接在 AutoCAD 中打开。

②对 3D Studio、ASIS、BMP 等格式文件，可通过"插入"菜单插入。

10.3.8　CAXA 文件的输入输出

CAXA 是我国制造业信息化 CAD/CAM/PLM 领域自主知识产权软件的优秀代表和知名品牌，覆盖了制造业信息化设计、工艺、制造和管理四大领域，CAXA 系列软件广泛用于机械、电子、航空、航天、汽车、船舶、轻工、纺织、建筑等各个领域。下面主要介绍 CAXA 实体设计和 CAXA 电子图版两种软件的文件输入输出方法。

1. CAXA 实体设计文件的输入输出

CAXA 实体设计是最先将完全的可视化三维设计、图纸生成和动画制作融入微机的系统。该软件把具有突破性的全新系统结构同拖放实体造型法结合起来，形成目前推向市场的、对用户最友好的三维零件设计/二维绘图环境。该软件数据转换方法如下所述。

(1)文件输出

①支持格式。提供 SAT、STP、STEP、PARASOLID、IGES、CATIA、3DS、DXF、STL、JPG、BMP、GIF 等图形文件接口。

②操作方法。选中视图区三维模型，单击菜单栏中的“文件”→“输出”→“零件”命令，弹出“输出文件”对话框。单击“保存类型”选项框，选择需要输出的文件格式，在此以 IGES 为例，选择“IGES 文件(＊.igs; ＊.iges)”。单击“保存”按钮，弹出“IGES 输出选项”对话框，进行相应参数的设置，单击“确定”按钮，弹出“输出完成”的提示对话框，单击“确定”按钮，即完成数据输出。JPG、BMP、GIF 等图像文件的输出可以单击菜单栏中的“文件”→“输出”→“图像”命令，进行相应的参数设置即可完成图像文件的输出。

(2)文件输入

①支持格式。提供 ICS、ICD、DWG、DXF、IGES 等图形文件接口。

②操作方法。单击菜单栏中的“文件”→“打开文件”命令，弹出“打开”对话框。选择输入的文件及格式，在此以 IGES 为例，在“文件类型”选项框中选择“所有文件(＊.＊)”。在“查找范围”中选择需要打开的文件，或在“文件名”中输入需要打开的文件，单击“打开”按钮，弹出“IGES 输入选项”，进行相应的参数设置，单击“确定”按钮，即完成数据输入。

2. CAXA 电子图版文件的输入输出

CAXA 电子图版具有完善的二维工程图样设计功能，支持与上述软件的数据转换。

(1)文件输出

①支持格式。提供 EXB、TPL、IGES、DXF/DWG、BMP、PLT 等图形文件接口。

②操作方法。单击菜单栏中的“文件”→“另存为”命令，弹出“另存文件”对话框。单击“保存类型”选项框，选择需要输出的文件格式，在此以 IGES 为例，选择“IGES 文件(＊.igs)”。单击“保存”按钮，即完成数据输出。

(2)文件输入

①支持格式。提供 EXB、TPL、DXF/DWG、WMF、DAT、IGES、PLT、PRN 等图形文件接口。

②操作方法。单击菜单栏中的“文件”→“打开文件”命令，弹出“打开文件”对话框。选择输入的文件及格式，在此以 IGES 为例，选择“IGES 文件(＊.igs)”。在“查找范围”中选择需要打开的文件，或在“文件名”中输入需要打开的文件，单击“打开”按钮，即完成数据输入。

10.3.9　ANSYS 文件的输入输出

ANSYS 软件是融结构、流体、电磁场、声场和耦合场分析于一体的大型通用有限元分析软件。由世界上最大的有限元分析软件公司之一的美国 ANSYS 开发，它能与多数 CAD 软件接口，实现数据的共享和交换，如 Pro/ENGINEER、NASTRAN、Alogor、I－DEAS、AutoCAD 等，是现代产品设计中的高级 CAD 工具之一。可广泛应用与机械制造、石油化工、轻工业、造船、航空航天、汽车交通、土木工程等一般工业及科学研究。在 ANSYS 分析之前，必须建立几何模型。虽然 ANSYS 具备三维建模的能力，但相比起其他一些专门的三维造型软件如 Pro/ENGINEER、UG、CATIA 等，其建模能力实在太弱。特别是对一些复杂的结构和曲面，ANSYS 很难完成建模工作。

ANSYS 与其他软件的数据转换主要有两种方法。通过中间数据格式进行转换或是通过专门的接口软件进行直接转换。

①IGES 间接转换。ANSYS 自身内置了 IGES 转化过滤器，支持 IGES 格式文件的输入。通过 IGES 格式进行软件之间的数据转换是比较常用的方法。但是，当模型的特征过多或结构过于复杂，那么生成的 IGES 文件会不完整，ANSYS 分析的结果会不准确。

②通过接口软件直接转换。熟练掌握常用 CAD/CAM 软件的模型数据转换方法，有助于多个 CAD/CAM 软件系统之间的协同工作，可充分发挥这些软件自身的优势，提高工业产品设计和数控加工的效率及精度。在使用这些 CAD/CAM 软件时，应注意以下几点：

· 利用 UG、I－Deas、CATIA、Pro/ENGINEER、SolidWorks 进行工业产品的曲面，实体建模和模具设计，充分发挥两软件强大的三维造型功能。

· 将 UG、I－Deas、CATIA、Pro/ENGINEER、SolidWorks 模型导入到 ANSYS 中，利用 ANSYS 进行静力分析与动力分析，优化完善模型的结构。

· 在 MasterCAM 中导入在 UG、I－Deas、CATIA、Pro/ENGINEER、SolidWorks 中完成的模具三维数字化模型，进行数控编程及后处理，充分发挥 MasterCAM 的编程效率。并采用 MasterCAM 的通信功能进行数控程序传输。

· 在 UG、I－Deas、CATIA、Pro/ENGINEER、SolidWorks 中工业产品、模具零件或装配体的三维数字化模型后，可利用它们自身的二维工程图模块生成二维图样，通过 DWG 或 DXF 接口输出到 AutoCAD 进行二维工程的编辑修改、存档管理或打印输出等操作。

在执行上述或类似的常用 CAD/CAM 软件间的联合应用策略时，软件间的图形数据转换起着至关重要的作用。而注意选择合适的图形文件格式进行转换及采取正确的操作方法是执行这些转换的关键。

10.4　Pro/ENGINEER 与常用 CAD/CAM 软件数据转换

Pro/ENGINEER 系统的应用程序模块 Pro/INTERFACE 能够以多种数据文件格式输出模型，同时也能输入各种格式的数据文件。Pro/INTERFACE 模块是 Pro/ENGINEER 软件与其他软件进行交换的桥梁。下面具体讲解如何利用这一模块进行曲面零件的数据转换。

10.4.1　Pro/ENGINEER 的 INTERFACE 模块介绍

1. 模块功能

Pro/INTERFACE 模块具备的功能包括：

①将 IGES 文件（含有工程图、草图和零件数据）输入到 Pro/ENGINEER 中。

②输入和输出 AutoCAD 的 DWG 和 DXF 文件。

③通过 VDA 曲面数据接口，在计算机系统之间传送零件几何实体。

④输入和输出SET零件和工程图文件。

⑤创建格式化文本文件(NEUTRAL文件),该文件含有Pro/ENGINEER零件和装配信息。

⑥创建STL文件,使印刷或渲染程序能够读取Pro/ENGINEER零件和装配件几何体。STL文件是用一系列小平面片来表示实体表面。

⑦创建RENDER文件,使渲染程序能够读取Pro/ENGINEER零件和装配体几何体。RENDER文件含有曲面元素的定义和颜色信息,能够生成高品质渲染图像,这种文件与印刷程序不兼容。

⑧创建PATRAN软件系统能够读取的零件数据文件,文件格式由PATRAN数据库文件的要求确定。PATRAN文件含有几何实体的数学定义。

⑨用计算机图元文件(computer graphics metafile,CGM)保存和检索图形信息。

⑩由零件数据创建IDEAS Supertab文件,文件格式由Supertab通用文件的要求确定。Supertab文件含有几何体的数学定义。

⑪由工程图创建点、直线和圆弧数据,这些数据将用于输入Pro/ENGINEER。

⑫输出IRIS Inventor能够识别的零件和装配件模型信息,这是硅图公司的3D图形软件包。

⑬打印TIFF或JPEG格式的渲染图像,可用于TIFF、JPEG或CCITTG4打印机。

⑭输出TIFF和JPEG格式文件。

2. 常用文件格式

①IGES文件。Pro/ENGINEER支持IGES文件。在输出IGES文件时,除文件本身外,系统还在工作目录下创建一个相应的日志文件(Log File):igesout. log #——工程图文件、<name>_out. log. #——零件或装配件文件。

②DWG和DXF文件。Pro/ENGINEER和AutoCAD之间可通过以下两种文件进行工程图数据的交换:DWG和DXF。

③STEP文件。完整的STEP规范集合是指ISO10303。通过STEP文件,用户能够在多种CAD系统、工程系统和制造系统之间交换完整的产品定义信息。Pro/Interface模块支持的格式包括:AP202DIS格式的工程图、AP203IS和AP214CD格式的零件和装配体。

④图像文件。Pro/Interface模块能够使用CGM、TIFF和JPEG格式的文件进行图像数据的输入输出。

CGM是基于矢量的2D图像文件格式,用于存储和检索图片信息。CGM具有设备无关性,可用于不同结构的系统(软件和硬件)。TIFF和JPEG能够为不同结构的系统提供数字图像数据接口。因特网浏览器支持这两种格式的文件。

3. 曲面→线框数据→曲面

下面以具体的实例,介绍Pro/ENGINEER曲面输出到IGES文件(线框数据)方法,然后讲述由IGES文件(线框数据)创建Pro/ENGINEER曲面的方法。

(1)将PRO/ENGINEER曲面输出为线框数据。

①在当前工作目录下打开零件文件“QuMian”,如图10-1所示。

②单击菜单栏中的“文件”→“保存副本”命令,弹出“保存副本”对话框。

③进入Pro/ENGINEER工作目录,在“类型”选项框中选择图像格式“IGES(*.igs)”,在“新建名称”文本框中输入名称“QuMian”。单击“确定”按钮,弹出“输出IGES”对话框。

④如图10-2所示设置,单击“确定”按钮,关闭对话框。

⑤系统在工作目录下生成IGES文件。

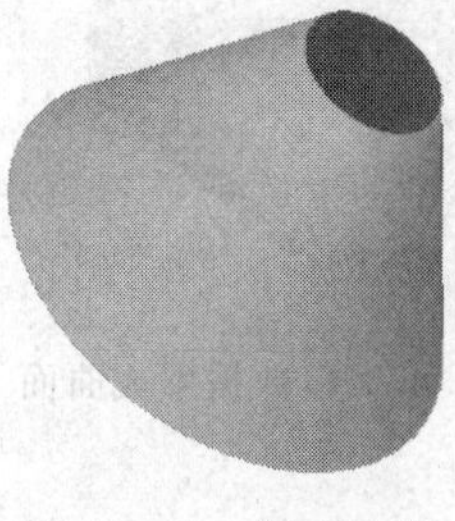

图 10-1 曲面零件

图 10-2 “输出 IGES”对话框

(2)由线框数据创建 Pro/ENGINEER 曲面模型。当线框元素输入到 Pro/ENGINEER 后,所有的元素都成为基准曲线,可用于创建曲面特征或实体特征。在创建曲面时,线框数据将成为曲面的边界。

①运行 Pro/ENGINEER。单击菜单栏中的“文件”→“打开”命令,弹出“文件打开”对话框。选择上一步转换生成的 IGES 文件,单击“打开”按钮,弹出“输入新模型”对话框。

②如图 10-3 所示设置,单击“确定”按钮。

③系统根据 IGES 文件生成新模型,并在零件模式下进行显示。同时弹出“信息窗口”,显示输入处理信息。单击“关闭”按钮,此时的新模型如图 10-4 所示。

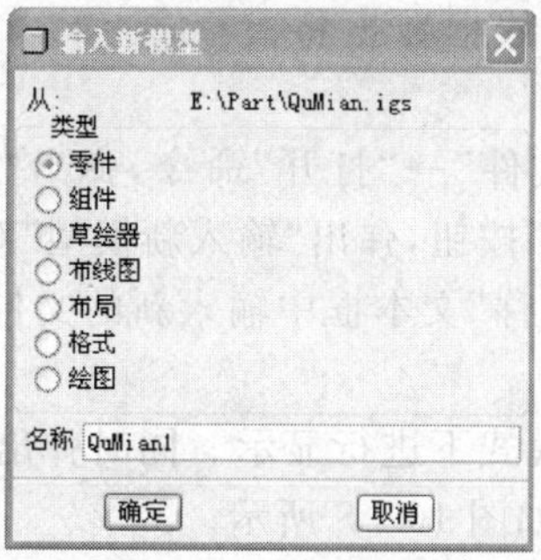

图 10-3 “输入新模型”对话框

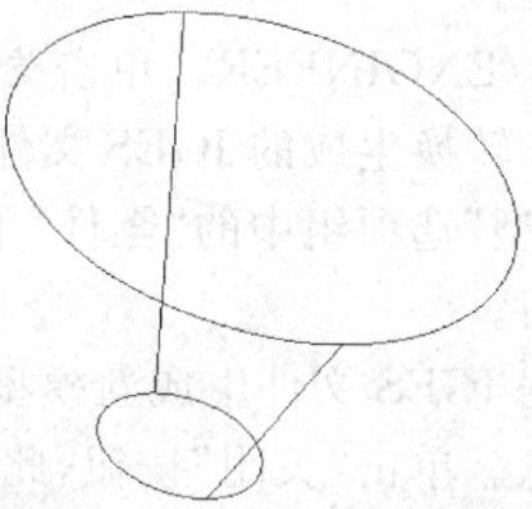

图 10-4 导入 IGES 文件

④单击“基础特征”工具栏中的边界混合工具,弹出“边界混合”操控板。用鼠标左键拾取第 1 条曲线,如图 10-5 所示,该曲线颜色加深;按住 Ctrl 键,用鼠标左键拾取第 2 条曲线,如图 10-5 所示,绘图区中自动生成部分曲面的预览。单击建造特征按钮,完成边界混合特征的创建。

⑤单击“基础特征”工具栏中的边界混合工具,弹出“边界混合”操控板。用鼠标左键拾取第 3 条曲线,该曲线颜色加深;按住 Ctrl 键,用鼠标左键拾取第 4 条曲线,绘图区中自动生成部分曲面的预览。单击建造特征按钮,完成边界混合特征的创建。

⑥系统生成曲面模型,如图 10-6 所示。此时的曲面重建工作已经完成,保存文件。

4. 实体→线框数据→实体

下面以具体的实例,首先介绍 Pro/ENGINEER 曲面输出到 IGES 文件(线框数据)方法,然后讲述由 IGES 文件(线框数据)创建 Pro/ENGINEER 实体的方法。

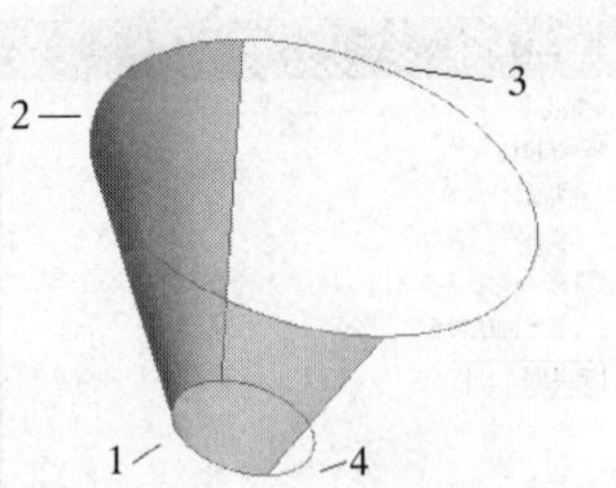

图 10-5　拾取基准曲线

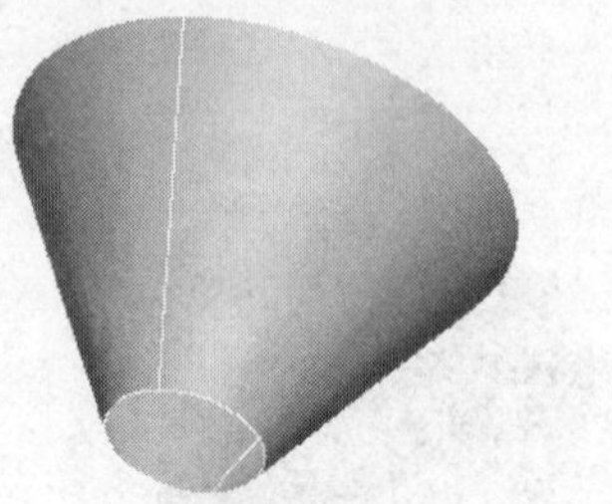

图 10-6　由线框数据生成曲面

(1)将 Pro/ENGINEER 实体输出为线框数据。

①在当前工作目录下打开零件文件“ShiTi”,如图 10-7 所示。

②单击菜单栏中的“文件”→“保存副本”命令,弹出“保存副本”对话框。

③进入 Pro/ENGINEER 工作目录,在“类型”选项框中选择图像格式“IGES(*.igs)”,在“新建名称”文本框中输入名称“ShiTi”。单击“确定”按钮,弹出“输出 IGES”对话框。

④只勾选“线框边”复选框。单击“确定”按钮,关闭对话框。

图 10-7　实体模型

(2)由线框数据创建 Pro/ENGINEER 实体模型。当线框元素输入到 Pro/ENGINEER 后,所有的元素都成为基准曲线,可用于创建曲面特征或实体特征。在创建曲面时,线框数据将成为曲面的边界。

①运行 Pro/ENGINEER。单击菜单栏中的“文件”→“打开”命令,弹出“文件打开”对话框。选择上一步转换生成的 IGES 文件,单击“打开”按钮,弹出“输入新模型”对话框。

②点选“类型”选项组中的“零件”单选钮,在“名称”文本框中输入新的文件名称“ShiTi1”,单击“确定”按钮。

③系统根据 IGES 文件生成新模型,并在零件模式下进行显示。同时弹出“信息窗口”,显示输入处理信息。单击“关闭”按钮,此时的新模型如图 10-8 所示。

④创建草绘基准面。单击“基准”工具栏中的基准平面工具▱,弹出“基准平面”对话框。用鼠标左键+Ctrl 键,拾取如图 10-9 所示的长方体下表面两条轮廓边,单击“确定”按钮,完成基准平面“DTM1”的创建。

⑤创建参照基准面。单击“基准”工具栏中的基准平面工具▱,弹出“基准平面”对话框。用鼠标左键+Ctrl 键,拾取如图 10-10 所示的圆柱体柱面两条轮廓边,单击“确定”按钮,完成基准平面“DTM2”的创建。采用同样的方法,拾取如图 10-11 所示的长方体侧面两条轮廓边,单击“确定”按钮,完成基准平面“DTM3”的创建。

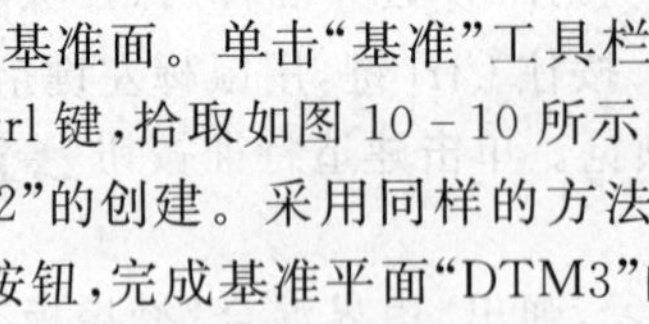

图 10-8　导入 IGES 文件

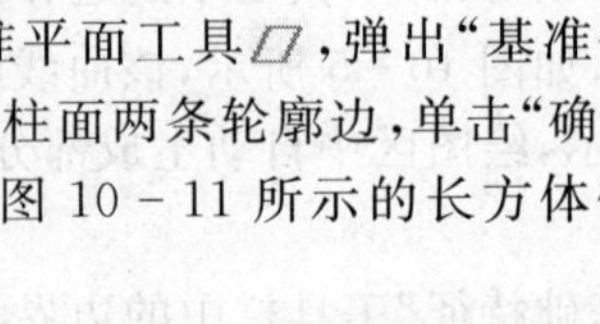

图 10-9　拾取基准曲线

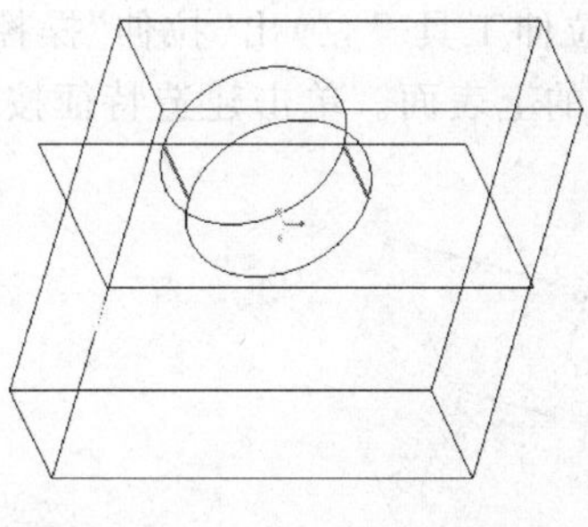

图 10－10　基准平面“DTM2”

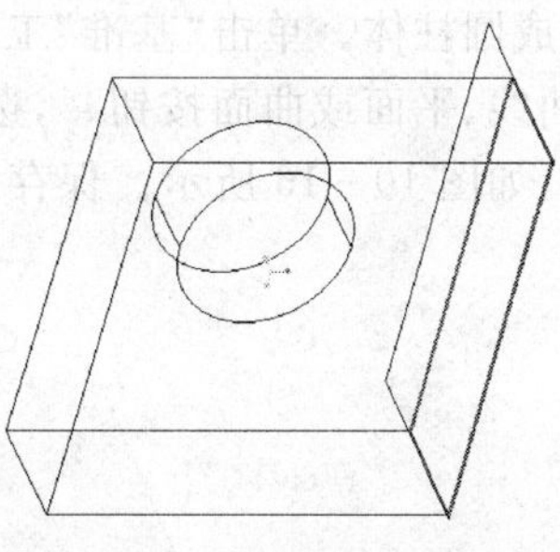

图 10－11　基准平面“DTM3”

⑥通过基准边草绘图元。单击“基准”工具栏中的草绘工具，弹出“草绘”对话框。如图 10－12 所示设置，单击“草绘”按钮，进入草绘器，并弹出“参照”对话框。选取基准平面“DTM2”和基准平面“DTM3”。单击“关闭”按钮，关闭对话框。单击“草绘器”工具栏中的通过边创建图元工具，用鼠标左键＋Ctrl 键，拾取长方体下表面 4 个轮廓边。单击完成按钮，生成长方体下表面轮廓边，如图 10－13 所示，退出草绘器。

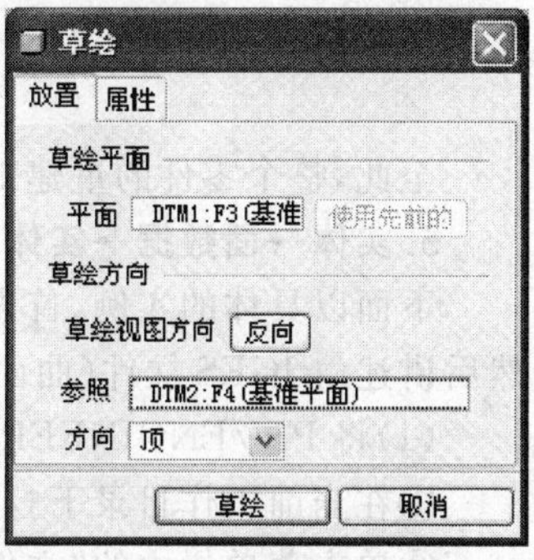

图 10－12　“草绘”对话框

⑦拉伸为实体。单击“基础特征”工具栏中的拉伸工具，弹出“拉伸”操控板。单击拉伸至选定的点、曲线、平面或曲面按钮，选取长方体的上表面。单击建造特征按钮，完成长方体特征的创建，如图 10－14 所示。保存文件。

⑧草绘圆柱体的下表面。单击“基准”工具栏中的草绘工具，弹出“草绘”对话框。选取长方体上表面作为草绘平面，选取基准平面“DTM2”作为参照平面。单击“草绘”按钮，进入草绘器，并弹出“参照”对话框。选取基准平面“DTM2”和基准平面“DTM3”，单击“关闭”按钮，关闭对话框。单击“草绘器”工具栏中的通过边创建图元工具，用鼠标左键＋Ctrl 键，拾取圆柱体下表面圆的轮廓边。单击完成按钮，生成圆柱体下表面圆，如图 10－15 所示，退出草绘器。

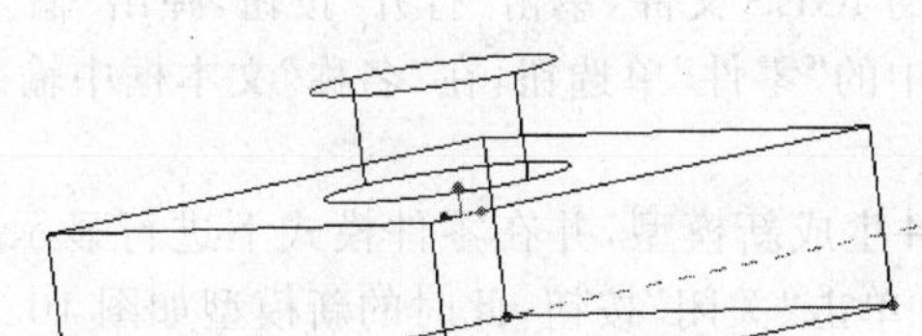

图 10－13　草绘长方体下表面

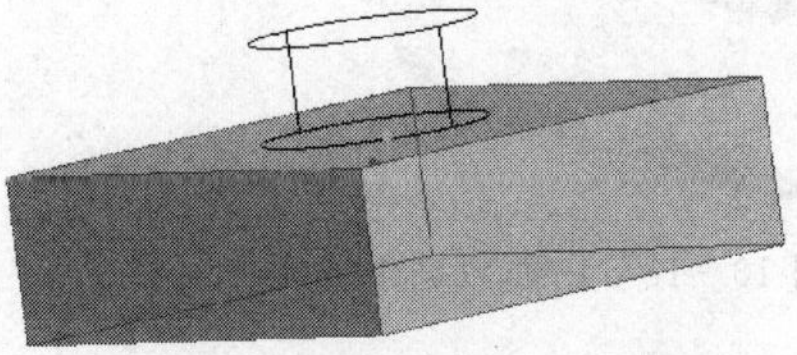

图 10－14　拉伸生成长方体

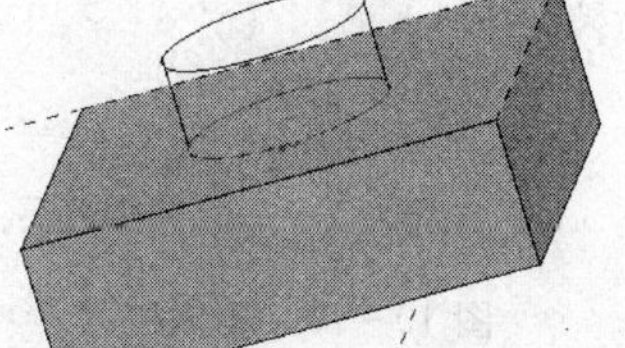

图 10－15　草绘圆柱体下表面

⑨拉伸生成圆柱体。单击“基准”工具栏中的拉伸工具，弹出“拉伸”操控板。单击拉伸至选定的点、曲线、平面或曲面按钮，选取圆柱体的上表面。单击建造特征按钮✔，完成圆柱体特征的创建，如图 10－16 所示。保存文件。

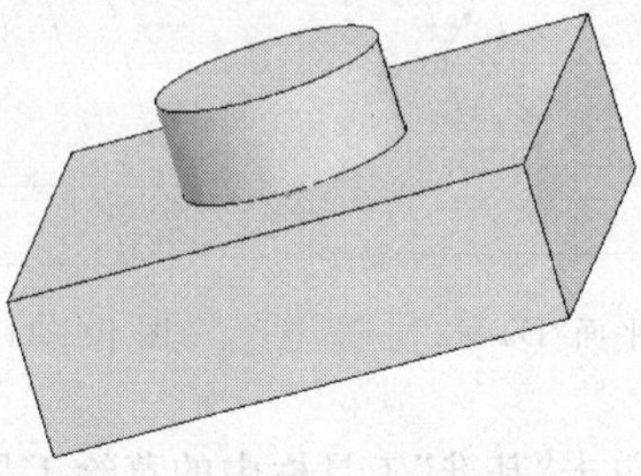

图 10－16　由线框数据生成实体

至此，整个零件的重建工作已经完成。

5. 实体→面数据→实体

下面以具体的实例，首先介绍 Pro/ENGINEER 曲面输出到 IGES 文件（线框数据）方法，然后讲述由 IGES 文件（曲面数据）创建 Pro/ENGINEER 实体的方法。

（1）将 Pro/ENGINEER 曲面输出为曲面数据。

①在当前工作目录下打开零件文件“ChaJia”，如图 10－17 所示。

②单击菜单栏中的“文件”→“保存副本”命令，弹出“保存副本”对话框。

③进入 Pro/ENGINEER 工作目录，在“类型”选项框中选择图像格式“IGES（＊.igs）”，在“新建名称”文本框中输入名称“Chajia”。单击“确定”按钮，弹出“输出 IGES”对话框。

④只勾选“曲面”复选框。单击“确定”按钮，关闭对话框。

（2）由曲面数据创建 Pro/ENGINEER 实体模型。当线框元素输入到 Pro/ENGINEER 后，所有的元素都成为基准曲线，可用于创建曲面特征或实体特征。在创建曲面时，线框数据将成为曲面的边界。

①运行 Pro/ENGINEER。单击菜单栏中的“文件”→“打开”命令，弹出“文件打开”对话框。选择上一步转换生成的 IGES 文件，单击“打开”按钮，弹出“输入新模型”对话框；

②点选“类型”选项组中的“零件”单选钮，在“名称”文本框中输入新的文件名称“××”，单击“确定”按钮。

③系统根据 IGES 文件生成新模型，并在零件模式下进行显示。同时弹出“信息窗口”子窗口，显示输入处理信息。单击“关闭”按钮，此时的新模型如图 10－18 所示。

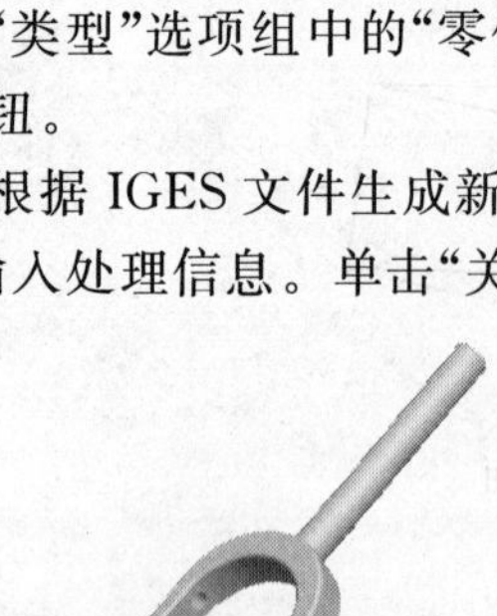

图 10－17　实体模型

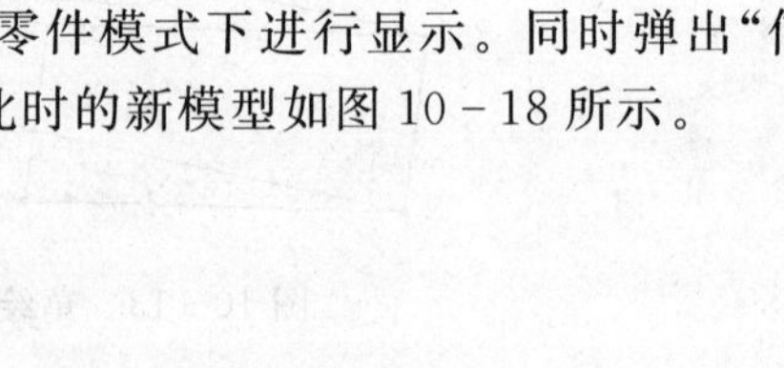

图 10－18　由面数据生成实体模型

6. Pro/ENGINEER 的图像输出

下面介绍 Pro/ENGINEER 模型输出到图像文件的方法。

①运行 Pro/ENGINEER 软件,在工作目录下打开零件文件。

②单击菜单栏中的"文件"→"保存副本"命令,弹出"保存副本"对话框。

③进入 Pro/ENGINEER 工作目录,在"类型"选项框中选择图像格式"JPEG(*.jpg)",在"新建名称"文本框中输入名称,单击"确定"按钮,弹出"着色图像配置"对话框。

④在"尺寸"选项框中选择图符尺寸"A4",在"DPI"选项框中选择解析度"300dpi",单击"确定"按钮。

⑤系统在工作目录下生成图像文件"XX",即可用图片浏览器(例如 ACDSee)打开该文件。

10.4.2 Pro/ENGINEER 与 AutoCAD 数据转换

Pro/ENGINEER 软件的造型功能非常强大,而 AutoCAD 的二维绘图功能也同样出色,在 Pro/ENGINNEER 中完成实体造型后,可否在 AutoCAD 中绘制零件图呢?这里介绍一种方法。

①首先在 Pro/ENGINEER 中完成实体造型(零件或是装配件)。

②在 Pro/ENGINEER 工程模式下生成所需的各种视图。

③将 Pro/ENGINEER 工程图输出到 DWG 或 DXF 文件中。

④在 AutoCAD 中打开(输入)DWG 或 DXF 文件。

⑤在 AutoCAD 中对零件进行标注,完成工程图。

下面通过一个具体实例介绍这一方法。读者可以打开随书附带光盘上的零件,并复制到当前工作目录下。

图 10-19　实体模型

1. 生成 Pro/ENGINEER 工程图

①运行 Pro/ENGINEER。在工作目录下打开零件文件"PartT",如图 10-19 所示。

②单击菜单栏中的"文件"→"新建"命令,弹出"新建"对话框。

③点选"类型"选项组中的"绘图"单选钮,在"名称"文本框中输入文件名称"drwPartT"。单击"确定"按钮,弹出"新制图"对话框。

④在"缺省模型"栏中选择零件文件"PartT.PRT",点选"指定模板"选项组中的"使用模板"单选钮,在"模板"列表框中选择图纸尺寸"a4_drawing",单击"确定"按钮。

⑤系统进入工程图模式。首先进行环境设置(主要是单位制的设置)。单击菜单栏中的"文件"→"页面设置"命令,弹出"页面设置"对话框。

⑥在页面格式中选择"A4 尺寸",如图 10-20 所示。单击"确定"按钮,关闭对话框。

⑦修改制图环境参数。单击菜单栏中的"文件"→"属性"命令,弹出"菜单管理器",如图 10-21 所示。

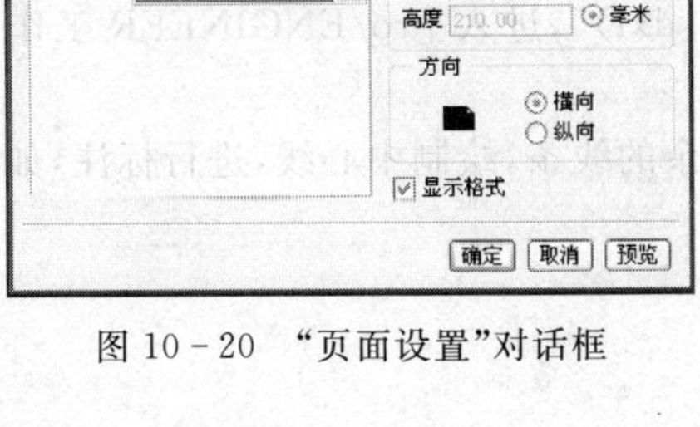

图 10-20　"页面设置"对话框

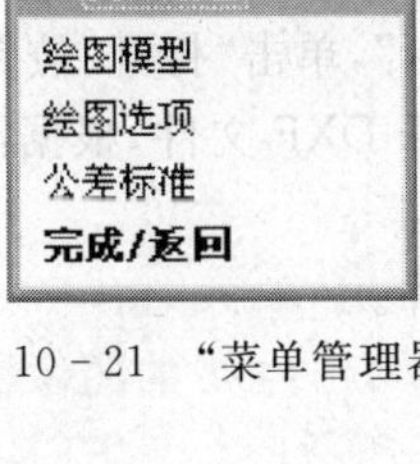

图 10-21　"菜单管理器"

⑧单击“绘图选项”命令，弹出如图10－22所示的“选项”对话框。

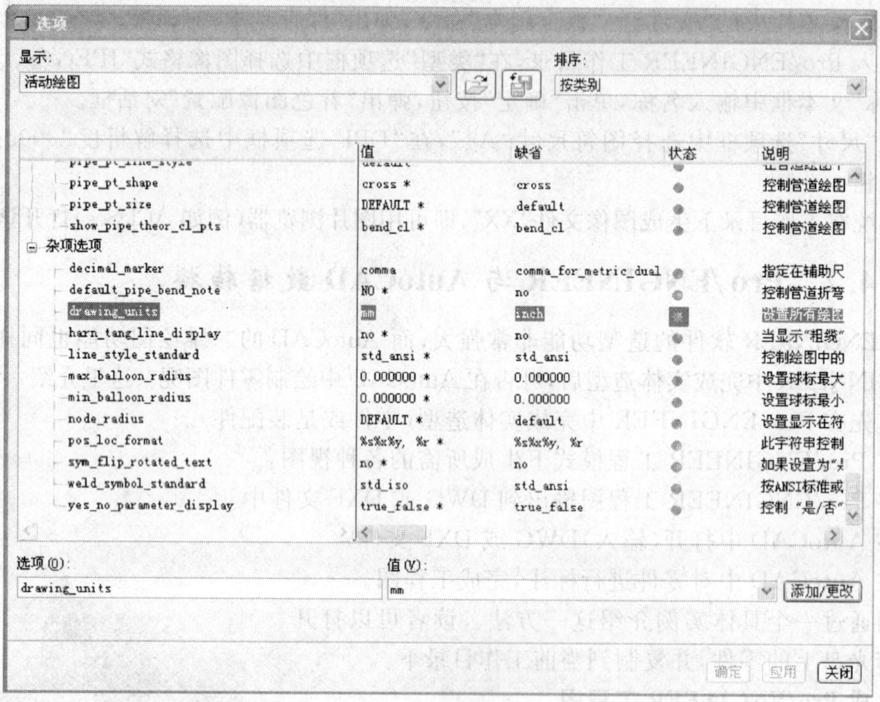

图10－22　“选项”对话框

⑨在文件列表中找到“杂项选项”，将默认值“inch”（英寸）改为“mm”（毫米），单击“添加/更改”按钮，再单击“确定”按钮，关闭对话框。

⑩保存文件。

2. 将Pro/ENGINEER工程图输出到DWG或DXF文件

①单击菜单栏中的“文件”→“保存副本”命令，弹出“保存副本”对话框。

②进入Pro/ENGINEER工作目录，在“类型”选项框中选择图像格式“DXF(＊.dxf)”，在“新建名称”文本框中输入名称“drwPart”。单击“确定”按钮，弹出“DXF的输出环境”对话框。

③采用默认设置，单击“确定”按钮。

④系统在当前工作目录下生成DXF文件“drwPart.dxf”。

3. 由DWG或DXF文件创建AutoCAD工程图

这里以AutoCAD 2004为例，介绍由Pro/ENGINEER生成DWG文件创建AutoCAD工程图的方法。

①运行AutoCAD 2004。

②单击菜单栏中的“文件”→“打开”命令，弹出“选择文件”对话框。

③在“文件类型”选项框中选择“DXF(＊.dxf)”，进入Pro/ENGINEER工作目录，选择文件“drwPart.dxf”，单击“打开”按钮。

④系统打开DXF文件，根据需要删除多余的线条，绘制中心线，进行标注，如图10－23所示。

⑤保存文件。

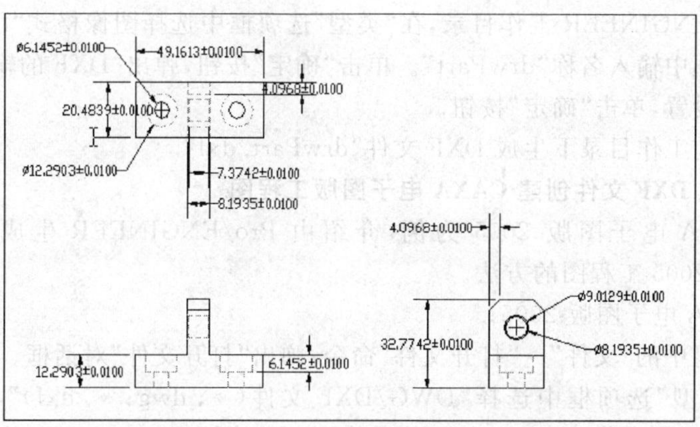

图 10 - 23　由 DXF 文件创建 AutoCAD 工程图

10.4.3　Pro/ENGINEER 与 CAXA 电子图版的数据转换

在 Pro/ENGINNEER 中完成实体造型后，可以在 CAXA 电子图版中进行零件图的绘制与修改。具体步骤如下。

①首先在 Pro/ENGINEER 中完成实体造型(零件或是装配件)。

②在 Pro/ENGINEER 工程模式下生成所需的各种视图。

③将 Pro/ENGINEER 工程图输出到 DWG 或 DXF 文件中。

④在 CAXA 电子图版中打开(输入)DWG 或 DXF 文件。

⑤在 CAXA 电子图版中对零件进行标注，完成工程图。

下面通过一个具体实例介绍这一方法。读者可以打开随书附带光盘上的零件，并复制到工作目录下。

1. 生成 Pro/ENGINEER 工程图

①运行 Pro/ENGINEER。在工作目录下打开零件文件“PartT”，如图 10 - 19 所示。

②单击菜单栏中的“文件”→“新建”命令，弹出“新建”对话框。

③点选“类型”选项组中的“绘图”单选钮，在“名称”文本框中输入文件名称“drwPartT”。单击“确定”按钮，弹出“新制图”对话框。

④在“缺省模型”栏中选择零件文件“PartT. PRT”，点选“指定模板”选项组中的“使用模板”单选钮，在“模板”列表框中选择图纸尺寸“a4_drawing”，单击“确定”按钮。

⑤系统进入工程图模式。首先进行环境设置(主要是单位制的设置)。单击菜单栏中的“文件”→“页面设置”命令，弹出“页面设置”对话框。

⑥在页面格式中选择“A4 尺寸”，如图 10 - 20 所示。单击“确定”按钮，关闭对话框。

⑦修改制图环境参数。单击菜单栏中的“文件”→“属性”命令，弹出“菜单管理器”，如图 10 - 21 所示。

⑧单击“绘图选项”命令，弹出如图 10 - 22 所示的“选项”对话框。

⑨在文件列表中找到“杂项选项”.将默认值“inch”(英寸)改为“mm”(毫米)，单击“添加/更改”按钮，再单击“确定”按钮，关闭对话框。

⑩保存文件。

2. 将 Pro/ENGINEER 工程图输出到 DWG 或 DXF 文件

①单击菜单栏中的“文件”→“保存副本”命令，弹出“保存副本”对话框。

②进入 Pro/ENGINEER 工作目录，在“类型”选项框中选择图像格式“DXF(*. dxf)”，在“新建名称”文本框中输入名称“drwPart”。单击“确定”按钮，弹出“DXF 的输出环境”对话框。

③采用默认设置，单击“确定”按钮。

④系统在当前工作目录下生成 DXF 文件“drwPart. dxf”。

3. 由 DWG 或 DXF 文件创建 CAXA 电子图版工程图

这里以 CAXA 电子图版 2005 为例，介绍由 Pro/ENGINEER 生成 DWG 文件创建 CAXA 电子图版 2005 工程图的方法。

①运行 CAXA 电子图版 2005。

②单击菜单栏中的“文件”→“打开文件”命令，弹出“打开文件”对话框。

③在“文件类型”选项框中选择“DWG/DXF 文件(*. dwg; *. dxf)”，进入 Pro/ENGINEER 工作目录，选择文件“drwPart. dxf”，单击“打开”按钮。

④系统打开 DXF 文件，根据需要删除多余的线条，绘制中心线，进行标注，如图 10－24 所示。

⑤保存文件，可以达到与 AutoCAD 软件相同的效果。

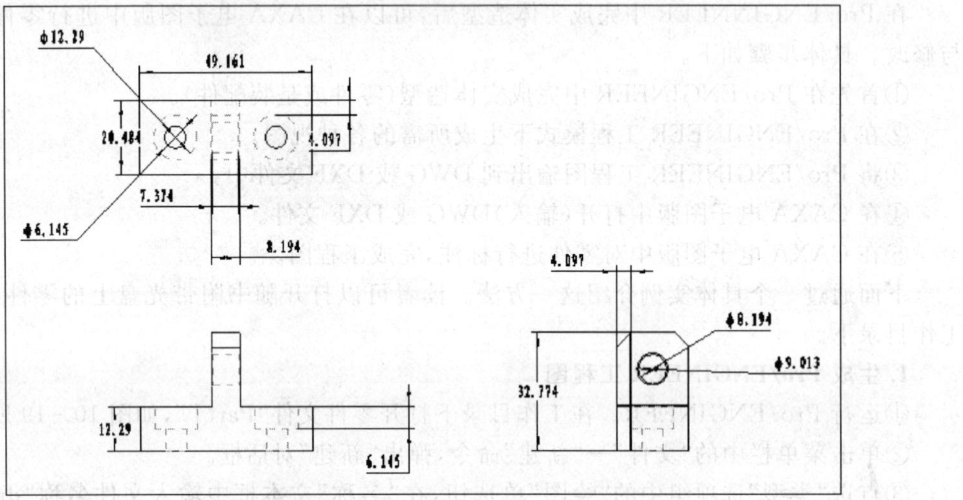

图 10－24　由 DXF 文件创建 CAXA 电子图版工程图

10.4.4　Pro/ENGINEER 与 MasterCAM 3D 数据转换

1. Pro/ENGINEER 图样导入 MasterCAM 实现过程

①运行 Pro/ENGINEER。在工作目录下打开零件文件。

②单击菜单栏中的“文件”→“保存副本”命令，弹出“保存副本”对话框。

③进入 Pro/ENGINEER 工作目录，在“类型”选项框中选择图像格式“IGES(*. igs)”，在“新建名称”文本框中输入名称。单击“确定”按钮，弹出“输出 IGES”对话框。

④进行相应参数设置，默认项“曲面”是将 Pro/ENGINEER 的 3D 模型输出为曲面数据；“线框边”项仅输出 3D 模型的边界线；“实体”项输出模型实体信息；“壳”项输出模型外壳信息；“基准曲线和点”项仅输出 3D 模型上的点和曲线资料。利用“面组”按钮选择 3D 模型上的曲面，可以仅输出含有该曲面的 IGES 数据。在完成相应参数设置后，单击“确定”按钮，文件转换完毕。

⑤运行 MasterCAM。单击“File”→“Converters”→“IGES”→“Read File”命令，打开上一步转换生成的 IGES 文件，弹出“IGES Read Parameters”对话框。在对话框中采用默认值或进行相应参数设置后，单击“OK”按钮，即完成文档导入。

2. MasterCAM 图样导入 Pro/ENGINEER 实现过程

①在 MasterCAM 中打开要输出的文档。

②单击“File”→“Converters”→“IGES”→“Write file”命令，输入文件名，指定文件存放目录，完成 IGES 格式文件的转换。

③运行 Pro/ENGINEER。单击菜单栏中的“文件”→“打开”命令，选择上一步转换生成的 IGES 文件。单击“打开”按钮，弹出“输入新模型”对话框。

④在对话框中采用默认值或进行相应参数设置后，单击“确定”按钮，即完成了文档导入。

10.4.5　Pro/ENGINEER 与 SolidWorks 的数据转换

下面以具体的实例，首先介绍 Pro/ENGINEER 图形到 SolidWorks 图形的数据转换方法，然后讲述由 SolidWorks 图形到 Pro/ENGINEER 图形的数据转换方法。

1. Pro/ENGINEER 图形到 SolidWorks 图形的数据转换

(1)将 Pro/ENGINEER 实体输出为线框数据。

①运行 Pro/ENGINEER。在当前工作目录下打开零件文件“ShiTi”，如图 10－25 所示。

②单击菜单栏中的“文件”→“保存副本”命令，弹出“保存副本”对话框。

③进入 Pro/ENGINEER 工作目录，在“类型”选项框中选择图像格式“IGES(＊.igs)”，在“新建名称”文本框中输入名称“ShiTi”。单击“确定”按钮，弹出“输出 IGES”对话框。

④只勾选“线框边”复选框。单击“确定”按钮，关闭对话框。关闭 Pro/ENGINEER。

图 10－25　实体模型

(2)将 Pro/ENGINEER 实体的线框数据导入 SolidWorks 中，并构造实体模型。

①这里以 SolidWorks 2007 为例。运行 SoildWorks 2007。

②单击菜单栏中的“文件”→“打开”命令，弹出“打开”对话框。选择输入的文件格式，在“文件类型”选项框中选择“IGES(＊.igs;　＊.iges)”。选择输入的文件名称，在“查找范围”选项框中选择 Pro/ENGINEER 软件的工作目录，单击“ShiTi.igs”文件。单击“打开”按钮，弹出“此文件包含自由曲线/点，而根据输入选项这些并不需要。您还想将它们输入吗?”的提示对话框。单击“是”按钮。图形数据输入，同时弹出“输入诊断”对话框，单击“是”按钮。SolidWorks 软件左侧弹出诊断信息，单击确定按钮☑。输入图形如图 10－26 所示。

③单击“草图绘制”下拉菜单，在其中选择“草图绘制”项，在视图区选择图形的下表面(默认为“上视基准面”)作为基准面，单击工具栏中的矩形按钮□，从图形下底面矩形一对角点拖动鼠标左键到另一对角点，生成底面矩形，如图 10－27 所示。

④单击“特征”下拉菜单，在其中选择“拉伸突台/基体”项，选择上一步绘制矩形一边，如图 10－28 所示。选择长方体上表面一边，单击确定按钮☑，生成长方形实体，如图 10－29 所示。

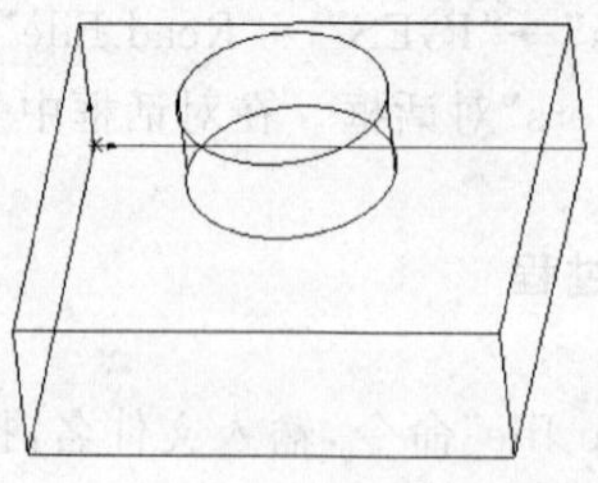

图 10-26 导入 IGES 文件

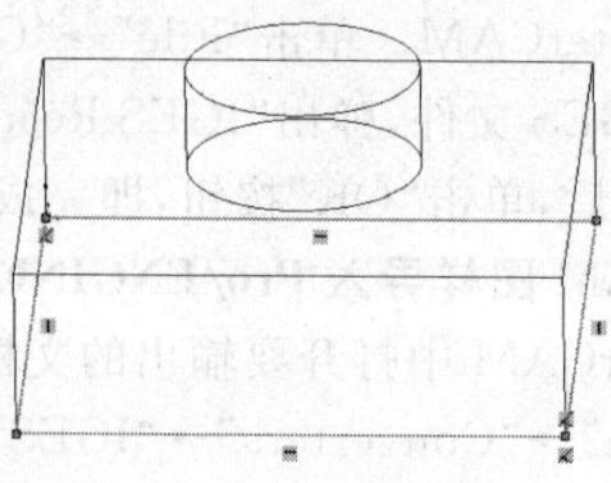

图 10-27 拾取基准曲线

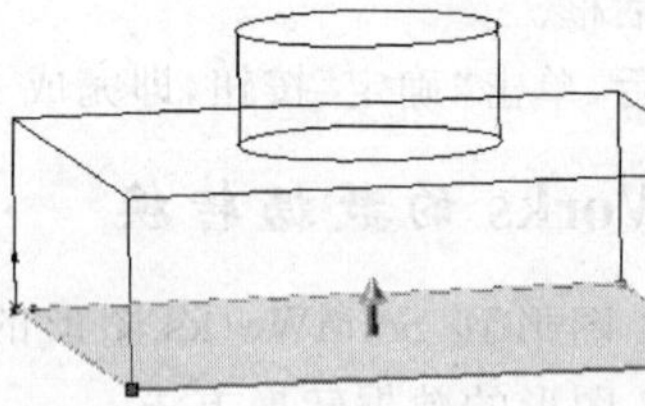

图 10-28 拉伸长方体

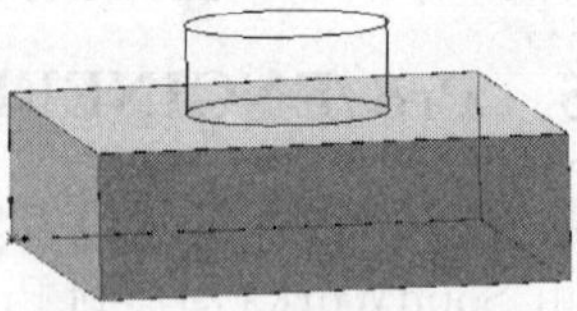

图 10-29 生成长方体

⑤单击“草图绘制”下拉菜单，在其中选择“草图绘制”项，在视图区选择长方体上表面作为基准面，单击工具栏中的圆形按钮⊙，以圆柱体下表面圆为基准，绘制与其重合的圆，如图 10-30 所示。

⑥单击“特征”下拉菜单，在其中选择“拉伸突台/基体”项，选择上一步绘制的圆，选择圆柱体上表面，单击确定按钮☑，生成圆柱形实体，如图 10-31 所示。

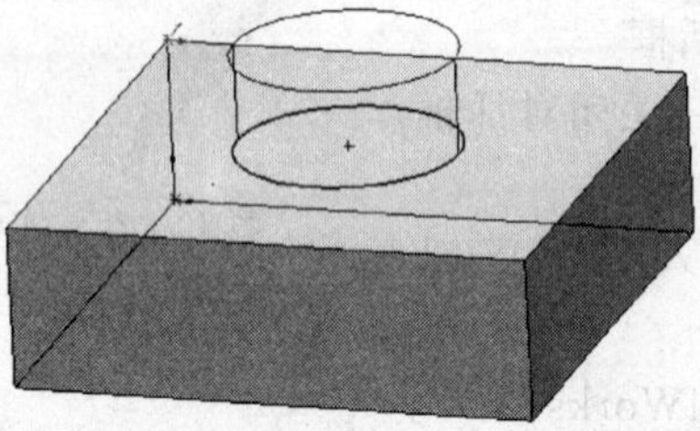

图 10-30 绘制圆柱体下表面圆

图 10-31 生成圆柱体

⑦保存文件，文件名为“shiti.SLDPRT”。退出 SolidWorks 2007 软件。

至此，Pro/ENGINEER 图形到 SolidWorks 图形的数据转换工作已经完成。

2. SolidWorks 图形到 Pro/ENGINEER 图形的数据转换

(1)将 SolidWorks 2007 实体输出为 IGES 文件。

①运行 SolidWorks 2007 软件。

②单击“打开”按钮，选择前面生成的 SolidWorks 2007 实体模型“shiti.SLDPRT”。

③单击菜单栏中的“文件”→“另存为”命令，弹出“另存为”对话框。单击“保存类型”选项框，选择需要输出的文件格式，选择“IGES(*.igs)”。在“文件名”输入框中输入“shitiSW”，单击“保存”按钮，即完成数据输出。退出 SolidWorks 2007 软件。

(2)将 SolidWorks 实体的线框数据导入 Pro/ENGINEER 中，并构造实体模型。

①运行 Pro/ENGINEER。单击菜单栏中的“文件”→“打开”命令，弹出“文件打开”对话框。选择上一步转换生成的 IGES 文件“shitiSW.IGS”，单击“打开”按钮，弹出“输入新模型”

对话框。

②点选"类型"选项组中的"零件"单选钮，在"名称"文本框中输入新的文件名称"ShiTi2"，单击"确定"按钮。即可生成与 SolidWorks 2007 中"shiti. SLDPRT"文件相同的模型。保存文件，退出 Pro/ENGINEER。

10.4.6　Pro/ENGINEER 与 CAXA 实体设计的数据转换

下面以具体的实例，首先介绍 Pro/ENGINEER 图形到 CAXA 实体设计图形的数据转换方法，然后讲述由 CAXA 实体设计图形到 Pro/ENGINEER 图形的数据转换方法。

1. Pro/ENGINEER 图形到 CAXA 实体设计图形的数据转换

(1)将 Pro/ENGINEER 实体输出为线框数据。

①运行 Pro/ENGINEER。在当前工作目录下打开零件文件"ShiTi"，如图 10-25 所示。

②单击菜单栏中的"文件"→"保存副本"命令，弹出"保存副本"对话框。

③进入 Pro/ENGINEER 工作目录，在"类型"选项框中选择图像格式"IGES(*. igs)"，在"新建名称"文本框中输入名称"ShiTi"。单击"确定"按钮，弹出"输出 IGES"对话框。

④只勾选"线框边"复选框。单击"确定"按钮，关闭对话框。关闭 Pro/ENGINEER。

(2)将 Pro/ENGINEER 实体的线框数据导入 CAXA 实体设计中，并构造实体模型。

①这里以 CAXA 实体设计 2005 为例。运行 CAXA 实体设计 2005。

②单击菜单栏中的"文件"→"打开文件"命令，弹出"打开"对话框。选择输入的文件格式，在"文件类型"选项框中选择"所有文件(*. *)"。选择输入的文件名称，在"查找范围"选项框中选择 Pro/ENGINEER 软件的工作目录，单击"ShiTi. igs"文件。单击"打开"按钮，弹出"IG-ES 输入选项"对话框。在"输入类型"中，只选择"线框"，如图 10-32 所示。单击"确定"按钮。输入图形如图 10-33 所示。

③用鼠标左键选中长方体左面一条棱(需要三次单击该直线，选中后，该直线变成绿色)，单击鼠标右键，在弹出菜单中，选择"生成 3D 曲线"，图中生成一条三维曲线，作为"扫描"命令的导动曲线，如图 10-34 所示。

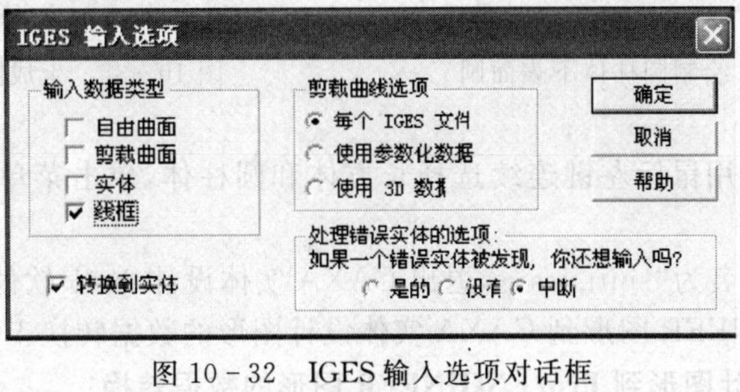

图 10-32　IGES 输入选项对话框

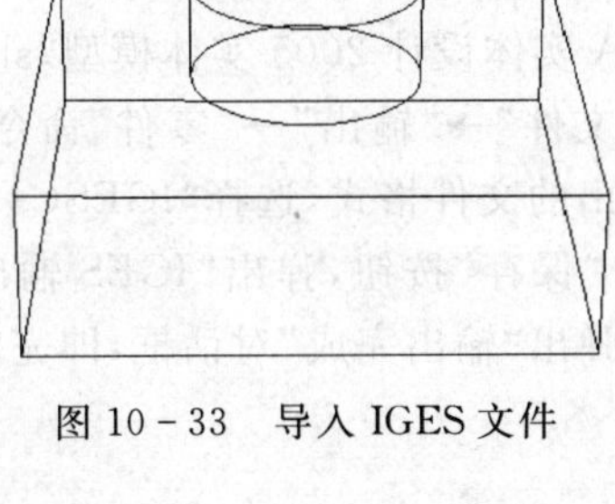

图 10-33　导入 IGES 文件

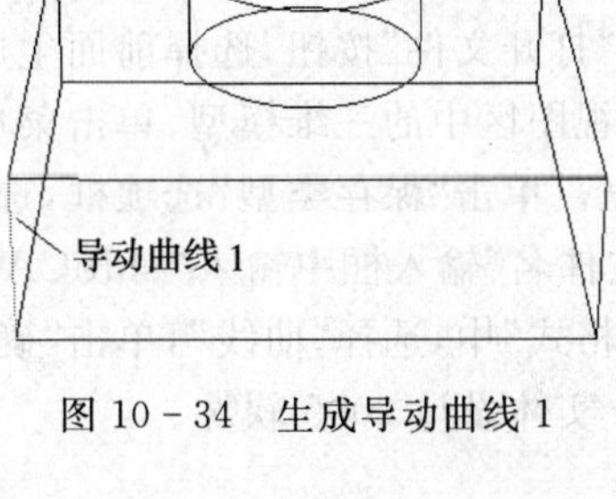

图 10-34　生成导动曲线 1

④单击菜单栏中的“生成”→“智能图素”→“扫描”命令，弹出“编辑截面”对话框，选择刚生成的导动曲线 1，单击视图区下面工具栏中矩形按钮▭，绘制与长方体底面矩形重合的矩形，单击“编辑截面”对话框中的“完成造型”按钮，生成长方形实体，如图 10－35 所示。

⑤用鼠标左键选中圆柱体柱面上的一条棱(需要三次单击该直线，选中后，该直线变成绿色)，单击鼠标右键，在弹出菜单中，选择“生成 3D 曲线”，图中生成一条三维曲线，作为“扫描”命令的导动曲线，如图 10－36 所示。

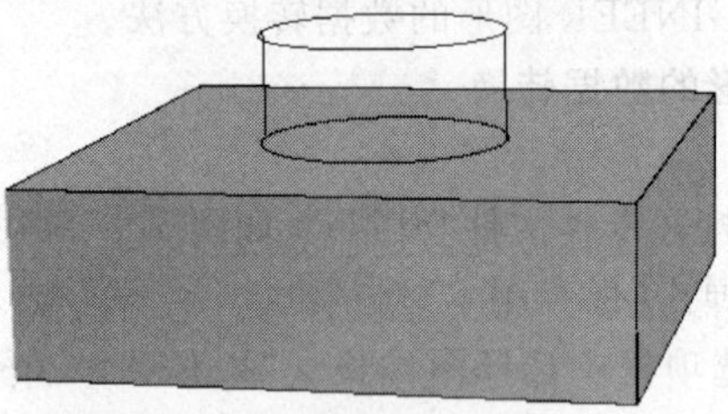

图 10－35　扫描生成长方体

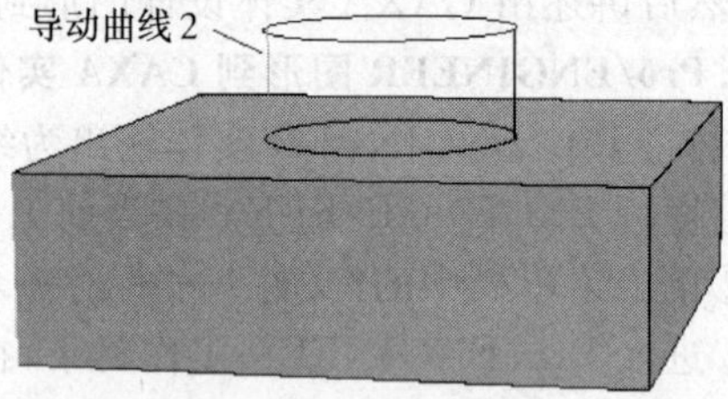

图 10－36　生成导动曲线 2

⑥单击菜单栏中的“生成”→“智能图素”→“扫描”命令，弹出“编辑截面”对话框，选择刚生成的导动曲线 2，生成绘图基准面，单击视图区下面工具栏中按钮⊙，绘制与圆柱体底面圆形重合的圆，如图 10－37 所示，单击“编辑截面”对话框中的“完成造型”按钮，生成圆柱体，如图 10－38所示。

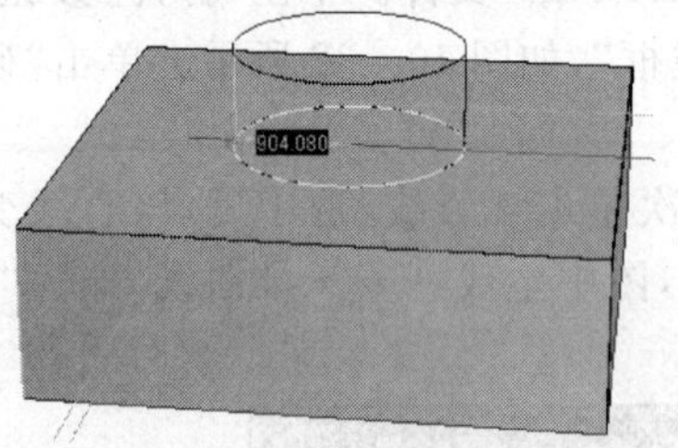

图 10－37　绘制圆柱体下表面圆

图 10－38　生成圆柱体

⑦按住“Shift”键，用鼠标左键连续选择长方体和圆柱体，单击菜单栏中的“设计工具”→“布尔运算”命令。

⑧保存文件，文件名为“shiti. ics”。退出 CAXA 实体设计 2005 软件。

至此，Pro/ENGINEER 图形到 CAXA 实体设计图形的数据转换工作已经完成。

2. CAXA 实体设计图形到 Pro/ENGINEER 图形的数据转换

(1)将 CAXA 实体设计实体输出为 IGES 文件。

①运行 CAXA 实体设计 2005 软件。

②单击“打开文件”按钮，选择前面生成的 CAXA 实体设计 2005 实体模型“shiti. ics”。

③选中视图区中的三维模型，单击菜单栏中的“文件”→“输出”→“零件”命令，弹出“输出文件”对话框。单击“保存类型”选项框，选择需要输出的文件格式，选择“IGES(＊. igs; ＊. iges)”。在“文件名”输入框中输入“shitiCAXA”，单击“保存”按钮，弹出“IGES 输出选项”对话框，在“输出格式”中，选择“曲线”，单击“确定”按钮，弹出“输出完成”对话框，即完成数据输出。退出 CAXA 实体设计 2005 软件。

(2)将 CAXA 实体设计实体的线框数据导入 Pro/ENGINEER 中,并构造实体模型。

①运行 Pro/ENGINEER。单击菜单栏中的“文件”→“打开”命令,弹出“文件打开”对话框。选择上一步转换生成的 IGES 文件“shitiCAXA. IGS”,单击“打开”按钮,弹出“输入新模型”对话框。

②点选“类型”选项组中的“零件”单选钮,在“名称”文本框中输入新的文件名称“ShiTi2”,单击“确定”按钮。然后按照 10.4.1 节中的操作步骤,即可生成与 CAXA 实体设计 2005 中“shiti. ics”文件相同的模型。保存文件,退出 Pro/ENGINEER。

10.4.7 Pro/ENGINEER 与 UG 的数据转换

1. Pro/ENGINEER 图样导入 UG 实现过程

(1)在 Pro/ENGINEER 中完成 IGES 格式文件的转换(转换方法前面已详细介绍)。

(2)运行 UG 软件。单击菜单栏中的“File”→“Import”命令,完成图样的转换。

值得注意的是,当在 NT 平台上将 IGES 文件转换到 UG 软件中时,有时会发生错误。错误的原因有很多,而 IGES 文件格式不对是最经常发生的错误原因,可用 NOTEPAD 打开 IGES 文件来进行判定。产生这种错误最根本的原因是该 IGES 文件是 UNIX 文件格式,与 MS-DOS文本文件格式有差异。所以必须首先将 UNIX 格式的 IGES 文件转换成 MS-DOS 文本文件格式,然后再导入 UG 软件。转换方法有以下 3 种:其一是在 UNIX 环境下,利用 UNIX 相应的命令,将 UNIX 格式的 IGES 文件转换成 MS-DOS 文本文件格式;其二是在 Windows 2000 环境下,利用 Write 命令打开 IGES 文件,将其另存为 MS-DOS 文本文件格式;最后一种方法是在 Windows NT4.0 环境下,利用 ULTRAEDIT 打开 IGES 文件,将其另存为 MS-DOS 文本文件格式。

2. UG 图样导入 Pro/ENGINEER 实现过程

(1)UG 的 3D 图样可以被转换为 IGES 格式文件,这个转换过程可以在 UG 内部单击菜单栏中的“File”→“Export”命令进行操作;也可以在外部单击“开始”→“程序”→“Unigraphics NX”→“Translators”来进行。但如果是在外部进行转换,则不能选择输出文件的路径。因为外部转换程序在运行时,根据变量 HOMEDRIVE/HOMEPATH 来决定输出文件所在路径。如你希望的输出路径为“E:\ug_parts”,必须定义 HOMEDRIVE 为“E:”,定义 HOMEPATH 为“\ug_parts”,如操作者没有改变这两个变量,则输出的文件存入系统默认路径。要改变这两个变量的设置,可在“我的电脑”上单击鼠标右键,在弹出的菜单中单击“属性”命令,弹出“系统属性”对话框。单击“高级”标签,再单击“环境变量”按钮,在弹出的“环境变量”对话框中,选择“新建”来设置或选择编辑来修改。当重新执行转换时(即重新选择一次转换程序),新变量才起作用。

(2)将 IGES 文档导入 Pro/ENGINEER 软件的方法前文中已有详细讲述。

10.4.8 Pro/ENGINEER 与 ANSYS 的数据转换

1. 常用转换方法

(1)利用 IGES 中间标准格式转换。由 Pro/ENGINEER 保存的 IGES 文件格式属于固定每行 80 字符的 ASCⅡ格式文件。而 ANSYS 本身内置了 IGES 转换过滤器,所以它支持 IGES 格式文件的导入。但由于转换过滤程序允许输入部分模型参数,所以 ANSYS 有时会把不能识别的特征省略掉。当 Pro/ENGINEER 中建立的模型特征过多或结构过于复杂时,使用 IGES 文件格式输入到 ANSYS 后很可能产生模型断裂、丢失实体等情况,会直接影响模型后续分析的准确性。

(2)使用 ANSYS - Pro/ENGINEER 接口转换。ANSYS 软件安装选项中包含与 Pro/ENGINEER 软件的接口模块“ConnectionforPro/ENGINEER”。此模块不仅能将 Pro/ENGINEER 模型数据直接转换给 ANSYS,同时还提供了以执行部件为基础的参数优化设计功能。该功能允许从建立以部件为基础的参数化 Pro/ENGINEER 模型开始,用 ANSYS 程序对其进行优化,并以一个优化的模型结束,而且建立好的模型仍是以部件为基础的参数化模型。此模块能给工程人员在有限元分析过程中考虑采用何种前后处理提供最好的支持。利用软件自带接口能够快速准确地导入数据,因此下面将对此类方案着重进行分析。

ANSYS 在默认的状态下是不能对 Pro/ENGINEER 中的 prt(或 asm)文件进行直接转换的,必须通过以下过程对 ANSYS 设进行连接设置以激活模块。

①单击“开始”→“程序”→“ANSYS9. 0”→“Utilities”→“ANS_ADMIN”命令,弹出如图 10 - 39 所示的对话框。点选“Configuration options”单选钮,再单击“OK”按钮。在弹出的对话框中点选“Configuration Connection for Pro/ENGINEER”单选钮,再单击“OK”按钮。在弹出的对话框中的下拉菜单 ANSYS Product 中选择“ANSYSMultiphysics”,并在下拉菜单 Graphics device name 中选择“WIN32”,再单击“OK”按钮。

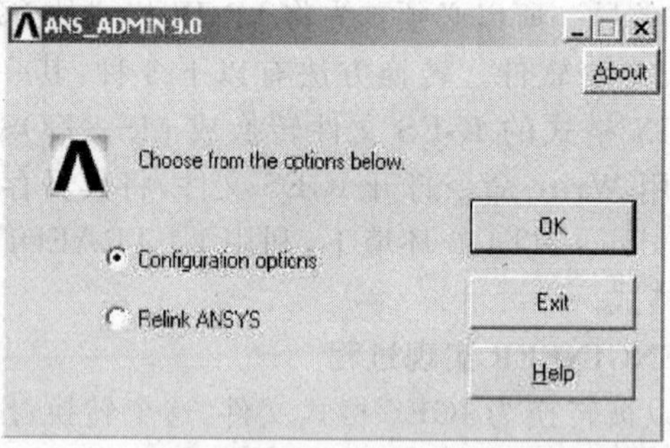

图 10 - 39 “ANS_ADMIN9. 0”对话框

②ANSYS 会自动提示已在自己的安装目录中成功生成了 config. anscon 文件。在弹出对话框中的“PRO/ENGINEERInstallationpath”选项后输入 Pro/ENGINEER 的起始安装路径,如“E:\proeWildfire2. 0”。“LanguageusedwithPro/ENGINEER”选项用默认的“usascii”,单击“OK”按钮。弹出的对话框中提示在 Pro/ENGINEER 目录下成功建立了一个 protk. dat 文件,单击“确定”按钮即完成配置。

③运行 Pro/ENGINEER。如果在“工具”菜单的后面出现一个新菜单“ANSYS 9. 0”,如图 10 - 40 所示,就表示已经成功建立了接口。

接口配置完成后,就可以使用以下两个方案实现数据转换。

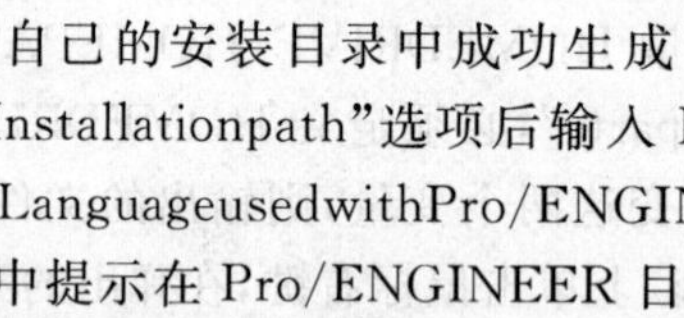

图 10 - 40 Pro/ENGINEER 下的 ANSYS 菜单

方案一:使用 ANSYS 直接导入 Pro/ENGINEER 模型数据。运行 ANSYS,在单击菜单栏中的“File”→“Import”→“Pro/E”命令后出现的对话框中,选择填入正确的 prt 文件名,并在

“Pro/ENGINEERcommand”栏中填入正确运行 Pro/ENGINEER 的命令，如“proe”，单击“OK”按钮即可完成输入。此操作要求被打开的 prt 文件必须在 Pro/ENGINEER 的工作目录中，或者 Pro/ENGINEER 与 ANSYS 有相同的工作目录，否则会出现找不到 anf 文件的错误。如果前面在“Pro/ENGINEERcommand”栏中填入了错误的运行命令，系统会自动出现一个致命错误的提示，这时重新输入正确即可。在某些 ANSYS 版本中此功能有 Bug，当直接导入方案行不通时可以采用本文论述的其他方案。

方案二：使用 anf 文件导入模型数据。运行 Pro/ENGINEER 后，新建或者打开一个 prt 文件(可以不必输入材料特性)，单击如图 10－40 所示的菜单“ANSYSGeom”，就会自动启动 ANSYS 进行模型转换。因为要保护数据一致性，所以此种转换模式完成后不允许用户在 Pro/ENGINEER 环境中更改模型。如需要更改只能在 ANSYS 中做模型修改，否则必须退出 ANSYS 才能回到 Pro/ENGINEER 环境。转换过程中 Pro/ENGINEER 会在自身的的工作目录下生成数个同名的文件，其中一个后缀名为. anf 的文件就是可供 ANSYS 读取的格式。anf 文件是 ASCⅡ格式文件，其中记录了模型的特征数据，是 ANSYS 导入数据的标准格式之一。只要运行一次直接导入并生成了 anf 文件，就不需要再同时打开 Pro/ENGINEER 和 ANSYS 两个大型软件了。通常的做法是：运行 ANSYS，单击菜单栏中的“File”→“Read input from”命令，选择该文件，即可完成模型的输入。

(3)在 Pro/ENGINEER 下选择 ANSYS 做求解器输出转换文件。对于较简单零件的分析，可以使用 Pro/ENGINEER 选择 ANSYS 做求解器输出转换文件的方案。新建或打开一个 prt 文件后，调用“应用程序”菜单中的 Mechanica 程序进入有限元 FEM 模式。此模式下允许输出以 ANSYS 为求解器的 ans 文件，此文件为 ANSYS 专用的附带网格信息的模型数据文件，属于 ASCⅡ文件格式，文件中的标题部分指出允许读入此文件的最低 ANSYS 版本，如 Pro/ENGINEER Wildfire 2.0 生成的 ans 文件要求是 ANSYS 7.1。同使用 anf 文件一样，我们可以通过单击 ANSYS 菜单栏中的“File”→“Read input from”命令选择文件，完成模型的输入。不同之处在于此时导入的模型是带有有限元网格的。

生成 ans 文件的步骤如下：单击“网格”菜单，选择“创建”，接下来一系列对话框是关于网格的选项，全部采用默认也可创建网格。网格创建完毕之后，“分析”菜单中的“有限元求解”选项即可使用。单击后出现如图10－41所示的运行有限元分析的菜单。在选择菜单中，选择求解器为 ANSYS 以及输出到文件选项，如图 10－41 所示。单击“OK”按钮，Pro/ENGINEER 就在工作目录下建立了与 prt 文件名相同的 ans 文件。

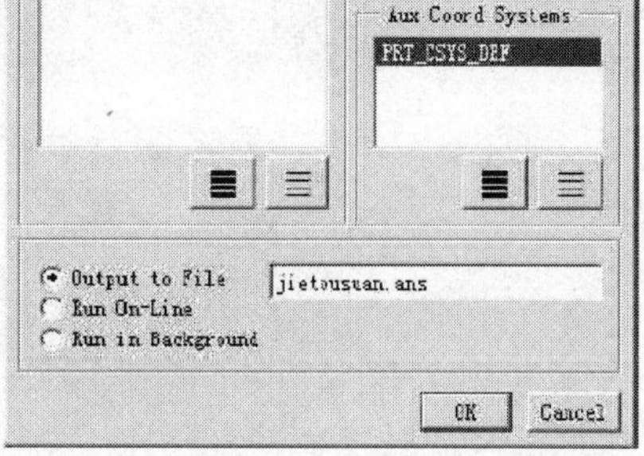

图 10－41　“Run FEM Analysis”对话框

2. 转换当中应注意的问题

在利用 Pro/ENGINEER 与 ANSYS 构成 CAD/CAE 集成系统的过程中容易产生一些错误，只有多实践才能根据出错提示找到正确的解决方式。以下列举一些常见问题的解决方式。

(1)Pro/ENGINEER 与 ANSYS 必须安装于同一个操作系统下，ANSYS 为了完成与 Pro/ENGINEER 的连接需要指定 Pro/ENGINEER 的安装路径，所以安装的顺序必须是先装 Pro/ENGINEER 再装 ANSYS，最后设置连接过程。

(2)Pro/ENGINEER与ANSYS都有许多版本,Pro/ENGINEER中生成的文件能够顺利被ANSYS读取的条件是安装的ANSYS版本发布时间要在Pro/ENGINEER版本之后。

(3)重要交换文件(如igs、anf、ans文件)必须建立在不带有特殊字符和空格的文件夹中,否则ANSYS读取文件的时候会出现明明文件存在,但却因为找不到文件而终止读取的错误。较好的解决方法就是为每一个项目专门建立一个只含有字母、数字、下划线的文件夹,工作时把Pro/ENGINEER与ANSYS的工作目录都设置在这个文件夹中。既避免出错,又比较容易管理产生的数据文件。

(4)导入文件后有可能出现不能正确显示模型的情况,此时可以观察ANSYS的模型显示区域左下角,当出现模型文件名时就说明其实已经导入成功了。单击“QSave”图标之后再单击“RESUM_DB”按钮,重载一次数据库,模型就可正常显示。

参考文献

[1] 成振洋. 机械 CAD/CAM[M]. 北京：电子工业出版社，2008.6

[2] 宁汝新，赵汝嘉. CAD/CAM 技术[M]. 北京：机械工业出版社，2005.2

[3] 曹岩. Pro/ENGINEER Wildfire3.0 曲面建模实例精解(中文版)[M]. 北京：机械工业出版社，2007.1

[4] 于杰. 数控加工工艺与编程[M]. 北京：国防工业出版社，2009.1

[5] 晏初宏. 实用数控加工程序编制技术[M]. 上海：上海科学技术出版社，2008.11

[6] 周湛学，刘玉忠. 数控编程速查手册[M]. 北京：化学工业出版社，2008.9

[7] 任同. 数控加工工艺学[M]. 西安：西安电子科技大学出版社，2008.8